第2版

混凝土结构设计原理

Hunningtu Jiegou Sheji Yuanli

宗　兰　张文金　张建文　主　编
童岳生　主　审

内容提要

本书作为交通版高等学校土木工程专业规划教材,根据我国《高等学校土木工程本科指导性专业规范》对混凝土结构设计原理课程的基本要求,按照我国住建部新颁布的国家标准《混凝土结构设计规范》(GB 50010—2010)和有关规范编写。本书包含以下内容:绪论、钢筋混凝土材料的力学性能、混凝土结构设计方法、受弯构件的正截面承载力计算、受弯构件斜截面承载力计算、受扭构件承载力计算、受压构件承载力计算、受拉构件承载力计算、混凝土构件变形裂缝验算、预应力混凝土构件计算。为便于教学,本书每章都有计算步骤详细的例题,且每章后面都附有思考题和习题。

本书可作为高等学校土木工程专业规划教材,也可供从事混凝土结构设计、施工、科研、工程管理人员参考。

图书在版编目(CIP)数据

混凝土结构设计原理 / 宗兰,张文金,张建文主编
--2版.--北京 :人民交通出版社,2012.8
交通版高等学校土木工程专业规划教材
ISBN 978-7-114-10041-3

Ⅰ.①混… Ⅱ.①宗… ②张… ③张… Ⅲ.①混凝土结构-结构设计-高等学校-教材 Ⅳ.①TU370.4

中国版本图书馆CIP数据核字(2012)第198321号

交通版高等学校土木工程专业规划教材

书　　名:混凝土结构设计原理(第2版)
著 作 者:宗　兰　张文金　张建文
责任编辑:张征宇　赵瑞琴
出版发行:人民交通出版社
地　　址:(100011)北京市朝阳区安定门外外馆斜街3号
网　　址:http://www.ccpress.com.cn
销售电话:(010)59757973
总 经 销:人民交通出版社发行部
经　　销:各地新华书店
印　　刷:北京市密东印刷有限公司
开　　本:787×1092　1/16
印　　张:16.75
字　　数:416千
版　　次:2006年　第1版　2012年8月　第2版
印　　次:2014年8月　第2次印刷　总第4次印刷
书　　号:ISBN 978-7-114-10041-3
印　　数:9001－12000册
定　　价:35.00元

交 通 版

高等学校土木工程专业规划教材

编 委 会

（第二版）

（第一版）

序

XU

随着科学技术的迅猛发展、全球经济一体化趋势的进一步加强以及国力竞争的日趋激烈，作为实施“科教兴国”战略重要战线的高等学校，面临着新的机遇与挑战。高等教育战线按照“巩固、深化、提高、发展”的方针，着力提高高等教育的水平和质量，取得了举世瞩目的成就，实现了改革和发展的历史性跨越。

在这个前所未有的发展时期，高等学校的土木类教材建设也取得了很大成绩，出版了许多优秀教材，但在满足不同层次的院校和不同层次的学生需求方面，还存在较大的差距，部分教材尚未能反映最新颁布的规范内容。为了配合高等学校的教学改革和教材建设，体现高等学校在教材建设上的特色和优势，满足高校及社会对土木类专业教材的多层次要求，适应我国国民经济建设的最新形势，人民交通出版社组织了全国二十余所高等学校编写“交通版高等学校土木工程专业规划教材”，并于2004年9月在重庆召开了第一次编写工作会议，确定了教材编写的总体思路。于2004年11月在北京召开了第二次编写工作会议，全面审定了各门教材的编写大纲。在编者和出版社的共同努力下，这套规划教材已陆续出版。

在教材的使用过程中，我们也发现有些教材存在诸如知识体系不够完善，适用性、准确性存在问题，相关教材在内容衔接上不够合理以及随着规范的修订及本学科领域技术的发展而出现的教材内容陈旧、亟待修订的问题。为此，新改组的编委会决定于2010年底启动该套教材的修订工作。

这套教材包括《土木工程概论》、《建筑工程施工》等31种，涵盖了土木工程专业的专业基础课和专业课的主要系列课程。这套教材的编写原则是“厚基础、重能力、求创新，以培养应用型人才为主”，强调结合新规范、增大例题、图解等内容的比例并适当反映本学科领域的新发展，力求通俗易懂、图文并茂；其中对专业基础课要求理论体系完整、严密、适度，兼顾各专业方向，应达到教育部和专业教学指导委员会的规定要求；对专业课要体现出“重应用”及“加强创新能力和工程素质培养”的特色，保证知识体系的完整性、准确性、正确性和适应性，专业课教材原则上按课群组划分不同专业方向分别考虑，不在一本教材中体现多专业内容。

反映土木工程领域的最新技术发展、符合我国国情、与现有教材相比具有明显特色是这套教材所力求达到的目标，在各相关院校及所有编审人员的共同努力下，交通版高等学校土木工程专业规划教材必将对我国高等学校土木工程专业建设起到重要的促进作用。

交通版高等学校土木工程专业规划教材编审委员会

人民交通出版社

前言

根据住建部土建学科教学指导委员会最新提出的《高等学校土木工程本科指导性专业规范》要求,《混凝土结构设计原理》为土木工程专业的一门专业基础课。按照《高等学校土木工程本科指导性专业规范》对该课程的知识点要求,本教材主要内容包括:绪论;钢筋混凝土材料力学性能;混凝土结构设计方法;受弯构件正截面承载力计算;受弯构件斜截面承载力计算;受扭构件承载力计算;受压构件承载力计算;受拉构件承载力计算;混凝土构件变形及裂缝验算;预应力混凝土构件计算。

本教材按照我国最新颁布的《混凝土结构设计规范》(GB 50010—2010)修订编写,在内容上注意了重点突出,难点兼顾。不仅引导学生理解和掌握混凝土构件设计基本原理和方法,更注重培养学生应用规范条文解决工程问题的能力。在每章都有较详细的例题,每章末都附有思考题和习题,以方便学生复习和自学。

本教材编写分工如下:术语及符号、第一章、第二章、第三章、第六章、第十章、附表由南京工程学院宗兰编写;第五章、第九章由浙江农林大学张文金编写;第四章、第七章、第八章由南阳理工学院张建文编写。全书由宗兰统稿,西安建筑科技大学童岳生教授担任主审。

在本书修订过程中,我们参考和引用了国内已出版的有关混凝土结构教材和规范等,在此向有关作者表示感谢。由于编者水平有限,在编写中难免存在不足之处,恳请读者不吝赐教。

编　者

2012 年 7 月

目录 MULU

主要术语与符号

1. 主要术语

(1)混凝土结构(concrete structure)

以混凝土为主制成的结构,包括素混凝土结构、钢筋混凝土结构和预应力混凝土结构等。

(2)素混凝土结构(plain concrete structure)

由无筋或不配置受力钢筋的混凝土制成的结构。

(3)普通钢筋(steel bar)

用于混凝土结构构件中的各种非预应力筋的总称。

(4)预应力筋(prestressing tendon and/or bar)

用于混凝土结构构件中施加预应力的钢丝、钢绞线和预应力螺纹钢筋的总称。

(5)钢筋混凝土结构(reinforced concrete structure)

配置受力普通钢筋的混凝土结构。

(6)预应力混凝土结构(prestressed concrete structure)

配置受力的预应力钢筋,通过张拉或其他方法建立预加应力的混凝土结构。

(7)现浇混凝土结构(cast-in-situ concrete structure)

在现场原位支模并整体浇筑而成的混凝土结构。

(8)装配式混凝土结构(precast concrete structure)

由预制混凝土构件或部件装配、连接而成的混凝土结构。

(9)装配整体式混凝土结构(assembled monolithic concrete structure)

由预制混凝土构件或部件通过钢筋、连接件或施加预应力加以连接,并在连接部位浇注混凝土而形成整体受力的混凝土结构。

(10)叠合构件(composite member)

由预制混凝土构件(或既有混凝土构件)和后浇混凝土组成,以两阶段成型的整体受力结构构件。

(11)深受弯构件(deep flexural member)

跨高比小于 5 的受弯构件。

(12)深梁(deep beam)

跨高比不大于 2 的简支单跨梁或跨高比不大于 2.5 的多跨连续梁。

(13)先张法预应力混凝土结构(pretensioned prestressed concrete structure)

在台座上张拉钢筋后浇混凝土,并通过张拉预应力筋由黏结传递而建立预应力的混凝土结构。

(14)后张法预应力混凝土结构(post-tensionde prestressed concrete structure)

浇注混凝土并达到规定强度后,通过张拉预应力筋并在结构上锚固而建立预应力的混凝土结构。

(15)无黏结预应力混凝土结构(unbonded prestressed concrete structure)

配置与混凝土之间可保持相对滑动的无黏结预应力筋的后张法预应力混凝土结构。

(16)有黏结预应力混凝土结构(bonded prestressed concrete structure)

通过灌浆或与混凝土直接接触,使预应力筋与混凝土之间相互黏结而建立预应力的混凝土结构。

(17)结构缝(structural joint)

根据结构设计需求而采取的分割混凝土结构间隔的总称。

(18)混凝土保护层(concrete cover)

结构构件中钢筋外边缘至构件表面范围用于保护钢筋的混凝土,简称保护层。

(19)锚固长度(anchorage length)

受力钢筋依靠其表面与混凝土的黏结作用或端部构造的挤压作用而达到设计承受应力的长度。

(20)钢筋连接(splice of reinforcement)

通过绑扎搭接、机械连接、焊接等方法实现钢筋之间内力传递的构造形式。

(21)配筋率(ratio of reinforcement)

混凝土构件中配置的钢筋面积(或体积)与规定的混凝土截面面积(或体积)的比值。

(22)剪跨比(ratio of shear to effective depth)

截面弯矩与剪力和有效高度乘积的比值。

(23)横向钢筋(transverse reinforcement)

垂直于纵向钢筋的箍筋或间接钢筋。

2.《混凝土结构设计规范》中的符号

(1)材料性能

E_c——混凝土弹性模量;

E_s——钢筋弹性模量;

C30——表示立方强度标准值为 $30N/mm^2$ 的混凝土强度等级;

HRB500——强度级别为 500MPa 的普通热轧带肋钢筋;

HRBF400——强度级别为 400MPa 的细晶粒热轧带肋钢筋;

RRB400——强度级别为 400MPa 的余热处理带肋钢筋;

HPB300——强度级别为 300MPa 的热轧光圆钢筋;

HRB400E——强度级别为 400MPa 的且具有较高抗震性能的普通热轧带肋钢筋;

f_{ck}、f_c——混凝土轴心抗压强度标准值、设计值;

f_{tk}、f_t——混凝土轴心抗拉强度标准值、设计值;

f_{yk}、f_{pyk}——普通钢筋、预应力钢筋屈服强度标准值;

f_{stk}、f_{ptk}——普通钢筋,预应力钢筋极限强度标准值;

f_y、f'_y——普通钢筋抗拉、抗压强度设计值;

f_{py}、f'_{py}——预应力筋抗拉、抗压强度设计值;

f_{yv}——横向钢筋的抗拉强度设计值;

δ_{gt}——钢筋最大力下的总伸长率,也称均匀伸长率。

(2)作用和作用效应及承载力

N——轴向力设计值;

N_k、N_q——按荷载标准组合、准永久组合计算的轴向力值;

N_{uo}——构件的截面轴心受压或轴心受拉承载力设计值；

N_{po}——预应力构件混凝土法向预应力等于零时的预加力；

M——弯矩设计值；

M_k、M_q——按荷载效应的标准组合、准永久组合计算的弯矩值；

M_u——构件的正截面受弯承载力设计值；

M_{cr}——受弯构件的正截面开裂弯矩值；

T——扭矩设计值；

V——剪力设计值；

F_i——局部荷载设计值或集中反力设计值；

σ_{pe}——预应力筋的有效预应力；

σ_l、σ_l'——正截面承载力计算中纵向钢筋、预应力筋的应力；

τ——混凝土的剪应力；

w_{max}——按荷载准永久组合或标准组合，并考虑长期作用影响的计算最大裂缝宽度。

(3)几何参数

b——矩形截面宽度，T形、工形截面的腹板宽度；

c——混凝土保护层厚度；

d——钢筋的公称直径(简称直径)或圆形截面的直径；

h——截面高度；

h_0——截面有效高度；

l_{ab}、l_a——纵向受拉钢筋的基本锚固长度、锚固长度；

l_0——计算跨度或计算长度；

x——混凝土受压区高度；

A——构件的截面面积

A_s、A_s'——受拉区、受压区纵向普通钢筋的截面面积；

A_p、A_p'——受拉区、受压区纵向预应力钢筋的截面面积；

A_l——混凝土局部受压面积；

A_{cor}——箍筋、螺旋筋或钢筋网所围成的混凝土核心截面面积；

B——受弯构件的截面刚度；

I——截面惯性矩；

W——截面受拉边缘的弹性抵抗矩；

W_t——截面受扭塑性抵抗矩。

(4)计算系数及其他

α_E——钢筋弹性模量与混凝土弹性模量的比值；

γ——混凝土构件的截面抵抗矩塑性影响系数；

η——偏心受压构件考虑二阶效应影响的轴向力偏心距增大系数；

λ——计算截面的剪跨比，即$M/(Vh_0)$；

ρ——纵向受力筋的配筋率；

ρ_V——间接钢筋或箍筋的体积配筋率；

ϕ——表示钢筋直径的符号，ϕ20表示直径为20mm的钢筋。

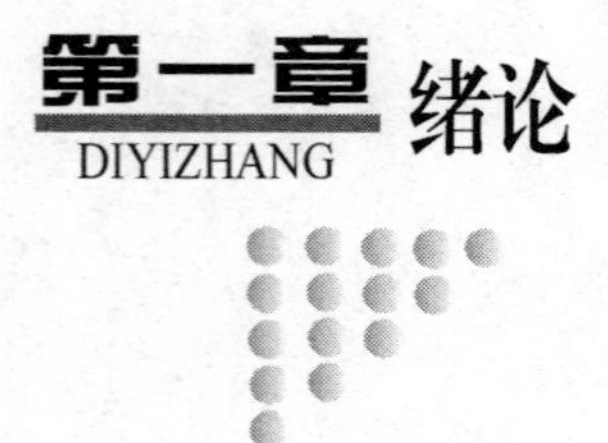

第一章 绪论

DIYIZHANG

第一节 概　　述

以混凝土为主制成的结构称为混凝土结构。混凝土结构包括素混凝土结构(plain concrete structure)、钢筋混凝土结构(reinforced concrete structure)、预应力混凝土结构(prestressed concrete structure)等。混凝土是一种抗压能力较高的材料,但是它的抗拉能力却很低,这就使得混凝土结构的应用受到很大限制。例如,一根截面为200mm×300mm,跨度为2.5m,用C20混凝土做成的素混凝土简支梁,只能承受12.5kN作用在梁跨中的集中力,就会因跨中截面下边缘超过混凝土的抗拉能力而破坏,如图1-1a)所示。为了改变这种情况,如果在混凝土构件的受拉区配置一定数量的钢筋,如图1-1b)所示,做成钢筋混凝土构件,当混凝土开裂后,由钢筋承担受拉区的拉力使构件的承载能力大大提高。试验表明,如果在受拉区配置了2根直径为20mm的HRB335级钢筋,该梁在破坏时能承受约76kN的集中力。由此可见,与素混凝土梁相比,相同截面形状和尺寸的钢筋混凝土梁可承担大得多的外荷载。并且钢筋在受拉区承担拉力,混凝土承担受压区的压力,使钢筋和混凝土两种材料的强度都能得到充分的利用。

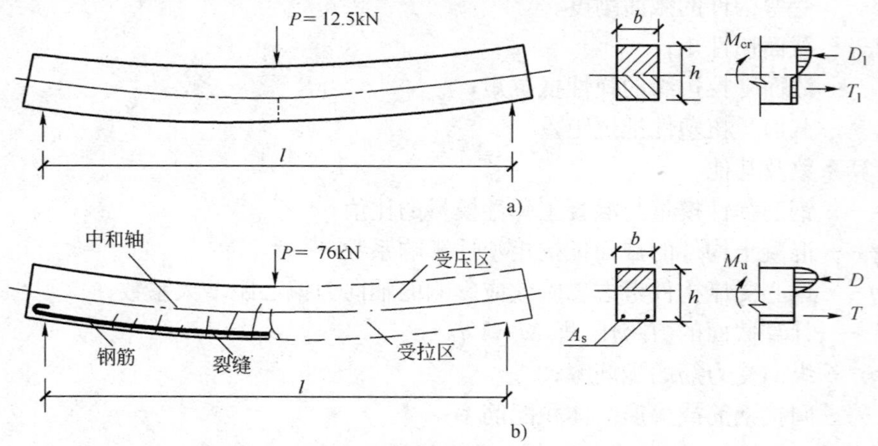

图1-1　混凝土及钢筋混凝土简支梁的承载力

a)素混凝土梁;b)钢筋混凝土梁

钢筋和混凝土是两种不同性能的材料，它们之所以能够协同工作，主要由于以下三点：

(1)钢筋和混凝土之间有良好的黏接力，能牢固地黏结成整体，在外力作用时能共同变形、共同工作。

(2)钢筋与混凝土两种材料的温度线胀系数近似相等，钢为 1.2×10^{-5}，混凝土为 $(1.0\sim1.5)\times10^{-5}$，当温度变化时，这两种材料不致发生相对的温度变形而破坏它们之间的结合。

(3)混凝土包裹住钢筋，对钢筋起到保护作用。

第二节　钢筋混凝土结构的优缺点

一、钢筋混凝土结构的优点

钢筋混凝土结构的优点主要有以下几个方面：

(1)耐久性好。处于良好工作环境下的钢筋混凝土结构，混凝土强度随时间不断增长，且钢筋受到混凝土的保护而不易锈蚀，因而提高了混凝土结构的耐久性。

(2)耐火性好。由于有热传导性差的混凝土作钢筋的保护层，当火灾发生时，钢筋混凝土结构不像木结构那样被燃烧，也不像钢结构那样很快被软化而破坏。

(3)整体性好，刚度大。现浇式或装配整体式钢筋混凝土结构，具有较好的整体性，因而有利于结构的抗震和抗爆。钢筋混凝土结构的刚度大，在使用荷载作用下仅产生较小的变形，能有效地用于对变形较严格的各种结构。

(4)就地取材，节约钢材。混凝土所用砂、石材料，一般可以就地、就近取材，因而可以降低运输费用，从而可以显著降低工程造价；钢筋混凝土结构合理地利用钢筋和混凝土各自的优良性能，在某些情况下能代替钢结构，从而可节约钢材，降低工程造价。

(5)可模性好。钢筋混凝土结构可以根据设计需要，制作成各种形状的模板，从而将钢筋混凝土浇捣成任何形状。

正是由于钢筋混凝土结构有上述优点，所以钢筋混凝土结构的应用非常广泛，除了在建筑工程中大量采用外，在水利工程、港口工程、桥梁工程、海洋工程以及原子能工程中亦得到广泛利用。

二、钢筋混凝土结构的缺点

钢筋混凝土结构的缺点主要表现在以下几个方面：

(1)自重大。钢筋混凝土的重度大约为 $25kN/m^3$，大于砌体和木材的重度。虽然比钢材的重度小，但由于结构的截面比钢结构大，因而其结构自重远远超过相同跨度和高度的钢结构，所以不利于建造大跨度结构和超高层建筑。

(2)抗裂性差。由于混凝土抗拉强度低(约为抗压强度的 1/9～1/10)，因此，普通混凝土结构经常处于带裂缝工作状态。虽然从设计理论上裂缝的存在并不意味着结构就会破坏，但是可能要影响结构的耐久性和美观。

(3)混凝土的补强维修困难。

(4)隔热隔声效果差。

(5)施工比钢结构复杂，建造工期一般较长，施工质量受到自然环境的影响。

第三节 钢筋混凝土结构的发展概况

混凝土结构从问世到现在，已经有150多年的历史。1824年英国人阿斯普丁取得了波特兰水泥（我国称硅酸盐水泥）的专利权，1850年开始生产。这是形成混凝土的主要材料，使得混凝土在土木工程中得到广泛应用。1861年法国约瑟夫·莫尼埃获得了制造钢筋混凝土楼板、管道和拱桥等专利。1886年美国人杰克逊首先应用预应力混凝土制作建筑配件，后又用它制作楼板。1938年弗列西涅发明了锥形锚具和1940年比利时的门格尔发明了门格尔体系后，使预应力混凝土结构的抗裂性得到根本的改善，使高强钢筋能够在混凝土结构中得到有效的利用，从而使混凝土结构能够用于大跨结构、压力贮罐、电站容器等领域中。

从20世纪50年代以来，钢筋混凝土在高层建筑中的应用也有了迅速发展。1976年建成的美国芝加哥水塔广场大厦达72层，高262m。朝鲜平壤柳京大厦105层，高305m。中国香港中信大厦，高374m，78层。马来西亚双塔大厦，高450m，为钢筋混凝土结构。上海环球金融中心，高492m，地上建筑101层。电视塔、水池、冷却塔、烟囱等特殊构筑物也普通采用了钢筋混凝土和预应力混凝土。上海电视塔高468m；加拿大多伦多电视塔高为549m。在铁路、公路、城市立交桥、高架桥、地铁隧道以及水利、港口等工程中，用钢筋混凝土建造的桥梁、水闸、水电站、船坞和码头已是星罗棋布。如我国在四川万县建成主跨420m的混凝土拱桥；长江三峡水利枢纽工程，大坝高186m，坝体混凝土用量达1527万m^3，是世界上最大的水利工程；已建成的江苏润扬大桥是连接镇江和扬州的长江大桥，其南桥为主跨长等于1490m的钢悬索桥，北桥为主跨长406m的预应力混凝土斜拉桥。

混凝土材料作为混凝土结构的主体，主要向轻质、高强、耐久、抗震等方向发展。如高强度混凝土(HSC)、高性能混凝土(HPC)。目前我国普通应用的混凝土强度等级一般在C20～C60，个别工程已经用到C80；轻集料混凝土(light aggreg ateconcrete)，利用天然轻集料（如浮石、凝灰岩等）、工业废料轻集料（如炉渣、粉煤灰、煤矸石等）、人造轻集料（页岩陶粒、黏土陶粒、膨胀珍珠岩陶粒等），具有自重轻，相对强度高以及保温、抗冻性能好等优点；改良混凝土(modified concrete)，为了改善混凝土抗拉性能和延性差的缺点，20世纪60年代以后，掺加纤维以改善混凝土性能的研究和应用发展得相当迅速，目前研究较多的有掺钢纤维、耐碱玻璃纤维、聚丙烯纤维或尼龙合成纤维、植物纤维等。新型外加剂的研制与应用，将不断改善混凝土的物理力学性能，以适应不同的环境、不同要求的混凝土结构。

在混凝土结构计算理论方面，20世纪50年代以前，基本上处于经验性的允许应力法阶段。50～60年代，世界各国逐步采用半径验半概率的极限状态设计法。70年代以来以概率论数理统计学为基础的结构可靠度理论有了很大发展，使结构可靠度的近似概率法进入了工程设计中。为了提高我国建筑结构设计规范的先进性和统一性，我国已编制了《建筑结构设计统一标准》(GB J68—84)，及其修订本《建筑结构可靠度设计统一标准》(GB 50068—2001)，该标准采用了目前国际上正在发展和推行的以概率理论为基础的极限状态设计方法，统一了我国建筑结构设计的基本原则，规定了适用于各种材料结构的可靠度分析方法和设计表达式，并对材料与构件质量控制和验收提出了相应的要求。按照《建筑结构可靠度设计统一标准》规定的基本原则，在总结工程建设的实践经验以及科学研究成果的基础上，修订了《混凝土结构设计规范》(GB 50010—2010)，把我国的混凝土结构设计提高到一个新的水平。在公路桥涵设计理论方面，我国交通部门1999年颁布了国家标准《公路工程结构可靠度设计统一标准》(GB/T 50283—1999),也引入了结构可靠度理论,把影响结构可靠性的各种因素视为随机变量。新颁布的《公路钢筋混凝土及预应力混凝土桥涵设计规范》(JTG D60—2004),就是按概率极限状态设计法编制的。这样使我国混凝土结构设计理论在可靠度设计方法上趋于一致。

第四节　混凝土结构设计原理课程特点及学习方法

混凝土结构是建筑、交通、水利等工程中最基本的结构形式。学习本课程的目的是:掌握混凝土结构构件设计的基本理论和构造知识,为今后能顺利从事结构工程设计、施工、管理工作打下牢固的基础。在学习混凝土结构设计原理课程时应注意以下几点:

(1)混凝土材料的非匀质、非弹性

混凝土结构通常是由钢筋和混凝土结合而成的一种结构,它与材料力学、结构力学中的理想弹性、理想塑性材料是有区别的。材料力学研究的是由单一、匀质、连续弹性材料制成的构件,而混凝土结构是非匀质的弹塑性体。因此,不能直接应用材料力学中的计算公式来进行混凝土结构设计。为了对混凝土结构的受力性能和破坏特征有较好的了解,首先要求对组成结构或构件的材料性能很好地掌握,才能理解受力过程和破坏特点。

(2)混凝土结构计算公式的特殊性

混凝土结构的受力性能与结构的受力状态、配筋方式和配筋数量等多种因素有关,目前还难以用一种简单的数学、力学模型来描述,因此目前主要以混凝土结构构件的试验与工程实践经验为基础进行分析,许多计算公式都带有经验性质。虽然不如理想的弹性材料组成的结构构件的计算公式那样严谨,然而却能较好地反映结构的真实受力性能。

(3)混凝土结构设计中构造要求的重要性

混凝土结构设计主要包括两部分:一是按设计规范给定的计算方法进行结构设计;二是各种结构构造措施。因为现行的计算方法一般只考虑了荷载效应,而其他影响因素,如混凝土的温度影响、收缩问题以及地基不均匀沉陷影响等,难于用计算公式来表达。混凝土结构设计规范根据长期的工程实践经验,总结出一些构造措施来考虑这些因素的影响。所以在学习混凝土结构设计时,除了要对各种计算公式了解和掌握以外,对于各种构造措施也必须给予高度重视。

(4)混凝土结构设计的综合性

在材料力学、结构力学等课程中侧重于结构或构件的内力(或应力)和变形的计算,在解力学的习题时答案可能是唯一的。而混凝土结构设计是一个综合问题,不仅要解决结构或构件的承载力和变形问题,还要考虑材料的选择、结构方案、构件的类型、配筋方法、配筋构造等问题;不仅要考虑结构受力的合理性,还要考虑满足使用功能的要求、工程造价、施工方法等方面的问题。因此,混凝土结构设计的特点是多方案性,答案可能不是唯一的,而且设计和计算通常也不是一次就可以获得成功的。因此,在学习混凝土结构设计原理课程时,要注意培养对工程中各种因素进行综合分析的能力。

第二章 钢筋混凝土材料的力学性能

DIERZHANG

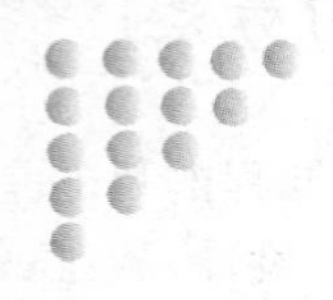

第一节　钢　　筋

一、钢筋的类型

钢筋混凝土结构的钢筋形式可分为柔性钢筋和劲性钢筋两种。一般所称的钢筋是指柔性钢筋;劲性钢筋是指用于钢筋混凝土中的型钢(角钢、槽钢、工字钢及 H 型钢等)。柔性钢筋分为热轧钢筋、中高强钢丝和钢绞线以及冷加工钢筋三大类。

1. 热轧钢筋

热轧钢筋可分为热轧碳素钢筋和普通低合金钢两种,二者的区别主要在于化学成分不同。碳素钢除含有铁元素外,还含有少量的碳、硅、锰、磷、硫等元素,其力学性能与含碳量有关。含碳量高,强度高,质地硬,但钢筋的塑性和可焊性就差。在钢筋混凝土中常用的钢筋为低碳钢,其含碳量小于 0.25%。普通的低合金钢,是在碳素钢的元素中加入少量的合金元素,如硅(Si)、锰(Mn)、钒(V)、钛(Ti)、铌(Nb)等,从而改善了钢材的塑性性能。

按照我国《混凝土结构设计规范》(GB 50010—2010)和《公路钢筋混凝土及预应力混凝土桥涵设计规范》(JTG D62—2004)的规定,在钢筋混凝土结构中所用的国产钢筋有以下 4 种级别:

(1)HPB300 级(符号Φ);

(2)HRB335 级(符号Φ),HRBF335 级(符号$Φ^F$);

(3)HRB400 级(符号Φ),HRBF400 级(符号$Φ^F$);

(4)HRB500 级(符号Φ),HRBF500 级(符号$Φ^F$)。

在上述 4 种级别钢筋中,HPB300 级为光圆钢筋,其质量稳定,塑性好,易焊接,易加工成型,以直条或盘圆交货,大量用于钢筋混凝土板和小型构件的受力钢筋以及各种构件的构造钢筋。HRB335 级、HRB400 级和 HRB500 级为普通低合金热轧月牙纹变形钢筋;HRBF335 级、HRBF400 级、HRBF500 级为细晶粒热轧月牙纹变形钢筋,RRB400 级为余热处理月牙纹变形钢筋。余热处理钢筋是由轧制的钢筋经高温淬火、余热回温处理或得到的,其强度提高,价格相对较低，但可焊性、机械连接性能及施工适应性稍差。

2. 中、高强钢丝和钢绞线

中、高强钢丝的直径为4～10mm，捻制成钢绞线后不超过25.2mm。钢丝外形有光面、刻痕、月牙肋及螺旋肋几种。而钢绞线为绳状，由2股、3股或7股捻制而成，均可盘成卷状。中、高强钢丝和钢绞线用作预应力混凝土结构的预应力钢筋。

3. 冷加工钢筋

冷加工钢筋是指在常温下采用某种工艺对热轧钢筋进行加工得到的钢筋。冷拉钢筋是指钢筋的冷拉应力值必须超过钢筋的屈服强度，经过一段时间钢筋的屈服点比原来的屈服点有所提高，这种现象称为时效硬化。时效硬化和温度有很大关系，温度过高（450℃以上）强度反而有所降低，而塑性性能却有所增加。为了避免冷拉钢筋在焊接时高温软化要先焊好后再冷拉，钢筋经过冷拉和时效硬化后，能提高钢筋的抗拉强度，节省钢材，但冷拉后钢筋的塑性有所降低。

冷拔钢筋是将钢筋用强力拔过比它自身直径小的硬质合金拔丝模，这时钢筋同时受到纵向拉力和横向压力的作用，截面变小而长度拔长。经过几次冷拔，钢筋的强度比原来有很大提高，但塑性降低很多。

冷轧扭钢筋是以热轧光面钢筋HPB235为原料，按规定的工艺参数，经钢筋冷轧扭机一次轧扁扭曲呈连续螺旋状的冷强化钢筋。冷加工钢筋都有专门的设计与施工规程，在设计与施工时参照相关的行业标准。常用钢筋、钢丝和钢绞线外形如图2-1所示。

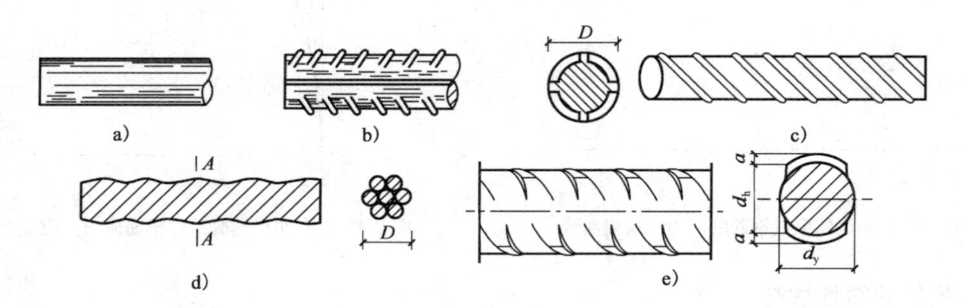

图2-1　常用钢筋、钢丝和钢绞线的外形

a)光面钢筋；b)月牙纹钢筋；c)螺旋肋钢丝；d)钢绞线（7股）；e)预应力螺纹钢筋（精轧螺纹粗钢筋）

二、钢筋的强度及塑性性能

1. 钢筋的应力—应变曲线

钢筋混凝土结构所用钢筋按其单向受拉试验时有无明显的屈服点分类，有明显屈服点的钢筋称为软钢，无明显屈服点的钢筋称为硬钢。

（1）有明显屈服点的钢筋（软钢）

如图2-2所示，为有明显屈服点的钢筋单向拉伸时的应力应变曲线。由图中可以看出：应力值在a点以前，应力与应变为直线关系，a点的钢筋应力称为“比例极限”。过a点以后，应变增长较快，到达 b 点后钢筋开始进入屈服阶段，其强度与加载速度、截面形式、试件表面光洁度等多种因素有关，b 点很不稳定，称 b 点对应的钢筋应力为屈服上限。超过 b 点以后钢筋的应力逐渐下降到 c 点，此时应力基本不变，应变不断增长，产生较大的塑性变形，c 点所对应的钢筋应力称为屈服强度；c 点到 d 点的水平距离称为屈服台阶或流幅。过 d 以后，钢筋的应力应变曲线表现为上升的曲线，说明钢筋的抗拉应力有所提高；到达 e 点后钢筋产生颈缩现象，应力开始下降，但应变仍能继续增长，直到 f 点钢筋在某个薄弱部位被拉断。相应于 e 点的钢筋应力称为钢筋的极限强度，以 σ_b 来表示，曲线的 de 段通常称为“强化阶段”，ef 段称为“下降段”。

在钢筋混凝土构件中，由于构件钢筋的应力到达屈服点，在应力基本不增加的情况下，将产生较大的塑性变形，使钢筋混凝土构件出现很大的变形和过宽的裂缝，甚至不能正常使用。所以在钢筋混凝土构件计算中，一般取钢筋的屈服强度作为计算指标。

(2)没有明显屈服点的钢筋(硬钢)

如前所述的冷轧钢筋、预应力混凝土结构中所用的钢丝、钢绞线和热处理钢筋等均为硬钢。如图 2-3 所示为没有明显屈服点钢筋的应力—应变曲线。由图 2-3 可以看出，钢筋没有明显的流幅，塑性变形大为减少。通常取相应于残余应变为 0.2%的应力 $\sigma_{0.2}$ 作为假定的屈服点，即条件屈服点。$\sigma_{0.2}$ 大致相当于极限抗拉强度的 0.86～0.90 倍，取 $\sigma_{0.2}=0.85\sigma_b$。

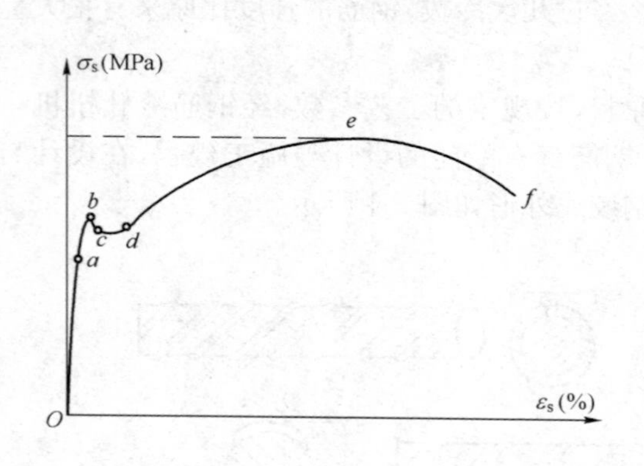

图 2-2　有明显屈服点钢筋的应力—应变曲线

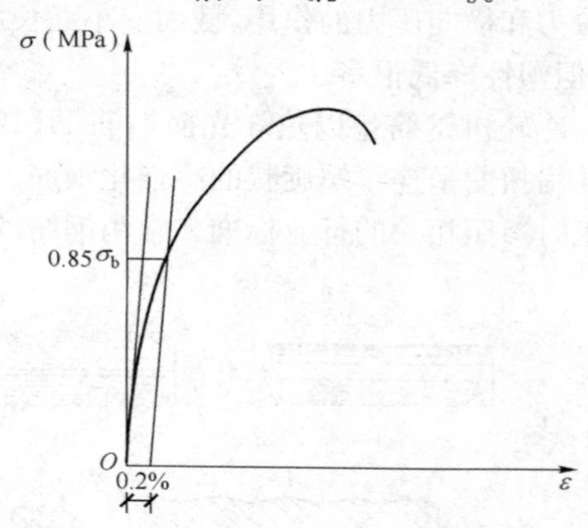

图 2-3　没有明显屈服点的钢筋应力—应变曲线

2. 钢筋的塑性性能

钢筋的塑性性能，通常是用钢筋的伸长率和冷弯性能两个指标来衡量。

(1)钢筋的伸长率

钢筋的伸长率是指在标距范围内，钢筋试件拉断后的残余变形与原标距之比。用 δ_5 或 δ_{10} 来表示，即：

$$\delta=\frac{l-l_0}{l_0}\times 100\ \% \tag{2-1}$$

式中：l_0——试件拉伸前的标距。试件取 $l_0=5d$，相应的伸长率为 δ_5；试件取 $l_0=10d$，相应的伸长率为 δ_{10}。通常 $\delta_5>\delta_{10}$；

d——钢筋直径；

l——试件产生变形后的标距。

(2)钢筋的冷弯试验

钢筋冷弯试验是检验钢筋在弯折加工时，或在使用时不致脆断的一种试验方法。如图2-4所示，在常温下将直径为d的钢筋绕直径为D的弯芯弯曲到规定的角度后无裂缝、断裂及起层现象，则表示钢筋的冷弯性能合格。弯芯的直径D越小，弯转角越大，说明钢筋的塑性越好。我国的有关标准规定了各种钢筋的力学性能指标，如钢筋的屈服强度σ_S、抗拉强度σ_b、伸长率以及冷弯时相应的弯芯直径及弯转角的要求，有关参数详见有关的国家标准，如《钢筋混凝土用钢》(GB 1499.2—2007)、《预应力混凝土用钢丝》(GB/T 5223—2002)等。

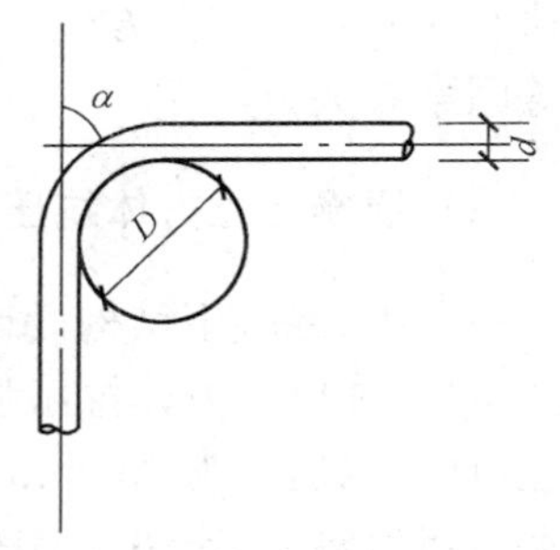

图2-4 钢筋的冷弯试验
α-弯曲角度；D-弯芯直径

三、钢筋混凝土结构对钢筋性能的要求

钢筋混凝土结构对钢筋性能的要求，概括起来有4点，即要求钢筋强度高、塑性好、可焊性好及与混凝土的黏结性能好。

1. 强度高

钢筋的强度包括屈服强度和极限强度。钢筋的强度愈高，钢材的用量越少。采用较高强度的钢筋可以节约钢材，获得较好的经济效益。在预应力混凝土结构中，用高强钢筋作预应力钢筋时，预应力效果比用低强度钢筋好。

2. 塑性好

为了保障人民生命财产的安全，要求混凝土结构构件在破坏前要有较明显的破坏预兆，也就是要求要有较好的塑性。而钢筋混凝土构件的塑性性能在很大程度上取决于钢筋的塑性性能和配筋率。如果钢筋的塑性性能愈好，配筋率又合适，构件的塑性性能就好，破坏前的预兆也就愈明显。此外，钢筋的塑性性能愈好，钢筋加工或成形也就愈容易。因此，应保证钢筋的伸长率和冷弯性能合格。

3. 可焊性好

可焊性是评定钢筋焊接后的接头性能的指标。钢筋的可焊性好，即要求在一定的工艺条件下钢筋焊接后不产生裂纹及过大的变形。

4. 与混凝土的黏结性能好

为了保证钢筋与混凝土共同工作，要求钢筋与混凝土之间必须有足够的黏结力。就钢筋来说，钢筋表面的形状对黏结力有重要的影响。此外，钢筋的锚固以及有关的构造要求，也是保证两者之间具有良好黏结力的措施。

第二节　混　凝　土

一、混凝土的强度

混凝土的强度是混凝土的重要力学性能，是设计钢筋混凝土结构的重要依据，它直接影响结构的安全性、适用性和耐久性。混凝土的强度与水泥强度、水灰比、集料品种、混凝土配合比、养护条件、施工方法、混凝土龄期等因素有关，还与试件的尺寸及形状、试验方法、加载速度等因素有关。

1. 混凝土立方体抗压强度(简称立方强度)

我国《混凝土结构设计规范》采用边长为150mm的立方体作为测定混凝土强度的标准尺寸试件，并以立方体抗压强度作为混凝土各种力学指标的基本代表值。《混凝土结构设计规范》规定以边长为150mm的立方体在20±3℃的温度和相对湿度在90%以上的环境下养护28d，以每秒0.3～0.5MPa的速度加载试验，测得的具有95%保证率的抗压强度值，单位为MPa，称为混凝土的立方体抗压强度标准值，以符号$f_{cu,k}$表示。

《混凝土结构设计规范》(GB 50010—2010)规定混凝土强度分为14个强度等级，即C15、C20、C25、C30、C35、C40、C45、C50、C55、C60、C65、C70、C75、C80。C代表混凝土，C后面的数字为混凝土立方体抗压强度的标准值。如C55，表示混凝土的立方体抗压强度标准值为$F_{cu,k}=55N/mm^2$。

混凝土立方强度与试验方法有关，试件在试验机上受压时，纵向产生压缩变形，横向会膨胀，由于混凝土与压力机垫板弹性模量及横向变形的差异，压力机垫板的横向变形明显小于混凝土的横向变形。这样试件表面与压力机垫板之间存在着摩擦力，它好像一道套箍一样阻止试件的横向变形，延缓裂缝的开展，因而提高了混凝土的强度。试件呈两个对顶的角锥形破坏面，如图2-5a)所示。如果在试件上下表面涂一层润滑剂，其抗压强度将比不加润滑剂试件的抗压强度低很多，而两者的破坏形态也不相同。涂润滑剂的试件破坏形态如图2-5b)所示。工程中实际采用的是不加润滑剂的试验方法。

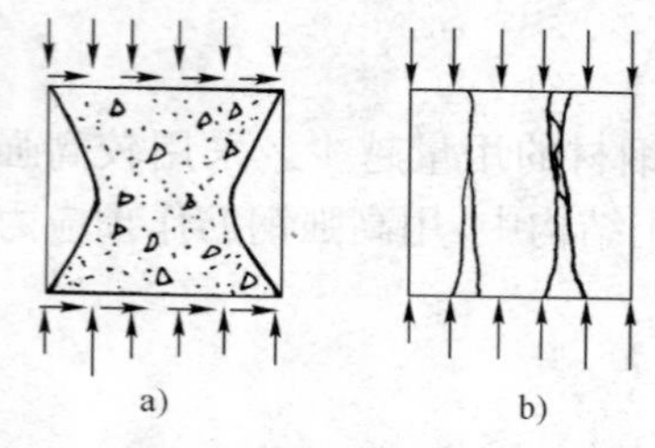

图2-5　混凝土立方体试件的破坏特征
a)不涂润滑剂；b)涂润滑剂

混凝土的立方体抗压强度与试件尺寸的大小有关，当试件的上下表面不加润滑剂加压时，试件的尺寸越小，摩擦力作用的影响越大，即"箍"的作用愈强，量测所得的极限强度值愈高。在工程中，有时也采用边长为100mm或200mm的立方体试件，则测得的立方体强度应乘以换算系数0.95或1.05。

2. 混凝土轴心抗压强度(棱柱体强度)

在实际工程中，一般的受压构件不是立方体而是棱柱体，所以采用高度大于宽度的棱柱体试件时能更好地反映构件的实际受力情况。试验表明棱柱体试件的抗压强度较立方体试件的抗压强度低。棱柱体试件高度与截面边长之比愈大，则强度愈低。这是因为试件高度愈大，试验机压板与试件表面之间的摩擦力对试件中部横向变形约束的影响愈小，所测得的强度相应也小。由试验分析可知，当高宽比$h/b=2～3$时，其强度值趋于稳定。因此国家标准《混凝土力学性能试验方法》(GBJ 81—85)规定，混凝土的轴心抗压强度试验以150mm×150mm×300mm的试件为标准试件，其试验得到的抗压强度为轴心抗压强度，以f_c表示。

混凝土轴心抗压强度标准值f_{ck}与立方体抗压强度标准值$f_{cu,k}$之间的关系为：

$$f_{ck}=0.88\alpha_1\alpha_2 f_{cu,k} \tag{2-2}$$

式中：α_1——混凝土轴心抗压强度与立方体抗压强度的比值，系数值由试验分析可得。对C50及以下混凝土，$\alpha_1=0.76$；对C80混凝土，$\alpha_1=0.82$。当混凝土等级为中间值时，在0.76和0.82之间按线性内插法求得。

α_2——混凝土的脆性系数。当混凝土的强度等级为C40时，$\alpha_2=1.0$；当混凝土的强度等级为C80时，$\alpha_2=0.87$；当混凝土等级为中间值时，在1.0和0.87之间按线性内插。

0.88——考虑结构中混凝土的实体强度与立方体试件混凝土强度差异等因素的修正系数。

3. 混凝土轴心抗拉强度

实际工程中，对于不允许出现裂缝的混凝土构件，如水池的池壁、有侵蚀性介质作用的屋架下弦等，混凝土抗拉强度成为重要的强度指标。

混凝土的轴心抗拉强度也和混凝土的轴心抗压强度一样受到许多因素的影响，如混凝土的抗拉强度随水泥活性、混凝土的龄期增加而提高。但是混凝土的抗拉强度比混凝土的抗压强度低很多，它与同龄期的混凝土抗压强度的比值在1/18～1/8。

混凝土的轴心抗拉强度的试验方法主要有：直接轴向拉伸试验和劈裂试验两种。直接轴向拉伸试验采用钢模浇注成型的100mm×100mm×500mm的棱柱体试件，两端埋设钢筋，钢筋位于试件的轴线上，将试验机的夹具夹住钢筋，对试件加力使其均匀受拉，破坏裂缝产生在构件的中部或靠近钢筋埋入端的截面上，相应的平均拉应力即是混凝土的轴心抗拉强度 f_t，如图2-6所示。

采用直接轴向拉伸试验时，由于安装试件时很难避免较小的歪斜和偏心，或者由于混凝土的不均匀性，其几何中心往往与物理中心不重合，所有这些因素都会对实测的混凝土轴心抗拉强度有较大的影响，试验结果比较离散。

目前国内外常采用立方体或圆柱体的劈裂试验来测定混凝土的轴心抗拉强度。试验时试件通过其上下的垫条，施加一条线荷载（压力）。在试件中间竖直面上，除在加力点附近很小范围内有水平压应力外，试件产生了水平方向的均匀拉应力，最后试件沿中间竖直截面劈裂破坏。如图2-7所示。

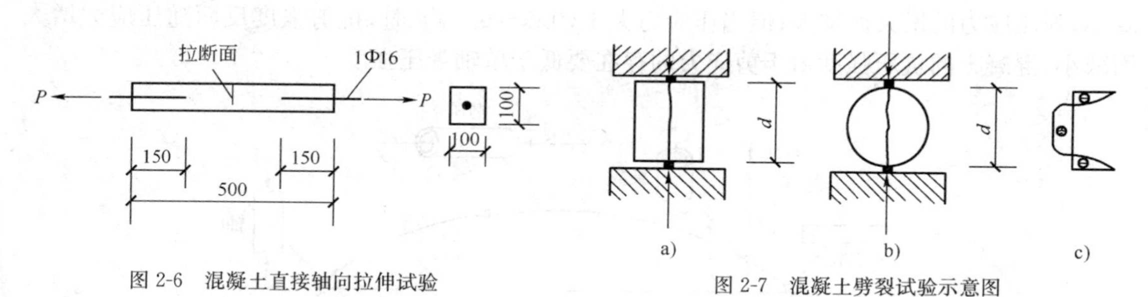

图2-6 混凝土直接轴向拉伸试验

图2-7 混凝土劈裂试验示意图
a)立方体；b)圆柱体；c)劈裂面应力分布

根据弹性力学原理，劈裂强度试验值 f_t^s 为：

$$f_t^s=\frac{2P}{\pi d\cdot l} \tag{2-3}$$

式中：f_t^s——混凝土劈裂强度试验值；

P——破坏荷载；

d——圆柱体直径或立方体边长；

l——圆柱体长度或立方体边长。

混凝土抗拉强度标准值 f_{tk}与立方体抗压强度标准值 $f_{cu,k}$之间的折算关系为：

$$f_{tk}=0.88\alpha_2\times0.395f_{cu,k}^{0.55}(1-1.645\delta)^{0.45} \tag{2-4}$$

式中 0.88 的意义和 α_2 的取值与式(2-2)相同，δ 为实验结构的变异系数。

4. 在复杂应力状态下的混凝土强度

在钢筋混凝土结构中，混凝土处于单向受力状态下的情况很少，往往是处于复合应力状态下。因此，研究混凝土在复杂应力状态下的强度问题，对进一步认识混凝土的极限状态，具有很重要的意义。

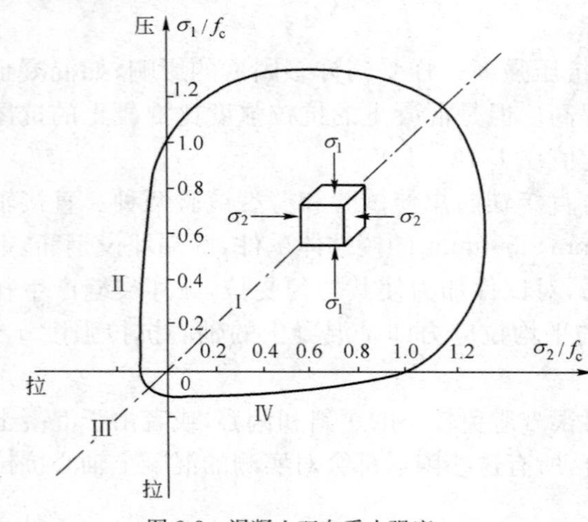

图 2-8　混凝土双向受力强度

(1)混凝土的双向受压强度

图 2-8 为混凝土方形薄板试件的双向受力试验结果。试件在平板平面内受到法向应力 σ_1 及 σ_2 的作用，另一方向的法向应力 $\sigma_3=0$。图中第一象限为双向受压情况，最大受压强度发生在 σ_1/σ_2 等于 0.4～0.7 时，而不是 $\sigma_1=\sigma_2$ 的情况下。双向受压强度比单向受压强度虽有提高，但提高的程度有限，约为 27%。第二、四象限为一方向受拉、另一方向受压情况，在这种情况下，混凝土的强度均低于单向受力(压或拉)的强度。第三象限为双向受拉的情况，无论应力比值 σ_1/σ_2 如何，双向受拉强度均接近于单向抗拉强度 f_t。

(2)混凝土在正应力和剪应力共同作用下的强度

当构件受到法向应力和剪应力共同作用时(如构件在扭矩和拉力或压力作用下)，其典型的混凝土强度试验曲线如图 2-9 所示。由图 2-9 可知，混凝土的抗剪强度随拉应力的增大而减小，随压应力的增大而增大；但当压应力大于(0.5～0.7)f_c时，抗剪强度反而随压应力增大而减小，混凝土的抗压强度由于剪应力的存在要低于单轴受压强度。

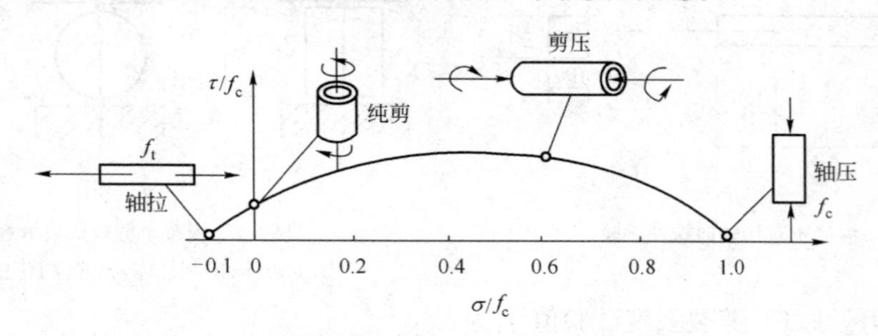

图 2-9　混凝土在单轴正应力和剪应力共同作用下的强度

(3)混凝土的三向受压强度

当混凝土受压试件受到侧向液压作用时，如图 2-10 所示，其纵向的抗压强度 σ_1 和变形 ε_1，随着侧向压力的增大而显著增大。这是由于侧向压力的约束，延缓、限制了内部裂缝的产生和发展，可以极大地提高混凝土的抗压强度，并使混凝土的变形性能接近理想的塑性状态。图 2-11 为σ_1与 σ_2的试验关系曲线，由试验给出 σ_1与 σ_2的经验公式为：

$$\sigma_1=f_c+4\sigma_2 \tag{2-5}$$

在工程实践中，为了提高混凝土的抗压强度，常常采用横向钢筋来约束混凝土。例如采用螺旋箍筋柱，就是用密排螺旋钢筋来约束混凝土以限制其横向变形，使其处于三向受力状态，从而大大提高混凝土的抗压强度，改善了混凝土的延性。

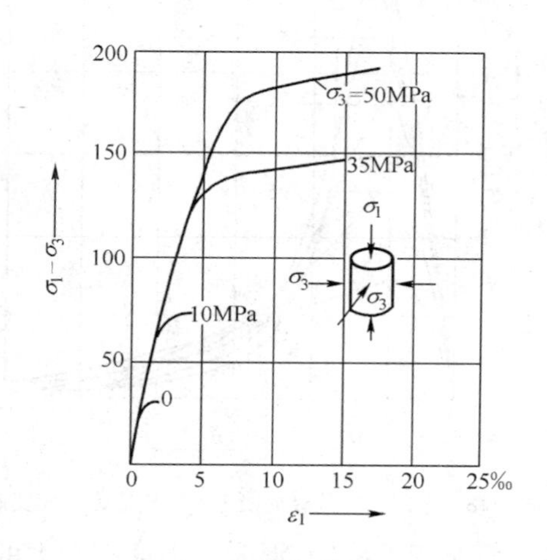

图 2-10　混凝土三向受压试验曲线

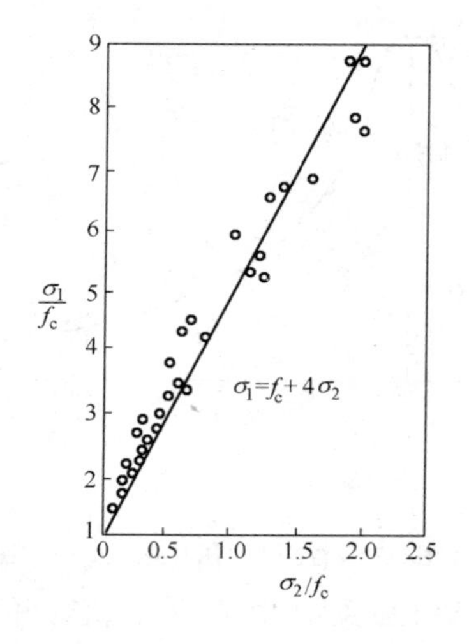

图 2-11　σ_1 与 σ_2 的试验关系曲线图

二、混凝土的变形

混凝土的变形可分为两类：一类为由于混凝土受到力的作用而产生的变形；另一类是由于混凝土的收缩和温度等引起的体积变形。

1. 混凝土的受力变形

(1)受压混凝土一次短期加载的 σ-ε 曲线

用混凝土标准棱柱体或圆柱体试件，作一次短期加载单轴受压试验，所测得的应力—应变曲线，反映了混凝土受荷各个阶段内部结构的变化及其破坏状态，是研究钢筋混凝土结构强度机理的重要依据。

典型的混凝土应力—应变曲线包括上升段和下降段两部分，如图 2-12 所示。在上升段，当应力比较小时，一般在(0.3～0.4)f_c以下时，混凝土可视为线弹性体。超过(0.3～0.4)f_c，即曲线上的 ab 段，此时其应变增长速度加快，呈现出材料的塑性性质。在这一阶段，混凝土试件内部的微裂缝虽然有所发展，但最终是处于稳定状态。当应力超过临界点增加到接近于 f_c 时，即曲线上的 bc 段，此时混凝土的内部微裂缝不断扩展，裂缝数量及宽度急剧增加，试件进入裂缝的不稳定状态，试件即将破坏。此时曲线上的 c 点为混凝土受压应力到达最大时的应力值，称为混凝土的轴心抗压强度 f_c，相应于 f_c的应变值 ε_0 在 0.002 附近。

对于下降段，即图中的 cd 段，在 c 点后，裂缝迅速发展、传播，内部结构的整体性受到愈来愈严重的破坏。当其变形达到曲线上的 d 点时，试件真正被压坏，相应于 d 点的应变值称为混凝土的极限应变值，以 ε_{cmax}或以 ε_{cu}表示。

试验结果表明，影响混凝土应力—应变曲线的因素很多，诸如混凝土的强度、组成材料的性质、配合比、试验方法以及箍筋约束等。试验表明，混凝土的强度对其应力—应变曲线有一定的影响。如图 2-13 所示，对于上升段影响较小，与应力峰值点相应的应变大致为 0.002，

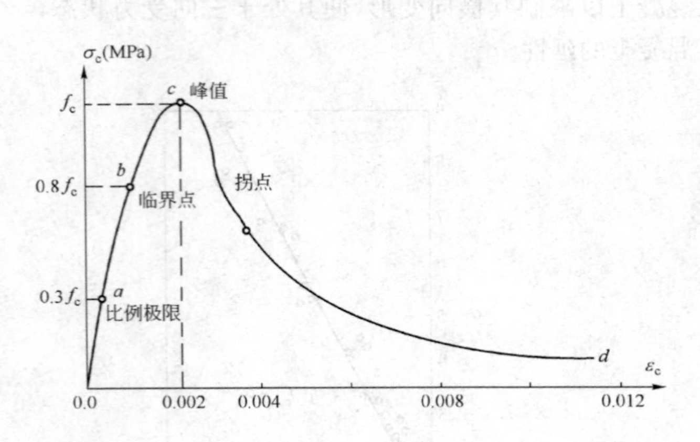

图 2-12 混凝土受压时的应力—应变曲线

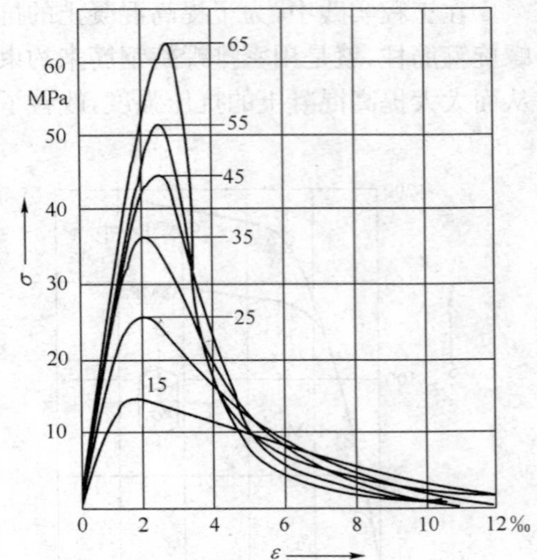

图 2-13 不同强度等级混凝土的受压应力—应变曲线

随着混凝土强度增大，则应力峰值处的应变也稍大些。而对于下降段，混凝土强度有较大的影响，混凝土强度愈高，应力下降愈剧烈，混凝土的延性愈差。另外，加荷速度也影响着混凝土应力—应变曲线的形状。如图 2-14 所示，相同强度混凝土在不同应变速度下的应力—应变曲线。由图 2-14 可见，应变速度愈大，下降段就愈陡，反之，下降段就愈平缓。

(2)混凝土的横向变形系数

混凝土在一次短期加压时，在其纵向产生压缩应变 ε_{cv}，而横向会产生膨胀应变 ε_{ch}，则横向变形系数 ν_c可表示为：

$$\nu_c = \frac{\varepsilon_{ch}}{\varepsilon_{cv}} \tag{2-6}$$

根据国外资料，试件在不同应力 σ 作用下，其 σ-ν_c的关系曲线如图 2-15 所示。我国《混凝土结构设计规范》(GB 50010—2010)和《公路钢筋混凝土及预应力混凝土桥涵设计规范》(JTG D62—2004)，将混凝土横向变形系数 ν_c称为泊松比，并取 $\nu_c=0.2$。

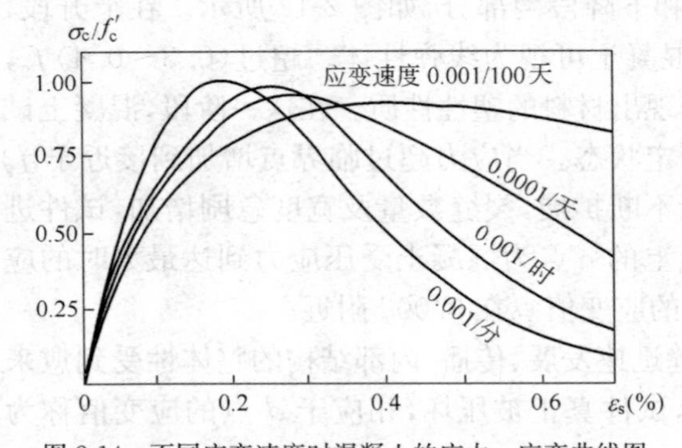

图 2-14 不同应变速度时混凝土的应力—应变曲线图

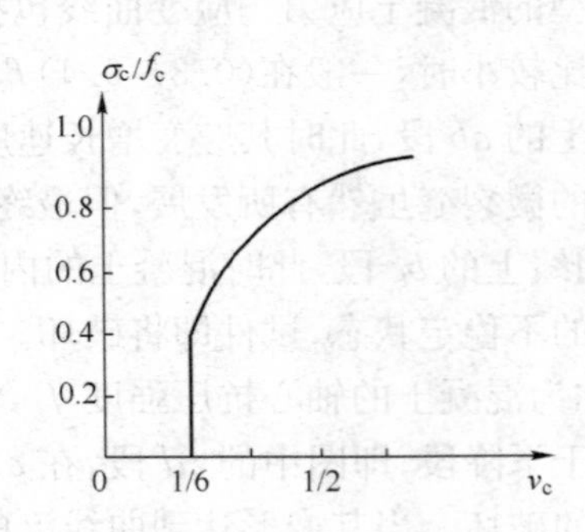

图 2-15 混凝土压应力与横向变形系数 ν_c 的关系

(3)混凝土的弹性模量和变形模量

在钢筋混凝土结构的内力分析和构件的变形计算中，混凝土的弹性模量是重要的力学性能指标。但是混凝土的应力—应变关系是一条曲线，如图 2-16 所示，只是应力很小时接近直线。一般情况下其应力—应变为曲线关系，相应的总应变 ε_c，它是由弹性应变 ε_{ce} 和塑性应变 ε_{cp} 两部分组成，即：

$$\varepsilon_c = \varepsilon_{ce} + \varepsilon_{cp} \tag{2-7}$$

混凝土的受压变形模量有以下三种表示方法：

①混凝土的弹性模量(原点模量)E_c

如图 2-16 所示，在混凝土应力—应变曲线的原点 O 作一切线，其倾角的正切称为混凝土的原点模量，简称弹性模量，以 E_c 表示：

$$E_c = \tan\alpha_0 = \frac{\sigma_c}{\varepsilon_{ce}} \tag{2-8}$$

式中：α_0——混凝土应力—应变曲线在原点处的切线与横坐标的夹角。

目前我国《混凝土结构设计规范》(GB 50010—2010)和《公路钢筋混凝土及预应力混凝土桥涵设计规范》(JTG D62—2004)中弹性模量 E_c 值是用下列方法确定的：采用棱柱体试件，取应力上限为 $0.5f_c$，重复加载 5～10 次。由于混凝土的塑性性质，每次卸载为零时，存在有残余变形。但随着荷载多次重复，残余变形逐渐减小，重复 5～10 次之后，变形趋于稳定，混凝土的应力—应变曲线接近于直线，自原点至应力—应变曲线上 $\sigma=0.5f_c$ 对应点的连线的斜率为混凝土的弹性模量。

按照上述方法，对不同强度等级混凝土测得的弹性模量，经统计分析得出下列经验公式：

$$E_c = \frac{10^5}{2.2 + \dfrac{34.74}{f_{cu,k}}} \tag{2-9}$$

式中：$f_{cu,k}$——混凝土立方体抗压强度标准值。

②混凝土的变形模量(割线模量)E'_c

连接混凝土应力—应变曲线的原点 O 及曲线上的某点 K 作一割线(图 2-16)，K 点混凝土应力为 σ_c，则该割线(OK)的斜率即为混凝土变形模量，也称为割线模量或弹塑性模量，即：

$$E'_c = \tan\alpha_1 = \frac{\sigma_c}{\varepsilon_c} = \frac{\varepsilon_{ce}}{\varepsilon_c} \cdot \frac{\sigma_c}{\varepsilon_{ce}} = \gamma E_c \tag{2-10}$$

式中：γ——混凝土弹性系数。

混凝土变形模量 E'_c 是一个变值，此时弹性系数 γ 也是随着某点应力 σ_c 的增大而减小的。γ 值可根据构件的应用场合，按试验资料来确定。通常在计算中可取：$\sigma \leqslant 0.3f_c$ 时，$\gamma=1.0$；$\sigma=0.5f_c$ 时，$\gamma=0.8$～0.9；$\sigma=0.9f_c$ 时，$\gamma=0.4$～0.7。

③混凝土的切线模量 E''_c

在混凝土应力—应变曲线上某一点 σ_c 处作一切线，该切线的斜率即为相应于应力 σ_c 时的切线模量，即：

$$E''_c = \frac{d\sigma_c}{d\varepsilon_c} = \tan\alpha_2 \tag{2-11}$$

(4)受拉混凝土的变形

混凝土受拉时的应力—应变曲线形状与受压时应力—应变曲线是相似的，当采用等应变速度加载时，同样可测得应力—应变曲线的下降段。受拉混凝土的 σ-ε 曲线的原点切线斜率与受压时基本一致，因此混凝土受拉与受压可采用相同的弹性模量 E_c。相应于混凝土的轴心抗拉强度 f_t 时的弹性系数 $\gamma \approx 0.5$，故相应于 f_t 时的变形模量 $E'_c = \dfrac{f_t}{\varepsilon_t} = 0.5E_c$，如图 2-17

所示。

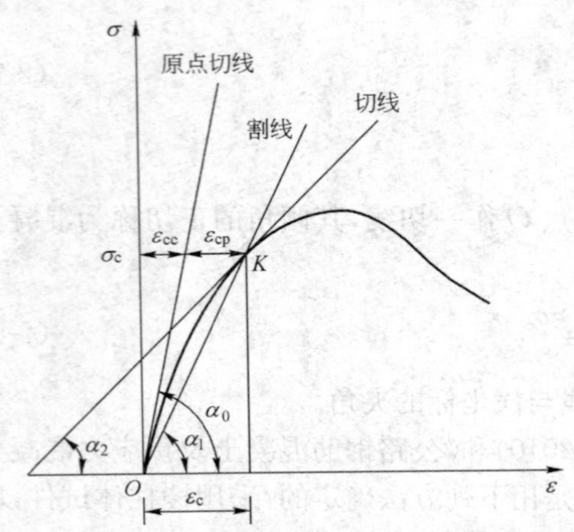

图 2-16 混凝土的弹性模量、变形模量和切线模量

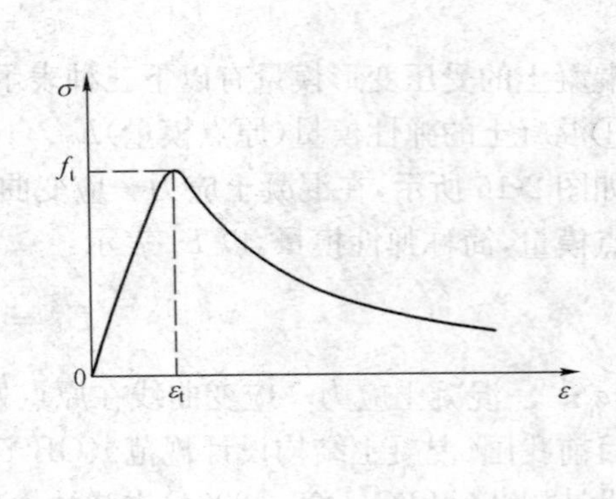

图 2-17 混凝土受拉应力—应变曲线

混凝土的极限拉应变 ε_{tu} 与混凝土的强度、配合比、养护条件等有很大关系，其值在(0.5～2.7)$\times10^{-4}$的范围内波动。混凝土强度越高，极限拉应变也越大。在混凝土构件计算中，对一般混凝土强度，可取 $\varepsilon_{tu}=(1.0\sim1.5)\times10^{-4}$。

(5)混凝土的徐变

混凝土在荷载长期作用下，混凝土的变形将随时间而增长，也就是在应力不变的情况下，混凝土的应变随时间继续增长，这种现象称为混凝土的徐变。

混凝土受力后水泥胶体的黏性流动要持续很长的时间，这是产生徐变的主要原因。由于混凝土收缩与外荷载无关，因此在徐变试验中测得的变形中也包含了混凝土收缩所产生的变形。故在进行混凝土徐变试验的同时，需要用同批混凝土浇筑同样的尺寸的不受荷试件，在同样的环境下进行收缩试验。从量测的混凝土徐变试件的变形中扣除对比的收缩试件的变形，便可得到混凝土徐变变形。

混凝土的徐变与时间的关系如图 2-18 所示，横坐标为时间，以月表示。从图中可看出，加荷至 $\sigma=0.5f_c$ 后使应力保持不变，变形与时间增长的关系。图 2-18 中 ε_{ce} 为加荷时立即出现的弹性变形，ε_{cr} 为混凝土的徐变。前 4 个月徐变增长较快，6 个月可达最终徐变的 70%～80%，以后增长逐渐缓慢，2 年的徐变约为弹性变形的(2～4)倍。如图 2-18 所示，在 B 点卸载时瞬时恢复的变形为 ε'_{ce}，经过一段时间(约为 20d)，由于水泥胶体黏性流动又逐渐恢复的变形 ε''_{ce} 称为弹性后效，最后剩下的不可恢复变形为 ε'_{cr}。

影响混凝土徐变的因素较多，其主要规律如下：

①施加的初应力对混凝土徐变的影响如图 2-19 所示。当压应力 $\sigma_c<0.5f_c$ 时，徐变大致与应力成正比，称为线性徐变。混凝土的徐变随加载时间的增长而逐渐增加，在加荷初期增长较快，以后逐渐减缓；当压应力 $\sigma_c>0.5f_c$ 时，混凝土徐变的增长较应力的增大为快，这种现象称为混凝土的非线性徐变；应力过高($\sigma_c>0.8f_c$)时的非线性徐变往往是不收敛的，从而导致混凝土破坏。

②加荷龄期对混凝土徐变的影响。受荷时混凝土的龄期越短，混凝土中尚未完全结硬的水泥胶体在混凝土中所占比例也越大，因此，混凝土结构过早的受荷(如拆模过早)将产生较大的徐变，对结构不利。

③混凝土的组成成分对混凝土徐变的影响。水灰比越大，水泥水化后残余的游离水越多，

徐变也越大；水泥用量越多，水泥凝胶体在混凝土中所占比重越大，徐变也就越大；骨料越坚硬，弹性模量越高，则徐变越小。

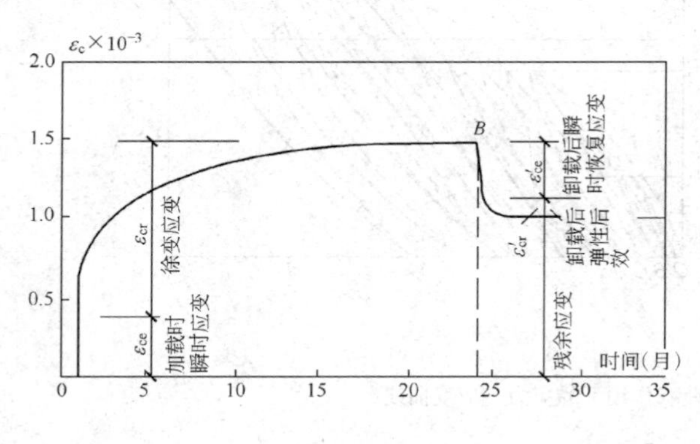

图 2-18　混凝土的徐变—时间曲线

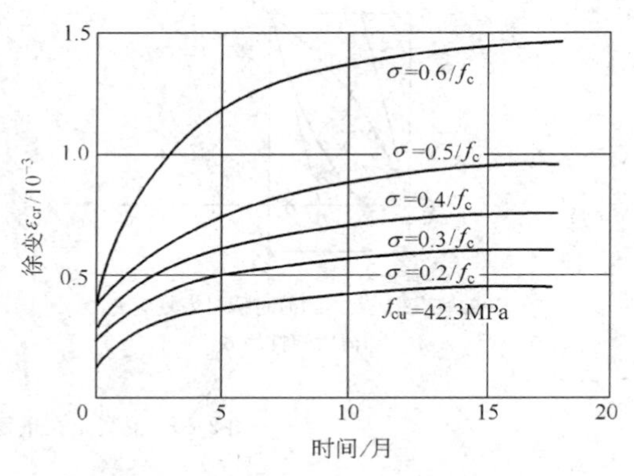

图 2-19　混凝土徐变与初应力的关系

④外部环境对混凝土徐变的影响。受荷前养护的湿度越大，温度越高，水泥水化作用越充分，则徐变越小。加荷期间温度越高，湿度越低，徐变越大。

混凝土的徐变对混凝土结构或构件受力性能将产生重要的影响。如受弯构件在长期荷载作用下由于压区混凝土的徐变，可加大混凝土构件的挠度；由于混凝土的徐变，在构件截面上引起钢筋和混凝土之间的应力重分布；在预应力混凝土中，可能引起预应力损失等等。

(6)混凝土在荷载重复作用下的变形(疲劳变形)

混凝土的疲劳是在荷载重复作用下产生的。混凝土在荷载重复作用下引起的破坏称为疲劳破坏。疲劳现象大量存在于土木工程结构中，如钢筋混凝土吊车梁受到吊车自重及其重物所产生荷载的重复作用；在公路桥梁中钢筋混凝土桥梁结构受到车辆振动的影响；在港口海岸的混凝土结构受到波浪冲击而引起损伤等都属于疲劳破坏现象。疲劳破坏的特征是裂缝小而变形大，在重复荷载作用下，混凝土的强度和变形有着重要的变化。

图 2-20 是混凝土棱柱体在多次重复荷载作用下的应力—应变曲线。从图 2-20 中可以看出，对混凝土棱柱体试件，一次加载应力 σ_1 小于混凝土疲劳强度 f_c^f 时，其加载卸载应力—应变曲线 OAB 形成了一个环状。而在多次加载、卸载作用下，应力—应变环会越来越密合，经过多次重复，这个曲线就密合成一条直线。如果再选择一个较高的加载应力 σ_2，但是 σ_2 仍小于混凝土疲劳强度 f_c^f 时，其加载卸载的规律同前，多次重复以后仍形成密合直线。如果选择一个高于混凝土疲劳强度 f_c^f 的加载应力 σ_3，刚开始时，混凝土应力—应变曲线凸向应力轴，在重复荷载过程中逐渐变成直线，在经过多次重复加载卸载后，其应力—应变曲线由凸向应力轴而逐渐凸向应变轴，以致加载卸载不能形成封闭环，这就标志着混凝土内部微裂缝的发展加剧趋近破坏。随着重复荷载次数的增加，应力—应变曲线倾角不断减小，至荷载重复到某一定次数时，混凝土试件会因严重开裂或变形过大而导致破坏。

混凝土的疲劳强度用疲劳试验确定。疲劳试验的试件采用 100mm×100mm×300mm 或 150mm×150mm×450mm 的棱柱体，把能使棱柱体承受 200 万次或其以上循环重复荷载而发生破坏的压应力值称为混凝土的疲劳抗压强度。

施加荷载时混凝土的应力大小是影响应力—应变曲线不同发展和变化的关键因素，即混凝土的疲劳强度与重复荷载作用时的应力变化幅度有关。在相同的重复次数下，疲劳强度随着疲劳应力比值的增大而增大。疲劳应力比值按下式计算

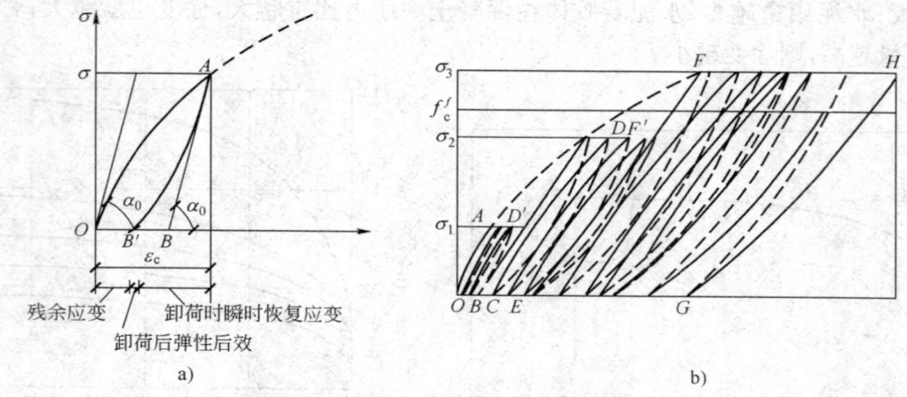

图 2-20　混凝土在重复荷载作用下的应力—应变曲线

$$\rho_c^f = \frac{\sigma_{c,min}^f}{\sigma_{c,max}^f} \tag{2-12}$$

式中：$\sigma_{c,min}^f$——构件疲劳验算时，截面同一纤维上的混凝土最小应力；

$\sigma_{c,max}^f$——构件疲劳验算时，截面同一纤维上的混凝土最大应力。

2. 混凝土的非受力变形

混凝土的非受力变形包括混凝土的收缩、膨胀和温度变形。

(1)混凝土的收缩与膨胀

混凝土在空气中硬化时体积会缩小，称为混凝土的收缩；混凝土在水中结硬时体积会增大，称为混凝土的膨胀。

如图 2-21 所示，混凝土的收缩变形随着时间而增长，初期收缩变形发展较快，二周后可完成全部收缩量的 25%，一个月约可完成 50%，三个月后增长缓慢，一般两年后趋于稳定，最终收缩值约为$(2\sim5)\times10^{-4}$。

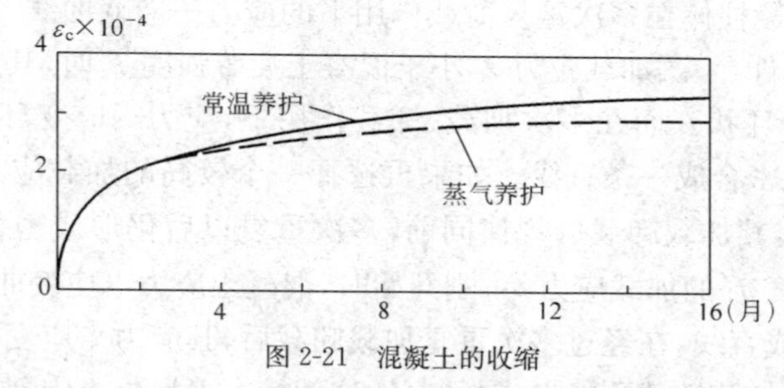

图 2-21　混凝土的收缩

引起混凝土收缩的原因有两部分：一是在硬化初期主要是水与水泥的水化作用，形成的水泥结晶体，这种晶体化合物较原材料体积小，因而引起混凝土体积的收缩，即所谓凝缩；二是在后期主要是混凝土内部自由水蒸发而引起的干缩。

混凝土的组成、配合比是影响混凝土收缩的重要因素。水泥用量越多、水灰比越大，收缩就越大。集料的级配好、弹性模量高，可减少混凝土的收缩量。这是因为集料对水泥石的收缩有制约作用，粗集料所占体积比越大，强度越高，对收缩的制约作用就越大。

混凝土在硬化过程中干燥失水是引起收缩的重要原因，所以构件的养护条件，使用环境的温湿度，以及凡是影响混凝土中水分保持的因素，都对混凝土收缩有影响。在高温湿养时，水泥水化作用加快，使可供蒸发的自由水分较少，从而使收缩减少；使用环境温度越高，相对湿度越小，其收缩越大。

混凝土收缩对于混凝土结构有不利影响。混凝土如果在构件中受到约束，就要产生收缩应力，收缩应力过大，就会使得混凝土内部或表面产生裂缝，因此应尽量设法减少混凝土的收缩应力。如在结构中设置温度收缩缝，可以减少其收缩应力。在构件中设置构造钢筋，使收缩应力均匀，可避免发生集中的大裂缝。

(2)混凝土的温度变形

当温度变化时，混凝土体积同样也有热胀冷缩的性质。混凝土的温度线胀系数随集料的性质和配合比不同而略有不同，以每摄氏度计，约为$(1.0\sim1.5)\times10^{-5}$，《规范》取为$1.0\times10^{-5}$。它与钢筋的线胀系数相近$(1.2\times10^{-5})$。因此，当温度发生变化时，在混凝土与钢筋之间仅引起很小的内应力，不致产生有害的影响。

三、混凝土强度等级的选用

按我国《混凝土结构设计规范》(GB 50010—2010)规定，在建筑工程中，素混凝土结构的混凝土强度等级不应低于C15；钢筋混凝土结构的混凝土强度等级不应低于C20；当采用400MPa以上的钢筋时，混凝土强度等级不应低于C25；承受重复荷载的钢筋混凝土构件，混凝土强度等级不应低于C30。预应力混凝土结构的混凝土强度等级不宜低于C40，且不应低于C30。

第三节　钢筋和混凝土之间的黏结

一、黏结应力的定义及工程意义

在钢筋混凝土结构中，钢筋和混凝土两种不同性质的材料之所以能够共同工作，主要是依靠钢筋和混凝土之间的黏结应力。由于这种黏结应力的存在，使得钢筋和周围混凝土之间的内力得到相互传递。

所谓黏结应力，就是钢筋与混凝土接触面上的剪应力。为了更清楚地了解黏结应力的定义，我们以图2-22所示的钢筋混凝土轴心受拉构件为例来进一步说明。轴向拉力N通过钢筋施加在构件端部截面(或裂缝截面，构件长度l相当于裂缝间距)。在端部截面轴力N由钢筋承担，故钢筋应力$\sigma_s=N/As$，混凝土应力$\sigma_c=0$。进入构件以后，由于钢筋与混凝土间具有黏结应力，限制了钢筋的自由拉伸，在界面上产生黏结应力τ，将部分拉力传给混凝土，使混凝土受拉。黏结应力τ的大小取决于钢筋与混凝土之间的应变差$(\varepsilon_s-\varepsilon_c)$［图2-22e)］。随着距端截面距离的增大，钢筋应力σ_s相应的应变ε_s减小，混凝土的拉应力σ_c(相应的应变ε_c)增大，二者的应变差逐渐减小。直到距端部l_t处钢筋与混凝土应变相同，相对变形消失，黏结应力$\tau=0$。图2-22f)为自构件端部$x<l_t$处取出的长度为dx的微段的平衡图。设钢筋直径为d，截面面积为$A_s=\pi d^2/4$，则有：

$$\pi d\cdot\tau\cdot dx=d\sigma_s\cdot\frac{\pi d^2}{4}$$

或
$$\tau=\frac{d}{4}\cdot\frac{d\sigma_s}{dx}\tag{2-13}$$

上式表明，黏结应力使钢筋发生应力变化，或者说没有黏结应力τ就不会产生钢筋应力的增量$d\sigma_s$；反之，没有钢筋应力的变化就不存在黏结应力τ。因此，在构件中间距端部超过l_t的

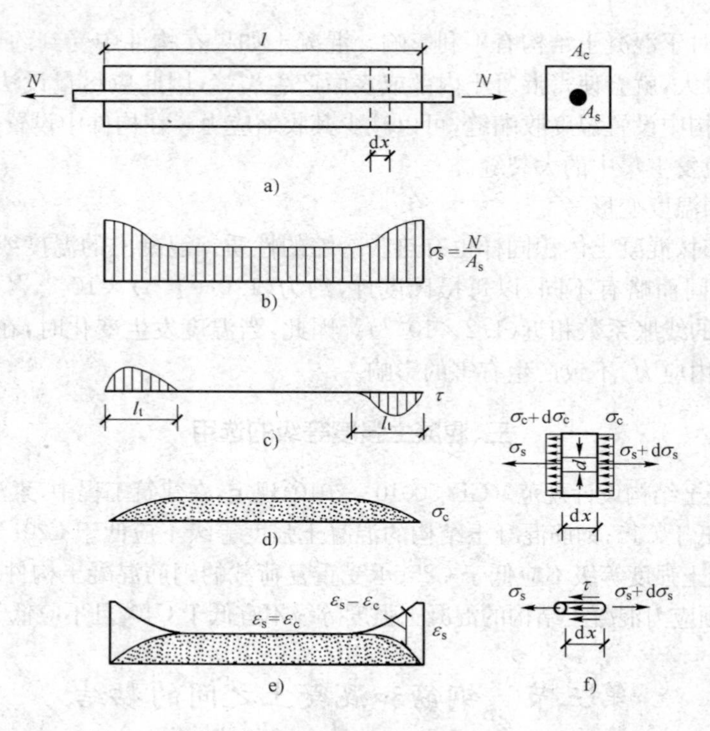

图 2-22 钢筋混凝土轴心受拉构件裂缝出现前的应力分布

各截面上 $\tau=0$，钢筋应力 σ_s 及混凝土应力 σ_c 均不再改变，保持常值。

上述探讨的是裂缝间的局部黏结应力，它是相邻两个截面之间产生的，钢筋的应力受到黏结应力的影响，黏结应力使相邻两个裂缝之间混凝土参与受拉。对于构件承载能力至关重要的是钢筋在支座及节点处的锚固黏结应力。图 2-23 所示为梁柱及屋架的支座中须有足够的锚固长度(l_a)，通过这段长度上黏结应力 τ 的积累，才能使钢筋中建立其所需发挥的应力。如果说局部黏结应力的丧失只影响到构件的刚度和裂缝开展，而锚固黏结应力的丧失将使构件提前破坏，从而降低构件的承载能力。

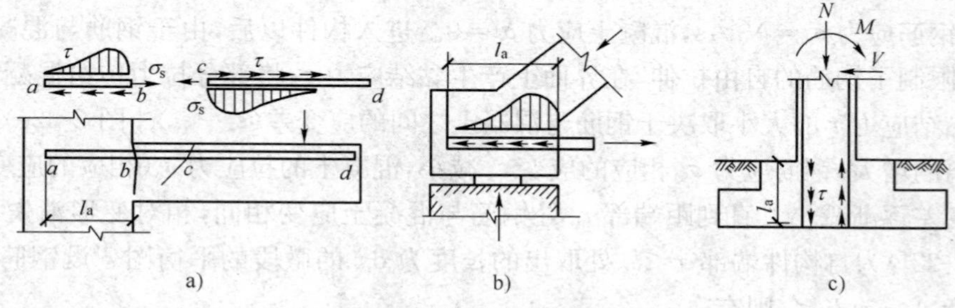

图 2-23 钢筋在支座中的锚固

二、黏结力的组成

钢筋与混凝土之间的黏结力由以下 4 部分组成：

(1)混凝土内水泥颗粒的水化作用形成了凝胶体，对钢筋表面产生的胶结力。

(2)混凝土硬化时体积收缩，对钢筋表面产生的摩擦力。

(3)钢筋表面凸凹不平与混凝土之间产生的机械咬合力。

(4)在钢筋的端部设置弯钩、弯折、或加焊短筋等提供的附加咬合作用。

三、黏结破坏机理分析

钢筋和混凝土之间的黏结力破坏过程为:当荷载较小时,钢筋与混凝土接触面上的剪应力完全由胶结力承担,接触面基本不滑动。随着荷载的增加,胶结力的黏结作用被破坏,钢筋与混凝土产生相对滑移,此时其剪应力由接触面上的摩擦力承担。对于光面钢筋来讲,黏结力主要靠摩阻力。当荷载继续增加,抵抗接触面上的剪应力就要靠咬合力承担。光面钢筋的咬合力是指钢筋表面的凸凹不平而形成的机械咬合力;对于带肋钢筋,咬合力是指带肋钢筋肋间嵌入混凝土而形成的机械咬合作用。如图 2-24 所示为带肋钢筋与混凝土的相互作用,横肋对混凝土的挤压就像一个楔,斜向挤压力不仅产生沿钢筋表面的切向分力,而且产生沿钢筋径向的环向分力,当荷载增加时,因斜向挤压作用,在肋顶前方首先斜向开裂形成内裂缝,同时肋前混凝土破碎形成楔的挤压面。在环向分力作用下的混凝土,就像承受内压力的管壁,管壁的厚度就是混凝土保护层厚度,径向分力使混凝土产生径向裂缝,沿构件长度方向形成纵向劈裂破坏。

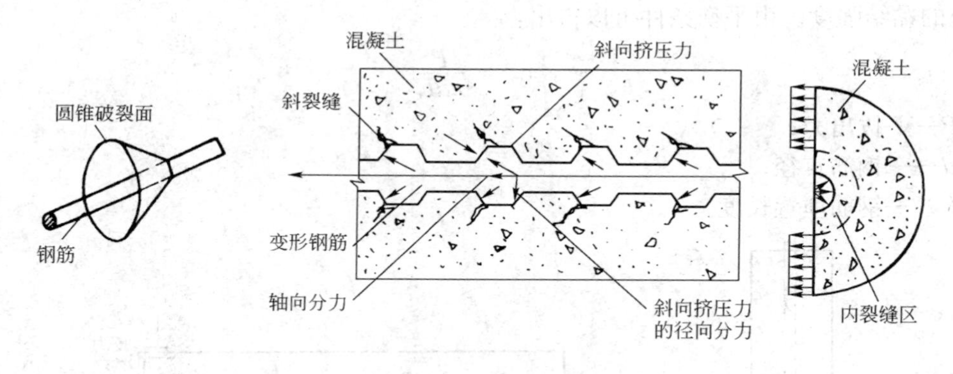

图 2-24　黏结破坏机理

四、影响钢筋与混凝土之间黏结强度的主要因素

1. 混凝土强度等级

试验表明,混凝土强度等级越高,钢筋与混凝土之间的黏结强度越高。

2. 钢筋的表面形状

带肋钢筋的黏结强度比光面钢筋要高出 1～2 倍。带肋钢筋的肋条形式不同,其黏结强度也略有不同,月牙纹钢筋的黏结强度比螺纹钢筋的要大 5%～15%。带肋钢筋的肋高随钢筋直径的增大相对变矮,所以黏结强度下降。

3. 浇筑时钢筋的位置

对于浇筑深度超过 300mm 以上的"顶部"水平钢筋,其底面的混凝土由于水分、气泡的逸出和泌水下沉,与钢筋之间形成了孔隙层,从而削弱了钢筋与混凝土的黏结作用。

4. 保护层厚度和钢筋净距

当混凝土保护层厚度较薄时，其黏结力也下降，并在保护层最薄位置，容易出现纵向的劈裂裂缝，促使黏结提早破坏。同样，保持一定的钢筋净距，可以提高钢筋周围混凝土的抗劈裂能力，从而提高钢筋与混凝土的黏结强度。

5. 横向配筋的影响

横向钢筋(如梁中的箍筋)可以延缓径向劈裂裂缝的发展和限制劈裂裂缝的宽度，从而可以提高黏结强度。因此，在较大钢筋直径的锚固或搭接长度范围内，以及当一层并列钢筋根数较多时，均应设置一定数量的附加箍筋，以防止混凝土保护层的劈裂崩落。

五、黏结强度的测定

钢筋与混凝土的黏结强度一般是通过实验方法来确定，图 2-25 为钢筋拔出试验示意图。试验研究表明，钢筋与混凝土之间的黏结应力的分布呈曲线形，且光面钢筋与带肋钢筋的黏结应力分布图形有明显的不同。通常以拔出试验中黏结失效的最大平均黏结应力，作为钢筋和混凝土的黏结强度。由平衡条件可以得出：

$$\tau_{m} = \frac{P}{\pi d L} \tag{2-14}$$

式中：P——拔出力；

d——钢筋直径；

L——钢筋埋置长度。

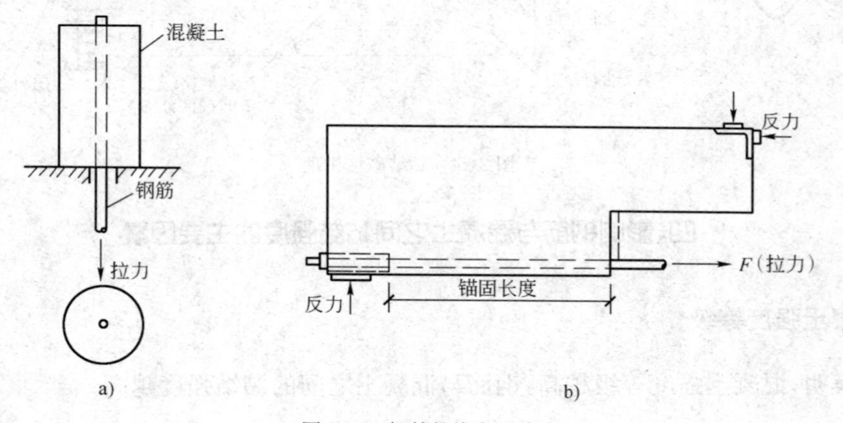

图 2-25 钢筋的拔出试验

第四节 钢筋的锚固与连接

一、钢筋的锚固

钢筋的锚固是指通过混凝土中设置埋置段(又称锚固长度)或机械措施将钢筋所受的力传递给混凝土，使钢筋锚固于混凝土而不被拔出，其目的保证钢筋与混凝土的可靠黏结。以钢筋达到屈服强度 $f_{y}(f_{py})$ 时而不发生黏结锚固破坏来确定基本锚固长度 l_{ab}，则由平衡条件可以推出下式：

$$l_{ab}=\alpha\frac{f_y}{f_t}d \tag{2-15a}$$

或

$$l_{ab}=\alpha\frac{f_{py}}{f_t}d \tag{2-15b}$$

式中：l_{ab}——纵向受拉钢筋的基本锚固长度；

f_y、f_{py}——普通钢筋、预应力筋的抗拉强度设计值；

f_t——混凝土轴心抗拉强度设计值。当混凝土强度等级高于C60时，按C60取值；

d——锚固钢筋的直径；

α——锚固钢筋的外形系数，按表2-1取用。

锚固钢筋外形系数 α 表2-1

钢筋类型	光面钢筋	带肋钢筋	螺旋类钢丝	三股钢绞线	七股钢绞线
α	0.16	0.14	0.13	0.16	0.17

注：光面钢筋末端应作180°弯钩，弯后平直长度不应小于3d，但作为受压钢筋时可不作弯钩。

在实际工程中，受拉钢筋的锚固长度一般情况下可取基本锚固长度 l_{ab}。考虑各种可能影响钢筋与混凝土黏结锚固强度的因素，当采取不同的埋置方式和构造处理时，钢筋的锚固长度 l_a 应按下式计算：

$$l_a=\zeta_a l_{ab} \tag{2-16}$$

式中：l_a——受拉钢筋的锚固长度；

ζ_a——锚固长度修正系数。对普通钢筋按下面的规定取用，当多于一项时，可按连乘计算，但锚固长度修正系数不应小于0.6，且 l_a 不小于200mm。

《混凝土结构设计规范》(GB 50010—2010)规定，纵向受拉钢筋的锚固长度修正系数 ζ_a 应按下列规定取用：

(1)当带肋钢筋的公称直径大于25mm时取1.10。

(2)环氧树脂涂层带肋钢筋取1.25。

(3)施工过程中受扰动的钢筋取1.10。

(4)当纵向受力钢筋的实际配筋面积大于其设计计算面积时，修正系数取设计计算面积与实际计算面积的比值，但对于有抗震设防要求及直接承受动力荷载的结构构件，不应考虑此项修正。

(5)锚固钢筋的保护层厚度为 $3d$ 时修正系数可取0.80，保护层厚度为 $5d$ 时修正系数可取0.70，中间按内插取值，此处 d 为锚固钢筋的直径。

(6)当纵向受拉钢筋末端采用钢筋弯钩或机械锚固措施时，包括弯钩或锚固末端在内的锚固长度(投影长度)可取为基本锚固长度 l_{ab} 的60%。弯钩和机械锚固的形式和技术要求应符合图2-26及表2-2的规定。

钢筋弯钩和机械锚固的形式和技术要求 表2-2

锚固形式	技术要求	锚固形式	技术要求
90°弯钩	末端90°弯钩，弯钩内径 $4d$，弯后直段长度 $12d$	两侧贴焊锚筋	末端一侧贴焊长 $3d$ 同直径钢筋
135°弯钩	末端135°弯钩，弯钩内径 $4d$，弯后直段长度 $5d$	焊端锚板	末端与厚度 d 的锚板穿孔塞焊
一侧贴焊锚筋	末端两侧贴焊长 $5d$ 同直径钢筋	螺栓锚头	末端旋入螺栓锚头

注：①焊缝和螺纹长度应满足承载力要求；

②螺栓锚头和焊接锚板的承压净面积不应小于锚固钢筋截面面积的4倍；

③螺栓锚头的规格应符合相关标准的要求；

④螺栓锚头和焊接锚板的钢筋净距不宜小于 $4d$，否则应考虑群锚效应的不利影响；

⑤截面角部的弯钩和一侧贴焊锚筋的布筋方向宜向截面内侧偏置。

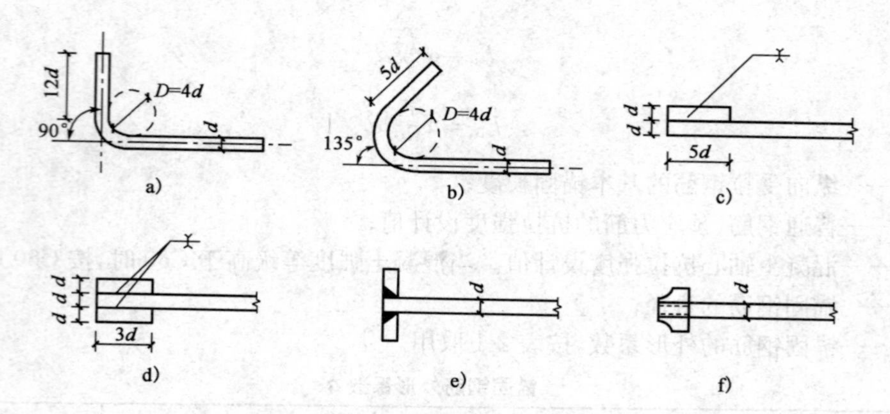

图 2-26　弯钩和机械锚固的形式和技术要求

a)弯折；b)弯钩；c)一侧贴焊；d)两侧贴焊；e)穿孔塞焊锚板；f)螺栓锚头

混凝土结构中的纵向受压钢筋，当计算中充分利用其抗压强度时，锚固长度不应小于相应受拉锚固长度的70％。

二、钢筋的连接

钢筋的接头可分为绑扎、机械连接或焊接三种类型。机械连接及焊接接头的类型及质量应符合国家现行有关标准的规定。详见第五章钢筋构造要求。

思考题

2-1　钢筋混凝土结构和预应力混凝土结构中的钢筋或钢丝有哪几种？

2-2　何谓硬钢、软钢？它们的应力—应变曲线有哪些不同？

2-3　何谓软钢的屈服强度？何谓硬钢的条件屈服强度？

2-4　钢筋的力学性能指标有哪些？钢筋的塑性指标有哪些？

2-5　混凝土结构对钢筋性能有哪些要求？

2-6　我国的《混凝土结构设计规范》是如何确定混凝土的强度等级的？

2-7　我国混凝土结构设计规范将混凝土的强度等级划分为多少等级？设计时如何选用？

2-8　混凝土的立方体抗压强度是如何确定的？

2-9　确定混凝土轴心抗压强度时为什么要求棱柱体试件的高宽比不小于2？

2-10　影响混凝土强度的因素有哪些？

2-11　混凝土的变形模量有哪几种表示方法？混凝土的弹性模量是如何确定的？

2-12　何谓混凝土的徐变？影响混凝土徐变的因素有哪些？

2-13　何谓混凝土的收缩？影响混凝土收缩的因素有哪些？

2-14　钢筋和混凝土之间的黏结作用由哪几部分组成？影响钢筋与混凝土之间黏结强度的主要因素有哪些？

2-15　何谓钢筋的基本锚固长度 l_{ab}？何谓钢筋的锚固长度 l_a？它们之间有何关系？

第三章 混凝土结构的设计方法

DISANZHANG

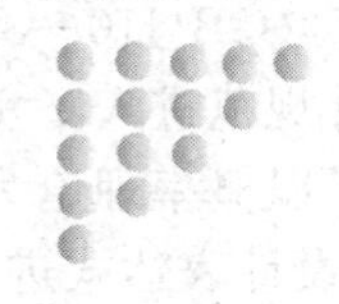

第一节 混凝土结构设计理论发展简史

在建筑工程中，建筑结构处于双重空间：一是自然空间；二是建筑空间。所谓自然空间，就是指建筑物建于地球表面，处于自然界中，要能够抵御自然界的各种作用，如风、雪、雨及地震等；所谓建筑空间，就是指建筑结构构件，按照一定组合原则形成主体结构，形成的供人们使用的空间。要求结构能承受建筑空间在使用过程中的各种作用，如人群、家具、设备等。在公路桥涵工程中，桥梁结构既要满足桥面行车的要求，又要有抵御地震作用、洪水和冰块撞击的能力，同时有的桥梁还要满足桥下通航的要求等。如何设计才能保证工程结构既安全可靠，又经济合理，在很大程度上取决于结构设计理论。

早期的钢筋混凝土结构设计理论是以弹性理论为基础的允许应力计算法。这种方法要求结构在规定的荷载作用下，按弹性理论计算的截面应力不大于规定的允许应力。而允许应力是由材料强度除以安全系数求得，安全系数则根据经验和主观判断确定。但是混凝土材料并不是匀质弹性材料，而是有着明显的弹塑性性能。因此，用弹性理论为基础的设计方法，不能如实地反映构件截面的应力状态，不能正确地计算出结构构件的截面承载力，也就不能准确地反映钢筋混凝土结构的可靠性。

在旧中国，混凝土结构设计与其他材料结构设计一样，没有一本属于本国自己的结构设计规范。新中国成立后，立即在全国范围内展开了大规模经济恢复建设，急迫需要保证工程功能及质量的各种材料结构设计规范。当时情况下既无条件也无能力立即着手编制自己的结构设计规范，所以就采用了前苏联的结构设计规范。在 20 世纪 50 年代，前苏联提出了极限状态计算法。极限状态法是破坏阶段计算法的发展，它规定了结构的极限状态，并把单一安全系数改为三个系数，即荷载系数、材料系数和工作条件系数，故又称“三系数法”。我国在 1966 年颁布的《钢筋混凝土结构设计规范》(GB 21—1966)，即采用的这一方法。随着我国经济建设的发展，在我国大规模的工业与民用建筑的建设中，日益突显设计规范的发展滞后带来的问题。原国家建设委员会主管标准部门于 1971 年组织开展了一轮全国制定工程建设标准规范的活动。经过我国学者的努力，于 1974 年颁布了《钢筋混凝土结构设计规范》(TJ 10—74)，该规范采用了极限状态计算法，但在承载力计算中仍采用了半经验、半统计的单一安全系数。不容置疑的是1974年设计规范的修订，标志着我国自己制订(修订)设计规范进入了起步阶段。

20世纪80年代以后，国际上开始应用概率理论来研究和解决结构可靠度问题。在改革开放政策的指引下，我国结构设计规范也开始进入了跨越式发展阶段。我国于1984年颁布了《建筑结构设计统一标准》(GB J68—84)(简称原《统一标准》)，采用了以概率理论为基础的极限状态设计法，从而使结构设计可靠度具有比较明确的物理意义。在学习国外科研成果和总结我国工程实践的基础上，我国于1989年颁布的《混凝土结构设计规范》(GB J10—89)，使混凝土结构设计达到或基本达到当时的国际水平。近年来，我国结构设计规范进入了实施全面与国际接轨阶段。我国现行混凝土结构及公路桥涵设计规范，均采用了以概率理论为基础的极限状态设计法，以可靠度指标度量结构构件的可靠度，以分项系数的设计表达式进行设计。其中《混凝土结构设计规范》(GB 50010—2002)的可靠度设计，遵循了国家标准《建筑结构可靠度设计统一标准》(GB 50068—2001)(以下简称新《统一标准》)，《公路钢筋混凝土及预应力混凝土桥涵设计规范》(JTG D62—2004)(以下简称《公路桥涵设计规范》)，按照国家标准《公路工程结构可靠度设计统一标准》(GB/T 50283—1999)的设计原则制定的。标志着我国结构设计规范已进入了全新的时代。进入21世纪后，随着我国经济的发展和工程建设的需要，人们对建筑结构安全性、适用性、耐久性以及防灾减灾的要求进一步提高。为了在基本建设行业落实可持续发展的战略，满足人们的需求，我国对《混凝土结构设计规范》(GB 50010—2002)进行了修订，2010年住建部又颁布了《混凝土结构设计规范》(GB 50010—2010)。

目前，国际上将概率方法按精确程度不同，分为半概率法、近似概率法、全概率法三个水准。

(1)水准Ⅰ——半概率法。对影响结构可靠度的某些参数，如荷载值和材料强度值等，用数理统计进行分析，并与工程实际经验相结合，引入某些经验系数。该方法对结构的可靠度还不能作出定量的估计。我国的《钢筋混凝土结构设计规范》(TJ 10—74)基本上属于此法，所以称其为半经验半概率极限状态设计法。

(2)水准Ⅱ——近似概率法。将结构抗力和荷载效应均作为随机变量，按给定的概率分布估算结构的失效概率或可靠指标，在分析中采用平均值和标准差两个统计参数，且对设计表达式进行线性化处理，也称为"一次二阶矩法"，它实际上是一种实用的近似概率计算法。为了便于应用，在具体设计时采用分项系数表达的极限状态设计表达式，各分项系数根据可靠指标分析确定。我国现行的《混凝土结构设计规范》、《公路钢筋混凝土及预应力混凝土桥涵设计规范》采用的就是近似概率法。

(3)水准Ⅲ——全概率法。该方法是完全基于概率理论的设计方法。

第二节　结构的功能和极限状态

一、结构的功能

进行结构设计的基本目的是要在一定经济条件下，使结构在规定的使用期限内，能满足设计所预期的各种功能要求。结构的功能包括安全性、适用性和耐久性。

(1)安全性。要求结构能够承受正常施工和正常使用时可能出现的各种作用(如荷载、温度变化、地震等)，以及在偶然事件发生时及发生后，结构仍能保持必需的整体稳定性，即结构仅产生局部损坏而不致发生连续倒塌。

(2)适用性。即要求结构在正常使用时具有良好的工作性能(如不发生影响使用的过大变形或振幅;不发生过大的裂缝等)。

(3)耐久性。即要求结构在正常维护下具有足够的耐久性,不发生钢筋锈蚀和混凝土风化现象。

二、结构的极限状态

结构在使用过程中,整个结构或结构的一部分超过某一特定状态就不能满足设计的某一功能的要求,此特定状态称为该功能的极限状态。极限状态是区分结构工作状态的可靠或失效的标志。结构的极限状态可分为承载能力极限状态和正常使用极限状态两类。

1. 承载能力极限状态

承载能力极限状态是指对应于结构或结构构件达到最大承载能力,出现疲劳或不适于继续承载的变形。当结构或构件出现下列状态之一时,应为超过了承载能力极限状态:当结构构件或连接因超过材料强度而破坏(包括疲劳破坏),或因过度变形而不适于继续承载;整个结构或构件的一部分作为刚体失去平衡(如倾覆等);结构转变为机动体系;结构或结构构件丧失稳定(如压曲等);地基丧失承载力而破坏(如地基失稳等)。超过承载能力极限状态后,结构或构件就不能满足安全性要求。

2. 正常使用极限状态

正常使用极限状态是指结构或构件达到正常使用或耐久性能的某项规定的极限值。当结构或构件出现下列状态之一时,应认为超过了正常使用极限状态:影响正常使用或外观的过大变形;影响正常使用或耐久性的局部损坏(包括裂缝);影响正常使用的振动;影响正常使用的其他特定状态。超过了正常使用极限状态,结构或构件就不能保证适用性和耐久性功能的要求。

结构或构件按承载能力极限状态进行计算后,还应根据设计状况,对结构或构件按正常使用极限状态进行验算。

第三节　结构的可靠度和极限状态方程

一、作用效应和结构抗力

任何结构或结构构件中都存在着对立的两个方面:作用效应 S 和结构抗力 R。这是结构设计中必须要解决的两个问题。

结构上的作用分为直接作用和间接作用两种。直接作用是指施加在结构上的荷载,如恒荷载、活荷载和雪荷载等。间接作用是指引起结构外加变形和约束变形的其他作用,如地基不均匀沉降、混凝土收缩、温度变化等。

结构上的作用可按下列原则分类。

1. 按随时间的变异分类

(1)永久作用。在设计基准期内量值不随时间变化或其变化与平均值相比可以忽略不计的作用。

(2)可变作用。在设计基准期内量值随时间变化，且其变化与平均值相比不可忽略的作用，其统计规律与时间有关。例如安装荷载、楼面活荷载、风荷载、雪荷载、吊车荷载、汽车荷载和温度变化等。

(3)偶然作用。在设计基准期内不一定出现，而一旦出现，其量值很大且持续时间很短的作用。例如地震、爆炸、撞击等。

2. 按随空间位置的变异分类

(1)固定作用。在结构上具有固定分布的作用。例如工业与民用建筑楼面上的固定设备荷载、结构构件自重等。

(2)自由作用。在结构上一定范围内可以任意分布的作用。例如工业与民用建筑中楼面上的人员荷载、吊车荷载、桥梁上车辆荷载等。

3. 按结构的反应特点分类

(1)静态作用。使结构产生的加速度可以忽略不计的作用。例如结构的自重、住宅和办公楼面活荷载等。

(2)动态作用。使结构产生的加速度不可忽略的作用。例如地震、吊车荷载、汽车荷载、设备的振动等。

作用效应 S 是指作用引起的结构或构件的内力、变形等。

结构抗力 R 是指结构或构件承受作用效应的能力，如结构构件的承载力、刚度和抗裂度等。它主要与结构构件的材料性能和几何参数以及计算模式精确性有关。

二、结构的可靠性和可靠度

结构和结构构件在规定的时间内、规定的条件下完成预定功能的可能性，称为结构的可靠性。结构的作用效应小于结构抗力时，结构处于可靠工作状态；反之，结构处于失效状态。

由于作用效应和结构抗力都是随机的，因而结构不满足其功能要求的事件也是随机的。按照概率理论，把出现前一事件(不满足其功能要求)的概率称为结构的失效概率，记为 P_f；把出现后一事件(满足其功能要求)的概率称为可靠概率，记为 P_s。

结构的可靠概率也称为结构的可靠度。更确切地说，结构在规定的时间内、规定的条件下，完成预定功能的概率称为结构的可靠度。由此可见，结构的可靠度是结构可靠性的概率度量。

由概率理论可知，结构的可靠概率和失效概率是互补的，即 $P_f+P_s=1$。因此，结构的可靠性也可用结构的失效概率来度量。目前，国际上已比较一致认为，用结构的失效概率来度量结构的可靠性能比较确切地反映问题的本质。

三、设计基准期和设计使用年限

1. 设计基准期

必须指出，结构的可靠度与使用期有关。这是因为设计中所考虑的基本变量，如荷载(尤其是可变荷载)和材料性能等，大多是随时间变化而变化的，因此，在计算结构可靠度时，必须确定结构的使用期，即设计基准期。换句话说，设计基准期是为确定可变作用及与时间有关的材料性能等取值而选用的时间参数(我国建筑工程中取用的设计基准期为 50 年,公路桥涵设计基准期为 100 年)。还必须说明,当结构的使用年限达到或超过设计基准期后,并不意味着结构立即报废,而只意味着结构的可靠度将逐渐降低。

2. 设计使用年限

设计使用年限是设计规定的一个期限,在这一规定的时期内,结构或结构构件只需进行正常的维护(包括必要的检测、维护和维修)而不需要进行大修就能按预期目的使用,完成预期的功能。即结构在正常设计、正常施工、正常使用和维护下所应达到的使用年限。换句话说,在设计使用年限内,结构和结构构件在正常维护下应能保持其使用功能,而不需进行大修加固。建筑工程中结构的使用年限应按表 3-1 采用,若建设单位(或业主)提出更高要求,也可按建设单位(或业主)的要求确定。

设计使用年限分类 表 3-1

类　别	设计使用年限(年)	示　例
1	1～5	临时性建筑
2	25	易于替换的结构构件
3	50	普通房屋和构筑物
4	100 及以上	纪念性建筑和特别重要的建筑结构

四、极限状态方程

结构的极限状态可以用极限状态方程来表示。

当只有作用效应 S 和结构抗力 R 两个基本变量时,可令

$$Z = R - S \tag{3-1}$$

显然,当 $Z>0$ 时,结构处于可靠;当 $Z<0$ 时,结构处于失效;当 $Z=0$ 时,结构处于极限状态。Z 是 R 和 S 的函数,一般记为 $Z=g(S,R)$,称为极限状态函数。相应的,$Z=g(S,R)=R-S=0$,称为极限状态方程。于是结构的失效概率为

$$P_{\mathrm{f}} = P[z = R - S < 0] = \int_{-\infty}^{0} f(z)\mathrm{d}z \tag{3-2}$$

图 3-1 中所示的 R 和 S 的分布曲线,作用效应分布的上尾部分和结构抗力分布的下尾部分相重合,说明在较弱的构件上可能出现大于其结构抗力 R 的作用效应 S,导致结构失效。

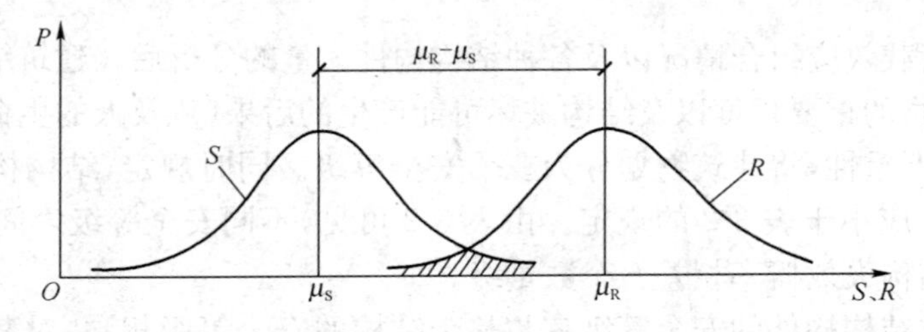

图 3-1　R、S 的概率密度分布曲线

第四节　可靠指标和目标可靠指标

一、可 靠 指 标

如果已知 R 和 S 的理论分布函数，则可由式(3-2)求得结构失效概率 P_f。由于 P_f 的计算在数学上比较复杂，以及目前对于 R 和 S 的统计规律研究深度不够，要按照上述方法求得失效概率是有困难的。因此，在《混凝土结构设计规范》以及《公路钢筋混凝土及预应力混凝土桥涵设计规范》中，采用了可靠指标 β 来代替结构失效概率 P_f。

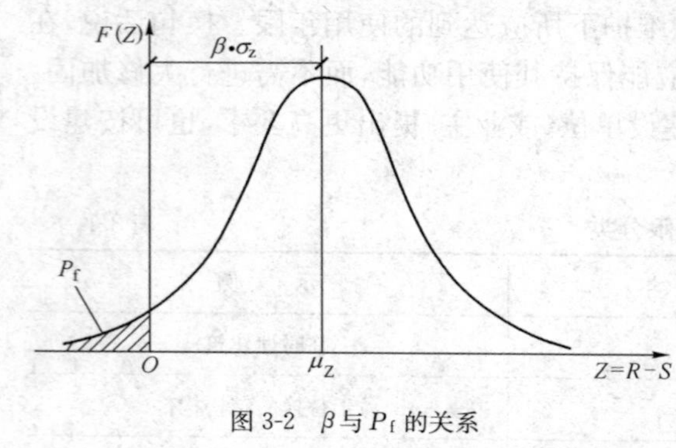

图 3-2　β 与 P_f 的关系

结构的可靠指标 β 是指 Z 的平均值 μ_z 与标准差 σ_z 的比值，即

$$\beta = \mu_z - \mu_s \tag{3-3}$$

可以证明，β 与 P_f 具有一定的对应关系。

可靠指标 β 与失效概率 P_f 的对应关系也可用图 3-2 表示。可以证明，假定 R 和 S 是互相独立的随机变量，且服从正态分布，则极限状态函数 $Z=R-S$ 也服从正态分布，于是有

$$\mu_z = \mu_R - \mu_s$$

$$\sigma_z = \sqrt{\sigma_R^2 + \sigma_s^2}$$

则

$$\beta = \frac{(\mu_R - \mu_s)}{\sqrt{\sigma_R^2 + \sigma_s^2}} \tag{3-4}$$

式中：μ_s、σ_s——结构构件作用效应的平均值和标准差；

μ_R、σ_R——结构构件抗力的平均值和标准差。

由式(3-4)可以看出，可靠指标不仅与作用效应及结构抗力的平均值有关，而且与两者的标准差有关。μ_R 与 μ_s 相差愈大，β 也愈大，结构愈可靠，这与传统的安全系数要领是一致的；在 μ_R 与 μ_s 固定的情况下，σ_R 与 σ_s 愈小，即离散性愈小，β 值就愈大，结构愈可靠，这是传统的安全系数无法反映的。

二、目标可靠指标和安全等级

在解决了可靠性和定量尺度(即可靠指标)后，另一个必须解决的重要问题是选择结构的最优失效概率或作为设计依据的可靠指标，即目标可靠指标，以达到安全与经济上的最佳平衡。

根据对各种荷载效应组合情况以及各种结构构件大量的分析后，《建筑结构可靠度设计统一标准》根据建筑物的重要程度以及结构破坏可能产生的后果(危及人的生命、造成经济损失、产生社会影响)的严重性，将建筑物划分为三个安全等级。同时规定，结构构件承载能力极限状态的可靠指标不应小于表 3-2 的规定。由表 3-2 可见，不同安全等级之间的 β 值相差 0.5，这大体上相当于结构失效概率相差一个数量级。

建筑物中各类结构构件的安全等级宜与整个结构的安全等级相同，对其中部分结构构件的安全等级，可根据其重要程度适当进行调整，但不得低于三级。

建筑结构安全等级及结构构件承载能力极限状态的目标可靠指标 表 3-2

建筑结构的安全等级	破坏后果	建筑类型	结构构件承载力极限状态的目标可靠指标	
			延性破坏	脆性破坏
一级	很严重	重要的建筑	3.7	4.2
二级	严重	一般的建筑	3.2	3.7
三级	不严重	次要的建筑	2.7	3.2

注:①延性破坏是指结构构件在破坏前有明显的变形或其他预兆;脆性破坏是指结构构件在破坏前无明显变形或其他预兆;

②当承受偶然作用时,结构构件的可靠指标应符合专门规范的规定;

③当有特殊要求时,结构构件的可靠指标不受本表限制。

我国《公路工程结构可靠度设计统一标准》(GB/T 50283),根据对原《公路钢筋混凝土及预应力混凝土桥梁设计规范》(JTJ 023—85)进行校准,并参照工业与民用建筑工程和铁路工程桥梁的有关规定,给出的公路桥梁结构的目标可靠指标列于表 3-3。

公路桥梁结构的目标可靠指标 表 3-3

结构安全等级 / 构件破坏类型	一级	二级	三级
延性破坏	4.7	4.2	3.7
脆性破坏	5.2	4.7	4.2

注:①表中延性破坏是指结构构件有明显变形或其他预兆的破坏;脆性破坏是指结构构件无明显变形或其他预兆的破坏;

②当有充分依据时,各种材料桥梁结构设计规范采用的目标可靠指标值,可对本表的规定作幅度不超过±0.25 的调整。

公路桥涵的安全等级见表 3-4,表中"重要"的大桥和小桥,是指高速公路上、国际公路上及城市附近交通繁忙的城郊公路上的桥梁。特大、大、中、小桥及涵洞按桥梁单孔跨径或多孔跨径总长分类,规定见表 3-5。

公路桥涵安全等级 表 3-4

安全等级	桥涵类型	安全等级	桥涵类型
一级	特大桥、重要大桥	三级	小桥、涵洞
二级	大桥、中桥、重要小桥		

桥梁涵洞分类 表 3-5

分类	多孔跨径总长 L(m)	单孔跨径 L_K(m)
特大桥	$L>1000$	$L_K>150$
大桥	$100\leqslant L\leqslant 1000$	$40\leqslant L_K\leqslant 150$
中桥	$30<L<100$	$20\leqslant L_K\leqslant 40$
小桥	$8\leqslant L\leqslant 30$	$5\leqslant L_K<20$
涵洞	—	$L_K<5$

第五节　建筑结构极限状态设计表达式

根据上述规定的目标可靠指标，即可按照结构可靠度的概率分析方法进行结构设计。但是，直接采用目标可靠指标进行设计的方法过于繁琐，计算工作量很大。为了实用上方便，并考虑到工程技术人员的习惯，《建筑结构可靠度设计统一标准》采用了以基本变量（荷载和材料强度）标准值和相应的分项系数来表示的设计表达式。其中，分项系数是按照目标可靠指标，并考虑工程经验，经优选确定的，从而使设计实用表达式的计算结果近似地满足目标可靠指标的要求。

一、承载能力极限状态设计表达式

任何结构构件均应进行承载力设计，以确保结构安全。承载能力极限状态设计表达式为

$$\gamma_0 S \leqslant R \tag{3-5}$$

$$R = R(f_c, f_s, a_k)/\gamma_{Rd} \tag{3-6}$$

式中：γ_0——结构构件的重要性系数。对于安全等级为一级或设计使用年限为100年及以上的结构构件，不应小于1.1；对安全等级为二级或设计使用年限为50年的结构构件，不应小于1.0；对安全等级为三级或设计使用年限为5年及以下的结构构件，不应小于0.9；在抗震设计状况取1.0；

S——承载能力极限状态的荷载效应（内力）组合设计值，按现行国家标准《建筑结构荷载规范》（GB 5009—2012）和现行国家标准《建筑抗震设计规范》（GB 50011—2010）的规定进行计算；

$R(\cdot)$——结构构件的承载力函数；

γ_{Rd}——结构构件的抗力模型不确定性系数。对于一般结构构件取1.0；对于重要的结构构件或不确定性较大的结构构件，根据具体情况取大于1.0的数值；对于抗震设计应采用承载力抗震调整系数γ_{Ed}代替γ_{Rd}；

f_c、f_s——分别为混凝土、普通钢筋或预应力筋的强度设计值；

a_k——结构构件几何参数标准值。当几何参数的变异性对结构性能有明显的不利影响时，可另增减一个附加值。

对于承载能力极限状态，结构构件荷载效应组合设计值S应按荷载效的基本组合进行计算，必要时尚应按荷载效应的偶然组合进行计算。

对于基本组合，其内力组合设计值可按式（3-7）和式（3-8）中最不利值确定：

（1）由可变荷载效应控制的组合

$$\gamma_0 S \leqslant \gamma_0 \left(\sum_{j=1}^{m} \gamma_{Gj} S_{Gjk} + \gamma_{Q1} \gamma_{L1} S_{Q1k} + \sum_{i=2}^{n} \gamma_{Qi} \gamma_{Li} \psi_{ci} S_{Qik}\right) \tag{3-7}$$

（2）由永久荷载效应控制的组合

$$\gamma_0 S \leqslant \gamma_0 \left(\sum_{j=1}^{m} \gamma_{Gj} S_{GjK} + \sum_{i=2}^{n} \gamma_{Qi} \gamma_{Li} \psi_{ci} S_{Qik}\right) \tag{3-8}$$

式中：γ_{Gj}——第j个永久荷载分项系数。当永久荷载效应对结构构件的承载力不利时，对式（3-7）取1.2，式（3-8）取1.35；当永久荷载效应对结构构件承载力有利时，不应大于1.0；

γ_{Q1}、γ_{Qi}——第 1 个和第 i 个可变荷载分项系数。一般情况下应取为 1.4，对标准值大于 $4kN/m^2$ 的工业房屋楼面结构的活荷载，应取 1.3；

γ_{L1}、γ_{Li}——第 1 个和第 i 个可变荷载考虑设计使用年限的调整系数，当结构设计使用年限为 5 年、50 年、100 年，分别取 0.9、1.0、1.1；

S_{Gjk}——第 j 个永久荷载标准值 G_{jk} 计算的荷载效应值；

S_{Q1k}——在基本组合中起控制作用的一个可变荷载效应值，当对 S_{Q1k} 无法明显判断时，应轮次以各可变荷载效应作为 S_{Q1k}，并选取其中最不利的荷载组合的效应设计值；

S_{Qik}——按第 i 个可变荷载标准值 Q_{ik} 计算的荷载效应值；

ψ_{ci}——第 i 个可变荷载 Q_i 的组合值系数；

m——参与组合的永久荷载数；

n——参与组合的可变荷载数。

采用式(3-7)和式(3-8)时，应根据结构可能同时承受的可变荷载进行荷载效应组合，并取其中最不利的组合进行设计。各种荷载的具体组合原则，应符合现行国家标准《建筑结构荷载规范》(GB 5009—2012)规定。

对于偶然组合，其内力组合设计值应按有关的规范或规程确定。例如，当考虑地震作用时，应按现行国家标准《建筑抗震设计规范》确定。

此外，根据结构的使用条件，在必要时，还应验算结构的倾覆、滑移等。

二、正常使用极限状态设计表达式

按正常使用极限状态设计时，应验算结构构件的变形、抗裂度或裂缝宽度。由于结构构件达到或超过正常使用极限状态时的危害程度不如承载力不足引起的结构破坏时大，故对其可靠度的要求可适当降低。因此，按正常使用极限状态设计时，对于荷载效应组合值，不需乘以荷载分项系数，也不再考虑结构的重要性系数 γ_0。同时，由于荷载短期作用和长期作用对于结构构件正常使用性能的影响不同，对于正常使用极限状态，应根据不同的设计目的，分别按荷载效应的标准组合和准永久组合，或标准组合并考虑长期作用影响，采用下列极限状态表达式

$$S \leqslant C \tag{3-9}$$

式中：C——结构构件达到正常使用要求规定的限值。例如变形、裂缝和应力等限值；

S——正常使用极限状态的荷载效应(变形、裂缝和应力等)组合值。

1. 荷载效应组合

在计算正常使用极限状态的荷载效应组合值时，有下列三种组合。

(1)标准组合

$$S = S_{GK} + S_{Q1K} + \sum_{i=2}^{n} \psi_{Ci} S_{QiK} \tag{3-10}$$

(2)频遇组合

$$S = S_{GK} + \psi_{f1} S_{Q1K} + \sum_{i=2}^{n} \psi_{qi} S_{QiK} \tag{3-11}$$

(3)准永久组合

$$S = S_{GK} + \sum_{i=1}^{n} \psi_{qi} S_{QiK} \tag{3-12}$$

式中：S——分别为荷载效应的标准组合、频遇组合和准永久组合；

ψ_{ci}、ψ_{qi}——分别为第 i 个可变荷载的组合值系数和准永久值系数；

ψ_{f1}——可变荷载 Q_1 的频遇值系数。

频遇组合是采用考虑时间影响的频遇值为主导进行组合的。当结构或构件允许考虑荷载在较短的总持续时间或较少可能出现次数这种情况时，则应按其相应的最大可变荷载的组合（即频遇组合），进行正常使用极限状态的验算。例如构件考虑疲劳的破坏，则应按所需承受的疲劳次数相应频遇组合值，进行疲劳验算，但如采用较大的荷载标准组合值进行验算时，则构件将能超过所需承受的疲劳次数，也即实际设计使用年限超过了设计基准期，但该构件最终是要随着设计年限仅为设计基准期的结构其他构件而报废，可见按频遇组合值验算是较为经济合理的。

另外必须指出，在荷载效应的准永久值组合中，只包括了在整个使用期内出现时间很长的荷载效应值，即荷载效应的准永久值 $\psi_{qi}S_{QiK}$；而在荷载效应的标准值组合中，既包括了在整个使用期内出现时间很长的荷载效应值，也包括了在整个使用期内出现时间不长的荷载效应值。因此，荷载效应的标准组合值出现的时间是不长的。

2. 验算内容

正常使用极限状态的验算内容有变形验算和裂缝控制验算（抗裂验算和裂缝宽度验算）。

（1）变形验算。根据使用要求需控制变形的构件，应进行变形验算。对于受弯构件，按荷载效应的标准组合，并考虑长期作用影响计算的最大挠度 f_{max} 不应超过挠度限值[f]（见附表 14），即

$$f \leqslant f_{lim} \tag{3-13}$$

式中：f——最大挠度计算值；

f_{lim}——混凝土设计规范规定的挠度限值。

（2）钢筋混凝土构件裂缝宽度验算。结构构件设计时，应根据所处环境和使用要求，选用相应的裂缝控制等级，并按下列规定进行验算。裂缝控制等级分为三级，其要求分别如下：

①一级。严格要求不出现裂缝的构件，按荷载效应标准组合计算时，受拉边缘混凝土不应产生拉应力，即应符合满足下式要求

$$\sigma_{ck} - \sigma_{PC} \leqslant 0 \tag{3-14}$$

式中：σ_{ck}——荷载效应的标准组合下抗裂验算边缘的混凝土法向应力；

σ_{PC}——扣除全部预应力损失后在抗裂验算边缘混凝土的预压应力。

②二级。一般要求不出现裂缝的构件，按荷载效应标准组合计算时，构件受拉边缘混凝土拉应力不应大于混凝土轴心抗拉强度标准值，即应满足下式要求

$$\sigma_{ck} - \sigma_{PC} \leqslant f_{tk} \tag{3-15}$$

式中：f_{tk}——混凝土轴心抗拉强度标准值。

③三级。允许出现裂缝的构件，钢筋混凝土构件的最大裂缝宽度，可按荷载效应准永久组合并考虑长期作用影响的效应计算，计算的最大裂缝宽度应符合下式要求：

$$w_{max} \leqslant w_{lim} \tag{3-16}$$

式中：w_{max}——按荷载效应的标准组合或准永久组合并考虑长期作用影响计算的最大裂缝宽度；

w_{lim}——混凝土结构设计规范规定的最大裂缝宽度限值，见附表 15。

对于环境类别为一类的三级预应力混凝土构件，在荷载准永久组合下，受拉边缘应力尚应符合下列规定：

$$\sigma_{cq}-\sigma_{pc}\leqslant f_{tk} \tag{3-17}$$

式中：σ_{cq}——按荷载效应准永久组合下抗裂验算边缘的混凝土法向应力。

三、按极限状态设计时材料强度和荷载的取值

1. 材料强度指标的取值

由上述极限状态设计表达式可知，材料的强度指标有强度标准值和强度设计值两种。材料强度标准值是结构设计时所采用的材料强度的基本代表值，也是生产中控制材料性能质量的主要指标。在钢筋混凝土结构中，钢筋和混凝土的强度标准值系按标准试验方法测得的具有不小于95%保证率的强度值，即

$$f_k=\mu_f-1.645\sigma_f=\mu_f(1-1.645\delta_f) \tag{3-18}$$

式中：f_k——材料强度的标准值；

μ_f——材料强度的平均值；

σ_f——材料强度的标准差；

δ_f——材料强度的变异系数。

材料强度的设计值是在承载能力极限状态的设计中所采用的材料强度代表值，钢筋和混凝土的强度设计值是由强度标准值除以相应的材料分项系数确定，即

$$f=\frac{f_k}{\gamma_f} \tag{3-19}$$

式中：f——材料强度的设计值；

f_k——材料强度的标准值；

γ_f——材料分项系数。

钢筋和混凝土的材料分项系数是考虑了不同材料的特点和强度离散程度，通过对可靠指标的分析及工程经验确定。为了明确起见，将式(3-20)可改写为

$$f_y=\frac{f_{yk}}{\gamma_s} \tag{3-20a}$$

$$f_c=\frac{f_{ck}}{\gamma_c} \tag{3-20b}$$

式中：f_y、f_c——分别为钢筋抗拉强度设计值和混凝土轴心抗压强度设计值；

f_{yk}、f_{ck}——分别为钢筋抗拉强度标准值和混凝土轴心抗压强度标准值；

γ_c——混凝土材料分项系数，取1.4；

γ_s——钢筋材料分项系数。对400MPa级及以下的热轧钢筋，$\gamma_s=1.10$；对500MPa级热轧钢筋，$\gamma_s=1.15$；对预应力筋，$\gamma_s=1.20$。

我国颁布的《混凝土结构设计规范》(GB 50010—2010)中，规定了各类钢筋和各种强度等级的混凝土的强度设计值，分别见附表9、附表10。

2. 荷载代表值

如前所述，荷载的代表值主要是标准值、组合值和准永久值等。当设计有特殊要求时，也可规定其他代表值，例如，较标准值更常出现的频遇值等。

(1)荷载的标准值。荷载的标准值是荷载的基本代表值。实际作用在结构上的荷载的大小具有不定性，应当按随机变量，采用数理统计的方法加以处理。这样确定的荷载是具有一定

概率的最大荷载值称为荷载标准值。《建筑结构荷载规范》(GB 50009—2001)规定，对于结构自身重力可以根据结构设计尺寸和材料的重度确定。可变荷载应由设计基准期内最大荷载统计分布，取其平均值减去 1.645 标准差确定。考虑到我国的具体情况和规范的衔接，《建筑结构荷载规范》(GB 5009—2001)基本上采用的是经验值。

(2)可变荷载组合值。当结构承受两种或两种以上可变荷载时，承载能力极限状态按基本组合设计和正常使用极限状态按标准组合设计时采用的可变荷载代表值。由于施加在结构上的各种可变荷载不可能同时达到各自的最大值，因此必须考虑荷载组合系数。可变荷载组合值系数 ψ_c是根据两种或两种以上可变荷载在设计基准期内的相遇情况及其组合的最大值概率分布，并考虑到在不同荷载效应组合下结构构件所具有的可靠指标相一致的原则确定的。

(3)可变荷载准永久值。在正常使用极限状态按准永久组合设计时，采用的可变荷载代表值。准永久值反映了可变荷载的一种状态，其取值是根据在设计基准期内荷载达到和超过该值的总持续时间 t_a 与设计基准期 T 的比值，为一给定值(0.5)的原则确定的，亦即根据可变荷载出现的频繁程度和持续时间长短确定的。

［**例 3-1**］ 某厂房采用 1.5m×6.0m 的大型屋面板，采用卷材防水屋面，永久荷载标准值为 2.7kPa，屋面活荷载为 0.7kPa，屋面积灰荷载为 0.5kPa，雪荷载为 0.4kPa，已知纵肋的计算跨度 l=5.87m，安全等级二级。求：

(1)纵肋跨中弯矩的基本组合设计值：

(2)纵肋跨中弯矩的标准组合值、频遇组合值和准永久组合值。

解：(1)荷载标准值

①永久荷载

$$G_K = 2.7\times1.5 = 4.05\text{kN/m}$$

②可变荷载

屋面活荷载： $Q_{1K} = 0.7\times1.5 = 1.05\text{kN/m}$

屋面积灰荷载： $Q_{2K} = 0.5\times1.5 = 0.75\text{kN/m}$

屋面雪荷载： $Q_{3K} = 0.4\times1.5 = 0.60\text{kN/m}$

(2)荷载效应组合

根据《建筑结构荷载规范》5.3.3 条规定，屋面活荷载不应与雪荷载同时考虑，故取其较大者，即不考虑雪荷载。采用由永久荷载效应控制的组合，故分项系数取 $\gamma_G=1.35$，$\gamma_Q=1.4$。由规范查得屋面均布活荷载的组合值系数 $\psi_{c1}=0.7$，频遇值系数 $\psi_{f1}=0.5$，准永久值系数$\psi_{q1}=0.0$；屋面积灰荷载的组合值系数 $\psi_{c2}=0.9$，频遇值系数 $\psi_{f2}=0.9$，准永久值系数 $\psi_{q2}=0.8$；雪荷载的组合值系数 $\psi_c=0.7$，频遇值系数 $\psi_f=0.6$，准永久值系数 $\psi_q=0.0$。

(3)纵肋跨中弯矩基本组合设计值

$$M = 1.35\times\frac{1}{8}G_K l^2 + 1.4\times0.7\times\frac{1}{8}\times Q_{1K}l^2 + 1.4\times0.9\times\frac{1}{8}\times Q_{2K}l^2$$

$$= \frac{5.87^2}{8}(1.35\times4.05 + 1.4\times0.7\times1.05 + 1.4\times0.9\times0.75)$$

$$= 32.06\text{kN}\cdot\text{m}$$

(4)纵肋跨中弯矩的标准组合值

$$M=\frac{1}{8}G_{K}l^{2}+\frac{1}{8}Q_{1K}l^{2}+\frac{1}{8}\psi_{c2}Q_{2K}l^{2}$$

$$=\frac{5.87^{2}}{8}(4.05+1.05+0.9\times0.75)$$

$$=24.88\text{kN}\cdot\text{m}$$

(5)纵肋跨中弯矩的频遇组合值

$$M=\frac{1}{8}G_{K}l^{2}+\frac{1}{8}\psi_{f1}Q_{1K}l^{2}+\frac{1}{8}\psi_{q2}Q_{2K}l^{2}$$

$$=\frac{5.87^{2}}{8}(4.05+0.5\times1.05+0.8\times0.75)$$

$$=22.28\text{kN}\cdot\text{m}$$

(6)纵肋跨中弯矩的准永久组合值

$$M=\frac{1}{8}G_{K}l^{2}+\frac{1}{8}\psi_{q1}Q_{1K}l^{2}+\frac{1}{8}\psi_{q2}Q_{1K}l^{2}$$

$$=\frac{5.87^{2}}{8}(4.05+0.0\times1.05+0.8\times0.75)$$

$$=20.02\text{kN}\cdot\text{m}$$

第六节　混凝土结构耐久性设计

一、混凝土结构耐久性概念

混凝土结构在自然环境和人为环境的长期作用下,进行着复杂的物理化学反应。如混凝土的裂缝、冰冻、融化、钢筋锈蚀、碱集料反应以及可能存在的侵蚀性物质造成的损伤等。随着时间的延续,损伤的积累,使结构的性能逐渐恶化,以致不再能满足其使用的功能。所以混凝土结构的耐久性,是指结构在正常维护的条件下,在预定的设计使用年限内,在指定的工作环境中,保证结构满足既定功能要求的能力。保证混凝土结构能在自然和人为环境的多种化学和物理作用下满足耐久性的要求,是工程界一个十分迫切和重要的问题。所以在混凝土结构设计中,除了进行承载力计算以及结构的变形和裂缝验算外,还必须进行混凝土结构的耐久性设计。

二、影响混凝土结构耐久性的因素

影响混凝土结构耐久性的因素很多,主要有内部和外部两个方面。内部因素有混凝土的强度、密实性、水泥用量、水灰比、氯离子含量及碱含量。外部因素则主要是环境条件,包括温度、湿度、CO_2含量和侵蚀性介质等。此外,设计不周、施工质量差或使用中维护不当也会影响结构的耐久性。综合内外因素有以下几个方面。

1. 材料的质量

钢筋混凝土结构的耐久性,主要取决于混凝土材料的耐久性。试验表明,混凝土所用水灰比的大小是影响混凝土质量的主要因素。当混凝土浇筑成型后，由于未参加水化反应的多余水分的蒸发，容易在集料和水泥浆体界面处或水泥浆体内产生微裂缝，水灰比愈大，微裂缝也越多，在混凝土内部所形成的毛细孔率、孔径和畅通程度也大大增加，因此，对材料的耐久性影响越大。试验表明，当水灰比不大于0.55时，其影响明显减少。混凝土中水泥用量过少和强度过低，使材料的孔隙率增加，混凝土密实性差，对材料的耐久性影响也大。

2. 混凝土的碳化

混凝土中碱性物质[$Ca(OH)_2$]使混凝土内的钢筋表面形成氧化膜，防止钢筋锈蚀。混凝土的碳化是指大气中的CO_2不断向混凝土内部扩散，并与其中的碱性水化物，主要是$Ca(OH)_2$发生反应，使混凝土孔隙内碱度（pH值）降低的现象。由于混凝土的碳化，使钢筋表面的介质转变为呈弱酸性状态，使钢筋的氧化膜遭到破坏。钢筋表面在混凝土孔隙中的水和氧共同作用下发生化学反应，生成新的氧化物$Fe(OH)_2$，这种氧化物生成后体积增大，使周围混凝土产生拉应力直到混凝土开裂和破坏。

影响混凝土碳化的因素很多，可以归纳为以下三点：

(1)材料自身的影响。水泥是混凝土中最活跃的成分，水泥品种和水泥用量决定了单位体积中可碳化物质的含量。水泥中所含的能与CO_2反应的CaO总量越高，则能吸收的CO_2的量越大，碳化速度越慢。混凝土强度等级越高，内部结构越密实，孔隙率就越低，则碳化速度越慢。

(2)水灰比的影响。施工中混凝土水灰比愈大，混凝土振捣不密实，就愈容易出现蜂窝、裂纹等缺陷，使混凝土碳化速度加快。水灰比大还会使混凝土孔隙中游离水增多，有利于碳化反应。

(3)外部环境的影响。当混凝土经常处于饱和水状态下，CO_2气体在孔隙中没有通道，碳化不易进行；当混凝土处于干燥条件下，CO_2虽能经过细孔进入混凝土，但缺少足够的液相进行碳化；一般在相对湿度70%～85%时最容易碳化。研究表明，混凝土的碳化深度d_c(mm)与暴露在大气中的结构表面碳化时间t(年)，两者之间存在下列关系

$$d_c = a\sqrt{t} \tag{3-21}$$

式中：a——碳化系数。与混凝土强度等级、水灰比、施工质量、结构所处环境、表面状态、气候环境等因素有关。

3. 碱集料反应

碱集料反应是指水泥水化过程中释放出来的碱金属与集料中的碱活性成分发生反应造成的混凝土破坏。破坏形式主要有两种：碱—硅酸反应和碱—碳酸盐反应。碱—硅酸反应是指碱性溶液与集料中的氢氧化钙发生反应，形成凝胶体。这种凝胶体是组分不定的透明的碱—硅混合物，会与混凝土中的氢氧化钙及其他水泥水化物中的钙离子反应生成一种白色不透明的钙硅或碱—钙—硅混合物。这种混合物吸收水后体积膨胀，使周围的水泥石受到较大的应力而产生裂缝。有多个这样的膨胀体产生的应力会互相作用，使裂缝加宽。通常，膨胀的反应生成物围绕着活性集料生成一道白色的边缘，在开裂前，混凝土表面会起皮。

碱碳酸盐反应是水泥水化物中的碱与集料中的碳酸盐发生反应。集料中的陶土矿和结晶

状岩石的存在会影响这些反应。

4. 钢筋锈蚀的机理及对结构耐久性的影响

钢筋锈蚀是影响混凝土结构耐久性的关键问题。混凝土碳化至钢筋表面使氧化膜破坏是钢筋锈蚀的必要条件，含氧水分侵入是钢筋锈蚀的充分条件。钢筋锈蚀引起混凝土结构损伤过程如下：首先在裂缝宽度较大处发生个别点的"坑蚀"，继而逐渐形成"环蚀"，同时向两边扩展，形成腐蚀面，使钢筋有效面积减小。严重锈蚀时，会导致混凝土沿钢筋长度出现纵向裂缝，甚至导致混凝土保护层脱落。习惯上称为"暴筋"，从而导致截面承载力下降，直至最终引起结构破坏。

当混凝土未碳化时，由于水泥的高碱性，使钢筋表面形成一层密的氧化膜，阻止了钢筋锈蚀电化学过程。当混凝土被碳化后，钢筋表面的氧化膜被破坏，在有水分和氧气的条件下，就会发生锈蚀电化学反应。钢筋锈蚀产生的铁锈体积增加 2～6 倍，使混凝土保护层受到挤压，从而导致混凝土开裂。

氧气和水分是钢筋锈蚀的充分条件，混凝土的碳化仅是为钢筋锈蚀提供了可能。当构件使用环境很干燥，或完全处于水中，钢筋的锈蚀极慢，几乎不发生锈蚀。裂缝的发生为氧气和水分的浸入创造了条件，同时也使混凝土的碳化成立体发展。

5. 混凝土的抗渗性及抗冻性

混凝土的抗渗性是指在潮湿环境下的抗干湿交替作用的能力。由于混凝土拌和料的离析泌水，在集料和水泥浆体界面富集的水分蒸发，容易产生贯通的微裂缝而形成较大的渗透性，并随着水的含量的增大而增大，对混凝土的耐久性有较大的影响。粗集料粒径不宜太大、太粗，细集料表面应保持清洁；尽量减少水灰比，在混凝土的拌和料中掺加适量的掺和料，以增加密实度；掺加适量的引气剂，减小毛细孔道的贯通性；使用合适的外加剂，如防水剂、减水剂、膨胀剂等；加强混凝土浇筑后的养护，避免施工时产生干湿交替的作用。

混凝土的抗冻性是指混凝土在寒热变迁环境下的抗冻融交替作用的能力。混凝土的冻结破坏，主要是由于其孔隙内饱和状态的水冻结成冰后，体积膨胀而产生的。混凝土大孔隙中的水温度降低到－1.0～－1.5℃时即开始冻结，而细孔隙中的水为结合水，一般最低可达到－12℃才冻结，同时冰的蒸气压小于水的蒸气压，周围未冻结的水向大孔隙方向转移，并随之冻结，增加了冻结破坏力。混凝土在压力的作用下，经过多次冻融循环，所形成的微裂缝逐渐积累并不断扩大，导致冻结破坏。

三、建筑工程中对混凝土结构的耐久性设计

根据国内外的研究成果和工程经验，我国《混凝土结构设计规范》(GB 50010—2010)增加了有关耐久性设计的条文。结构耐久性设计涉及面广，影响耐久性的因素多，有别于结构承载力设计，目前以概念设计为主。

1. 耐久性概念设计的目的和基本原则

耐久性概念设计的目的是指在规定的使用年限内结构保持适合使用的状态，满足预定功能的要求。对临时性混凝土结构和大体积混凝土内部可以不考虑耐久性问题。

耐久性概念设计的基本原则是根据结构的工作环境分类和设计使用年限进行设计，耐久

性设计包括下列内容：

(1)确定结构所处的环境；

(2)提出对混凝土材料的耐久性要求；

(3)确定构件中钢筋的混凝土保护层厚度；

(4)不同环境条件下的耐久性技术措施；

(5)提出结构使用阶段的检测与维护要求。

2. 混凝土结构使用环境分类

对混凝土结构使用环境进行分类，可以在结构设计时针对不同的环境类别，采取相应的措施，满足达到设计使用年限的要求。我国《混凝土结构设计规范》规定的环境类别见附表16。

3. 设计使用年限为50年的混凝土结构，其混凝土材料宜符合表3-6的规定

结构混凝土耐久性的基本要求　　表3-6

环境类别	最大水胶比	最低混凝土强度等级	最大氯离子含量(%)	最大碱含量(kg/m^3)
一	0.65	C20	0.30	不限制
二a	0.55	C25	0.20	3.0
二b	0.50(0.55)	C30(C25)	0.15	
三a	0.45(0.50)	C35(C30)	0.15	
三b	0.40	C40	0.10	

注：①氯离子含量是指其占胶凝材料总量的百分比；
②预应力构件混凝土中的最大氯离子含量为0.06%；其最低混凝土强度等级宜按表中的规定提高两个等级；
③素混凝土构件的水胶比及最低强度的等级要求可适当放松；
④有可靠工程经验时，二类环境中的最低混凝土强度等级可降低一个等级；
⑤处于严寒和寒冷地区二b、三a类环境中的混凝土应使用引气剂，并可采用括号中的有关参数；
⑥当使用非碱活性集料是，对混凝土中的碱含量可不作限制。

对在一类环境环境中设计使用年限为100年的混凝土结构，混凝土结构的最低强度等级为C30，预应力混凝土结构的最低强度等级为C40；混凝土中的最大氯离子含量为0.05%；已使用非碱活性集料，当时用碱活性集料时，混凝土中的最大碱含量为3.0kg/m³。

4. 确定混凝土构件中钢筋的保护层厚度

混凝土保护层厚度对于减小混凝土碳化，防止钢筋锈蚀，提高混凝土构件的耐久性有重要作用。《混凝土结构设计规范》(GB 50010—2010)规定：构件中受力钢筋的保护层厚度不应小于钢筋的直径。对于设计使用年限为50年的混凝土结构，最外层钢筋(包括箍筋和构造钢筋)的保护层厚度应符合附表18的规定；对设计使用年限为100年的混过凝土结构，保护层厚度不应小于表中数值的1.4倍。当有充分并采用有效措施时，可适当减小混凝土的保护层厚度，如构件表面有可靠的防护层；采用工厂化生产预制构件，并能保证预制构件混凝土的质量；在混凝土中掺加阻锈剂或采用阴极保护处理等措施。

5. 混凝土结构及构件应采取的耐久性技术措施

(1)预应力混凝土结构中的预应力筋应根据具体情况采取表面防护、孔道灌浆、加大混凝土保护层厚度等措施。

(2)有抗渗要求的混凝土结构，混凝土的抗渗等级应符合有关标准的要求。

(3)严寒及寒冷地区的潮湿环境中，结构混凝土应满足抗冻要求，混凝土抗冻等级应符合有关标准的要求。

(4)处于二、三类环境中的悬臂构件宜采用悬臂梁—板的结构形式，或在其上表面增设防护层。

(5)处于二、三类环境中的结构构件其表面的预埋件、吊钩、连接件等金属部件，应采取可靠防锈措施；处于三类环境中的混凝土结构构件，可采用阻锈剂、环氧树脂层钢筋或其他具有耐腐蚀性能的钢筋、采用阴极保护措施或采用可更换的构件等措施。

6. 提出混凝土结构使用阶段的维护与检测要求

我国《混凝土结构设计规范》(GB 50010—2010)规定，要保证混凝土结构的耐久性，不仅在设计、施工中要遵循规范的规定，要求使用者不得随意改变建筑物所处的环境类别，同时需要在使用阶段对结构进行正常的检查与维护，这些检查维护的措施包括：

(1)结构应按设计规定的环境类别使用，并定期进行检查维护。

(2)结构设计中的可更换混凝土构件应定期按规定更换。

(3)建构构件表面的防护层应按规定进行维护或更换。

(4)结构出现可见的耐久性缺陷时，应及时进行检测处理。

在我国《混凝土结构设计规范》(GB 50010—2010)中，主要是对处于类别为一、二、三类环境中的混凝土结构的耐久性要求作了明确的规定，对处于四、五类环境中的混凝土结构，其耐久性要求应符合有关的标准规定。对于临时性建筑的混凝土(设计使用年限为5年)的混凝土结构，可不考虑混凝土的耐久性要求。

思 考 题

3-1 何谓结构上的作用？荷载属于哪种作用？作用效应与荷载效应有哪些区别？

3-2 何谓结构抗力？影响结构抗力的主要因素有哪些？

3-3 何谓材料强度的标准值和设计值？两者之间有何关系？

3-4 何谓失效概率和可靠概率？何谓可靠指标？失效概率与可靠指标之间有何联系？

3-5 何谓结构的极限状态？结构的极限状态分为几类？两种极限状态的表现形式是什么？

3-6 何谓结构的可靠度？建筑结构应满足哪些功能要求？

3-7 何谓设计基准期？何谓设计使用年限？

3-8 荷载的代表值主要有哪几种？

3-9 按承载能力极限状态设计时，其实用表达式如何？按正常使用极限状态设计时，其表达式如何？

3-10 何谓荷载效应的基本组合、标准组合和准永久组合？

3-11 我国《混凝土结构设计规范》(GB 50010—2010)对混凝土结构的耐久性包括哪些内容？

3-12 如何确定混凝土的保护层最小厚度？

习　题

3-1　两端简支的预制混凝土走道板，板宽为0.6m，计算跨度$l_0=3.8\text{m}$，采用25mm厚水泥砂浆抹面，板的底面采用15mm厚纸筋灰粉刷，预制板板厚$h=110\text{mm}$。楼面活荷载标准值为2.0kN/m^2。结构重要性系数为1.0。试求沿板长的均布荷载标准值及楼板跨中截面的弯矩设计值。

3-2　某两端简支的预应力空心板，安全等级为二级，板宽为0.9m，板的计算跨度为3.18m。承受永久荷载标准值（包括板自重、后浇层重和板底抹灰重）为3.45kN/m^2，可变荷载标准值为1.5kN/m^2，永久荷载分项系数为1.2，可变荷载分项系数为1.4，准永久值系数为0.4。试求按跨中截面承载力计算时的弯矩设计值和跨中弯矩标准组合值、跨中弯矩准永久组合值。

第四章 受弯构件正截面承载力计算

DISIZHANG

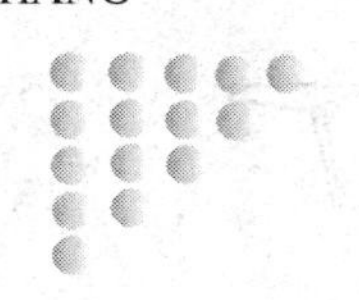

第一节 概　　述

受弯构件是指截面上既有剪力又有弯矩作用的构件。土木工程中的受弯构件应用非常广泛，如房屋建筑工程中的钢筋混凝土梁、板构件，楼梯，工业厂房中的屋面梁、吊车梁等。受弯构件可能发生正截面承载力破坏和斜截面承载力破坏两种破坏形式。正截面承载力计算就是进行弯矩作用下的正截面（垂直于构件轴线的截面）承载力计算，在弯矩和剪力共同作用下的斜截面承载力计算将在第五章介绍。本章主要讲述一般建筑工程中梁、板受弯构件的正截面承载力计算方法和基本构造要求。

受弯构件正截面承载力计算属于承载能力极限状态问题，即要满足 $\gamma_0 S \leqslant R$，对于受弯构件正截面承载力计算也就是要满足 $\gamma_0 M \leqslant M_u$。M 是由结构上的作用所产生的弯矩设计值，属于内力效应，它可由结构计算简图用力学方法求出。M_u 是指受弯构件正截面抗弯承载力设计值，属于抗力，它可由正截面材料用量、构件截面尺寸、材料强度等确定。

钢筋混凝土受弯构件正截面承载力设计的主要内容包括 M 和 M_u 的计算（其中 M_u 的计算及其应用是本章的重点）以及相关的构造要求。下面首先介绍一般的构造要求，为正截面承载力计算提供一定的预备知识。

第二节 受弯构件的基本构造要求

构造要求是结构设计的一个重要组成部分，结构计算可以确定主要部位的截面尺寸及钢筋数量，对于不易详细计算的或计算中忽略的因素需要通过构造措施来弥补，而且，构造还应便于施工。

梁的截面形状，常见的有矩形、T 形、I 形、倒 L 形和箱形等截面；板的截面形式，常用的有矩形、槽形和空心形等截面。仅在截面受拉区配置受力钢筋的受弯构件称为单筋受弯构件；同时也在截面受压区配置受力钢筋的受弯构件称为双筋受弯构件，如图 4-1 所示。

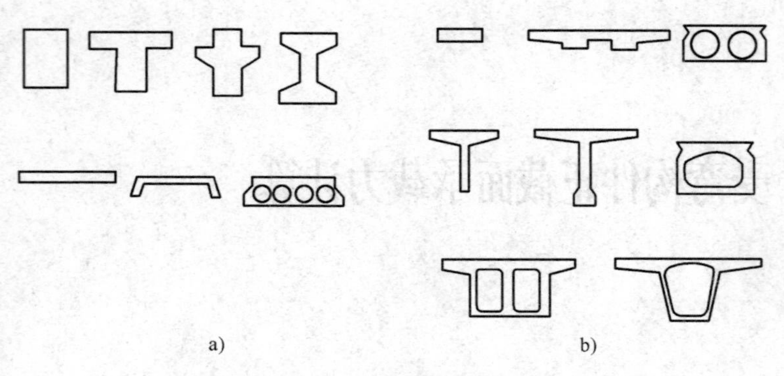

图 4-1　梁、板常见截面形式

一、板的构造要求

1. 截面尺寸

现浇板的宽度一般较大，设计时可取单位宽度（$b=1000$mm）进行计算。板的厚度与其跨度 l 及所受荷载大小有关。现浇板的最小厚度分别为：单向板 $h \geqslant l/30$，双向板 $h \geqslant l/40$，悬臂板 $h \geqslant l/12$，此外还应满足表 4-1 的要求。

现浇钢筋混凝土板的最小厚度（mm）　　表 4-1

板的类别		最小厚度
单向板	屋面板	60
	民用建筑楼板	60
	工业建筑楼板	70
	行车道下的楼板	80
双向板		80
密肋楼盖	面板	50
	肋高	250
悬臂板（根部）	板的悬臂长度不大于 500mm	60
	板的悬臂长度大于 1200mm	100
无梁楼板		150
现浇空心楼板		200

2. 板的钢筋强度等级及常用直径

(1)板的受力钢筋

板的纵向受拉钢筋常用 HRB400、HRB500、HRBF400、HRBF500 级钢筋，也可采用 HPB300、HRB335、HRBF335、RRB400 钢筋，直径通常采用 6～12mm。为了防止施工时钢筋被踩下，现浇板的板面钢筋直径不宜小于 8mm。为了使板受力均匀和混凝土浇筑密实，当采用绑扎钢筋作配筋时，如果板厚 $h \leqslant 150$mm，其受力钢筋的间距不宜大于 200mm，如果 $h > 150$mm，间距不应大于 1.5h，且不宜大于 250mm。

(2)板的分布钢筋

垂直于板的受力方向上布置的构造钢筋称为分布钢筋。分布筋置于受力筋的内侧，如图4-2所示。分布钢筋的作用是：将板面荷载更为均匀地传递给受力钢筋，抵抗该方向温度和混凝土的收缩应力，在施工中固定受力钢筋的位置等。分布钢筋按构造配置，宜采用HRB400级、HRB335级和HPB300级钢筋。分布钢筋的截面面积不宜小于单位宽度上受力钢筋截面面积的15%，且不宜小于该方向板截面面积的0.15%，分布钢筋的间距不应大于250mm，直径不宜小于6mm；对集中荷载较大的情况，分布钢筋的截面面积适当增加，其间距不宜大于200mm。

二、梁的构造要求

1. 截面尺寸

矩形截面梁的高宽比 h/b 一般取2.0～3.5；T形截面梁的 h/b 一般取2.5～4.0(此处 b 为梁肋宽)。为了统一模板尺寸便于施工，建议梁的宽度采用 $b=$120mm、150mm、180mm、200mm、250mm、300mm、350mm等尺寸；梁的高度采用 $h=$250mm、300mm、350mm …750mm、800mm、900mm、1000mm等尺寸，800mm以下的级差为50mm，以上的为100mm。

梁的截面高度 h 与梁的跨度 l 及所受荷载大小有关。一般情况下，独立简支梁，其截面高度 h 与其跨度 l 的比值(称为高跨比) h/l 为1/8～1/12；独立的悬臂梁 h/l 为1/6左右；多跨连续梁 h/l 为1/8～1/18。

2. 钢筋强度等级和常用直径

(1)梁内纵向受力钢筋

梁中纵向受力钢筋应采用HRB400、HRB500、HRBF400、HRBF500级钢筋，常用直径为12mm、14mm、16mm、18mm、20mm、22mm和25mm。根数最好不少于3(或4)根。设计中若采用两种不同直径的钢筋，钢筋直径相差至少2mm，以便于在施工中能用肉眼识别。

纵向受力钢筋的直径，当梁高 $h \geq 300$mm时，不应小于10mm；当梁高 $h < 300$mm时，不应小于8mm。为了便于浇注钢筋混凝土时保证钢筋周围混凝土的密实性，并确保钢筋的锚固，梁的上部纵向钢筋净距不应小于30mm和1.5d(d 为钢筋最大直径)，下部纵向钢筋净距小于25mm和 d，如图4-3所示。当下部钢筋多于两层时，2层以上钢筋水平方向的中距应比下面2层的中距增大一倍；各层钢筋之间的净间距不应小于25mm和 d。

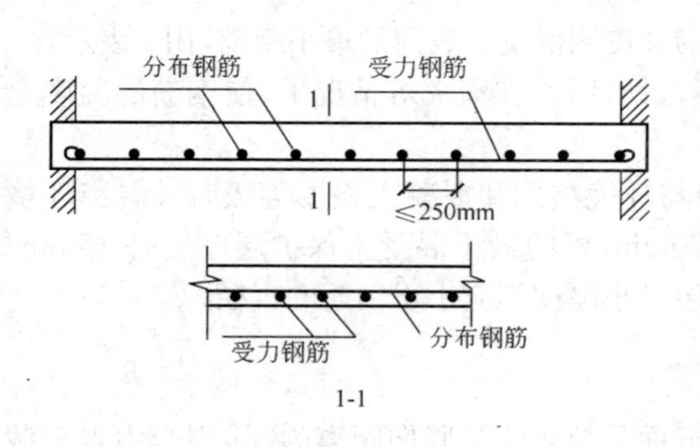

图4-2　板的配筋

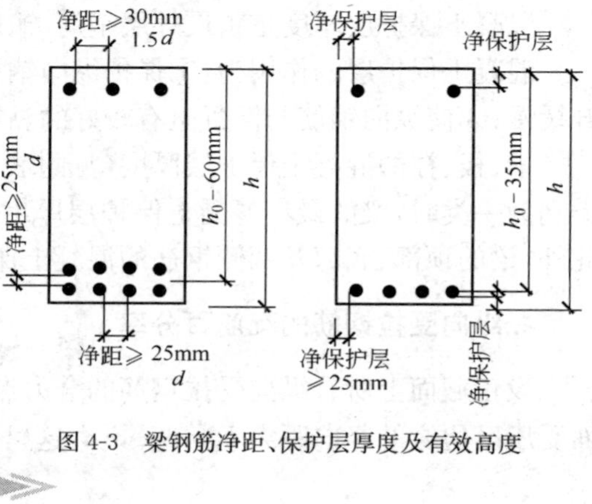

图4-3　梁钢筋净距、保护层厚度及有效高度

在梁的配筋密集区域，当受力筋单根布置导致难以浇注混凝土时，宜采用两根或三根钢筋并在一起的配筋形式，如图4-4所示。直径≤28mm的钢筋，并筋数量不应超过3根；直径32mm的钢筋并筋数量宜为2根；直径36mm及以上的钢筋不应采用并筋。并筋应按单根等效钢筋进行计算，等效钢筋的等效直径应按截面面积相等的原则换算确定。

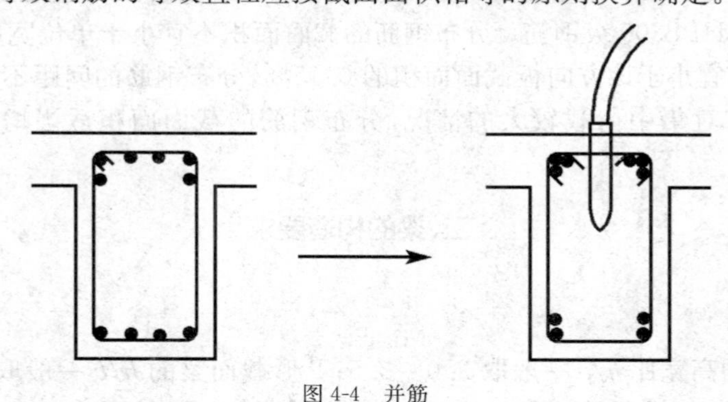

图4-4　并筋

(2)梁内纵向构造钢筋

当梁上部不需要配置受压钢筋时，为了固定箍筋并与受力钢筋共同形成钢筋骨架，应设置2根架立钢筋。当梁的跨度小于4m时，其直径不小于8mm；跨度等于4～6m时，其直径不宜小于10mm；跨度大于6m时，其直径不宜小于12mm。当梁截面的腹板高度$h_w \geqslant 450$mm时，在梁的两个侧面应沿高度配置纵向构造钢筋，每侧纵向构造钢筋（不包括梁上、下部受力钢筋及架立钢筋）的截面面积不应小于腹板截面面积bh_w的0.1%，且其间距不宜大于200mm，但当梁宽较大时可以适当放松。截面腹板高度h_w对于矩形截面取有效高度；T形截面取有效高度减去翼缘高度；I形截面取腹板净高。截面有效高度如图4-3所示。

(3)箍筋

梁的箍筋宜采用HRB400、HRBF400、HPB300、HRB500、HRBF500钢筋，也可采用HRB335、HRBF335钢筋，常用直径是6mm、8mm和10mm。

3. 混凝土保护层厚度与材料选择

(1)混凝土强度等级

梁、板常用的混凝土强度等级是C20、C30、C40，提高混凝土强度等级对增大受弯构件正截面受弯承载力作用不显著。

(2)混凝土保护层厚度

混凝土保护层厚度是指最外层钢筋（箍筋）的外皮到混凝土表面的最小距离，用c表示。

混凝土保护层的作用为：①保护纵向钢筋不被锈蚀；②在火灾等情况下，使钢筋的温度上升缓慢；③使纵向钢筋与混凝土有较好的黏结。

梁、板、柱的混凝土保护层厚度（见附表18）与环境类别和混凝土强度等级有关。当环境类别为一类时，梁的最小混凝土保护层厚度是20mm，板的最小混凝土保护层厚度是15mm。此外，梁的顶部、底部及两侧钢筋的混凝土保护层最小厚度不应小于钢筋的直径。

4. 纵向受拉钢筋的配筋百分率

设正截面上所有纵向受拉钢筋的合力点至截面受拉边缘的竖向距离为a_s，则合力点至截面受压区边缘的竖向距离$h_0=h-a_s$。这里h是截面高度，h_0是截面有效高度，bh_0为截面有效面积，b 是截面宽度。

纵向受拉钢筋的总截面面积用 A_s 表示，单位为 mm^2。纵向受拉钢筋总截面面积 A_s 与正截面的有效面积 bh_0 的比值，称为纵向受拉钢筋的配筋百分率，用 ρ 表示或简称配筋率，用百分数来计量，即

$$\rho = A_s / bh_0 (\%) \tag{4-1}$$

纵向受拉钢筋的配筋百分率 ρ 在一定程度上标志了正截面上纵向受拉钢筋与混凝土之间的面积比率，它是对梁的受力性能有很大影响的一个重要指标。

第三节　钢筋混凝土受弯构件正截面受力性能

一、适筋梁的试验研究

匀质线弹性材料的受弯构件加载时，其变形规律符合平截面假定（应变与中和轴距离成正比），而材料性能又符合虎克定理（应力与应变成正比），因而受压区和受拉区的应力分布图形是三角形。此外梁的挠度与弯矩也将一直保持线性关系。钢筋混凝土梁是由钢筋和混凝土两种材料所组成，且混凝土本身又是非弹性、非匀质材料，抗拉强度远小于其抗压强度，因此其受力性能与匀质线弹性材料很不相同。

1. 试验方法

钢筋混凝土受弯构件的计算理论是建立在试验基础上的。通过试验了解钢筋混凝土梁的受力及破坏过程，确定梁在破坏时的截面应力分布，以便建立正截面承载力计算公式。为研究钢筋混凝土构件的受力性能，通常采用两点加荷，试验梁的布置如图 4-5 所示。在两个对称集中荷载间的区段（纯弯段）上，不仅可以基本排除剪力的影响（忽略自重），同时也有利于在这一较长的区段上（$L/3 \sim L/2$）布置仪表，以观察梁受荷后变形和裂缝出现与开展的情况。

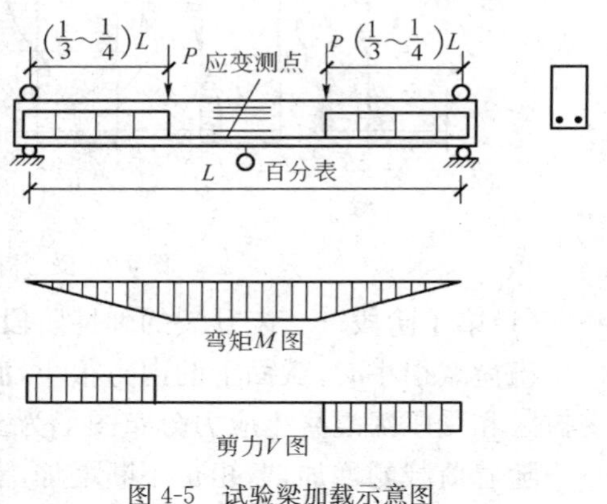

图 4-5　试验梁加载示意图

在“纯弯段”内，沿梁高两侧布置测点，用仪表量测梁的纵向变形；在梁跨中附近的钢筋表面处贴电阻片，用来量测钢筋的应变。不论使用哪种仪表量测变形，它都有一定的标距，因此，所测得的数值都表示标距范围内的平均应变值。另处，在跨中和支座上分别安装百（千）分表，以量测跨中的挠度 f（也有采用挠度计量测挠度的），有时还要安装倾角仪以量测梁的转角。

图 4-6 为中国建筑科学研究院所做钢筋混凝土试验梁的弯矩与挠度关系曲线实测结果。图中纵坐标为相对于梁破坏时极限弯矩 M_u 的弯矩的无量纲值（M/M_u）；横坐标为梁跨中挠度 f 的实测值。试验时采取逐级加荷。从试验可知钢筋混凝土梁从加荷到破坏经历三个阶段，受拉区混凝土开裂和受拉钢筋屈服是划分三个受力阶段的界限状态。当弯矩较小时，挠度和弯矩关系接近直线变化，这时的工作特点是梁尚未出现裂缝，称为第Ⅰ阶段。当弯矩超过开裂弯矩 M_{cr} 后，由于已有裂缝发生，且后一段时间内将不断出现新的裂缝，随着裂缝的出现与不

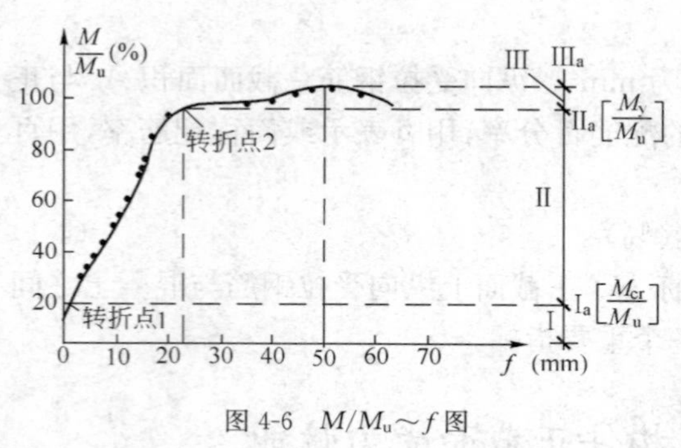

图 4-6 $M/M_u \sim f$ 图

断开展，挠度的增长速度较开裂前为快，$(M/M_u) \sim f$ 关系曲线上出现了第一个明显的转折点。这时的工作特点是梁带有裂缝，称为第Ⅱ阶段。在第Ⅱ阶段整个发展过程中钢筋的应力将随着荷载的增加而增加。当受拉钢筋刚达到屈服强度，$(M/M_u) \sim f$ 关系曲线上出现了每两个明显转折点，标志着梁受力进入第Ⅲ阶段。此阶段特点是梁的裂缝急剧开展，挠度急剧增加而钢筋应变有较大的增长，但其应力基本上维持屈服强度不变。当继续加载，达到梁所承受的最大弯矩 M_u，此时标志着梁所承受的最大弯矩 M_u，标志着梁开始破坏。

2. 适筋梁受力工作的三个阶段

在 $M/M_u \sim f$ 关系曲线上有两个明显的转折点，把梁的受力和变形过程划分为三个阶段，如图 4-7 所示。

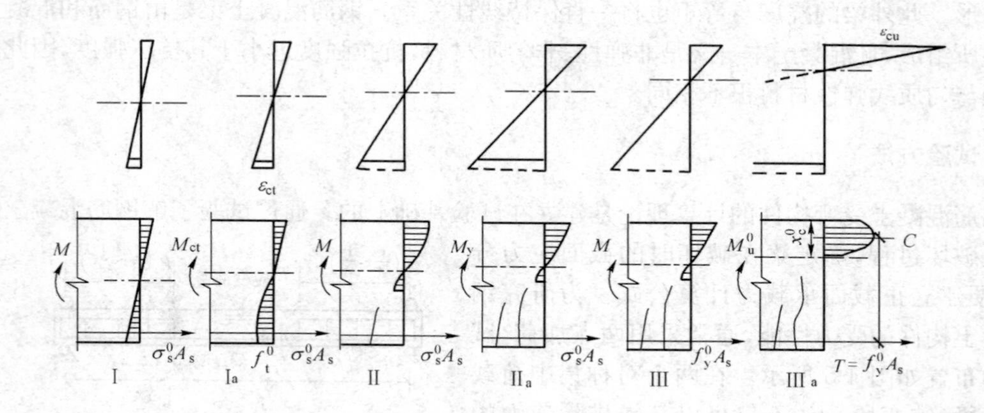

图 4-7 受弯构件各受力阶段的应力—应变图

(1)第Ⅰ阶段——未开裂的弹性阶段

当荷载很小时，截面上的内力很小，混凝土基本上处于弹性工作阶段，应力与应变成正比，受拉区和受压区混凝土应力分布图形为三角形，该受力阶段为第Ⅰ阶段。

随着荷载的增加，弯矩也不断增加，受拉区混凝土首先出现塑性变形，从而使受拉区的应力图形为曲线。当弯矩增加到 M_{cr} 时，受拉区边缘纤维的应变值即将到达混凝土受弯时的极限拉应变实验值 ε_{tu}^o，截面处于开裂前的临界状态，称为第Ⅰ阶段末，用Ⅰ$_\alpha$ 表示。由于受拉区混凝土塑性的发展，Ⅰ$_\alpha$ 阶段时中和轴的位置比第Ⅰ阶段略有上升。Ⅰ$_\alpha$ 阶段可作为受弯构件抗裂度的计算依据。

(2)第Ⅱ阶段——带裂缝工作阶段

截面受力达Ⅰ$_\alpha$ 阶段后，只要荷载稍有增加，截面受拉区混凝土立即开裂。此时，裂缝截面处应力发生重分布，受拉区混凝土大部分退出工作，其拉应力转由钢筋承担而使钢筋拉应力突然增大。裂缝出现时梁的挠度和截面曲率都突然增大，同时裂缝具有一定的宽度，并将沿梁高延伸到一定的高度。裂缝截面处的中和轴位置也将随之上移。随着弯矩继续增加，受压区混凝土已出现明显的塑性变形，但测得的应变沿截面高度的变化规律仍能符合平截面假定，该受力阶段称为第Ⅱ阶段。

随着荷载继续增加，裂缝进一步开展，钢筋和混凝土的应力不断增大。受压区混凝土应变不断增加，其应变增长速度比应力增长速度快，塑性性质表现越来越明显，受压区应力图形呈曲线变化。当弯矩继续增加到使受拉钢筋应力达到其屈服强度，该受力阶段称为第Ⅱ阶段末，用$Ⅱ_a$表示。阶段Ⅱ相当于使用时的应力状态，可作为使用阶段验算变形和裂缝开展宽度的依据。

(3)第Ⅲ阶段——破坏阶段

受拉区纵向受力钢筋屈服后，截面的承载力无明显增加，但塑性变形急速发展，裂缝迅速开展并向受压区延伸，中和轴继续上移受压区高度减小，受压区混凝土边缘纤维应变也迅速增长，塑性特征将表现得更为充分，受压区压应力图形更趋丰满。该受力状态称为第Ⅲ阶段。

弯矩再增大直至达到极限弯矩实验值 M_u 时，此时，边缘纤维压应变到达(或接近)混凝土受弯时的极限压应变 ε_{cu}，受压区混凝土出现纵向裂缝，混凝土完全被压碎，截面发生破坏，该阶段称为第Ⅲ阶段末，用$Ⅲ_a$表示。第Ⅲ阶段是截面的破坏阶段，始自于纵向受拉钢筋屈服，终结于受压区混凝土压碎。在第Ⅲ阶段整个过程中，钢筋所承受的总拉力大致保持不变，但由于中和轴逐步上移，内力臂 Z 略有增加，故截面极限弯矩 M_u 略大于屈服弯矩 M_y。第$Ⅲ_a$可作为正截面受弯承载力计算的依据。

表 4-2 简要地列出了适筋梁正截面受弯三个阶段的主要特点。

适筋梁正截面受弯三个受力阶段的主要特点 表 4-2

受力阶段 主要特点		第Ⅰ阶段	第Ⅱ阶段	第Ⅲ阶段
习称		未裂阶段	带裂缝工作阶段	破坏阶段
外观特征		没有裂缝，挠度很小	有裂缝，挠度还不明显	钢筋屈服，裂缝宽，挠度大
弯矩—截面曲率(M-ϕ^0)		大致成直线	曲线	接近水平的曲线
混凝土应力图形	受压区	直线	受压区高度减小，混凝土压应力图形为上升段的曲线，应力峰值在受压区边缘	受压区高度进一步减小，混凝土压应力图形为较丰满的曲线；后期为上升段与下降段的曲线，应力峰值不在受压区边缘而在边缘的内侧
	受拉区	前期为直线，后期为有上升段的曲线，应力峰值不在受拉区边缘	大部分退出工作	绝大部分退出工作
纵向受拉钢筋应力		$\sigma_s^0 \leqslant 20\sim30\text{MPa}$	$20\sim30\text{MPa} < \sigma_s^0 < f_y^0$	$\sigma_s^0 = f_y^0$
与设计计算的联系		$Ⅰ_a$用于抗裂验算	用于裂缝宽度及变形验算	$Ⅲ_a$用于正截面受弯承载力计算

二、配筋率与受弯构件正截面受力性能

受弯构件在荷载作用下将发生弯曲，其受拉区的拉力主要由钢筋承受，受压区的压力主要由混凝土承受，根据受拉区纵筋配筋率 $\rho = A_s/bh_0$、混凝土强度等级、构件的截面形式等不同，钢筋混凝土受弯构件的破坏形态也不同。试验表明，受弯构件的破坏形式主要随配筋率 ρ 不同而异，随 ρ 的变化，受弯构件正截面破坏可分为三种，如图 4-8 所示。

1. 适筋破坏

当纵筋配置适量时，随着荷载的增加，破坏始自于受拉区钢筋的屈服，在钢筋应力达到屈服强度之初，受压区边缘纤维应变尚小于受弯时混凝土极限压应变。在梁完全破坏之前，由于

钢筋要经历较大的塑性伸长，随之引起裂缝急剧开展和梁挠度的激增，它将给人以明显的破坏预兆，习惯上把这种破坏称为适筋破坏，也称为延性破坏或“塑性破坏”。这种破坏的特点是破坏时钢筋和混凝土的强度都能得到充分利用，破坏前有显著的塑性变形，实际设计中必须将受弯构件设计成适筋构件。

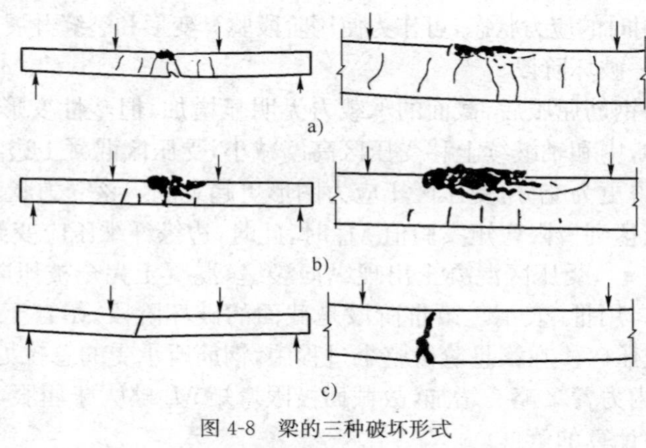

图 4-8　梁的三种破坏形式

a)适筋梁；b)超筋梁；c)少筋梁

2. 超筋破坏

若纵筋配筋率过大，随荷载增加，纵筋还未屈服时受压混凝土先压碎而导致构件破坏。此时，钢筋在梁破坏前仍处于弹性工作阶段，应变很小，破坏时梁上裂缝开展不宽，延伸不高，挠度也不大，破坏之前没有明显的预兆和变形，具有突然性，习惯上把这种破坏称为超筋破坏也称“脆性破坏”。超筋破坏的特点是破坏是由于受压区混凝土的突然压碎而引起，破坏时钢筋的强度得不到充分利用，具有脆性性质，设计中不允许采用超筋构件。

3. 少筋破坏

当纵筋配筋率过低时，随荷载增加，受拉区一旦开裂，裂缝截面处的拉力即全部由钢筋承受，由于钢筋配置过少，其应力突增至屈服强度甚至进入强化阶段，裂缝开展过宽，构件也立即破坏，这种破坏称为少筋破坏，也属于脆性破坏。少筋破坏的特点是破坏时只有一条裂缝，一旦开裂，即沿此裂缝延伸到梁顶端，破坏具有突然性。虽然配置了钢筋，但是作用不大。少筋梁是不经济、不安全的，因此实际设计中也不允许采用。

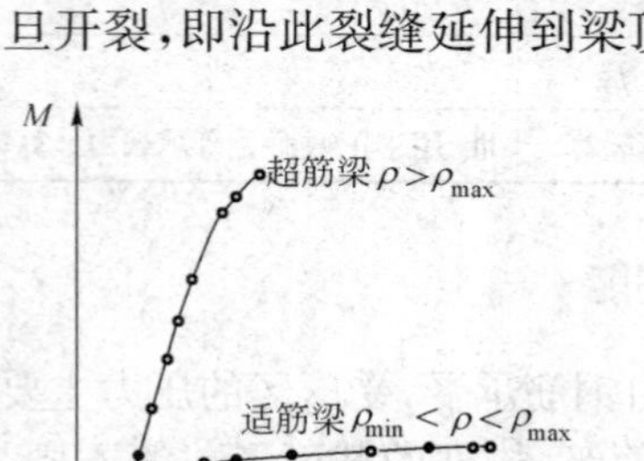

适筋梁与超筋梁以及适筋梁与少筋梁的界限通常和ρ_{max}、ρ_{min}来区分。图 4-9 为适筋梁、超筋梁与少筋梁 M～f 曲线。由曲线可知，钢筋混凝土梁的受弯性能是由其组成材料钢筋和混凝土的性能以及所组成材料的比例所决定的，不同于连续匀质弹性材料梁的应力分布和变形特点，梁的挠度转角和弯矩的关系也不服从弹性匀质材料梁所具有的比例关系。实际设计中一定要注意把构件设计在适筋范围，即一般通过控制 $\rho_{min}<\rho<\rho_{max}$ 来实现，使构件在破坏之前有充分的变形和前兆，以便于采取措施加以预防或减少构件破坏造成的损失。

超筋梁 $\rho>\rho_{max}$

适筋梁 $\rho_{min}<\rho<\rho_{max}$

少筋梁 $\rho<\rho_{min}$

图 4-9　少筋梁、适筋梁、超筋梁的 M-f 曲线

第四节　单筋矩形截面受弯构件正截面承载力计算

一、基 本 假 定

1. 截面应变沿截面高度保持线性分布

构件正截面弯曲变形后，截面应变分布服从平截面假定，即截面内任意点的应变与该点到中和轴的距离成正比，钢筋与外围的混凝土的应变相同，其截面依然保持平面。国内外大量试验表明：包括矩形、T形、I字形及环形截面的钢筋混凝土受弯构件，在一定标距内即跨越若干条裂缝后，截面各点的应变基本上符合平截面假定，即沿截面高度方向线性变化。

2. 不考虑中和轴以下混凝土的抗拉强度，拉力全部有受力钢筋承担

因为混凝土的抗拉强度很小，且其合力作用点离中和轴较近，抗弯力矩的力臂很小，所以作出这一假定，受拉区混凝土的作用忽略不计。

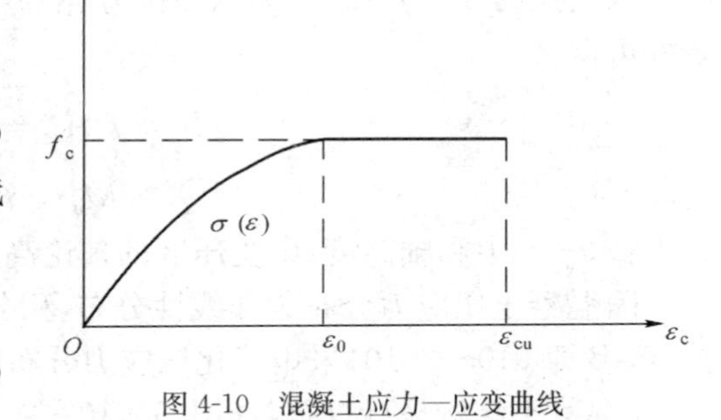

图 4-10　混凝土应力—应变曲线

3. 混凝土受压时的应力—应变关系

《混凝土结构设计规范》(GB 50018—2010)采用的混凝土压应力—变力关系曲线是由抛物线上升段和水平段两段组成。如图 4-10 所示。

当 $\varepsilon_c \leqslant \varepsilon_0$ 时(上升段)

$$\sigma_c = f_c\left[1-\left(1-\frac{\varepsilon_c}{\varepsilon_0}\right)^n\right] \tag{4-2}$$

当 $\varepsilon_0 < \varepsilon_c \leqslant \varepsilon_{cu}$ 时(水平段)

$$\sigma_c = f_c \tag{4-3}$$

$$n = 2 - \frac{1}{60}(f_{cu,k} - 50) \tag{4-4}$$

$$\varepsilon_0 = 0.002 + 0.5(f_{cu,k} - 50) \times 10^{-5} \tag{4-5}$$

$$\varepsilon_{cu} = 0.0033 - (f_{cu,k} - 50) \times 10^{-5} \tag{4-6}$$

式中：σ_c——混凝土压应变为 ε_0 时的混凝土压应力值；

f_c——混凝土轴心抗压强度设计值；

ε_0——混凝土压应力达到 f_c 时的混凝土压应变，当计算的 ε_0 值小于 0.002 时取为 0.002；

ε_{cu}——正截面的混凝土的极限压应变，当处于非均匀受压时按上式计算，如计算的 ε_{cu} 值大于 0.0033，取为 0.0033；当处于轴心受压时，取为 ε_0；

$f_{cu,k}$——混凝土立方体抗压强度标准值；

n——系数。当计算的 n 值大于 2.0 时，取为 2.0。

4. 钢筋应力—应变关系

受拉钢筋的应力—应变关系如图 4-11 所示，其拉应力等于其应变与弹性模量的乘积，但不大于其强度设计值。受拉钢筋的极限拉应变为0.01。

二、受压区等效矩形应力图形

根据上述假设,适筋单筋矩形截面梁正截面承载力极限状态的受力状态如图4-12所示。由前述实验结果可知,受拉钢筋已达到屈服强度,受压区混凝土达到其破坏极限。

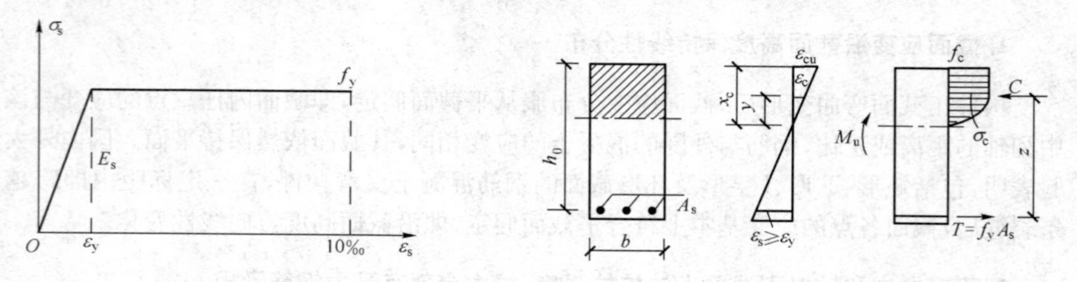

图4-11 钢筋应力—应变曲线

图4-12 单筋矩形截面梁应力及应变分布图

在此受力状态图中,压区边缘混凝土达到极限压应变 ε_{cu},混凝土压力合力 C 可由积分求出。纵筋拉力 $T=f_yA_s$,Z 为纵筋拉力合力点到压区混凝土合力作用点之间的距离。由平衡条件可得:

$$T = f_yA_s = C = \int_0^{x_c} \sigma_c(\varepsilon_c)bd_y \tag{4-7}$$

$$M_u = f_yA_sZ = CZ \tag{4-8}$$

式中:x_c——中和轴高度,即受压区的理论高度。

因混凝土压应力分布为非线性分布,积分计算非常复杂,不实用,因此《混凝土结构设计规范》(GB 50010—2010)采用简化压应力分布的方法。

《混凝土结构设计规范》(GB 50010—2010)对于非均匀受压构件,如受弯、偏心受压和大偏心受拉等构件的受压区混凝土的非均匀应力分布采用等效矩形应力图形来代换,代换的原则是:两图形的压应力合力 C 的大小和作用点位置不变,如图4-13所示。

α_1 和 β_1 是等效矩形应力图形的两个特征值,α_1 为矩形应力图的强度与混凝土抗压强度设计值 f_c 的比值;β_1 为矩形应力图中受压区高度 x 与平截面假定的中和轴高度 x_c 的比值,即 $\beta_1 = x/x_c$。

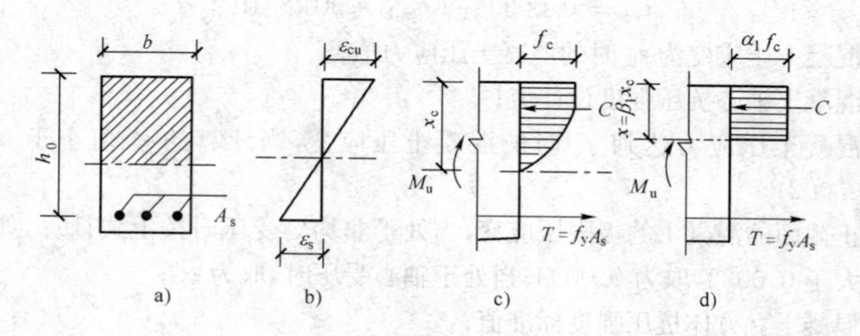

图4-13 等效应力图

根据试验及研究分析,可求得 α_1 与 β_1 值,其与混凝土强度等因素有关。《混凝土规范》规定:当 $f_{cu,k} \leqslant 50\text{MPa}$ 时,$\alpha_1 = 1.0$,$\beta_1 = 0.8$;当 $f_{cu,k} \leqslant 80\text{MPa}$ 时,$\alpha_1 = 0.94$,$\beta_1 = 0.74$。其间按线性内插法取用。α_1、β_1 取值见表4-3。

混凝土受压区等效矩形应力图系数　　表 4-3

系　数	≤C50	C55	C60	C65	C70	C75	C80
α_1	1.0	0.99	0.98	0.97	0.96	0.95	0.94
β_1	0.8	0.79	0.78	0.77	0.76	0.75	0.74

根据等效矩形应力图[图 4-13d)]可以方便地计算出受压区混凝土压力的合力 C，从而计算出截面的抵抗弯矩 M_u。

三、受弯构件正截面承载力计算基本公式

1. 界限相对受压区高度 ξ_b

界限相对受压区高度 ξ_b 是指在适筋梁向超筋梁过渡的界限破坏状态时，等效矩形应力图形中的受压区高度与截面中和轴高度之比。界限破坏的特征是受拉钢筋屈服的同时压区边缘混凝土达到极限压应变。图 4-14 为适筋梁、超筋梁与界限破坏时的截面平均应变图。

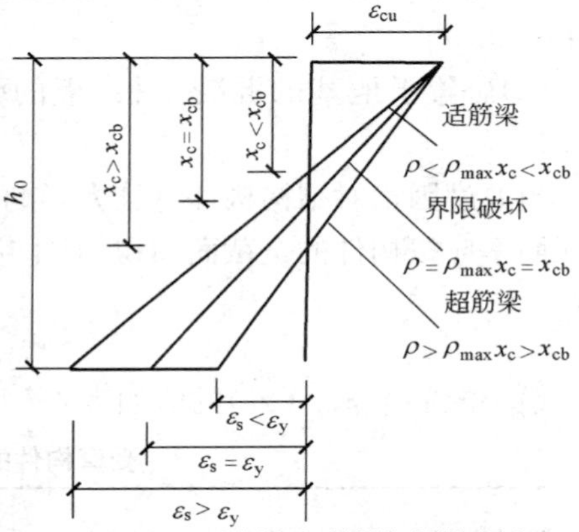

图 4-14 适筋梁、超筋梁与界限破坏时的截面平均应变图

图 4-14 中中间斜线表示由适筋梁向超筋梁过渡的界限破坏状态时截面应变。对于确定的混凝土强度等级，ε_{cu} 和 β_1 都为常数。由图中可以看出，破坏时的相对受压区高度越大，钢筋拉应变越小。

破坏时的相对受压区高度

$$\xi = \frac{x}{h_0} = \frac{\beta_1 x_c}{h_0} \tag{4-9}$$

相对界限受压区高度

$$\xi_b = \frac{x_b}{h_0} = \frac{\beta_1 x_{cb}}{h_0} \tag{4-10}$$

当 $\xi > \xi_b$ 时，受拉钢筋不屈服，为超筋梁破坏。

当 $\xi < \xi_b$ 时，受拉钢筋已屈服，为适筋梁或少筋梁破坏。界限相对受压区高度可由图 4-13 利用几何关系求出：

$$\xi_b = \frac{\beta_1}{1 + \frac{f_y}{E_s \varepsilon_{cu}}} \tag{4-11}$$

《混凝土结构设计规范》(GB 50010—2010)规定：对于有明显屈服点的钢筋可采用式(4-11)来计算 ξ_b；对于无屈服点的钢筋可采用下式来计算 ξ_b

$$\xi_b = \frac{\beta_1}{1 + \frac{0.002}{\varepsilon_{cu}} + \frac{f_y}{E_s \varepsilon_{cu}}} \tag{4-12}$$

由式(4-11)算得的 ξ_b 值见表 4-4。

相对界限受压区高度 ξ_b 取值　　表 4-4

钢筋级别	系　数	≤C50	C60	C70	C80
HPB300	ξ_b	0.576	0.556	0.537	0.518
	α_{sb}	0.410	0.402	0.393	0.384

续上表

钢筋级别	系数	≤C50	C60	C70	C80
HRB335、HRBF335	ξ_b	0.550	0.531	0.512	0.493
	α_{sb}	0.399	0.390	0.381	0.372
HRB400、HRBF400、RRB400	ξ_b	0.518	0.499	0.481	0.463
	α_{sb}	0.384	0.375	0.365	0.356
HRB500、HRBF500	ξ_b	0.482	0.464	0.447	0.429
	α_{sb}	0.366	0.357	0.347	0.337

2. 最小配筋率 ρ_{min}

最小配筋率 ρ_{min} 通常是根据传统经验得出的。我国《混凝土设计规范》(GB 50010—2010)规定:

(1)受弯构件梁类构件,其一侧纵向受拉钢筋的配筋百分率不应小于 $45f_t/f_y$,同时不应小于 0.2。

(2)卧置于地基的混凝土板,板的受拉钢筋的最小配筋百分率可适当降低,但不应小于0.15%。

当温度因素对结构构件有较大影响时,受拉钢筋最小配筋百分率应比规定适当增加。最小配筋率应按构件的全截面面积[对Ⅰ字形、T形截面应扣除受压翼缘面积$(b_f'-b)h_f'$]计算,即

$$\rho_{min}=\frac{A_{s,min}}{A-(b'_f-b)h'_f} \tag{4-13}$$

最小配筋率 ρ_{min} (%)的值如表 4-5 所示。

受弯构件的截面最小配筋率 ρ_{min}(%) 表 4-5

钢筋种类	混凝土强度等级													
	C15	C20	C25	C30	C35	C40	C45	C50	C55	C60	C65	C70	C75	C80
强度等级 300MPa	0.200	0.200	0.212	0.238	0.262	0.285	0.300	0.315	0.327	0.340	0.348	0.357	0.363	0.370
强度等级 335MPa	0.200	0.200	0.200	0.215	0.236	0.257	0.270	0.284	0.294	0.306	0.314	0.321	0.327	0.333
强度等级 400MPa	0.200	0.200	0.200	0.200	0.200	0.214	0.225	0.236	0.245	0.255	0.261	0.268	0.273	0.278
强度等级 500MPa	0.200	0.200	0.200	0.200	0.200	0.200	0.200	0.200	0.203	0.208	0.216	0.221	0.225	0.230

3. 基本计算公式

单筋矩形截面受弯构件的正截面受弯承载力计算简图如图 4-15 所示,取轴向力以及弯矩平衡,可得单筋矩形截面梁受弯构件正截面受弯承载力计算的基本公式:

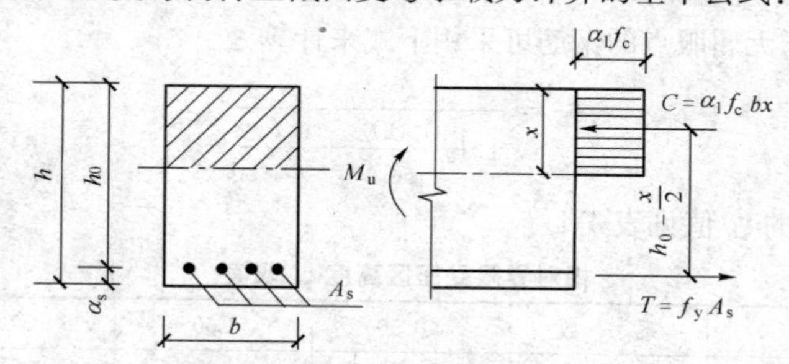

图 4-15 单筋矩形截面梁计算简图

$$\sum X=0 \quad \alpha_1 f_c bx=f_y A_s \tag{4-14}$$

$$\sum M=0 \begin{cases} \sum M_c=0 \qquad M_u=f_y A_s\left(h_0-\dfrac{x}{2}\right) \\ \sum M_s=0 \qquad M_u=\alpha_1 f_c bx\left(h_0-\dfrac{x}{2}\right) \end{cases} \tag{4-15}$$

四、适 用 条 件

1. 避免超筋破坏应满足的条件

$$\xi \leqslant \xi_b \tag{4-16}$$

由式(4-14)可知

$$x=\frac{f_y A_s}{\alpha_1 f_c b} \tag{4-17}$$

$$\xi=\frac{x}{h_0}=\frac{f_y A_s}{\alpha_1 f_c b h_0}=\rho\frac{f_y}{\alpha_1 f_c} \tag{4-18}$$

对于材料给定的截面，相对受压区高度 ξ 和配筋率 ρ 之间有明确的换算关系。对应于 ξ_b 的 ρ 即为该截面允许的最大配筋率 ρ_{max}。

$$\rho_{max}=\xi_b \alpha_1 f_c/f_y \tag{4-19}$$

式(4-19)即为受弯构件最大配筋率的计算公式。为方便应用，表 4-6 列出了具有明显屈服点钢筋配筋的钢筋混凝土受弯构件的最大配筋百分率。当构件按最大配筋率配筋时，由式(4-15)可以求出适筋受弯构件所能承受的最大弯矩为

$$M_{max}=\alpha_1 f_c b\xi_b h_0\left(h_0-\frac{\xi_b h_0}{2}\right)=\alpha_1 f_c bh_0^2\xi_b\left(1-\frac{\xi_b}{2}\right) \tag{4-20}$$

由以上分析可知，为了防止将构件设计成超筋构件，既可以用式(4-16)控制，也可用式(4-21)进行控制，两者是等效的。

$$\rho \leqslant \rho_{max} \tag{4-21}$$

受弯构件的截面最大配筋率 ρ_{max}(%) 表 4-6

钢 筋 种 类	混凝土强度等级													
	C15	C20	C25	C30	C35	C40	C45	C50	C55	C60	C65	C70	C75	C80
强度等级 300MPa	1.54	2.05	2.54	3.05	3.56	4.07	4.50	4.93	5.25	5.55	5.83	6.07	6.27	6.47
强度等级 335MPa	1.32	1.76	2.18	2.62	3.07	3.51	3.89	4.24	4.52	4.77	5.01	5.21	5.38	5.55
强度等级 400MPa	1.03	1.38	1.71	2.06	2.40	2.74	3.05	3.32	3.53	3.74	3.92	4.08	4.21	4.34
强度等级 500MPa	0.80	1.06	1.32	1.58	1.85	2.12	2.34	2.56	2.72	2.87	3.02	3.14	3.23	3.33

2. 防止少筋破坏应满足的条件

$$\rho \geqslant \rho_{min} \tag{4-22}$$

或

$$A_s \geqslant A_{s,min}=\rho_{min} bh \tag{4-23}$$

五、设计计算方法

受弯构件的设计一般仅需对控制截面进行承载力计算。基本公式的应用有截面设计和截面复核两种情况。

1. 截面设计

截面设计通常是下列情形：已知荷载作用引起的弯矩设计值 M，通过截面设计求所需的纵向钢筋截面面积 A_s。

截面设计中，首先选择材料强度和截面尺寸。对普通钢筋混凝土构件，正截面受弯承载力主要取决于受拉钢筋，因此，混凝土强度不宜过高或过低，现浇混凝土通常选用C20～C30。预制构件为减轻自重，混凝土强度可适当提高。尽量采用高强和高性能钢筋，钢筋混凝土梁、板钢筋的选用参考前面的构造要求。

选择截面尺寸时，应使截面具有一定的抗弯刚度，以满足挠度变形要求。也可以初步选定配筋率 ρ，来调整截面高度和宽度。根据我国工程经验，梁的经济配筋率为 $\rho=0.6\%\sim1.5\%$，板的经济配筋率为 $\rho=0.4\%\sim0.8\%$。

由经济配筋率 ρ，梁高可由下式近似确定：

$$h_0=\frac{1}{\sqrt{1-0.5\xi}}\sqrt{\frac{M}{\rho f_y b}}=(1.05\sim1.1)\sqrt{\frac{M}{\rho f_y b}} \tag{4-24}$$

在正截面受弯承载力设计中，钢筋直径、数量和排列等还未知，因此，纵向受拉钢筋合力点到截面受拉边缘的距离 a_s 需预先估计。当受拉钢筋放置一排时，$a_s=c+d_v+d/2$；当受拉钢筋放置两排时，$a_s=c+d_v+d+d_2/2$。c 为保护层厚度，d 为纵向钢筋直径，d_v 为箍筋的直径，d_2 为两排钢筋之间的间距，如图 4-3 所示。为计算方便，当环境类别为一类时，若采用受拉钢筋直径为 20mm，箍筋直径为 8mm，a_s 可近似取：梁内单排筋，$a_s=40$mm；梁内双排筋，$a_s=65$mm。

板的受力筋布置在外侧，常用直径 8～12mm，对于一类环境可取 $a_s=20$mm，对于二 a 类环境可取 $a_s=25$mm。

当材料和构件截面尺寸确定后，基本公式中有两个未知数 x 和 A_s，通过解联立方程组可求出 A_s。根据钢筋的计算面积，选择合适的钢筋根数和直径，以获得实际配筋面积。通常实际配筋面积和计算配筋面积差值宜控制在5%内。在选择钢筋直径和根数时，应注意满足有关构造要求。

2. 截面复核

在实际工程中，经常会遇到对于已建成的某结构，由于改建、扩建或加固改造等原因，要求验算其承载能力是否满足要求，这就是属于截面复核问题。如果要求验算构件截面是否能够承受弯矩的作用，就是属于抗弯承载力的截面复核问题。结构既有部分混凝土、钢筋的强度设计值应根据强度的实测值确定；当材料的性能符合原设计要求时，可按原设计的规定取值。设计时还应考虑既有结构构件实际的几何尺寸、截面配筋、连接构造和已有缺陷的影响。通常已知 M、b、h、A_s、混凝土及钢筋强度等级，求 M_u。

M_u 可由基本计算公式直接算出。当 $M_u\geq M$ 时，截面受弯承载力满足；当 $M_u<M$ 时，该截面受弯承载力不满足要求，应进行加固。

3. 计算表格

按基本计算公式求解二次联立方程组进行截面设计比较麻烦，为简化计算，可根据基本公式编制计算表格。

将式(4-14)和式(4-15)改写为

$$\alpha_1 f_c bx = f_y A_s = \alpha_1 f_c bh_0 \xi \tag{4-25}$$

$$M \leqslant M_u = \alpha_1 f_c bx(h_0 - x/2) = \alpha_1 f_c bh_0^2 \xi(1-0.5\xi) \tag{4-26}$$

设

$$\alpha_s = \xi(1-0.5\xi) \tag{4-27}$$

$$\gamma_s = 1-0.5\xi \tag{4-28}$$

可得

$$M_u = \alpha_s \alpha_1 f_c bh_0^2 \tag{4-29}$$

由式(4-27)可知,当 $\xi=\xi_b$ 时,α_s 取最大值为 α_{sb} ,α_{sb} 为截面的最大抵抗矩系数,见表4-4,进而可得单筋矩形截面所能承担的最大弯矩为

$$M_{max} = \alpha_{sb}\alpha_1 f_c bh_0^2 \tag{4-30}$$

$$\alpha_{sb} = \xi_b(1-0.5\xi_b) \tag{4-31}$$

对混凝土压力合力作用点取力矩平衡,可得

$$M_u = f_y A_s(h_0 - x/2) = f_y A_s h_0(1-0.5)\xi = f_y A_s \gamma_s h_0 \tag{4-32}$$

系数 α_s、γ_s 仅与受压区相对高度 ξ 有关,可列成表格如附表 20 所示。

γ_s 为内力臂系数,是力臂 Z 和 h_0 的比值;α_s 为截面抵抗矩系数,配筋率 ρ 越大,ξ 越大,γ_s 越小,而 α_s 越大。

[例 4-1] 如图 4-16 所示的钢筋混凝土简支梁,环境类别为一类,承受的恒荷载标准值(含梁自重)$g_k=6\text{kN/m}$,活荷载标准值 $q_k=15\text{kN/m}$,混凝土强度为 C20,HRB335 级钢筋,梁的截面尺寸 $b\times h=250\text{mm}\times500\text{mm}$,试计算梁的纵向受拉钢筋 A_s。

解:查表得:C20 混凝土,$f_c=9.6\text{N/mm}^2$,$f_t=1.1\text{N/mm}^2$,$\alpha_1=1.0$;

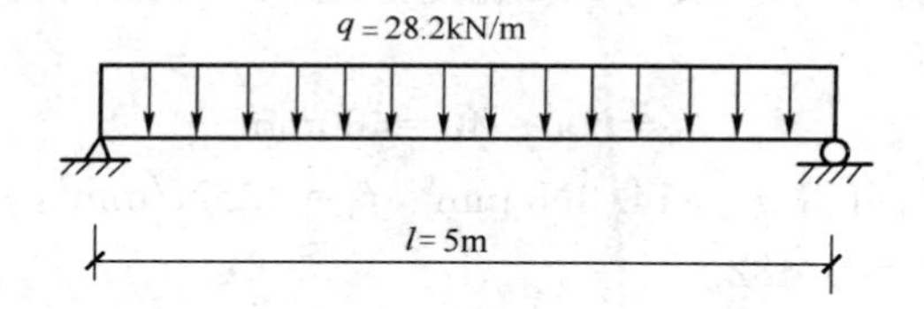

图 4-16 [例 4-1]图

HRB335 级钢筋 $f_y=300\text{N/mm}^2$,$\xi_b=0.55$;$\gamma_0=1.0$。

由可变荷载效应控制的组合($\gamma_G=1.2$,$\gamma_Q=1.4$)有:

$$q=1.2\times6+1.4\times15=28.2\text{kN/m}$$

由永久荷载效应控制的组合($\gamma_G=1.35$,$\gamma_Q=1.4$,$\psi=0.7$)有:

$$q=1.35\times6+1.4\times0.7\times15=22.8\text{kN/m}<28.2\text{kN/m}$$

所以,取梁承受的均布荷载设计值 $q=28.2\text{kN/m}$。

截面的弯矩设计值

$$M=\frac{1}{8}ql^2=\frac{1}{8}\times28.2\times5^2=88.13\ \text{kN}\cdot\text{m}$$

设纵向受拉钢筋按一排放置,则梁的有效高度为

$$h_0=500-40=460\text{mm}$$

由式(4-15)得

$$1.0\times88130000=9.6\times250x\left(460-\frac{x}{2}\right)$$

整理上式得

$$x^2-920x+73442=0$$

解一元二次方程，得截面的受压区高度为

$$x=88\text{mm}<x_b=\xi_b h_0=0.550\times465=255.8\text{mm}$$

将 x 值代入式(4-14)，受拉钢筋的截面面积为

$$A_s=\frac{\alpha_1 f_c bx}{f_y}=\frac{1.0\times9.6\times250\times88}{300}=704\ \text{mm}^2$$

$$0.45\frac{f_t}{f_y}=0.45\times\frac{1.1}{300}=0.165\%<0.2\%$$

取 $\rho_{min}=0.2\%$ 得

$$\rho_{min}bh_0=0.002\times250\times500=250\text{mm}^2<704\text{mm}^2$$

由以上验算，截面符合适筋条件。

选配钢筋：选用 2⌽18+1⌽16，实际钢筋截面面积为

$$A_s=710\text{mm}^2>704\text{mm}^2$$

一排钢筋所需的最小宽度为

$b_{min}=4\times25+2\times18+1\times16=152\text{mm}<b=250\text{mm}$

与原假设相符，不必重算。

[例 4-2] 已知：矩形梁截面尺寸 $b\times h=250\text{mm}\times500\text{mm}$；环境类别为一类，弯矩设计值为 $M=250\text{kN}\cdot\text{m}$，混凝土强度等级为 C30，钢筋采用 HRB500 级钢筋。求所需的受拉钢筋截面面积。

解：查表可知环境类别为一类，采用 C30 混凝土时梁的混凝土保护层最小厚度为 20mm，故设 $a_s=40\text{mm}$，则有

$$h_0=500-40=460\text{mm}$$

由混凝土和钢筋等级，可得 $f_c=14.3\text{N/mm}^2$，$f_y=435\text{N/mm}^2$，$f_t=1.43\text{N/mm}^2$，另查表可知 $\alpha_1=1.0$，$\beta_1=0.8$，$\xi_b=0.482$。

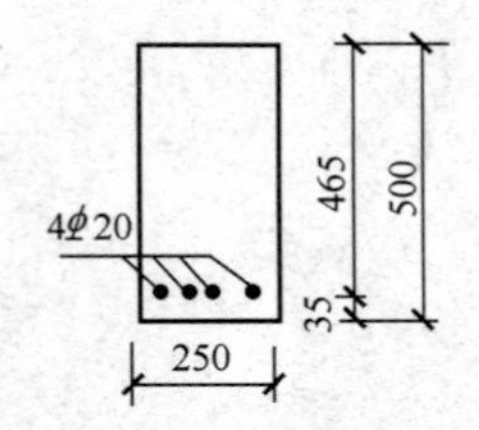

图 4-17 [例 4-2]截面配筋图

求计算系数

$$\alpha_s=\frac{M}{\alpha_1 f_c bh_0^2}=\frac{250\times10^6}{1.0\times14.3\times250\times460^2}=0.33$$

$$\xi=1-\sqrt{1-2\alpha_s}=0.416<\xi_b=0.482$$

$$\gamma_s=1-0.5\xi=0.792$$

$$A_s=\frac{M}{f_y\gamma_s h_0}=\frac{250\times10^6}{435\times0.792\times460}=1577\text{mm}^2$$

选用 4⌽22，$A_s=1520\text{mm}^2$，如图 4-17(选用钢筋时应满足有关间距、直径及根数的构造要求，实选钢筋面积与计算钢筋面积相差 3.6%，满足要求)。

验算适用条件：

(1) $x=0.416\times460=191.36\text{mm}<\xi_b h_0=0.55\times460=253\text{mm}$

(2) $\rho=\frac{1520}{250\times460}=1.32\%>\rho_{min}=0.45\frac{f_t}{f_y}=0.45\times\frac{1.43}{435}=0.15\%$

同时 $\rho>0.2\%$，所以满足条件。

注意，验算适用条件时，要用实际采用的纵向受拉钢筋截面面积。

[例 4-3] 已知一简支单跨板，计算跨度 $l=2.34\text{m}$，承受均布荷载 $q_k=3\text{kN/m}$(不包括板的自重)，如图 4-18 所示，混凝土等级 C30，钢筋等级采用 HPB300 钢筋。可变荷载分项系数

$\gamma_Q=1.4$，永久荷载分项系数 $\gamma_G=1.2$，环境类别为一类，钢筋混凝土重度为 $25kN/m^3$。求板厚及受拉钢筋截面面积 A_s。

解：取板宽 $b=1000mm$ 的板条为计算单元。设板厚为 80mm，则板自重为

$$g_k=25\times0.08=2.0kN/m^2$$

跨中处最大弯矩设计值为

$$M=\frac{1}{8}(\gamma_G g_K+\gamma_Q q_K)l^2=\frac{1}{8}(1.2\times2+1.4\times3)\times2.34^2=4.52kN\cdot m$$

当环境类别为一类，混凝土强度等级为 C30 时，板的混凝土保护层最小厚度为 15mm，故设 $a_s=20mm$，$h_0=80-20=60mm$，$f_c=14.3N/mm^2$，$f_y=270N/mm^2$，$f_t=1.43N/mm^2$，$\alpha_1=1.0$，$\xi_b=0.618$，则有

$$\alpha_s=\frac{M}{\alpha_1 f_c bh_0^2}=\frac{4.52\times10^6}{1.0\times14.3\times1000\times60^2}=0.0878$$

$$\xi=1-\sqrt{1-2\alpha_s}=0.092<\xi_b=0.618$$

$$\gamma_s=1-0.5\xi=0.954$$

$$A_s=\frac{M}{f_y\gamma_s h_0}=\frac{4.52\times10^6}{270\times0.954\times60}=292mm^2$$

选用Φ8@170，$A_s=296mm^2$，如图 4-19（垂直于受力筋放置Φ6@200 的分布钢筋）

验算适用条件：

(1) $x=\xi h_0=0.092\times60=5.52mm<\xi_b h_0=0.618\times60=36.84mm$。

(2) $\rho=\frac{296}{1000\times60}=0.493\%>\rho_{min}=45\frac{f_t}{f_y}=45\times\frac{1.43}{300}=0.215\%$

同时 $\rho>0.2\%$，所以满足条件。

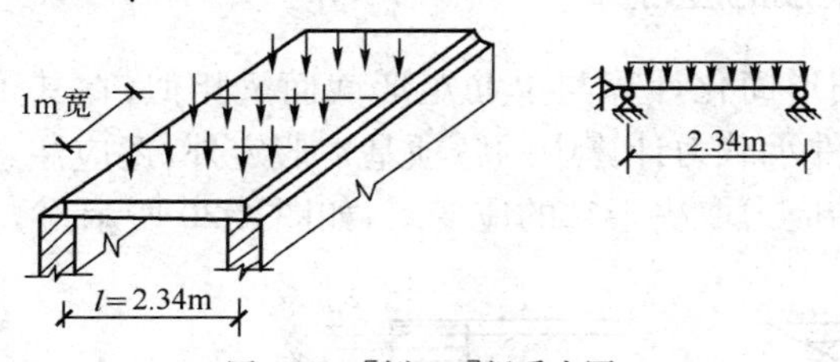

图 4-18 ［例 4-3］板受力图

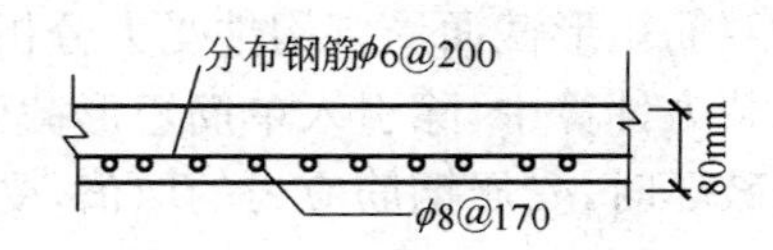

图 4-19 ［例 4-3］板配筋图

［例 4-4］ 某既有建筑要求延长其使用年限，需对其承载能力极限状态进行验算。其中某梁跨中的实测截面尺寸为 202mm×496mm，由于荷载作用承受的弯矩设计值为 $M=89kN\cdot m$，由回弹法测得的混凝土强度等级符合 C20，设计中钢筋采用 HRB335 级，由钢筋测定仪测得混凝土保护层厚度 $c=20mm$，受拉钢筋 4Φ16，$A_s=804mm^2$，箍筋采用直径为 10mm 的钢筋，试验算此梁跨中截面抗弯承载力是否安全。

解：查表得：C20 混凝土，$f_c=9.6N/mm^2$，$f_t=1.1N/mm^2$，$\alpha_1=1.0$，HRB335 级钢筋，$f_y=300N/mm^2$，$\xi_b=0.550$，$\rho_{min}=0.2\%(45f_t/f_y=0.165<0.2)$。

纵向钢筋一排放置，则梁的有效高度为

$$h_0=500-38=462mm$$

$$\rho=\frac{A_s}{bh_0}=\frac{804}{200\times462}=0.874\%>\rho_{min}$$

$$\xi=\frac{f_y A_s}{\alpha_1 f_c bh_0}=\frac{804\times300}{1.0\times9.6\times200\times462}=0.273<\xi_b$$

查附表20可得

$$\alpha_s = 0.236$$

由式(4-29)得

$$M_u = \alpha_s \alpha_1 f_c b h_0^2 = 0.236 \times 1.0 \times 9.6 \times 200 \times 462^2 = 95880192\text{N} \cdot \text{mm} \approx 95.9\text{kN} \cdot \text{m} > M$$

因此,该截面抗弯承载力满足要求,是安全的。

第五节　双筋矩形截面受弯构件正截面承载力计算

一、概　　述

只有在截面受拉区配置纵向受力钢筋的受弯构件称为单筋受弯构件,同时在截面受压区配置纵向受力钢筋的受弯构件称为双筋受弯构件。双筋截面中的受压钢筋不仅能够承受部分压力而且也起到架立筋的作用。双筋截面通常用于下列情况:

(1)当截面承受的弯矩很大,超过了按单筋矩形截面梁所能承受的最大弯矩 $M_{max} = \alpha_{sb}\alpha_1 f_c b h_0^2$,而梁截面尺寸受到限制,混凝土强度等级也不能够再提高时,则应采用双筋截面。

(2)在不同荷载组合情况下,梁截面承受变号弯矩时。

(3)结构或构件的截面由于某种原因,在截面的受压区预先已经布置了一定数量的受力钢筋。

在正截面受弯中,采用纵向受压钢筋帮助混凝土承受部分压力是不经济的,应避免采用,但双筋截面对截面延性、抗裂性、变形等是有利的。

二、受压钢筋的应力

双筋矩形截面受弯构件受力分析及应力图形简化计算与单筋矩形截面梁相似,在其正截面承载力计算中,除引入单筋矩形截面受弯构件承载力计算中的各项基本假定外,还应注意双筋梁破坏时,受压钢筋应力的取值,受压钢筋的应力取决于它的应变 ε_s',如图4-20所示。

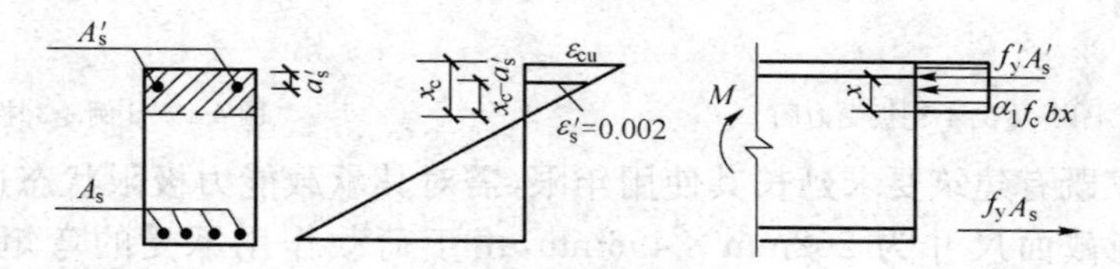

图4-20　双筋截面中受压钢筋的应变与应力

纵向受压钢筋的抗压强度取值,由图4-20的几何关系可知

$$\varepsilon_s' = \frac{x_c - a_s'}{x_c}\varepsilon_{cu} = \left(1 - \frac{a_s'}{\frac{x}{\beta_1}}\right)\varepsilon_{cu} = \left(1 - \frac{\beta_1 a_s'}{x}\right)\varepsilon_{cu}$$

若取 $x = 2a_s'$,$\beta_1 \approx 0.8$,$\varepsilon_{cu} \approx 0.0033$,则受压钢筋应变为

$$\varepsilon_s' = 0.0033 \times \left(1 - \frac{0.8a_s'}{2a_s'}\right) = 0.00198 \approx 0.002$$

由于受压区混凝土配有纵筋和箍筋,受到一定的约束作用,混凝土的实际极限压应变 ε_{cu} 和峰值应变 ε_0 均有所增大,从而使双筋矩形截面受弯构件在达到极限承载力时的受压钢筋应变 ε_s' 大于按素混凝土极限压应变计算的值。试验表明:当 $x \geqslant 2a_s'$ 时,热轧钢筋(包括

HRB500 级、HRBF500 级钢筋)的应力均已达到强度设计值 f'_y。

因此,为保证受压钢筋的强度充分发挥,双筋矩形截面构件混凝土受压区高度 x 应满足的条件是

$$x \geqslant 2a'_s \tag{4-33}$$

上式是保证受压钢筋发挥强度的充分条件,说明受压钢筋的位置不得低于等效矩形应力图形中混凝土的合力作用点。如果不满足上述条件,表明受压钢筋位置距离中和轴太近,受压钢筋的应变达不到屈服应变,不能充分发挥钢筋的强度。此时,钢筋的强度应按实际应变取值。

作为受压钢筋发挥强度的必要条件,《混凝土结构设计规范》(GB 50010—2010)作了以下规定:

(1)配置受压钢筋的构件,必须配置封闭箍筋,以防止受压钢筋压屈而向外凸出,使混凝土的保护层剥落,导致受压区混凝土过早破坏。

(2)箍筋间距 s 应满足 $s \leqslant 15d$ 或 $s \leqslant 400$mm(此处 d 为受压钢筋最小直径);当一层内受压钢筋多于 5 根且钢筋直径大于 18mm 时,箍筋间距 s 应满足 $s \leqslant 10d$。

(3)箍筋直径 d_v 应满足 $d_v \geqslant \frac{1}{4}d$(此处 d 为受压钢筋最大直径)。

(4)当梁宽 $b \leqslant 400$mm 且一层内受压钢筋多于 4 根,或梁宽 $b > 400$mm 且一层内受压钢筋多于 3 根时,应设复合箍筋。

三、基本计算公式与适用条件

1. 基本公式

双筋矩形截面受弯构件正截面应力如图 4-21a)所示,根据平衡条件可写出双筋矩形截面受弯构件正截面受弯承载力的基本公式为

$$\alpha_1 f_c bx + f'_y A'_s = f_y A_s \tag{4-34}$$

$$M \leqslant M_u = \alpha_1 f_c bx(h_0 - x/2) + f'_y A'_s(h_0 - a'_s) \tag{4-35}$$

双筋矩形截面所承担的弯矩设计值 M_u 可分为两部分,M_{u1} 为受压区混凝土和与其对应的一部分受拉钢筋 A_{s1} 所形成的弯矩抗力[图 4-21b)]相当于单筋矩形截面的受弯承载力;M_{u2} 是由受压钢筋和与其对应的另一部分受拉钢筋 A_{s2} 所形成的弯矩抗力[图 4-21c)]。

2. 适用条件

(1)为防止超筋破坏,应满足

$$\xi \leqslant \xi_b \tag{4-36}$$

$$x \leqslant x_b = \xi_b h_0 \tag{4-37}$$

(2)为保证受压钢筋达到抗压设计强度,应满足

$$x \geqslant 2a'_s$$

若实际设计中算得的 $x \leqslant 2a'_s$,则说明纵向受压钢筋达不到其抗压设计强度,为简化计算,偏安全地取 $x = 2a'_s$,即假定压区混凝土压力合力作用点与纵向受压钢筋合力点重合(图 4-22),其正截面受弯承载力可按下式计算

$$M_u = f_y A_s(h_0 - a'_s) \tag{4-38}$$

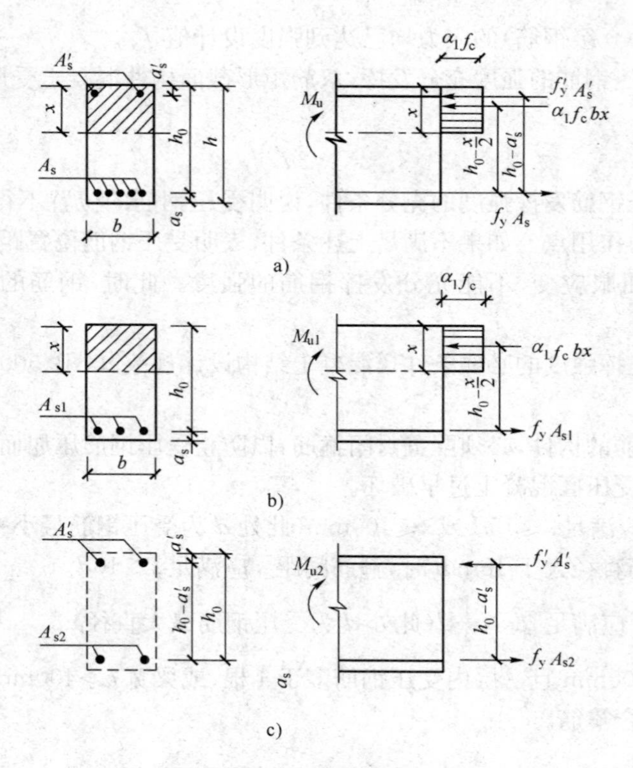

图 4-21　双筋矩形截面计算简图

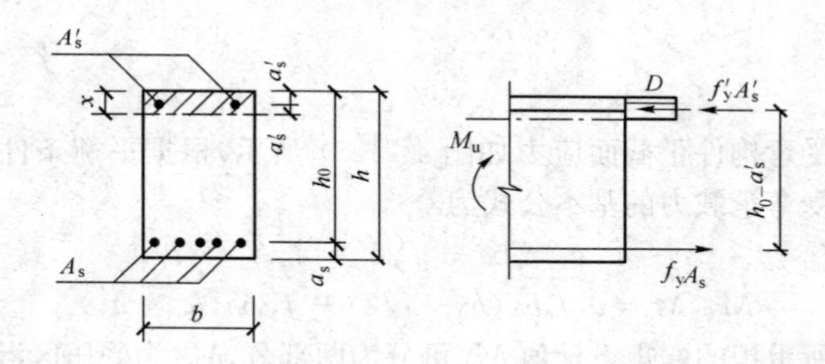

图 4-22　双筋截面在受压钢筋不屈服时的计算简图

双筋截面中的受压钢筋往往配置较多，一般不必进行最小配筋率的计算。

四、计 算 方 法

1. 截面设计

截面设计时，可能会出现两种情况：

(1)情况 1：已知截面尺寸，材料强度等级，弯矩设计值 M，求受拉和受压钢筋的截面面积 A_s 及 A'_s。

在基本计算公式中，有 A_s、A'_s 和 x 三个未知数，需补充一个条件才能求解。为使钢筋总面积（$A_s + A'_s$）最少，应充分利用混凝土的强度。因此，可设 $x=\xi_b h_0$，代入式(4-35)可得

$$A'_s=\frac{M-\alpha_1 f_c bx\left(h_0-\frac{x}{2}\right)}{f'_y(h_0-a'_s)} \tag{4-39}$$

进一步求得

$$A_s = \frac{\alpha_1 f_c bx + f'_y A'_s}{f_y} \tag{4-40}$$

(2)情况 2:已知弯矩设计值 M,材料强度等级,截面尺寸及受压钢筋截面面积 A'_s,求受拉钢筋面积 A_s。

由于 A'_s 已知,基本计算公式中只有两个未知数 x 和 A_s,故可以直接联立求解。在计算 A_s 时分成两部分来求解,如图 4-21 所示。

$$M_u = M_{u1} + M_{u2} \tag{4-41}$$

$$M_{u2} = f'_y A'_s (h_0 - a'_s) \tag{4-42}$$

$$A_{s2} = \frac{f'_y A'_s}{f_y} \tag{4-43}$$

$$M_{u1} = M - M_{u2} = \alpha_1 f_c bx\left(h_0 - \frac{x}{2}\right) \tag{4-44}$$

可按单筋矩形截面梁计算出 x,然后根据图 4-21b)求出 A_{s1}。

$$A_{s1} = \frac{\alpha_1 f_c bx}{f_y} \tag{4-45}$$

最后可得

$$A_s = A_{s1} + A_{s2} = \frac{\alpha_1 f_c bx}{f_y} + \frac{f'_y A'_s}{f_y} \tag{4-46}$$

在计算 A_{s1} 时,需注意:

①若 $\xi > \xi_b$,说明 A'_s 太少,应按 A'_s 未知的情况重新进行计算 A_s 和 A'_s。

②若求得的 $x < 2a'_s$,对受压钢筋合力点取矩,按式(4-38)可计算出受拉钢筋 A_s,这样算得的结果是偏于安全的。

$$A_s = \frac{M}{f_y(h_0 - a'_s)} \tag{4-47}$$

③当 $\frac{a'_s}{h_0}$ 较大,若 $\alpha_s = \frac{M}{\alpha_1 f_c bh_0^2} < 2\frac{a'_s}{h_0}(1 - \frac{a'_s}{h_0})$ 时,按式(4-47)确定的受拉钢筋截面面积 A_s 有可能比按单筋梁算的还要大。此时,为了节约钢材,应按单筋梁的计算结果配筋。

2. 截面复核

已知截面尺寸、材料强度等级、和钢筋用量 A_s 和 A'_s,要求复核截面的受弯承载力。此时,基本计算公式中有两个未知数 x 和 M_u。

由式(4-34)求 x,若 $2a'_s \leqslant x \leqslant \xi_b h_0$,则可代入式(4-31),求得 M_u;若 $x < 2a'_s$,则利用式(4-38)求得 M_u;若 $x > \xi_b h_0$,说明截面已属超筋,破坏始自受压区,计算时可取 $x = \xi_b h_0$。

[例 4-5] 已知梁的截面尺寸为 $b \times h = 200\text{mm} \times 500\text{mm}$,混凝土强度等级为 C30,钢筋采用 HRB400 级钢筋,环境类别为一类。若梁承受的弯矩设计值 $M = 250\text{kN} \cdot \text{m}$。求受压钢筋面积 A'_s 和受拉钢筋面积 A_s。

解:查表得:C30 混凝土,$f_c = 14.3\ \text{N/mm}^2$;$\alpha_1 = 1.0$;HRB400 级钢筋,$f_y = 360\ \text{N/mm}^2$,$\xi_b = 0.518$。

首先验其是否需要采用双筋截面。

因弯矩设计值较大,预计钢筋需排成两排,故 $h_0 = h - 65 = 500 - 65 = 435\ \text{mm}$。单筋矩

形截面所能承担的最大弯矩为

$$M_{max}=a_1 f_c b h_0^2 \xi_b(1-0.5\xi_b)$$
$$=1.0\times 14.3\times 200\times 435^2\times 0.518\times(1-0.5\times 0.518)$$
$$=208\ \text{kN}\cdot\text{m}<M=250\ \text{kN}\cdot\text{m}$$

说明需要采用双筋截面。

为使总用钢量为最小，令 $x=\xi_b h_0$ 代入式(4-35)，解得

$$A_s'=\frac{M-a_1 f_c b x(h_0-\frac{x}{2})}{f_y'(h_0-a_s')}=\frac{M-M_{max}}{f_y'(h_0-a_s')}$$
$$=\frac{250000000-208000000}{360\times(435-35)}=292\text{mm}^2$$

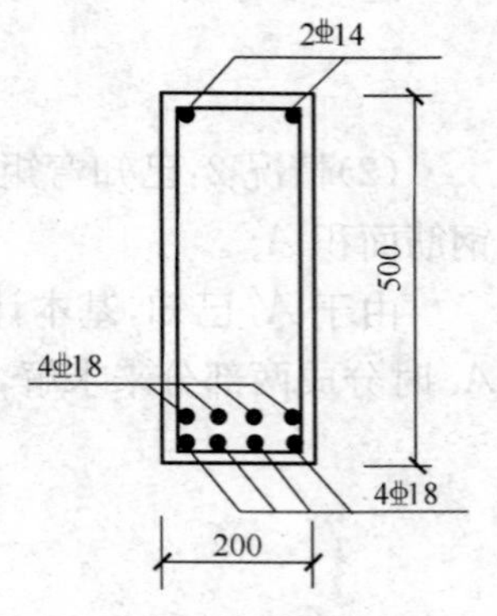

图 4-23 [例 4-5]截面配筋

由式(4-34)可得：

$$A_s=\frac{a_1 f_c b x+f_y' A_s'}{f_y}=\frac{1.0\times 14.3\times 200\times 0.518\times 435+360\times 292}{360}=2082\text{mm}^2$$

实际选用钢筋量：受压钢筋 2 Φ 14（308mm²），受拉钢筋 8 Φ 18（2036mm² 差值在 5%以内）。

截面配筋如图 4-23 所示。

[例 4-6] 已知矩形截面梁，$b\times h=300\text{mm}\times 600\text{mm}$，混凝土强度等级为 C30，环境类别为二 a 类，钢筋采用 HRB335 级钢。在受压区已配置 2 根直径 14mm（308mm²）HRB335 级受压钢筋，梁承受的弯矩设计值 $M=150\text{kN}\cdot\text{m}$ 时，求受拉钢筋截面面积 A_s。

解：查表得：混凝土强度等级 C30，$f_c=14.3\text{N/mm}^2$，$a_1=1.0$；HRB335 级钢筋，$f_y=300\text{MPa}$，$\xi_b=0.55$。

钢筋排成一排，故 $h_0=h-45=600-45=555\text{mm}$

$$M_{u2}=f_y' A_s'(h_0-a_s')=300\times 308\times(555-45)=47.1\text{kN}\cdot\text{m}$$
$$M_{u1}=M-M_{u2}=150-47.1=102.9\text{kN}\cdot\text{m}$$
$$a_s=\frac{M_{u1}}{a_1 f_c b h_0^2}=\frac{102900000}{1\times 14.3\times 300\times 555^2}=0.078$$

查表得 $\xi=0.08<\xi_b$。

$$x=0.08\times 555=44.4<2a_s'=70\text{mm}$$

则 A_s 可用式(4-47)直接求得

$$A_s=\frac{M}{f_y(h_0-a_s')}=\frac{150000000}{300\times(555-45)}=980.4\text{mm}^2$$

由于算得的 $x<2a_s'$，需要按单筋矩形截面梁再算一次。

$$\alpha_s=\frac{M}{\alpha_1 f_c b h_0^2}=\frac{150\times 10^6}{1.0\times 14.3\times 300\times 555^2}=0.1135$$
$$\xi=1-\sqrt{1-2\alpha_s}=0.121<\xi_b=0.55$$
$$\gamma_s=1-0.5\xi=0.94$$
$$A_s=\frac{M}{f_y\gamma_s h_0}=\frac{150\times 10^6}{300\times 0.94\times 555}=958\text{mm}^2$$

经比较，按单筋梁算得的受拉钢筋面积小，因此，为节约钢材该梁可按单筋梁设计，受拉钢筋的面积为 958mm²。

[例 4-7] 某建筑由于使用功能的变化使楼面荷载增大，需验算某梁的抗弯承载力。回

弹仪测得混凝土实际抗压强度 $f_c = 15$ MPa；钢筋采用 HRB335；钢筋测定仪测得混凝土保护层厚度 25mm，验算截面梁的实际尺寸为 200mm×400mm；受拉钢筋为 3Φ25 的钢筋，$A_s =$ 1473mm²；受压钢筋为 2Φ16 的钢筋，$A'_s = 402\text{mm}^2$；箍筋采用直径 10mm 的钢筋，要求承受的弯矩设计值 $M=90\text{kN}\cdot\text{m}$。试验算此梁的截面是否安全。

解： $f_c = 15$ MPa，$f_y = f'_y = 300$MPa

$$\alpha_s = 25 + 10 + \frac{25}{2} = 47.5\text{mm}\ ,\ a'_s = 25 + 10 + \frac{16}{2} = 43\text{mm}\ ,\ h_0 = 400 - 47.5 = 352.5\text{mm}$$

由式 $a_1 f_c bx + f'_y A'_s = f_y A_s$ 得

$$x = \frac{f_y A_s - f'_y A'_s}{a_1 f_c b} = \frac{300 \times 1473 - 300 \times 402}{1.0 \times 15 \times 200}$$

$$= 107.1\text{mm} < \xi_b h_0 = 0.55 \times 352.5 = 194\text{mm}$$

$$x > 2a'_s = 2 \times 43 = 86\text{mm}$$

代入式(4-35)得

$$M_u = a_1 f_c bx\left(h_0 - \frac{x}{2}\right) + f'_y A'_s (h_0 - a'_s)$$

$$= 1.0 \times 15 \times 200 \times 107.1 \times \left(352.5 - \frac{107.1}{2}\right) +$$

$$300 \times 402 \times (352.5 - 43) = 133.4\ \text{kN}\cdot\text{m} > 90\text{kN}\cdot\text{m}$$

所以该截面的抗弯承载力是安全的。

在混凝土结构设计中，凡是正截面承载力复核题，都必须求出混凝土受压高度 x 值。

第六节　T 形截面受弯构件正截面承载力计算

一、概　　述

矩形截面受弯构件破坏时，大部分受拉区混凝土已开裂，不再承担拉力，而且在计算中也没有考虑受拉区混凝土的抗拉承载力，因此，可以将受拉区两侧挖去一部分混凝土，把纵向受拉钢筋集中布置在梁肋中，形成图 4-24 所示的 T 形截面。截面的正截面抗弯承载能力与原有矩形截面相同，这样，既可以节约混凝土，又可以减轻自重。

T 形截面伸出部分为翼缘，中间部分称为肋或梁腹。肋的宽度为 b，高度为 h，受压区翼缘宽为 b'_f，厚度为 h'_f。工字形截面位于受拉区的翼缘不参与受力，因此也按 T 形截面计算。

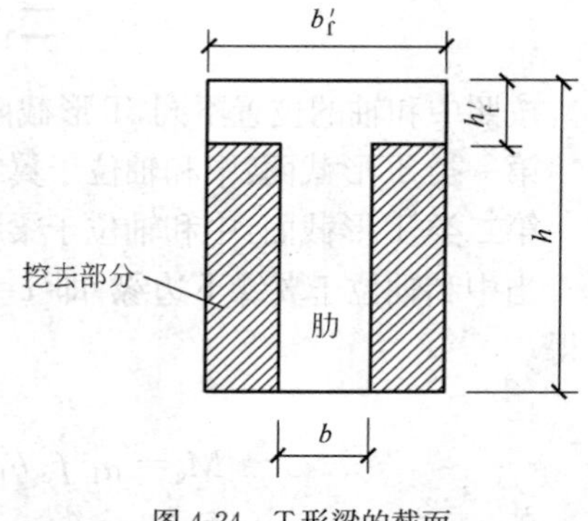

图 4-24　T 形梁的截面

T 形截面梁在实际工程中应用很广。在预制构件中，有 T 形吊车梁、T 形檩条等；在现浇肋梁楼盖中，楼板与梁整体浇注在一起，形成整体式 T 形梁(图 4-25)，对于跨中截面承受正弯矩，翼缘(板)位于受压区，应考虑翼缘(板)对正截面抗弯的贡献，按 T 形截面计算，但支座截面承受负弯矩，翼缘(板)受拉，不考虑翼缘(板)参与受力，按宽度为 b 的矩形截面计算。

通过试验和理论分析可知，T 形梁受力后其翼缘中的纵向压应力是非均匀分布的，如

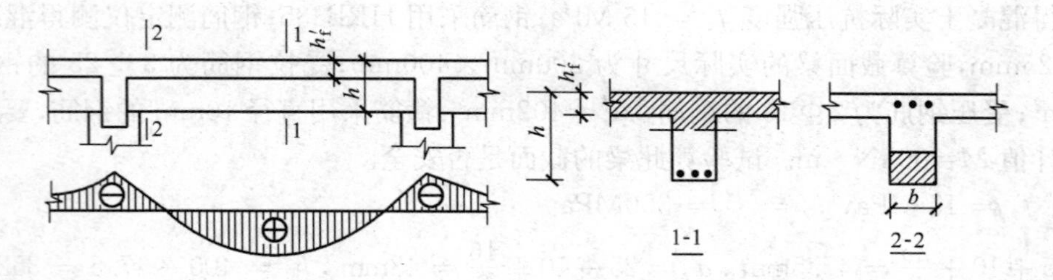

图 4-25 连续梁跨中截面与支座截面

图 4-26a)、c)所示，在靠近梁肋处翼缘中的压应力较高，离梁肋越远翼缘中的压应力越小。因此，设计中对翼缘计算宽度 b'_f 加以限制，《混凝土结构设计规范》规定按表 4-7 中的有关规定的最小值取用。b'_f 和翼缘厚度、梁的跨度及受力等因素有关。在计算宽度 b'_f 范围内，可以认为其压应力是均匀分布的。

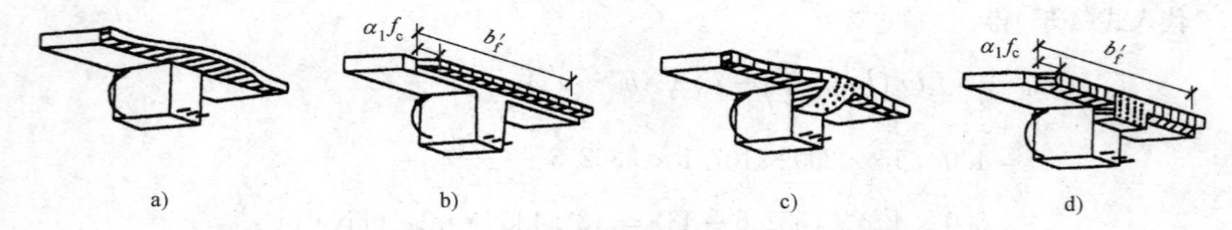

图 4-26 T 形截面翼缘的应力分布与计算宽度

T 形、倒 L 形受弯构件翼缘计算宽度 b'_f 表 4-7

情况	T 形、I 形截面		倒 L 形截面
	肋形梁(板)	独立梁	肋形梁(板)
按计算跨度 l_0 考虑	$l_0/3$	$l_0/3$	$l_0/6$
按梁(肋)净距 S_n 考虑	$b+S_n$	—	$b+S_n/2$
按翼缘高度 h'_f 考虑	$b+12h'_f$	b	$b+5h'_f$

注：①表中 b 为腹板宽度；

②如肋形梁在梁跨内设有间距小于纵肋间距的横肋时，则可不遵守表列第三种情况的规定；

③对加腋的 T 形、I 形和倒 L 形截面，当受压区加腋的高度 $h_h \geqslant h'_f$ 且加腋的宽度 $b_h \leqslant 3h_h$ 时，其翼缘计算宽度可按表列第三种情况的规定分别增加 $2b_h$(T 形、I 形截面)和 b_h(倒 L 形截面)；

④独立梁受压区的翼缘板在荷载作用下经验算沿纵肋方向可能产生裂缝时，其计算宽度应取腹板宽度 b。

二、T 形截面类型及判别条件

按照中和轴的位置不同，T 形截面可分为两类：

第一类 T 形截面：中和轴位于翼缘内，即 $x \leqslant h'_f$，如图 4-27a)所示。

第二类 T 形截面：中和轴位于梁肋内，即 $x > h'_f$，如图 4-27b)所示。

当中和轴位于翼缘下边缘，即 $x = h'_f$ 时，是两类 T 形截面的界限情况(图 4-28)，由平衡条件可得

$$\alpha_1 f_c b'_f h'_f = f_y A_s \tag{4-48}$$

$$M_u = \alpha_1 f_c b'_f h'_f (h_0 - h'_f/2) = f_y A_s (h_0 - h'_f/2) \tag{4-49}$$

若

$$\alpha_1 f_c b'_f h'_f \geqslant f_y A_s \tag{4-50}$$

或

$$M \leqslant \alpha_1 f_c b'_f h'_f (h_0 - h'_f/2) \tag{4-51}$$

说明钢筋所承担的拉力小于或等于全部翼缘高度混凝土受压时所承受的压力，不需要全

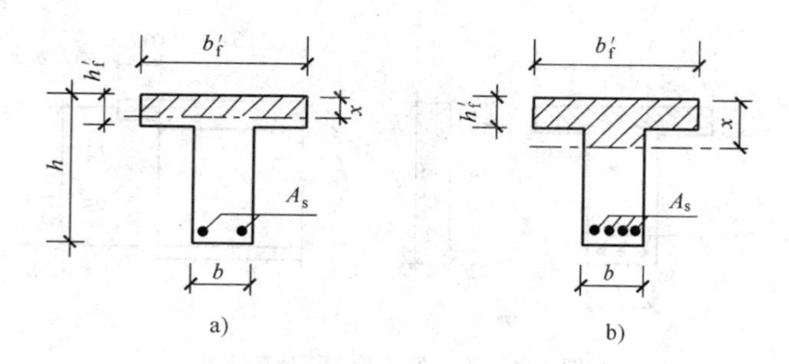

图 4-27　两类 T 形截面

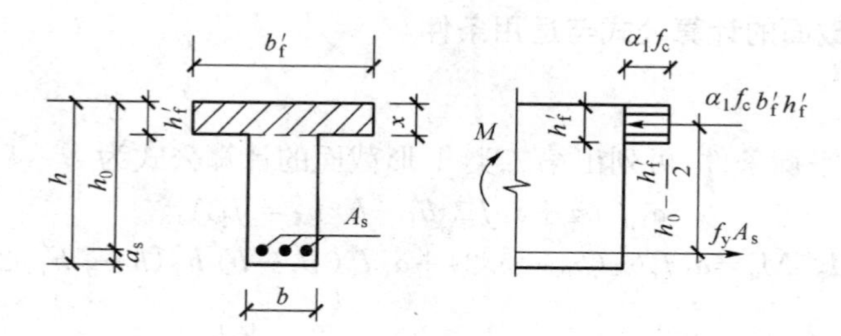

图 4-28　两类 T 形截面的界限

部翼缘混凝土受压，足以与弯矩设计值 M 相平衡，故 $x \leqslant h'_f$，属第一类 T 形截面。

相反，若

$$\alpha_1 f_c b'_f h'_f < f_y A_s \tag{4-52}$$

或

$$M > \alpha_1 f_c b'_f h'_f (h_0 - h'_f/2) \tag{4-53}$$

说明仅靠翼缘内的混凝土受压不足以抵抗钢筋承担的拉力或弯矩设计值 M，中和轴需下移，即 $x > h'_f$，属第二类 T 形截面。

复核截面时用式(4-50)和式(4-52)来判别；截面设计时用式(4-51)和式(4-53)来判别。

三、基本计算公式与适用条件

1. 第一类 T 形截面的计算公式与应用条件

(1)基本计算公式

第一类 T 形截面(图 4-29)相当于宽度 $b = b'_f$ 的矩形截面，可用 b'_f 代替 b 按矩形截面的公式计算

$$\alpha_1 f_c b'_f x = f_y A_s \tag{4-54}$$

$$M \leqslant M_u = \alpha_1 f_c b'_f x(h_0 - x/2) = f_y A_s (h_0 - x/2) \tag{4-55}$$

(2)适用条件

①为了防止超筋破坏

$$x \leqslant x_b = \xi_b h_0 \tag{4-56}$$

或

$$\xi = \frac{x}{h_0} = \frac{A_s}{b'_f h_0} \frac{f_y}{\alpha_1 f_c} \leqslant \xi_b \tag{4-57}$$

这项条件一般均能满足，可不必计算，因为一般 T 形截面的 h'_f/h_0 较小，因而 ξ 值也较小。

②为了防止少筋破坏

$$A_s \geqslant \rho_{min} bh$$

注意配筋计算公式中取梁肋宽 b 而不是翼缘宽 b'_f。

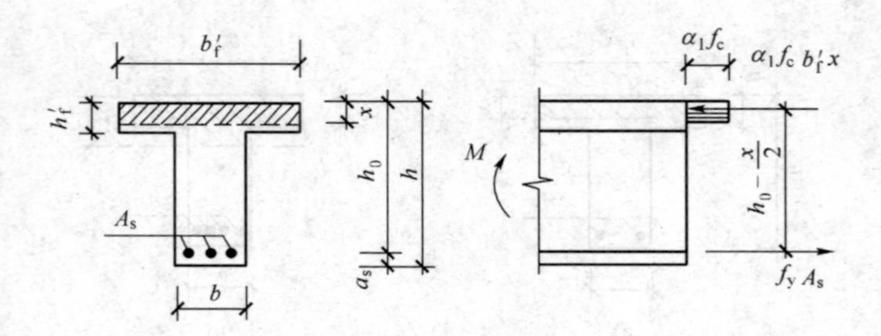

图 4-29 第一类 T 形截面计算简图

2. 第二类 T 形截面的计算公式与适用条件

(1)计算公式

根据图 4-30 的平衡条件,可列出第二类 T 形截面的计算公式为

$$\alpha_1 f_c bx+\alpha_1 f_c(b'_f-b)h'_f=f_y A_s \tag{4-58}$$

$$M\leqslant M_u=\alpha_1 f_c bx(h_0-x/2)+\alpha_1 f_c(b'_f-b)h'_f(h_0-h'_f/2) \tag{4-59}$$

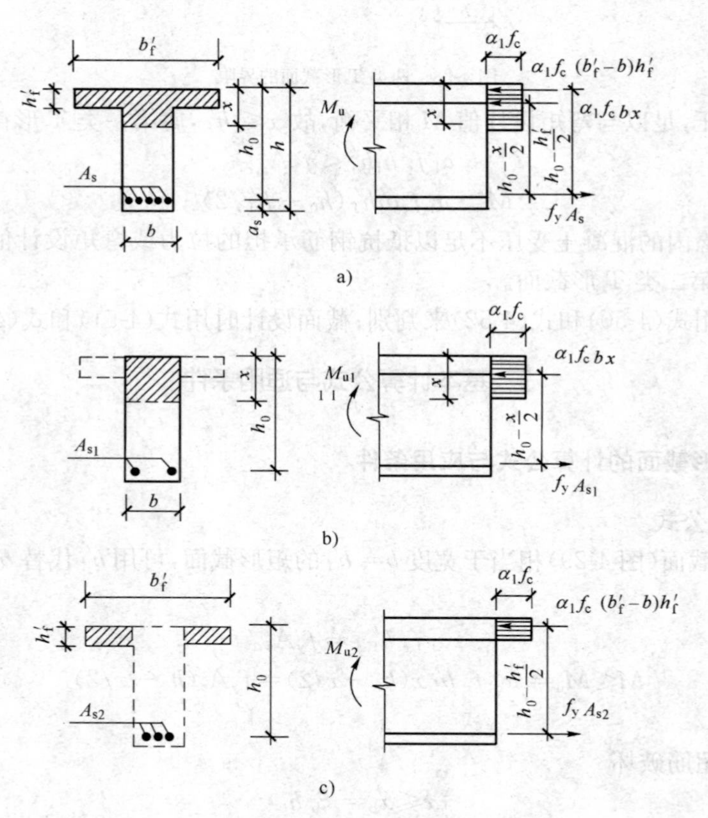

图 4-30 第二类 T 形截面计算简图

与双筋矩形截面梁相似,T 形截面梁所承担的弯矩 M_u 也可以分为两部分。M_{u1} 为肋部受压区混凝土和与其相应的一部分受拉钢筋 A_{s1} 所形成的承载力设计值,相当于单筋矩形截面的受弯承载力。M_{u2} 为由翼缘的受压混凝土和与其相应的另一部分受拉钢筋 A_{s2} 所形成的承载力设计值,如图 4-30c)所示。

由图 4-30b)平衡条件知

$$\alpha_1 f_c bx = f_y A_{s1} \tag{4-60}$$

$$M_{u1} = \alpha_1 f_c bx(h_0 - x/2) \tag{4-61}$$

由图 4-30c)平衡条件知

$$\alpha_1 f_c(b'_f - b)h'_f = f_y A_{s2} \tag{4-62}$$

$$M_{u2} = \alpha_1 f_c(b'_f - b)h'_f(h_0 - h'_f/2) \tag{4-63}$$

叠加后可得

$$M_u = M_{u1} + M_{u2} \tag{4-64}$$

$$A_s = A_{s1} + A_{s2} \tag{4-65}$$

(2)适用条件

为防止超筋梁

$$x \leqslant x_b = \xi_b h_0$$

第二类 T 形截面梁的配筋率一般较大,均能满足 $\rho \geqslant \rho_{min}$,可不必验算。

四、计 算 方 法

1. 截面设计

已知材料强度等级,截面尺寸及弯矩设计值 M,求受拉钢筋截面面积 A_s,计算时应首先根据式(4-51)或式(4-53)来判断截面类型,对不同类型的截面采用的计算方法是不同的。

当属于第一类 T 形截面时,按 $b'_f \times h$ 的单筋矩形截面梁来进行设计。

当属于第二类 T 形截面时,有 A_s 和 x 两个未知数,可用方程组直接联立求解,也可采用简化计算方法,按式(4-60)~式(4-65)首先计算出 M_{u2} 和 A_{s2},然后计算出 M_{u1} 和与其对应的 A_{s1},最后叠加求出总的 A_s。

2. 截面复核

已知材料的强度等级,截面尺寸及受拉钢筋截面面积 A_s,求弯矩承载力设计值 M_u,截面复核也应首先根据式(4-50)或式(4-52)判断截面类型。

当属于第一类 T 形截面时,按照 $b'_f \times h$ 的单筋矩形截面梁计算 M_u;当属于第二类 T 形截面时,按下式计算 x 值

$$x = \frac{f_y A_s - \alpha_1 f_c(b'_f - b)h'_f}{\alpha_1 f_c b} \tag{4-66}$$

然后把 x 代入式(4-59),求出 M_u。

[例 4-8] 已知一肋形楼盖的次梁,弯矩设计值 M=410kN·m,梁的截面尺寸为 $b \times h$=200mm×600mm,b'_f=1000mm,h'_f=90mm;混凝土等级为 C20,钢筋采用 HRB335;环境类别为一类。求受拉钢筋截面面积 A'_s。

解:混凝土强度等级 C20,$f_c = 9.6$MPa;$a_1 = 1.0$,$\beta_1 = 0.8$;HRB335 级钢筋,$f_y = f'_y = 300$MPa,$\xi_b = 0.55$。

判断 T 形截面类型:

因弯矩较大,截面宽度 b 较窄,预计受拉钢筋需排成两排,故取

$h_0 = h - a_s = 600 - 65 = 535$mm

$a_1 f_c b'_f h'_f\left(h_0 - \frac{h'_f}{2}\right) = 1.0 \times 9.6 \times 1000 \times 90 \times \left(535 - \frac{90}{2}\right) = 423.4\text{kN}\cdot\text{m} > 410\text{kN}\cdot\text{m}$

属于第一种类型的 T 形梁，以 b'_f 代替 b，可得

$$a_s = \frac{M}{a_1 f_c b'_f h_0^2} = \frac{410 \times 10^6}{1 \times 9.6 \times 1000 \times 535^2} = 0.149$$

$$\xi = 1 - \sqrt{1 - 2a_s} = 0.162 < \xi_b = 0.55$$

$$\gamma_s = 0.5 \times (1 + \sqrt{1 - 2a_s}) = 0.919$$

$$A_s = \frac{M}{f_y \gamma_s h_0} = \frac{410 \times 10^6}{300 \times 0.919 \times 535} = 2780\text{mm}^2$$

选用 6Φ25，$A_s = 2945\text{mm}^2$

[例 4-9] 已知梁的截面尺寸如图 4-31 所示，混凝土强度等级为 C20，环境类别为一类；钢筋采用 HRB335 级钢筋。截面承受的弯矩设计值 M=485kN·m。试求纵向受拉钢筋截面面积 A_s。

解：混凝土强度等级 C20，$f_c = 9.6\text{MPa}$；$a_1 = 1.0$；HRB335 级钢筋，$f_y = f'_y = 300\text{MPa}$，$\xi_b = 0.55$，$\rho_{\min} = 0.2\%$。

设钢筋布置两排

$$h_0 = h - 65 = 700 - 65 = 635\text{mm}$$

判别 T 形截面类型

$$a_1 f_c b'_f h'_f \left(h_0 - \frac{h'_f}{2}\right) = 1 \times 9.6 \times 600 \times 120 \times \left(635 - \frac{120}{2}\right)$$
$$= 397.44\text{kN·m} < M$$

属于第二类 T 形截面。

用式(4-63)求得

$$M_{u2} = a_1 f_c (b'_f - b) h'_f (h_0 - \frac{h'_f}{2}) = 1 \times 9.6 \times (600 - 300) \times 120 \times (635 - \frac{120}{2}) = 198.7\text{kN·m}$$

$$M_{u1} = M - M_{u2} = 485 - 198.7 = 286.3\text{kN·m}$$

$$a_s = \frac{M_{u1}}{a_1 f_c b h_0^2} = \frac{286300000}{1.0 \times 9.6 \times 300 \times 635^2} = 0.247$$

查表得：$\xi = 0.29 < \xi_b$

$$x = 0.29 \times 635 = 184.2\text{mm}$$

$$A_s = \frac{a_1 f_c b x + a_1 f_c (b'_f - b) h'_f}{f_y} = \frac{1 \times 9.6 \times 300 \times 184.2 + 1 \times 9.6 \times (600 - 300) \times 120}{300}$$

$$= 2920\text{mm}^2$$

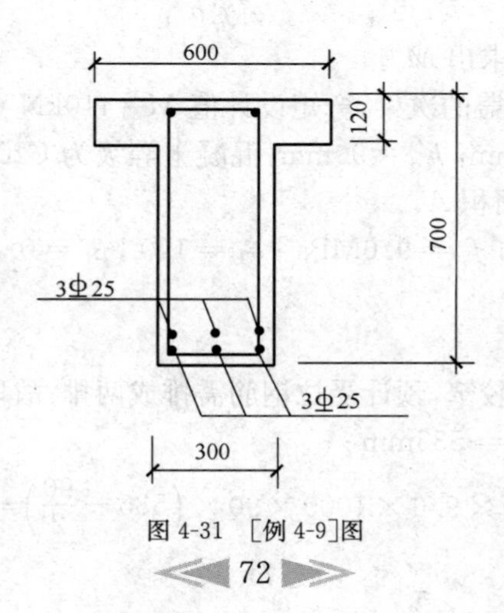

图 4-31 [例 4-9]图

思考题

4-1 混凝土弯曲受压时的极限压应变ε_{cu}取为多少？

4-2 什么是"界限"破坏？"界限"破坏时ε_{cu}的ε_s和各等于多少？

4-3 适筋梁正截面受力全过程可划分为几个阶段？各阶段主要特点是什么？与计算有何联系？

4-4 什么是少筋梁、适筋梁和超筋梁？在实际工程中为什么应避免采用少筋梁和超筋梁？

4-5 什么是配筋率，它对梁的正截面受弯承载力有何影响？

4-6 单筋矩形截面梁的正截面受弯承载力的最大值$M_{u,max}$与哪些因素有关？

4-7 双筋矩形截面受弯构件中，配置受压钢筋的作用是什么？如何保证受压钢筋的强度充分发挥？

4-8 在什么情况下可采用双筋截面梁？双筋梁的基本计算公式的适用条件是什么？试说明其原因。

4-9 画出单筋矩形截面梁正截面承载力计算时的实际图式及计算图式，并说明确定等效矩形应力图形的原则。

4-10 钢筋混凝土受弯构件正截面受弯承载力计算中的α_s、γ_s、ξ的物理意义是什么？又怎样确定最小及最大配筋率？

4-11 什么是相对受压区高度ξ和界限相对受压区高度ξ_b？如何计算ξ_b？

4-12 进行截面设计和截面复核时，如何判别两类T形截面梁？为什么说第一类T形梁可按$b'_f \times h$的矩形截面计算？

4-13 T形截面梁的受弯承载力计算公式与单筋矩形截面及双筋矩形截面梁的受弯承载力计算公式有何异同点？

4-14 比较第二类T形截面与双筋矩形截面计算方法的异同。

4-15 整浇梁板结构中的连续梁，其跨中截面和支座截面应按哪种截面梁计算？

4-16 在正截面受弯承载力计算中，对于混凝土强度等级小于C50的构件和混凝土强度等级等于及大于C50的构件，其计算有什么区别？

4-17 钢筋混凝土受弯构件的正截面强度计算，可分为哪两类计算问题？试结合基本计算公式说明计算各类问题时，已知的条件是什么？要求解的结果是什么？

4-18 钢筋混凝土梁、板构件的配筋构造要求有哪些？这些构造要求的作用是什么？

习题

4-1 已知梁的截面尺寸$b \times h = 250\text{mm} \times 500\text{mm}$，承受弯矩设计值$M = 90\text{kN} \cdot \text{m}$，采用混凝土强度等级C25，HRB335钢筋，环境类别为一类。求所需纵向钢筋截面面积。

4-2 已知矩形截面简支梁，梁的截面尺寸$b \times h = 200\text{mm} \times 450\text{mm}$，梁的计算跨度$l = 5.20\text{m}$，承受均布线荷载：活荷载标准值8kN/m，恒荷载标准值9.5kN/m(不包括梁的自重)，采用混凝土强度等级C35，HRB400钢筋，结构安全等级为二级，环境类别为二a类。试求所需钢筋的截面面积。

4-3　试设计图4-32所示钢筋混凝土雨篷。已知雨篷板根部厚度为80mm，端部厚度为60mm，跨度为1000mm，各层做法如图所示。板除承受恒载外，尚在板的自由端每米宽度作用有1000N的施工活荷载，板采用C25的混凝土，HRB335钢筋，环境类别为二a类。

4-4　已知一钢筋混凝土矩形截面简支梁，$b \times h = 200\text{mm} \times 400\text{mm}$，采用C25混凝土，钢筋选用HRB335级钢筋，取$a_s = 65\text{mm}$，$a_s' = 45\text{mm}$，若梁的设计弯矩为150kN·m，求受拉及受压钢筋截面面积。

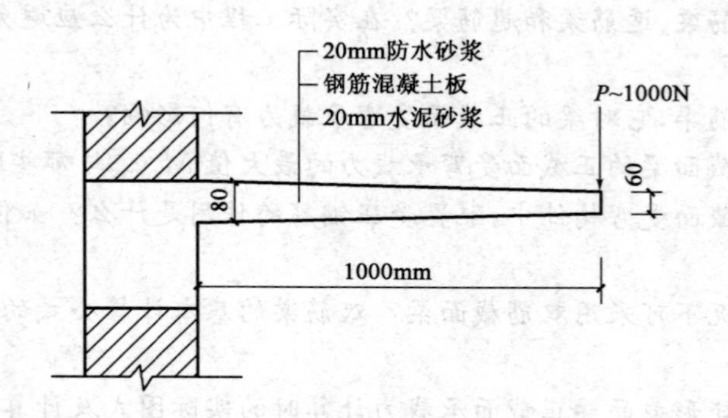

图4-32　习题4-3图

4-5　钢筋混凝土矩形截面简支梁，计算跨度6.6m，承受楼面传来的均布恒载标准值25kN/m（不包括梁自重），均布活载标准值15kN/m，活荷载组合系数$\psi_c = 0.7$，采用C30级混凝土，HRB400级钢筋，环境类别为一类。设箍筋选用直径Φ8钢筋，试确定该梁的截面尺寸和纵向受拉钢筋，并绘出截面配筋示意图。

4-6　某连续梁中间支座截面，$b \times h = 250\text{mm} \times 650\text{mm}$，承受支座负弯矩设计值$M =$ 230kN·m，混凝土强度为C25，HRB400钢筋，跨中正弯矩钢筋中有2根直径18mm伸入支座。求当考虑伸入支座的2根钢筋时，承受支座负弯矩所需的A_s，当不考虑时，则承受支座负弯矩所需的A_s为多大？为什么存在差异？

4-7　已知矩形截面梁，$b \times h = 200\text{mm} \times 500\text{mm}$，$a_s = 45$ mm，采用C30级混凝土，HRB400级钢筋。承受弯矩设计值$M = 280$kN·m，试计算该梁所需的纵向钢筋。若改用HRB500级钢筋，截面配筋情况怎样？

4-8　已知梁的截面尺寸$b \times h = 200\text{mm} \times 500\text{mm}$，混凝土强度等级为C30，配有4根直径16mm的HRB400钢筋（$A_s = 804\text{mm}^2$），环境类别为一类。若承受弯矩设计值$M =$ 70kN·m，试验算此梁正截面承载力是否安全。

4-9　T形截面梁，$b_f' = 550\text{mm}$，$b = 250\text{mm}$，$h = 750\text{mm}$，$h_f' = 100\text{mm}$，承受弯矩设计值$M = 500$kN·m，选用混凝土强度等级为C40，HRB400钢筋，如图4-33，环境类别为二a类。试求纵向受力钢筋截面面积A_s。若选用混凝土强度等级为C60，钢筋同上，试求纵向受力钢筋截面面积，并将两种情况进行对比。

4-10　整浇肋梁楼盖的T形截面次梁$b \times h = 200\text{mm} \times 500\text{mm}$，跨度6m，梁间距2.4m，现浇板厚80mm，混凝土强度为C25，HRB400级钢筋，承受弯矩设计值$M =$ 380kN·m。求A_s并选配钢筋。

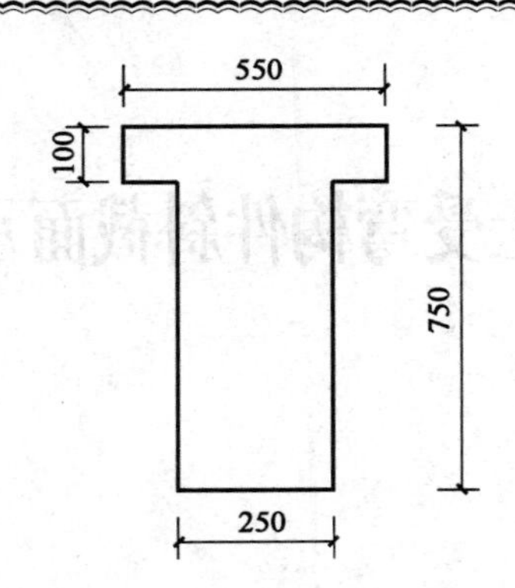

图 4-33　习题 4-9 图

4-11　某 T 形截面，$b'_f=400\text{mm}$，$h'_f=100\text{mm}$，$b=200\text{mm}$，$h=650\text{mm}$，$a_s=70\text{mm}$，采用 C30 级混凝土，HRB400 级钢筋，试计算该梁以下情况的配筋：

(1)承受弯矩设计值 $M=150\text{kN}\cdot\text{m}$；

(2)承受弯矩设计值 $M=280\text{kN}\cdot\text{m}$；

(3)承受弯矩设计值 $M=360\text{kN}\cdot\text{m}$。

第五章 DIWUZHANG 钢筋混凝土受弯构件斜截面承载力计算

第一节　概　　述

在竖向力作用下，受弯构件承受弯矩为主的区段内将会产生竖向裂缝，若抗弯能力不足，将会沿竖向裂缝发生正截面受弯破坏。在发生正截面破坏以外的区段，剪力总是和弯矩共存于构件之中。钢筋混凝土受弯构件在剪力 V 和弯矩 M 共同作用的剪弯区段可能会沿斜裂缝发生斜截面破坏。此时剪力 V 将成为控制设计的主要因素，在设计时必须进行斜截面承载力计算。斜截面承载力包括斜截面受剪承载力和斜截面受弯承载力。工程设计中，斜截面受剪承载力是由计算和构造来满足的，斜截面受弯承载力则是通过对纵向钢筋和箍筋的构造要求来保证的。

图5-1所示为矩形截面钢筋混凝土简支梁，在集中力作用下，梁各截面的剪力图、弯矩图

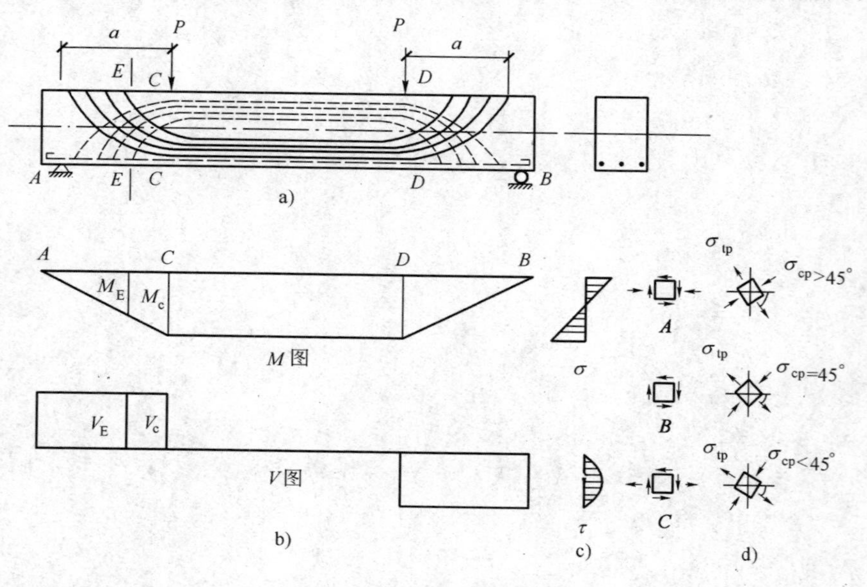

图 5-1　梁内主应力轨迹线图

如图 5-1b)所示。弯矩作用下产生正应力(混凝土未开裂时),剪力作用下产生剪应力,正应力与剪应力合成主拉应力和主压应力及主应力迹线的分布如图 5-1a)所示。在梁正截面的受压区、中和轴处以及受拉区分别取微单元体 A、B、C,在单元体上存在主压应力 σ_{cp} 和主拉应力 σ_{tp},如图 5-1d)所示。随着荷载的增加,当主拉应力超过混凝土复合受力状态下的极限抗拉强度时,就会沿主拉应力垂直方向产生斜裂缝,这种斜裂缝的发展可能导致构件发生斜截面破坏。

为了防止构件因斜截面承载力不足而发生破坏,通常需要在梁内设置与梁轴线垂直的箍筋,也可同时设置与主拉应力方向平行的斜向钢筋来共同承担剪力。斜向钢筋通常由正截面承载力计算不需要的纵向钢筋弯起而成,故又称弯起钢筋。箍筋和弯起钢筋统称为腹筋。腹筋、纵向钢筋和架立钢筋构成钢筋骨架。配有箍筋、弯起筋和纵向钢筋的梁称为有腹筋梁,如图 5-2 所示;无箍筋和弯起筋只配有纵向钢筋的梁称为无腹筋梁。

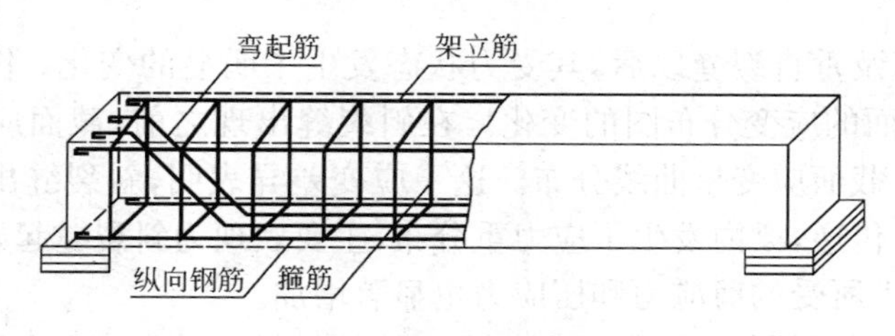

图 5-2　有腹筋梁

第二节　无腹筋梁斜截面剪切破坏形态

一、斜裂缝出现后的受力状态

1. 两类斜裂缝

当荷载较小时裂缝尚未出现,可以近似地将钢筋混凝土梁视为匀质体梁,其主应力迹线如图 5-1a)所示。当荷载增大,主拉应力增大,考虑混凝土具有一定的塑性,沿主应力迹线某一局部范围内的主拉应力分布较均匀,且在接近混凝土的复合状态极限抗拉强度时就会出现与主拉应力轨迹线大致垂直的斜裂缝。

依据裂缝出现的部位,斜裂缝可分为弯剪裂缝和腹剪裂缝两类。

(1)弯剪裂缝。在弯矩与剪力共同作用下,构件先出现弯曲裂缝,然后沿弯曲裂缝斜向发展而成斜裂缝,称为弯剪裂缝,如图 5-3a)所示。这种裂缝下宽上细,在梁底宽度最大,呈弯刀形,一般梁常会出现这类裂缝。

(2)腹剪裂缝。在剪应力作用较大处,先在梁腹板中发生斜裂缝,称为腹剪裂缝,如图 5-3b)所示。这种裂缝与梁纵轴线约呈 45°交角,且在中和轴处宽度最大,两端变尖,呈枣核形,这类裂缝常见于Ⅰ形截面薄腹梁中。

除了上述弯剪和腹剪两类主要的斜裂缝以外,随着荷载的增加,还可能出现一些次生裂缝。如在纵筋与斜裂缝相交处,钢筋和混凝土之间发生黏结破坏时在混凝土表面出现黏结裂缝(图 5-4a)。此外,剪跨比较大的梁,临近破坏时沿纵筋位置出现水平撕裂裂缝(图 5-4b)等。如果纵向钢筋的锚固不足,可能由于支座附近纵筋拉应力增大和黏结长度减短而发生黏结破坏。此外，加载板或支座的面积过小，剪跨比小的梁可能由于局部受压而发生劈裂破坏。这些都不属于正常的弯剪破坏形态，在工程中应采取相应的构造措施加以避免。

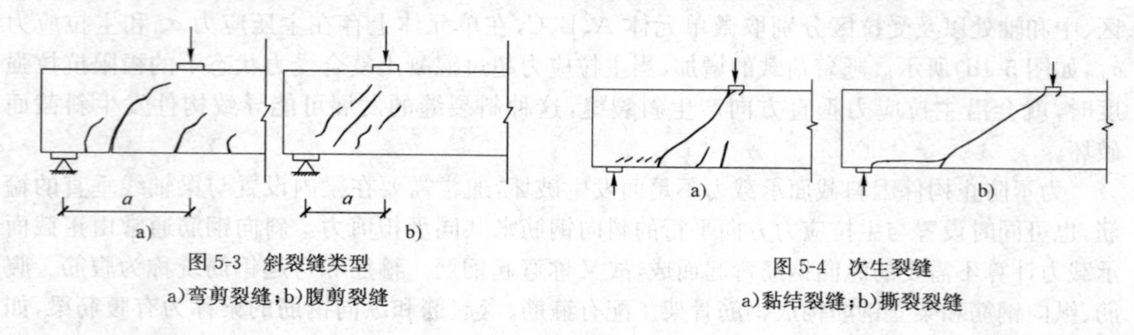

图 5-3　斜裂缝类型

a)弯剪裂缝；b)腹剪裂缝

图 5-4　次生裂缝

a)黏结裂缝；b)撕裂裂缝

2. 斜裂缝出现后的受力状态

梁出现了斜裂缝及垂直裂缝以后，其受力状态发生了明显的变化。图 5-5 为斜裂缝出现前后Ⅰ-Ⅰ和Ⅱ-Ⅱ截面的应变分布图的变化。在斜裂缝出现之前，截面应变基本符合平截面假定，斜裂缝出现后，截面应变呈曲线分布。这一应变差异表明，斜裂缝出现后荷载主要通过斜裂缝上方的混凝土传递，梁内发生了应力重分布，主要表现为斜裂缝起始端的纵筋拉应力突然增大，剪压区混凝土所受的剪应力和压应力也显著增加。

裂缝将梁分成上下两部分，此时，已不能用初等的材料力学公式来计算带有裂缝的梁中的正应力和剪应力。

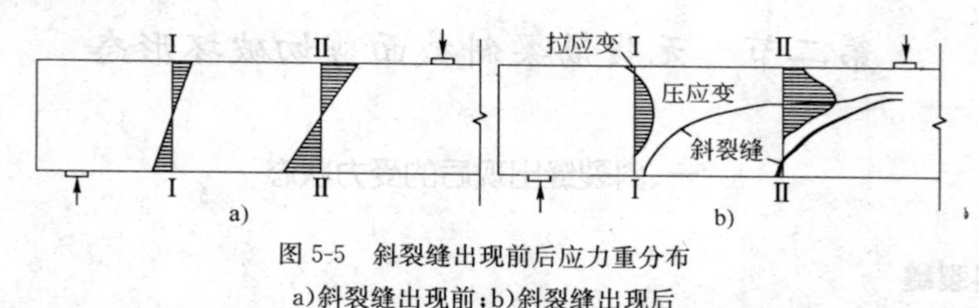

图 5-5　斜裂缝出现前后应力重分布

a)斜裂缝出现前；b)斜裂缝出现后

为研究斜裂缝出现后的受力状态，可将梁沿斜裂缝切开，取隔离体如图 5-6b)所示。在隔离体上作用有：荷载产生的剪力 V、斜裂缝上端混凝土截面承受的剪力 V_c 和压力 C_c、纵向钢筋的拉力 T_s，以及纵向钢筋的消栓作用传递的剪力 V_d、斜裂缝的交界面上的骨料咬合及摩擦等作用传递的剪力 V_i。由于混凝土保护层厚度不大，难以阻止纵向钢筋在剪力作用下产生的剪切变形，故纵向钢筋的销栓作用很弱，同时斜裂缝的交界面上的骨料咬合及摩擦等作用将随着斜裂缝的开展而逐渐减小。

在极限状态下，V_d 和 V_i 可不予考虑，这样由隔离体的平衡条件，可建立下列公式：

$$\sum X = 0 \qquad C_c = T_s \tag{5-1}$$

$$\sum Y = 0 \qquad V_c = V \tag{5-2}$$

$$\sum M = 0 \qquad T_s z = Va = M \tag{5-3}$$

式中：z——内力臂，为受拉钢筋合力作用点到受压混凝土合力点之距离；

a——剪跨(即集中力作用点到支座的距离)。

以上公式表明，在斜裂缝出现后，无腹筋梁将发生应力重分布，主要表现为：

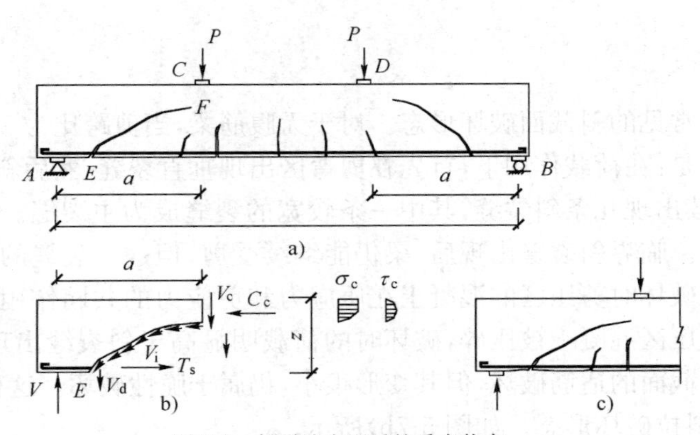

图 5-6 斜裂缝出现后的受力状态

a)出现斜裂缝的梁;b)脱离体受力图;c)沿纵筋的劈裂裂缝

①在斜裂缝出现以前,荷载引起的剪力由全截面承担,而在斜裂缝出现之后,剪力主要由斜裂缝上端的混凝土截面来承担。斜裂缝上端的混凝土既受压又受剪,称为剪压区。由于剪压区截面面积远小于全截面面积,故其剪应力和压应力将显著增大。

②在斜裂缝出现前,剪弯段某一截面处纵筋的应力由该处的正截面弯矩 M_E决定。在斜裂缝出现后,由于沿斜裂缝处混凝土脱离工作,该处的纵筋应力将取决于斜裂缝上端截面处的弯矩 M_c。而斜裂缝末端处截面的弯矩 M_c 一般远大于按正截面确定的弯矩 M_E,故斜裂缝出现后,纵筋的应力将突然增大。

此后,随着荷载的继续增加,剪压区混凝土承受的剪应力和压应力也随之继续增大,混凝土处于剪压符合应力状态。当其应力达到混凝土在此种复合应力状态下的极限强度时,剪压区发生破坏,梁亦沿着斜截面发生破坏,这时,纵筋的应力往往尚未达到钢筋的屈服强度。

二、无腹筋梁剪切破坏形态

在采取构造措施防止出现纵筋的锚固破坏、支座处的局部承压破坏等形式的基础上,无腹筋受弯构件斜截面破坏有斜压破坏、剪压破坏及斜拉破坏三种主要破坏形式,如图 5-7 所示。

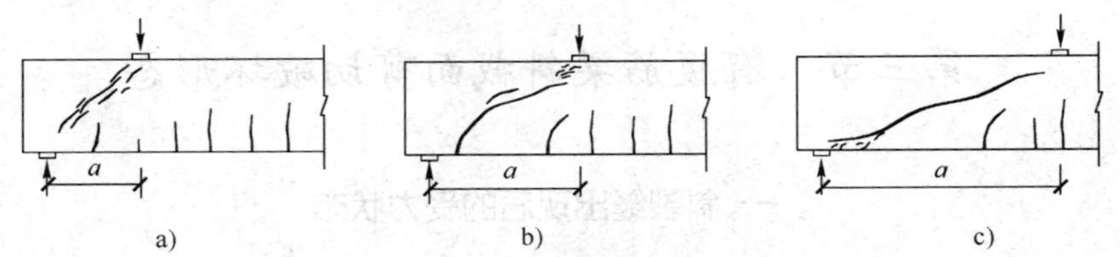

图 5-7 斜截面破坏的主要形态

a)斜压破坏;b)剪压破坏;c)斜拉破坏

1. 斜压破坏

斜压破坏一般发生在剪力较大而弯矩较小的情况下,即剪跨比 λ 较小($\lambda<1$)的区段。此时,由于剪应力 τ 起主导作用,所以其破坏特征是:首先在加载点与支座间出现一条斜裂缝,然后出现若干条大致平行的斜裂缝。随着荷载的增加,混凝土被斜裂缝分割成若干个斜向短柱,当混凝土中的压应力超过其抗压强度时混凝土即被压坏。破坏时,斜裂缝多而密,但没有主裂缝。这种破坏形式可与正截面的超筋破坏相类比,属于脆性破坏。这种破坏形态的受剪承载力最高。如图 5-7a)所示。

2. 剪压破坏

剪压破坏是最常见的斜截面破坏形态。对于无腹筋梁，当剪跨比为 $1<\lambda<3$ 时，发生剪压破坏。其破坏特征是：在荷载作用下，首先在剪弯区出现垂直裂缝，然后斜向延伸成为斜裂缝，随着荷载增加，陆续出现几条斜裂缝，其中一条较宽的裂缝成为主裂缝。荷载增加，主裂缝发展成为临界斜裂缝。临界斜裂缝出现后，梁仍能继续受剪，但这一裂缝的出现，将意味着截面进入危险阶段。梁破坏时剪压区的混凝土在压应力和剪应力的共同作用下，达到了复合受力时的极限强度。受压区混凝土被压碎，破坏时的荷载明显高于斜裂缝出现时的荷载。剪压破坏的性质类似于正截面的适筋破坏，但其变形很小，仍属于脆性破坏。这种破坏形态的受剪承载力较低，但高于斜拉破坏形态。如图 5-7b）所示。

3. 斜拉破坏

当剪跨比较大（$\lambda>3$）时常发生这种破坏。其破坏特点是：破坏过程急速且突然，弯曲裂缝一旦出现，就迅速向受压区斜向伸展，直至荷载板边缘，使混凝土通裂，梁被撕裂成两部分而丧失承载能力。这种破坏可与正截面的少筋破坏联系起来理解。其破坏荷载与出现斜裂缝时的荷载很接近，破坏过程急骤，破坏面较整齐，破坏前梁的变形很小，具有明显的脆性。如图 5-7c）所示。

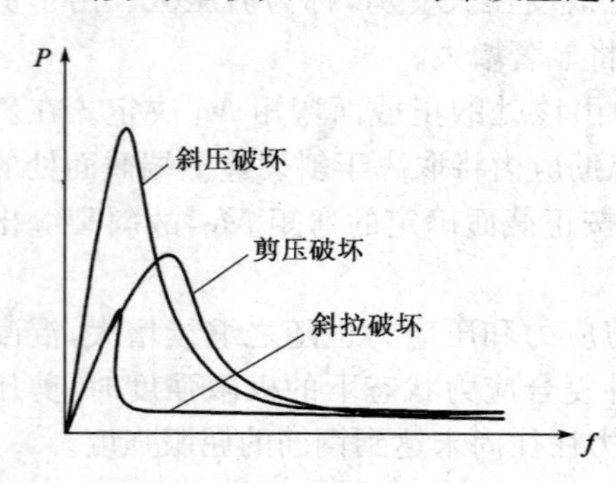

图 5-8　受剪破坏的 P-f 曲线

图 5-8 为无腹筋梁三种受剪破坏形态的荷载—挠度（P-f）曲线图。可见，三种破坏形态的斜截面承载力是不同的，斜压破坏时最大，其次为剪压，斜拉最小。它们在达到峰值荷载时，跨中挠度都不大，破坏时荷载都会迅速下降，表明它们都属脆性破坏类型，其中斜拉破坏为受拉脆性破坏，脆性性质最显著，斜压破坏为受压脆性破坏。

第三节　有腹筋梁斜截面剪切破坏形态

一、斜裂缝出现后的受力状态

无腹筋梁的抗剪承载力有限，在梁中设置腹筋是提高梁抗剪承载力的有效措施。

当梁中配置箍筋后，斜裂缝出现前，箍筋的应力很小，其对阻止斜裂缝出现的作用不大。而在斜裂缝出现后，斜裂缝间的拉应力由箍筋承担，与斜裂缝相交的箍筋应力突然增大。随着斜裂缝的加宽和延伸，箍筋的应力继续增大，又有箍筋出现应力突增。致使各个箍筋的应力值和分布各不相同。即使同一箍筋的应力沿长度（截面高度）方向的分布也不均匀，完全取决于斜裂缝的位置和开展程度，箍筋的应力分布如图 5-9 所示。梁临近破坏前，靠近腹剪裂缝最宽处的箍筋首先屈服，虽仍维持屈服应力，但已不能限制斜裂缝的开展。随之，相邻的箍筋相继屈服，斜裂缝宽度沿全长增大，骨料咬合作用减弱。最终，斜裂缝上端的混凝土在正应力和剪应力的共同作用下破坏。梁中配置弯起钢筋的受力状态与配置箍筋的受力状态相似。

梁中配置腹筋后，改变了梁的受力状态，增强和改善了梁的受剪能力，其抗剪作用有两个方面。首先是直接作用，即箍筋和弯起钢筋直接承受部分剪力；其次是间接作用，主要体现在：限制了斜裂缝的开展宽度，增强了腹部混凝土的骨料咬合力；约束了纵筋撕脱混凝土保护层的作用，增大了纵筋的销栓力；腹筋和纵筋构成的骨架使内部的混凝土受到约束，提高了抗剪能力。

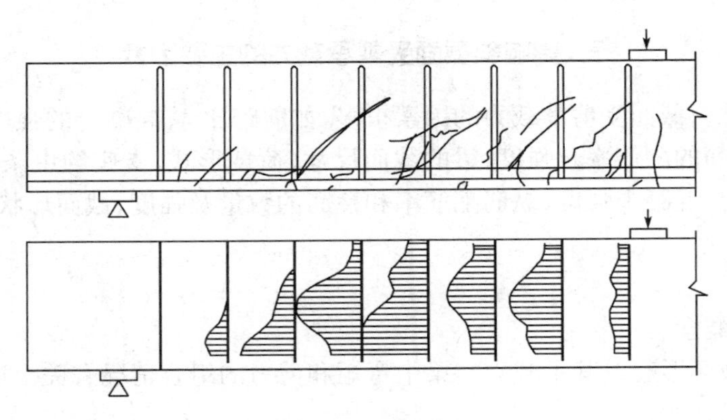

图 5-9　箍筋的应力分布

二、有腹筋梁受剪破坏形态

有腹筋梁的斜截面受剪破坏形态与无腹筋梁的破坏形态相似，也可归纳为斜压破坏、剪压破坏和斜拉破坏。但有腹筋梁的破坏形态不仅与剪跨比 λ 有关，还与配箍率 ρ_{sv} 有关。配箍率 ρ_{sv} 为箍筋截面面积与相应混凝土面积的比值，即：

$$\rho_{sv}=\frac{A_{sv}}{bs}=\frac{nA_{sv1}}{bs} \tag{5-4}$$

式中：A_{sv}——配置在同一截面内箍筋各肢的全部截面面积。$A_{sv}=nA_{sv1}$，n 为在同一截面内箍筋的肢数，A_{sv1} 为单肢箍筋的截面面积；

s——沿构件长度方向的箍筋间距；

b——矩形截面的宽度，T 形截面或 I 形截面的腹板宽度。

有腹筋梁的三种斜截面受剪破坏形态表现为：

（1）当剪跨比较小（$\lambda<1$），或剪跨比适当（$1<\lambda<3$），但截面尺寸过小而腹筋数量配置过多时，常发生斜压破坏。这种破坏是斜裂缝首先在梁腹部出现，有若干条，并且大致相互平行。随着荷载的增加，斜裂缝一端朝支座另一端朝荷载作用点发展，梁腹部被斜裂缝分割成若干个倾斜的受压柱体，最后是因为斜压柱体被压碎而破坏。破坏时箍筋达不到屈服强度，破坏类似于受弯构件正截面中的超筋梁。此时梁的受剪承载力主要取决于混凝土的抗压强度和截面尺寸，增加配箍率 ρ_{sv} 对提高受剪承载力不起作用。

（2）当剪跨比适当（$1<\lambda<3$），且腹筋数量配置不过多；或剪跨比较大（$\lambda>3$），但腹筋数量配置不过少时，常发生剪压破坏。其特点是在梁的弯剪段下边缘首先出现垂直裂缝，然后大体上沿着主压应力轨迹向集中荷载作用点延伸，同时在几条斜裂缝中形成一条临界斜裂缝，而后与斜裂缝相交的箍筋应力达到屈服强度，最后剪压区混凝土在剪应力与正应力共同作用下达到极限强度而失去承载能力。此时梁的受剪承载力取决于腹筋配置数量和混凝土的复合受力强度。

（3）当剪跨比较大（$\lambda>3$），同时梁内配置的腹筋数量又过少时，将发生斜拉破坏。其特点是斜裂缝一旦出现后，便很快形成临界斜裂缝，并迅速延伸到集中荷载作用点处。因腹筋数量过少，所以腹筋应力很快达到屈服强度，变形剧增，腹筋不能抑制斜裂缝的开展，如同无腹筋梁一样，梁斜向被拉裂成两部分而突然破坏。此时受剪承载力取决于混凝土的抗拉强度，类似于受弯构件正截面中的少筋梁。

三、影响斜截面受剪承载力的主要因素

影响受弯构件斜截面受剪承载力的因素很多，如剪跨比 λ、混凝土的强度、骨料品种、纵筋强度和配筋率、箍筋的配筋率及强度、梁的截面尺寸、荷载形式、支座约束条件等。其中，最主要的因素有剪跨比、混凝土强度、纵筋配筋率和箍筋的数量及强度、截面形状和截面尺寸。

1. 剪跨比 λ

(1)剪跨比的概念

无腹筋梁的破坏形态及其承载力与梁中弯矩和剪力的组合情况有关。这种影响因素可以由参数剪跨比 λ 来表达。

剪跨比 λ 是无量纲参数，剪跨比有计算剪跨比和广义剪跨比之分。计算剪跨比 $\lambda=a/h_0$（此处 a 为集中力到支座的距离，h_0 为截面的有效高度）。广义剪跨比 $\lambda=M/Vh_0$（M 和 V 分别为剪切破坏截面的弯矩和剪力）。对于集中力作用下的简支梁而言，剪切破坏面一般在集中荷载处，故 $\lambda=a/h_0=M/Vh_0$，计算剪跨比和广义剪跨比两者是相同的。而对于连续梁来说（图 5-10），由于梁有正、负两个方向的弯矩和存在一个反弯点，因此计算剪跨比和广义剪跨比是不同的。由图 5-10 可知，计算剪跨比为 a/h_0，而广义剪跨比则为：

$$\lambda=\frac{M^+}{Vh_0}=\frac{Vx}{Vh_o}=\frac{x}{h_o}$$

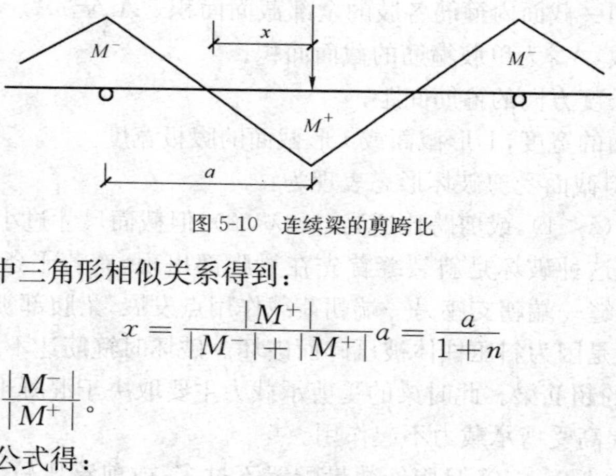

图 5-10　连续梁的剪跨比

显然，由图 5-10 中三角形相似关系得到：

$$x=\frac{|M^+|}{|M^-|+|M^+|}a=\frac{a}{1+n}$$

式中，n 为弯矩比，$n=\dfrac{|M^-|}{|M^+|}$。

代入广义剪跨比公式得：

$$\lambda=\frac{a}{(1+n)h_0} \tag{5-5}$$

(2)剪跨比影响

剪跨比是影响集中荷载作用下受弯构件受剪承载力的主要因素。由材料力学可知，梁的应力与内应力的关系为：

$$M=\sigma\frac{I}{y}$$

$$V=\tau\frac{Ib}{S}$$

式中：I——截面惯性矩；

S——截面上剪应力计算点以外面积对其中性轴的面积矩。

故

$$\lambda=\frac{M}{Vh_0}=\left(\frac{s}{ybh_0}\right)\frac{\sigma}{\tau} \tag{5-6}$$

剪跨比实质上反映了正应力σ与剪应力τ的相对比值。即梁端剪弯破坏区的应力状态。随着剪跨比增大，破坏时的名义剪应力值减小。由图5-11不难看出，当剪跨比较小时，对受剪承载力的影响较大，随着剪跨比增大，对受剪承载力的影响减弱，破坏时的名义剪应力与剪跨比大致呈双曲线关系。可见剪跨比λ是一个能反映梁斜截面受剪承载力变化规律和区分发生各种剪切破坏形态的重要参数。

2. 混凝土强度

混凝土的强度对斜截面的受剪性能影响很大。图5-12所示为5组无腹筋梁的试验结果。在其他条件（如剪跨比、纵筋用量、截面尺寸）相同的情况下，梁的受剪承载力随混凝土强度提高而提高，两者成线性关系。由于剪跨比不同，梁的破坏形态不同，因此，混凝土强度对受剪性能的影响程度也不同。当$\lambda\leqslant1$时，为斜压破坏，梁的受剪能力取决于混凝土的抗压强度，所以混凝土强度对其影响最大（斜线最陡）。当$\lambda\geqslant3$时，梁为斜拉破坏，梁的受剪能力取决于混凝土的抗拉强度，因此，混凝土强度对其影响较小。当$1<\lambda<3$时，梁的破坏为剪压破坏，混凝土强度的影响介于二者之间。需要注意的是，对中、低强度等级的混凝土，其受剪能力的增长较快，而高强度等级的混凝土，其受剪能力增大较慢。

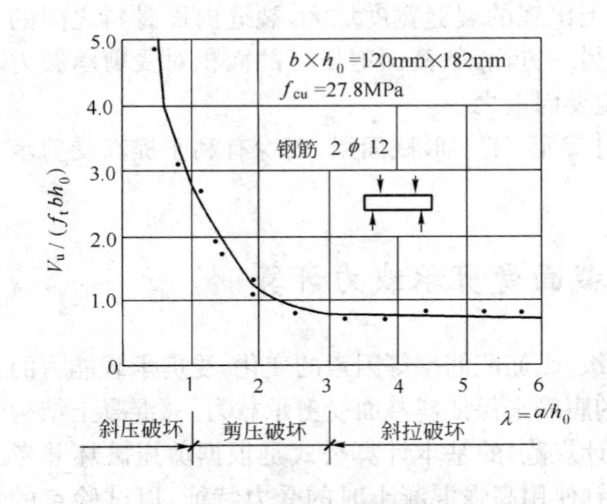

图5-11　剪跨比对受剪承载力的影响

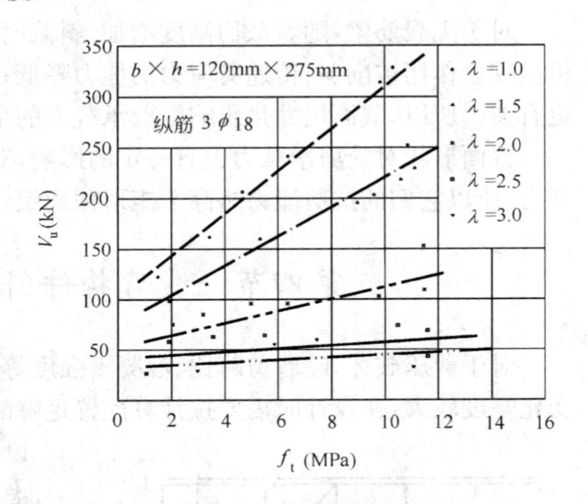

图5-12　混凝土强度对受剪承载力的影响

3. 纵筋配筋率

纵向钢筋受剪，产生了消栓作用，它能抑制斜裂缝的开展和延伸，加大了剪压区混凝土的面积，从而提高了受剪承载力。纵筋越多，其消栓作用及抑制作用越大。实验表明，梁的受剪能力，随纵向配筋率的增大而提高。图5-13为不同剪跨比时，纵筋配筋率对受剪性能的影响。

由图可见，随剪跨比 λ 的改变，纵筋配筋率的影响程度也不同。剪跨比小时，纵筋的消栓作用较强，配筋率对受剪能力影响较大，当剪跨比较大时，则影响相对较小。

4. 配箍率和箍筋强度

有腹筋梁斜裂缝出现后，箍筋不仅直接承受相当部分的剪力，而且有效地抑制了斜裂缝的开展和延伸，使裂缝间的混凝土参加受剪，从而大大提高了梁的受剪能力。

箍筋数量的多少将影响梁的斜截面破坏形态，这在前面梁破坏形态中已经提到。

图 5-14 表示配筋率 ρ_{sv} 与箍筋强度 f_v 的乘积对梁受剪能力的影响。当其他条件相同时，两者大体成线性关系。

由于梁斜截面破坏属于脆性破坏，为了提高斜截面延性，不宜采用高强钢筋作箍筋。

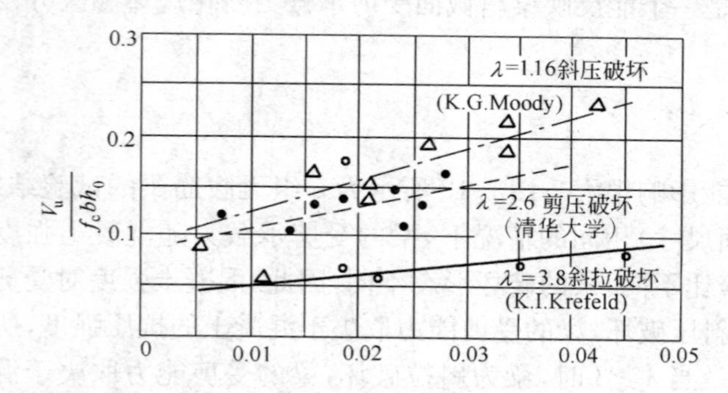

图 5-13 纵筋配筋率对受剪承载力的影响

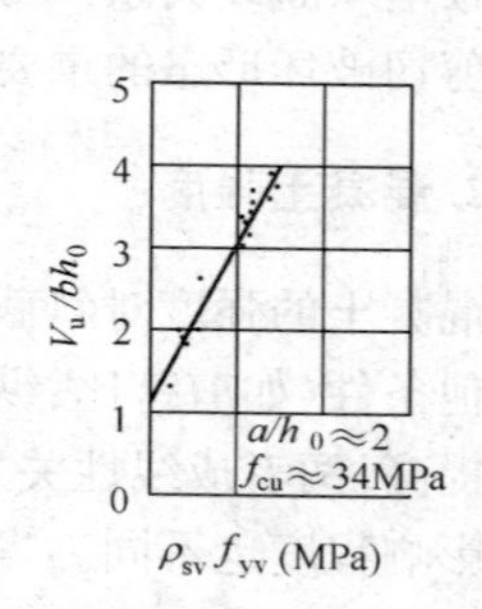

图 5-14 配箍率和箍筋强度的影响

5. 截面形状和尺寸的影响

对于无腹筋梁，随着截面高度增加，斜截面上出现的裂缝宽度加大，裂缝内面骨料之间的机械咬合作用被削弱，传递剪应力的能力降低；另一方面，斜截面剪压区的面积对受剪承载力也有关。所以，截面尺寸是影响受剪承载力的主要因素之一。

截面形状对受剪承载力也有一定的影响，对 T 形、工字形截面梁，翼缘有利于提高受剪承载力，所以它们的抗剪能力略高于矩形截面梁。

第四节　受弯构件斜截面受剪承载力计算

对于剪压破坏，随着剪跨比、混凝土强度等级、纵筋配筋率等因素的变化，受剪承载能力的变化幅度较大，在设计时需要按计算配置足够的腹筋来保证斜截面受剪承载力。《混凝土结构设计规范》的基本计算公式是根据剪压破坏并考虑到使用高强混凝土时的受力特征，以试验点的偏下值作为受剪承载力计算的取值而建立的。当计算截面的剪力设计值小于这个计算值时，就能基本保证斜截面受剪承载力满足受力要求。

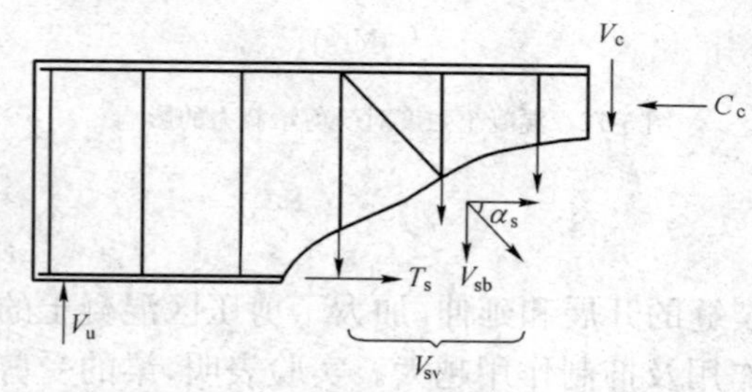

图 5-15 斜截面受剪承载力计算简图

有腹筋梁斜截面发生剪压破坏时，从理想化的模型中取脱离体(图 5-15)可以得出，斜截面的抗剪能力由三部分组成，对矩形、T 形和 I 形截面的受弯构件斜截面受剪承载力计算采用下列一般形式表达：

$$V \leqslant V_{cs} + V_{sb} = V_c + V_{sv} + V_{sb} \tag{5-7}$$

$$V_{cs} = V_c + V_{sv} \tag{5-8}$$

式中：V——构件斜截面上剪力设计值；

V_{cs}——构件斜截面上混凝土和箍筋的受剪承载力设计值；

V_c——混凝土的受剪承载力设计值；

V_{sv}——构件斜截面上箍筋的受剪承载力设计值；

V_{sb}——弯起钢筋的受剪承载力设计值。

一、简支梁斜截面受剪承载力

试验表明，无论简支梁还是连续梁或约束梁均有斜拉破坏、剪压破坏和斜压破坏三种受剪破坏形态。在设计时，对斜拉破坏和斜压破坏通常采取构造措施予以避免。例如，配置一定数量的、间距不太大的箍筋，且满足最小配箍率的要求，就可以防止斜拉破坏发生；限制梁的截面尺寸，避免设计得过小，并限制最大配箍率，可以防止斜压破坏发生。对于斜裂缝出现后的斜截面受力问题，应从斜截面受剪和斜截面受弯两个方面来考虑。

1. 有腹筋简支梁斜截面受剪承载力

《混凝土结构设计规范》中对于矩形、T形和I形截面受弯构件的斜截面受剪承载力，应分别考虑腹筋配置形式（仅配置箍筋与同时配置箍筋和弯起钢筋）、构件类型（一般受弯构件与独立梁）及荷载作用形式（一般荷载作用与集中荷载作用）的不同情况进行计算。

（1）当仅配置箍筋时的斜截面受剪承载力

①一般荷载作用下的一般受弯构件，斜截面受剪承载力的计算公式为：

$$V \leqslant V_{cs} = 0.7 f_t b h_0 + f_{yv} \frac{A_{sv}}{s} h_0 \tag{5-9}$$

式中：f_t——混凝土抗拉强度设计值；

h_0——截面的有效高度；

f_{yv}——箍筋的抗拉强度设计值。

A_{sv}、b、s 符号意义同式(5-4)。

②集中荷载作用下的独立梁

独立梁是指不与楼板整体浇筑的梁。集中荷载作用下的独立梁，包括作用有多种荷载，其中集中荷载对支座截面或节点边缘产生的剪力值占总剪力的75%以上的情况。集中荷载作用下的独立梁斜截面受剪承载力的计算公式为：

$$V \leqslant V_{cs} = \frac{1.75}{\lambda + 1} f_t b h_0 + f_{yv} \frac{A_{sv}}{s} h_0 \tag{5-10}$$

式中：λ——计算截面的剪跨比，可按 $\lambda = \frac{a}{h_0}$ 计算，当 λ 小于1.5时，取1.5；当 λ 大于3时，取3；

a——集中荷载作用点至支座截面或节点边缘的距离。

（2）同时配置箍筋和弯起钢筋时的斜截面受剪承载力

①弯起钢筋的受剪承载力

当梁内还配置弯起钢筋时，弯起钢筋的受剪承载力的计算公式为：

$$V_{sb} = 0.8 f_y A_{sb} \sin\alpha_s \tag{5-11}$$

式中：f_y——弯起钢筋的抗拉强度计算值；

A_{sb}——同一弯起平面内弯起钢筋的截面面积；

α_s——斜截面上弯起钢筋与构件纵向轴线的夹角，一般取 45°，当梁高超过 800mm 时，取 60°。

②同时配置箍筋和弯起钢筋梁的斜截面受剪承载力

a. 一般荷载作用下的一般受弯构件的计算公式为：

$$V \leqslant V_{cs} + V_{sb} = 0.7 f_t b h_0 + f_{yv} \frac{A_{sv}}{s} h_0 + 0.8 f_y A_{sb} \sin\alpha_s \tag{5-12}$$

b. 集中荷载作用下的独立梁的计算公式为：

$$V \leqslant V_{cs} + V_{sb} = \frac{1.75}{\lambda + 1} f_t b h_0 + f_{yv} \frac{A_{sv}}{s} h_0 + 0.8 f_y A_{sb} \sin\alpha_s \tag{5-13}$$

梁发生剪压破坏时，与斜裂缝相交的箍筋和弯起钢筋的拉应力一般都能达到抗拉屈服强度，但是考虑到弯起钢筋与破坏斜截面相交位置的不确定性，弯起钢筋的应力可能达不到屈服强度，因此，《混凝土结构设计规范》对弯起钢筋的强度乘以 0.8 的钢筋应力不均匀系数。

值得注意的是，上述受弯构件斜截面受剪承载力的计算公式虽然采用了混凝土、箍筋和弯起钢筋抗剪承载力叠加的形式，但公式是综合反映了配置腹筋后构件的受剪承载力。

2. 无腹筋简支梁斜截面受剪承载力

(1)无腹筋梁

对于无腹筋梁，剪力仅由混凝土承担。即受剪承载力计算式(5-12)、式(5-13)仅取等号右边的第一项。

一般荷载作用下：

$$V \leqslant V_c = 0.7 f_t b h_0 \tag{5-14}$$

集中荷载作用下：

$$V \leqslant V_c = \frac{1.75}{\lambda + 1} f_t b h_0 \tag{5-15}$$

对于梁的剪力设计值满足式(5-14)或式(5-15)区段，混凝土的受剪承载力就可以满足斜截面受剪要求，可不进行斜截面承载力计算，但一般仍需按箍筋的最小配筋率来设置箍筋，并满足箍筋最小直径及最大间距的构造要求。

(2)无腹筋厚板

对于一般的钢筋混凝土板类受弯构件，通常是不需要配置腹筋的，也不需要进行斜截面受剪承载力计算。但对于均布荷载作用下不配置箍筋和弯起钢筋的钢筋混凝土厚板，因截面尺寸的影响，其受剪承载力随板厚的增大而降低，故需按式(5-16)计算斜截面受剪承载力：

$$V \leqslant V_c = 0.7 \beta_h f_t b h_0 \tag{5-16}$$

$$\beta_h = \left(\frac{800}{h_0}\right)^{\frac{1}{4}}$$

式中：V——构件斜截面上的最大剪力设计值；

β_h——截面高度影响系数。当 h_0 小于 800mm 时，取 800mm；当 h_0 大于 2000mm 时，取 2000mm 。

3. 公式的使用范围

以上梁斜截面受剪承载力的计算公式仅适用于剪压破坏情况。为了防止发生斜压破坏和斜拉破坏，公式使用时必须满足上限和下限要求。

(1)公式的上限——截面尺寸限制条件

当配箍特征值过大时，箍筋的抗拉强度不能充分发挥，梁的斜截面破坏将由剪压破坏转为斜压破坏。此时，梁沿斜截面的受剪能力主要由混凝土的截面尺寸及混凝土的强度等级决定，而与配筋率无关。所以，为了防止斜压破坏和限制使用阶段的斜裂缝宽度，构件的截面尺寸不应过小，配置的腹筋也不应过多。为此，《混凝土结构设计规范》规定了矩形、T形和I形截面受弯构件斜截面受剪能力的上限值，即截面限制条件。由于薄腹梁的斜裂缝宽度一般开展要大一些，为防止薄腹梁的斜裂缝开展过宽，截面限制条件分为一般梁和薄腹梁两种。

①一般梁：当$\frac{h_w}{b} \leqslant 4$时，属于一般梁。应满足：

$$V \leqslant 0.25\beta_c f_c b h_0 \tag{5-17}$$

②薄腹梁：当$\frac{h_w}{b} \geqslant 6$时，属于薄腹梁。应满足：

$$V \leqslant 0.20\beta_c f_c b h_0 \tag{5-18}$$

当$4 < \frac{h_w}{b} < 6$时，按线性内插法确定，即：

$$V \leqslant 0.025\left(14 - \frac{h_w}{b}\right)\beta_c f_c b h_0 \tag{5-19}$$

式中：h_w——截面的腹板高度。矩形截面，取有效高度；T形截面，取有效高度减去翼缘高度；I形截面，取腹板净高。

β_c——混凝土强度影响系数。当混凝土强度等级不超过C50时，β_c取1.0；当混凝土强度等级为C80时，β_c取0.8；其间按线性内插法确定。

设计中如果不满足式(5-17)或式(5-18)要求，应加大截面尺寸或提高混凝土强度等级。

(2)公式的下限——构造配箍条件

钢筋混凝土梁出现裂缝后，斜裂缝处原来由混凝土承担的拉力全部由箍筋承担。若箍筋配筋率过小，或箍筋间距过大，一旦斜裂缝出现，箍筋的应力急剧增加，并可能屈服，斜裂缝急剧开展，导致斜拉破坏。为此，《混凝土结构设计规范》规定了最小配箍率$\rho_{sv,min}$，即配箍率的下限值为：

$$\rho_{sv} = \frac{A_{sv}}{bs} \geqslant \rho_{sv,min} = 0.24\frac{f_t}{f_{yv}} \tag{5-20}$$

在满足了最小配箍率要求的条件下，还需考虑箍筋的间距要求。因为配箍率已定，如果箍筋的直径较粗，则箍筋的间距会较稀疏，过大的箍筋间距可能导致两根箍筋之间的斜裂缝不与箍筋相交，因而箍筋不能发挥作用。因此，《混凝土结构设计规范》还规定了箍筋最大间距，见表5-1。

二、连续梁斜截面承载力

与简支梁相比，连续梁在集中荷载及均布荷载作用下，中间支座处有负弯矩。在剪弯区段有正、负弯矩及存在反弯点(理论弯矩零点)，如图5-16所示。由于反弯点的存在，沿纵筋发生黏结裂缝，使梁的受剪承载力下降，破坏时的斜裂缝模型及破坏特征与简支梁有不同之处。

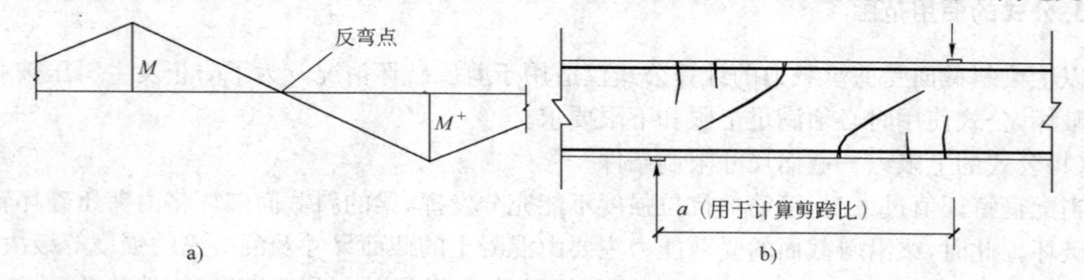

图 5-16　集中荷载作用下连续梁的斜裂缝

a）内力图；b）斜向开裂

试验结果表明，影响连续梁斜截面承载力的因素，除了混凝土强度等级、纵筋配筋率、剪跨比、截面尺寸等与简支梁相同外，还有弯矩比 n（负弯矩 M^- 与正弯矩 M^+ 之比的绝对值）对连续梁斜截面的受力影响。连续梁的剪跨比（式 5-5）与简支梁略有区别，计算剪跨比大于广义剪跨比。

集中荷载作用下的连续梁，当支座负弯矩大于跨中正弯矩，即弯矩比 n 大于 1 时，破坏常发生在负弯矩区段；反之，当跨中正弯矩大于支座负弯矩时，弯矩比 n 由 0 到 1 变化，这时剪切破坏常发生在正弯矩区段。试验结果表明，梁截面尺寸、配筋及材料相同时，集中荷载作用下的连续梁的斜截面承载力要比相同剪跨比的简支梁低。

均布荷载作用下的连续梁，其破坏特征与简支梁也不相同。当弯矩比 n 小于 1 时，临界斜裂缝出现在跨中正弯矩区段。当弯矩比 n 大于 1 时，这时剪切破坏常发生在负弯矩区段。与集中荷载作用不同，作用在梁顶的均布荷载，对混凝土保护层有侧压作用，加强了钢筋和混凝土之间的黏结。因此，在负弯矩区段，受拉纵筋尚未屈服时很少出现沿受拉纵筋的黏结裂缝。在跨中正弯矩区段，受拉纵筋位置上的黏结裂缝也不严重。受剪承载力与相同条件的简支梁基本相仿。

为方便起见，《混凝土结构设计规范》（GB 50010—2010）规定连续梁、约束梁的斜截面承载力计算仍分集中荷载作用和一般荷载作用两种情况，采用与简支梁完全相同的公式计算，即式（5-12）和式（5-13）。在集中荷载作用下连续梁的斜截面承载力计算中，剪跨比 λ 用计算剪跨比，而不用广义剪跨比，即 $\lambda=a/h_0$。连续梁、约束梁的斜截面承载力计算公式的适用范围（截面限制条件和构造配箍条件）及构造要求配置最低数量箍筋的规定，也与简支梁有关规定相同。

三、受弯构件斜截面受剪承载力的设计计算

1. 受剪计算控制截面

为避免受弯构件发生斜截面的脆性破坏，应使受弯构件剪弯区段中任何斜截面均具有足够的抗剪承载力。控制梁斜截面受剪承载力的应该是那些剪力设计值较大而受剪承载力较小或截面抗力变化处的斜截面。设计中一般取下列斜截面作为梁受剪承载力的计算控制截面：

（1）支座边缘处的截面，如图 5-17a）、b）截面 1-1；

（2）受拉区弯起钢筋弯起点处的截面，如图 5-17a）截面 2-2、3-3；

（3）箍筋截面面积或间距改变处的截面图 5-17b）截面 4-4；

（4）截面尺寸改变处的截面。

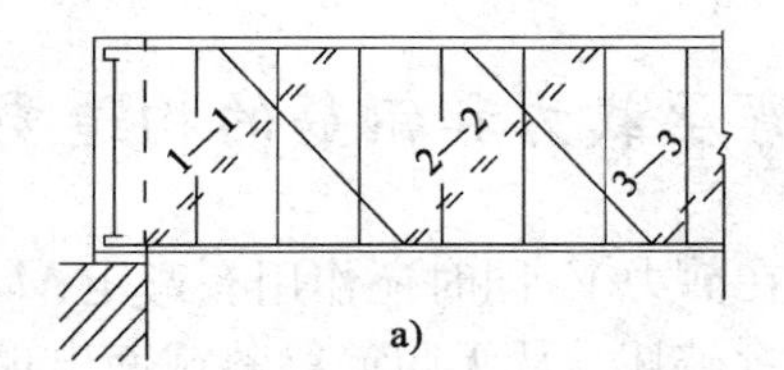

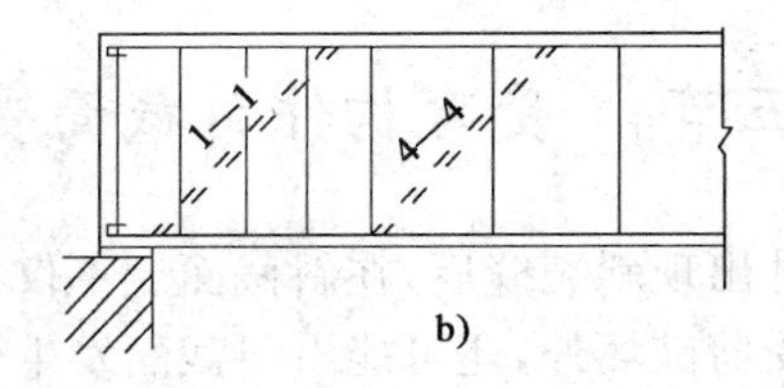

图 5-17　斜截面受剪承载力的计算位置

a)配箍筋和弯起钢筋；b)只配箍筋

2. 设计计算

工程设计中，一般分为截面设计和截面复核两类问题。

(1)截面设计

已知构件的截面尺寸 b、h_0，材料强度设计值 f_t、f_{yv}，荷载设计值(或内力设计值)和跨度等，要求配置箍筋和弯起钢筋。

其计算步骤如下：

①计算斜截面的剪力设计值。

②验算截面尺寸。根据斜截面上的最大剪力设计值 V，按式(5-17)或式(5-18)、式(5-19)验算由正截面受弯承载力计算所选定的截面尺寸是否合适，如不满足则需加大截面尺寸或提高混凝土强度等级。

③验算是否按计算配置腹筋。当计算斜截面的剪力设计值满足式(5-14)或式(5-15)时，则不需按计算配置腹筋，仅按构造要求配置箍筋，即按箍筋的最小直径和最大间距并满足最小配筋率来配置箍筋。

④当要求按计算配置腹筋时，可采用以下两种方案：

a. 仅配箍筋不配弯起钢筋。由式(5-9)或式(5-10)可得：

$$\frac{A_{sv}}{s} \geqslant \frac{V-0.7f_t bh_0}{f_{yv}h_0} \tag{5-21}$$

或

$$\frac{A_{sv}}{s} \geqslant \frac{V-\frac{1.75}{\lambda+1}f_t bh_0}{f_{yv}h_0} \tag{5-22}$$

计算出 A_{sv}/s 值后，一般采用双肢箍筋，即取 $A_{sv}=2A_{sv1}$(A_{sv1} 为单肢箍筋的截面面积)，然后选用箍筋直径，求出箍筋间距 s，并满足箍筋的构造要求。

b. 同时配置箍筋和弯起钢筋，可分两种情况：

第一种："先箍后弯"。即先选定箍筋用量，按式(5-9)或式(5-10)计算出 V_{cs}，再由式(5-12)或式(5-13)两等式左端求出 V_{sb}，最后按式(5-11)确定弯起钢筋截面面积 A_{sb}。

第二种："先弯后箍"。即先根据已配纵筋选定 A_{sb}，按式(5-11)计算得出 V_{sb}，再由式(5-12)或式(5-13)两等式左端求出 V_{cs}，最后按式(5-9)或式(5-10)确定箍筋用量。

(2)截面复核

已知构件的截面尺寸 b、h_0，材料强度设计值 f_t、f_{yv}、f_y，箍筋用量，弯起钢筋用量及位置等，要求复核构件斜截面所能承受的剪力设计值。

此时可根据腹筋配置情况，将有关数据直接代入式(5-9)、式(5-10)或式(5-12)、式(5-13)即可得到解答。

第五节　受弯构件斜截面受弯承载力和钢筋的构造要求

受弯构件出现斜裂缝后，在斜截面上不仅存在剪力 V，同时还作用有弯矩 M，除了可能沿斜截面发生受剪破坏外，还可能沿斜截面发生受弯破坏。从无腹筋梁斜截面出现前后应力的分析可知，对于如图 5-18 所示的梁，在未出现斜裂缝（s-t）时，s 截面处的纵筋应力由该截面的弯矩 M_s 确定，但出现斜裂缝（s-t）后，s 截面处的纵筋应力则由斜裂缝顶端 t 截面处的弯矩 M_t 所确定，显然 $M_t > M_s$。

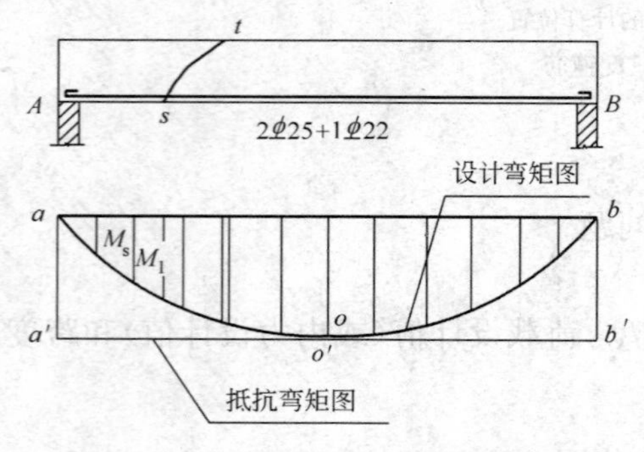

图 5-18　简支梁的设计弯矩图和抵抗弯矩图

如果按跨中弯矩 M_{max} 计算的纵筋沿梁全长布置，既不弯起也不截断，则必然会满足任意正截面抗弯承载力要求。这种纵筋沿梁通长布置，构造虽然简单，但钢筋强度没有得到充分利用，也不够经济。实际工程中，一部分纵筋有时要弯起，有时要截断，这就有可能影响梁的抗弯承载力，特别是影响斜截面的受弯承载力。因此，需要掌握如何根据正截面和斜截面的受弯承载力来确定纵筋的弯起点和截断的位置。此外，梁的承载力还取决于纵向钢筋在支座的锚固，如果锚固长度不足，将引起支座处的粘结锚固破坏，造成钢筋的强度不能充分发挥而降低承载力。

如同正截面承载力计算一样，理论上可以利用力的平衡条件计算斜截面抗弯承载力，实用上是通过作图的方法来满足斜截面抗弯承载力构造要求的。具体的做法是：首先进行正截面承载力验算，满足控制截面承载力要求；然后通过绘制设计弯矩图和抵抗弯矩图来决定纵向钢筋弯起或截断位置，并满足钢筋弯起点位置或截断后的锚固长度要求。即通过构造要求来满足全梁各截面的抗弯承载力要求。

在纵筋有弯起或截断的梁中，必须考虑斜截面的受弯承载力问题。为了解决这个问题，必须先建立正截面抵抗弯矩图的概念。

一、受弯构件抵抗弯矩图

抵抗弯矩图是根据梁实配的纵向钢筋的数量，计算正截面受弯承载力，并画出的各截面所能抵抗弯矩的承载力图。

图 5-18 为一简支梁，图中曲线 aob 表示设计弯矩图。根据控制截面最大弯矩设计值，确定跨中截面配筋，需要配置 2 ⌀ 25＋1 ⌀ 22 的纵筋。这三根纵筋若都向梁端延伸直通到支座，则梁纵向任一截面都能承受同样大小的弯矩，我们画一条水平线 $a'o'b'$，称其为抵抗弯矩图，由 $aa'o'b'b$ 构成承载力图。

图 5-19 表示一伸臂梁，AD 段承受正弯矩，需配纵筋 3 ⌀ 18，布置在截面下缘；B 支座承受负弯矩，需配纵筋 3 ⌀ 14＋1 ⌀ 18，布置在截面上缘。如果抵抗正负弯矩的纵筋延伸至梁全长，则抵抗弯矩图如图 5-19 所示。

从图 5-18 和图 5-19 可以看出，纵筋沿梁通长布置，对弯矩较小的梁段纵筋的强度没有被充分利用，承载力富余较大。因此，从正截面的受弯承载力来看，把纵筋在不需要的截面弯起或截断是较为经济合理的。

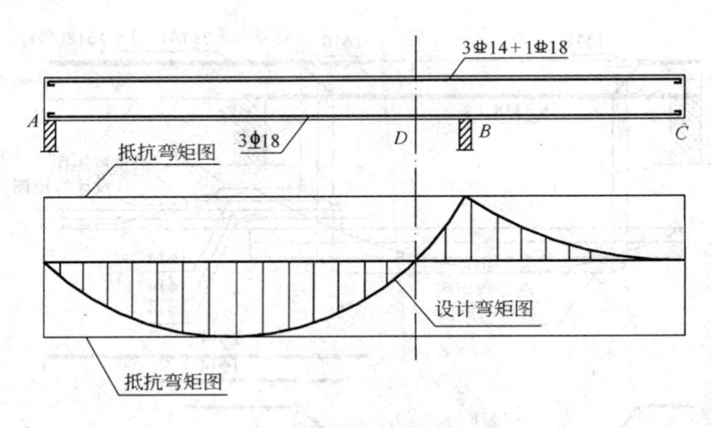

图 5-19 伸臂梁的抵抗弯矩图

图 5-20 是图 5-18 中简支梁钢筋的另一种布置方法。跨中的 2ф25+1ф22 纵筋在 C 点和 D 点各将 1ф22 弯起用以抵抗斜截面剪力。这样在 CD 段有 2ф25+1ф22 的纵筋，抵抗弯矩图为一水平直线 cd。在 AE 和 BF 段（E、F 为弯起钢筋和梁轴线的交点）只有 2ф25 的纵筋，抵抗弯矩显然比 CD 段小，其值按该截面实际配筋确定。因此，在 AE 和 BF 段，抵抗弯矩图可分别用水平直线 ae 和 bf 来表示。在 EC 和 DF 段，弯起的 1ф22 逐渐靠近中和轴，所能抵抗的弯矩逐渐减小，至 E 和 F 点时为零，抵抗弯矩图用斜线 ec 和 df 表示。

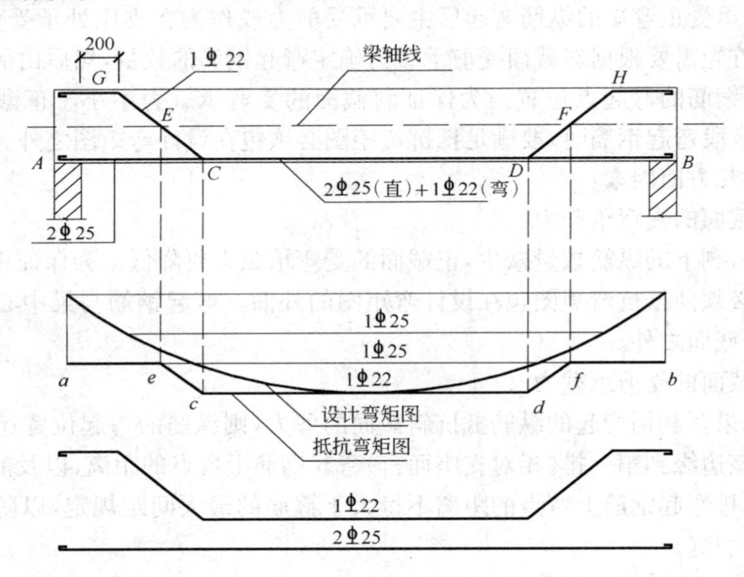

图 5-20 简支梁的抵抗弯矩图

图 5-21 是图 5-19 伸臂梁的又一种配筋方案的抵抗弯矩图。AB 梁段承受最大弯矩需配纵筋 318，控制截面下缘配有纵筋 3ф18，由于钢筋直径相同，抵抗弯矩图的三条水平线可按三等份来画。根据正截面承载力，梁底纵筋弯起 1ф18，至梁上缘并延伸至支座。B 支座截面上缘另配纵筋 3ф14，B 截面共有 3ф14+1ф18。抵抗弯矩图的 4 条水平线是按每根纵筋截面所能抵抗的承载力来画的。如果将纵筋 3ф14 分两次切断，第一次为 2ф14，第二次为 1ф14，则相应的抵抗弯矩图画成阶梯状，准备切断的纵筋需延长一段锚固长度后才能切断。由此得到一伸臂梁带阶梯状和折线的承载力图，如图 5-21 所示。

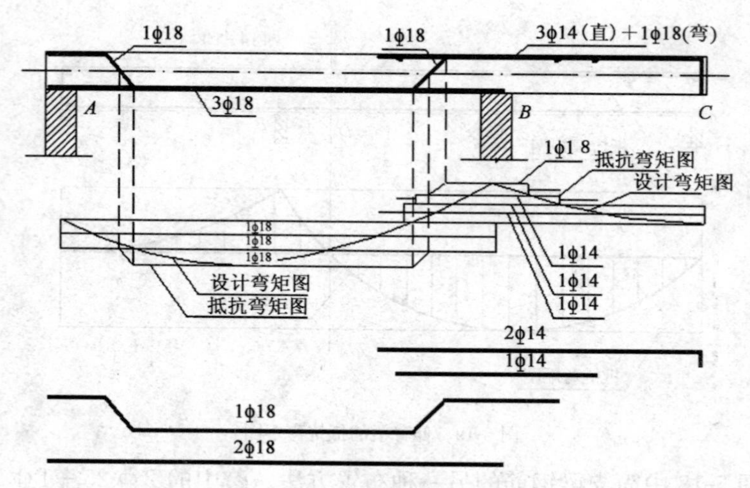

图 5-21 伸臂梁的材料抵抗弯矩图

二、纵向钢筋的弯起与截断

1. 纵向钢筋的弯起

在梁的底部承受正弯矩的纵筋弯起后主要承受剪力或作为在支座处承受负弯矩的钢筋。在纵筋弯起时，首先需要根据斜截面受剪承载力确定弯起钢筋的数量，然后由保证斜截面受弯承载力确定弯起钢筋的弯起点位置。为保证斜截面的受弯承载力不小于正截面的受弯承载力，在梁的受拉区段弯起钢筋时，要满足抵抗弯矩图必须包在设计弯矩图之外。纵筋弯起点的位置要考虑以下几方面因素：

(1)保证正截面的受弯承载力

纵筋弯起后，剩下的纵筋数量减少，正截面的受弯承载力要降低。为保证正截面的受弯承载力满足要求，必须使抵抗弯矩图包在设计弯矩图的外面。弯起钢筋与梁中心线的交点应在不需要该钢筋的截面之外。

(2)保证斜截面的受剪承载力

在设计中如果要利用弯起的纵筋抵抗斜截面的剪力，则纵筋的弯起位置还要满足图 5-22 的要求，即从支座边缘到第一排(相对支座而言)弯起钢筋上弯点的距离，以及前一排弯起钢筋的下弯点到次一排弯起钢筋上弯点的距离不得大于箍筋的最大间距规定，以防止出现不与弯起钢筋相交的斜裂缝。

(3)保证斜截面的受弯承载力

为了保证斜截面的受弯承载力，纵筋弯起点的位置还应满足图 5-23 的要求，即弯起点应在按正截面受弯承载力计算该钢筋强度被充分利用的截面(称充分利用点)以外，其距离 s 应大于或等于 $h_0/2$。

如图 5-23 所示，Ⅰ-Ⅰ截面(正截面)为弯起钢筋的充分利用点，s 为弯起点到充分利用点的距离。对弯起钢筋①而言，未弯起前在Ⅰ-Ⅰ截面处的抵抗弯矩为：

$$M_{\mathrm{I}} = f_y A_{sb} z \tag{5-23}$$

弯起后，在Ⅱ-Ⅱ截面(斜截面)处的抵抗弯矩为：

$$M_{\mathrm{II}} = f_y A_{sb} z_b \tag{5-24}$$

为了保证斜截面的受弯承载力，至少要求 $M_{\mathrm{II}}=M_{\mathrm{I}}$，即 $z_b=z$。由图 5-23 所示可得：

$$\frac{z_b}{\sin\alpha}=z\cot\alpha+s \tag{5-25}$$

取 $z_b=z$，有：

$$s=\frac{z(1-\cos\alpha)}{\sin\alpha} \tag{5-26}$$

通常，$\alpha=45°$或 $60°$，可近似取 $z=0.9h_0$，则有：

$$s=(0.373-0.520)h_0 \tag{5-27}$$

所以规范规定 s 不小于 $h_0/2$。

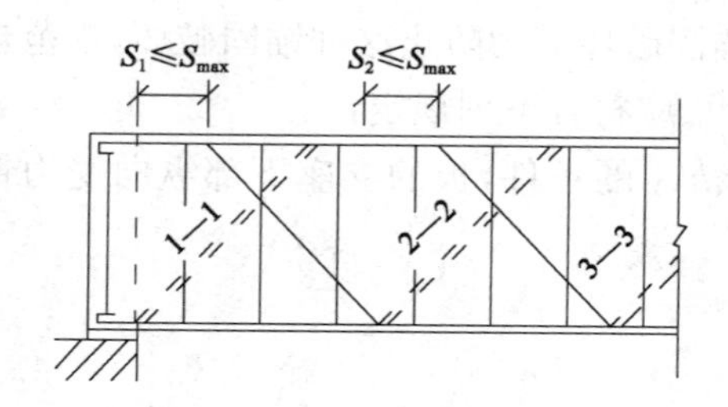

图 5-22　纵筋弯起的构造要求图

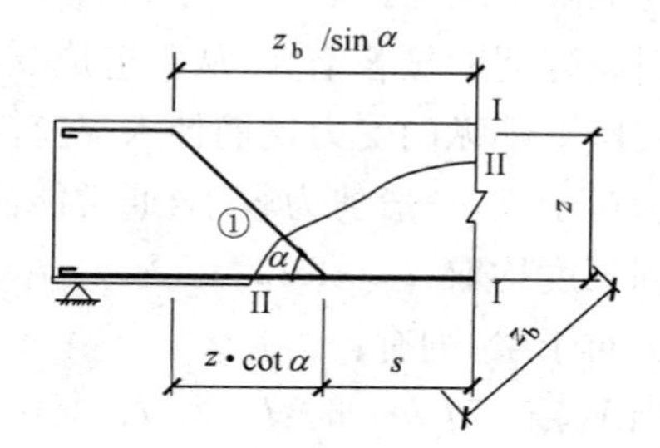

图 5-23　纵筋弯起点的位置

2. 纵向钢筋的截断

在梁的正弯矩区段截断纵筋，由于钢筋面积骤减，在纵筋截断处混凝土产生拉应力集中导致过早出现斜裂缝，所以除部分承受跨中正弯矩的纵筋由于承受支座处较大剪力的需要而弯起外，一般情况不宜在正弯矩区段内截断纵筋。而对悬臂梁、连续梁（板）等在支座附近负弯矩区段配置的纵筋，通常根据弯矩图的变化，将按计算不需要的纵筋截断，以节省钢材。

连续梁支座附近承受负弯矩的纵筋必须截断时，应满足规范的下列要求：

(1)当 $V\leqslant0.7f_tbh_0$ 时，纵筋应延伸至按正截面受弯承载力计算不需要该钢筋的截面以外不小于 $20d$ 处截断，且从该钢筋强度充分利用截面伸出的长度不应小于 $1.2l_a$，如图 5-24a)所示。

(2)当 $V>0.7f_tbh_0$ 时，纵筋应延伸至按正截面受弯承载力计算不需要该钢筋的截面以外不小于 h_0 且不小于 $20d$ 处截断，且从该钢筋强度充分利用截面伸出的长度不应小于 $1.2l_a+h_0$，如图 5-24b)所示。

(3)若按上述规定确定的纵筋截断点仍位于负弯矩对应的受拉区内，则纵筋应延伸至按正截面受弯承载力计算不需要该钢筋的截面以外不小于 $1.3h_0$ 且不小于 $20d$ 处截断，且从该钢筋强度充分利用截面伸出的长度不应小于 $1.2l_a+1.7h_0$，如图 5-24c)所示。

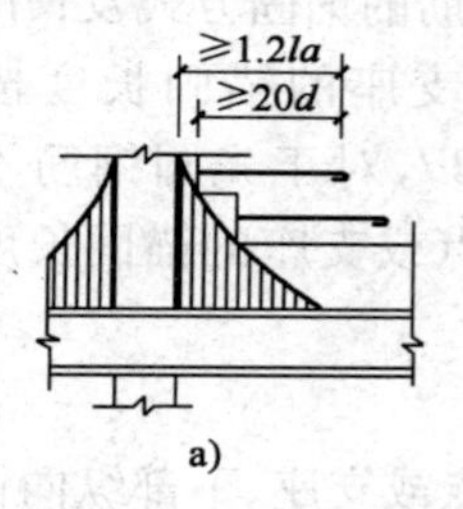

a)

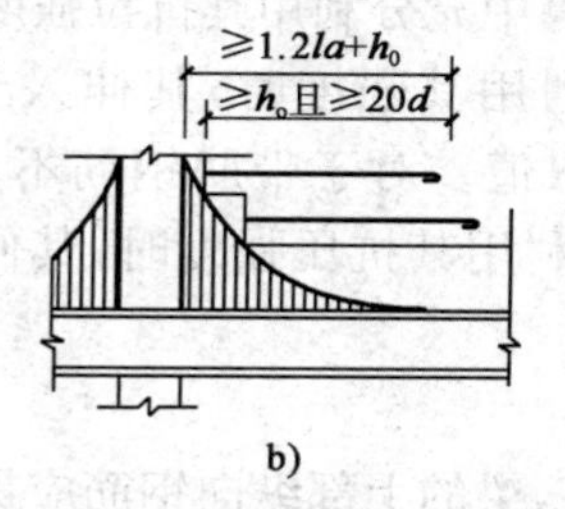

b)

≥1.2la+1.7h0
≥1.3h0且≥20d

c)

图 5-24　纵筋截断时的延伸长度

三、受力钢筋的锚固与连接

1. 受力钢筋的锚固

(1)伸入梁支座范围内的纵向受力钢筋数量不应少于2根。

(2)简支支座内锚固

简支梁和连续梁简支端的支座处出现斜裂缝后，纵向受拉钢筋应力将增大，此时梁的抗弯能力还取决于纵向钢筋在支座处的锚固。如锚固长度不足，钢筋与混凝土之间的相对滑动将导致斜裂缝宽度显著增大，从而造成支座处的黏结锚固破坏。为防止这种锚固破坏，规范规定简支支座下部纵向受力钢筋伸入支座内的锚固长度l_{as}应符合下列规定：

①对于板，一般剪力较小，通常能满足$V \leqslant 0.7f_t bh_0$的条件，板的支座下部纵向受力钢筋的锚固长度均取：$l_{as} \geqslant 5d$。

②对于梁，则有：

当$V \leqslant 0.7f_t bh_0$时：$l_{as} \geqslant 5d$；

当$V > 0.7f_t bh_0$时：$l_{as} \geqslant 12d$（带肋钢筋）；$l_{as} \geqslant 15d$（光圆钢筋）。

式中：d——锚固钢筋的最大直径。

当纵向受力钢筋伸入支座内的锚固长度不符合上述要求时，可在钢筋端部采取弯钩或机械锚固措施，如贴焊锚筋、焊端锚板或螺栓锚头等。

在支承于砌体结构上的独立简支梁支座处，由于约束较小，故应在锚固长度范围内配置不少于2个箍筋，其直径不宜小于$d/4$，d为纵筋的最大直径；间距不宜大于$10d$，当采取机械锚固措施时箍筋间距尚不宜大于$5d$，d为纵筋的最小直径。

对混凝土强度等级为C25及以下的简支梁或连续梁的简支端，当距支座边$1.5h$范围内作用有集中荷载，且$V > 0.7f_t bh_0$时，对带肋钢筋宜采取有效锚固措施，或取锚固长度$l_{as} \geqslant 15d$。

(3)框架梁边支座内锚固

对于框架梁的边支座，上部纵向受力钢筋可采用直线形式伸入支座锚固，锚固长度不应小于l_a，且伸过柱中心线长度不宜小于$5d$，如图5-25a)所示。当柱截面尺寸不满足直线锚固要求时，梁上部纵筋可采用端部加机械锚头的锚固方式，此时纵筋宜伸至柱外侧内边，其水平锚固长度不应小于$0.4l_{ab}$，如图5-25b)所示；也可采用90°弯折锚固的方式，此时纵筋应伸至柱外侧内边并向下弯折，其水平锚固长度不应小于$0.4l_{ab}$，弯折后的竖向长度不应小于$15d$，如图5-25c)所示。

对于框架梁下部纵向钢筋，当计算中充分利用其抗拉强度时，钢筋的锚固方式及长度应与上部钢筋的规定相同；当计算中不利用其强度时，其伸入节点或支座的锚固长度按$V > 0.7f_t bh_0$时简支梁支座锚固长度l_{as}取值。对于带肋钢筋不小于$12d$，对于光圆钢筋不小于$15d$，如图5-25a)所示；当计算中充分利用其抗压强度时，其伸入节点或支座的锚固长度不应小于$0.7l_a$，如图5-25c)所示。

(4)中间支座内锚固

对于框架梁或连续梁的中间支座，梁的上部纵向钢筋应贯穿节点或支座，下部纵向钢筋应符合下列锚固要求：

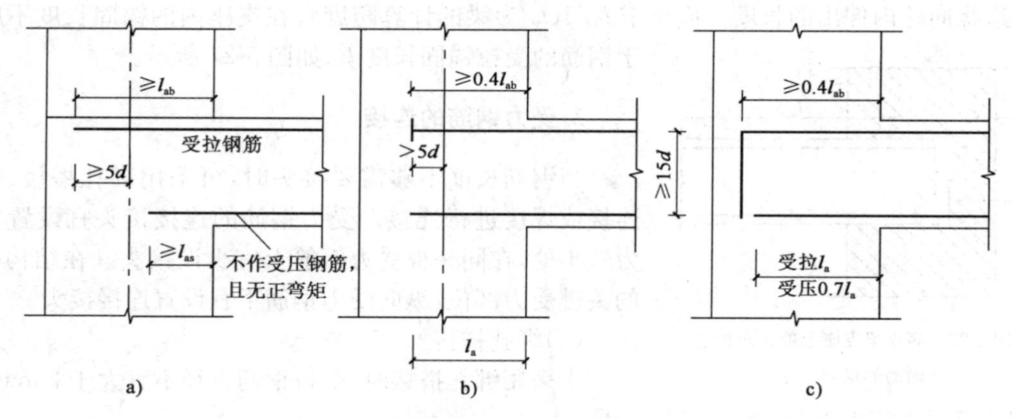

图 5-25 梁受力纵筋在中间层边支座内的锚固

a)纵筋直线形式锚固；b)纵筋端部加锚头锚固；c)纵筋末端 90°弯折锚固

①当计算中不利用该钢筋的强度或仅利用其抗压强度时，其伸入节点或支座的锚固长度应分别取同边支座内梁下部纵向钢筋锚固的规定。

②当计算中充分利用钢筋的抗拉强度时，可采用直线方式锚固在节点或支座内，锚固长度不应小于钢筋的受拉锚固长度 l_a，如图 5-26a)所示。

③当柱截面尺寸不足时，宜按边支座内梁上部纵筋采用的端部加机械锚头的锚固方式或采用 90°弯折锚固的方式。

④钢筋可在节点或支座外梁中弯矩较小处设置搭接接头，搭接长度的起始点至节点或支座边缘的距离不应小于 1.5h_0，如图 5-26b)所示。

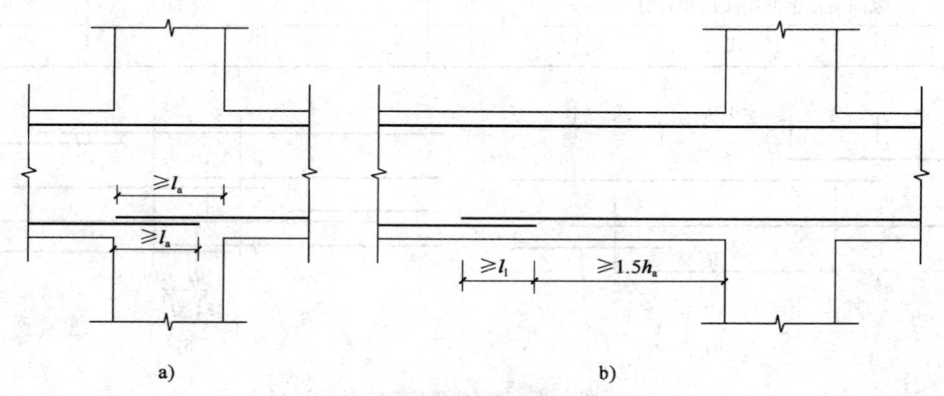

图 5-26 梁下部纵筋在中间节点或支座范围的锚固与搭接

a)下部纵筋在节点或支座中直线锚固；b)下部纵筋在节点或支座范围外的搭接

(5)悬臂梁负弯矩钢筋的锚固

①对于悬臂梁的端支座，负弯矩钢筋的锚固取同框架梁边支座上部纵向钢筋的锚固规定。

②在悬臂梁中，应有不少于 2 根上部钢筋伸至悬臂梁外端，并向下弯折不小于 12d；其余钢筋不应在梁的上部截断，而应按弯矩图的弯起点位置分批向下弯折，弯折角度为 45°或 60°，并在梁的下边锚固，弯终点外的锚固长度在受压区不应小于 10d，在受拉区不应小于 20d。

(6)简支梁支座上部纵向构造钢筋的锚固

当梁端按简支计算但实际受到部分约束时，应在支座上部设置纵向构造钢筋。其截面面积不应小于梁跨中下部纵向受力钢筋计算所需截面面积的 1/4，且不应少于 2 根。该钢筋自支座边缘向跨内伸出的长度不应小于 $l_0/5$（l_0 为梁的计算跨度），在支座内的锚固长度不应小于钢筋的受拉锚固长度 l_a，如图 5-27 所示。

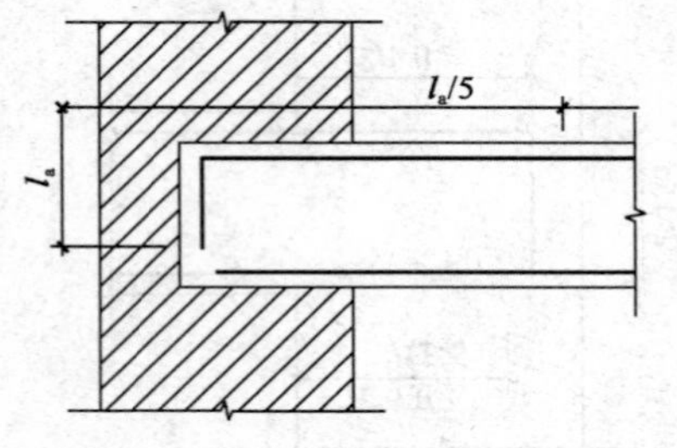

图 5-27　简支梁支座上部纵向构造钢筋的锚固

2. 受力钢筋的连接

当钢筋长度不够需要接头时，可采用绑扎搭接、机械连接或焊接进行连接。受力钢筋的连接接头宜设置在受力较小处，在同一根受力钢筋上宜少设接头。在结构构件的关键受力部位，纵向受力钢筋不宜设置连接接头。

(1)绑扎搭接

①采用绑扎搭接时，受拉钢筋直径不宜大于 25mm，受压钢筋直径不宜大于 28mm。

②同一构件中相邻纵向受力钢筋的绑扎搭接接头宜互相错开。两搭接接头的中心间距应大于 $1.3l_l$，如图 5-28a)所示；否则，则认为两搭接接头属于同一搭接连接区段，如图 5-28b)所示。位于同一连接区段内的受拉钢筋搭接接头面积百分率，对梁、板类构件不宜大于 25%；其搭接长度按下列公式计算，且不应小于 300mm。

$$l_l = \zeta_l l_a \tag{5-28}$$

式中：l_l——纵向受拉钢筋的搭接长度；

ζ_l——纵向受拉钢筋搭接长度修正系数，按表 5-1 取用。

纵向受拉钢筋搭接长度修正系数　　表 5-1

纵向搭接钢筋接头面积百分率(%)	≤25	50	100
ζ_l	1.2	1.4	1.6

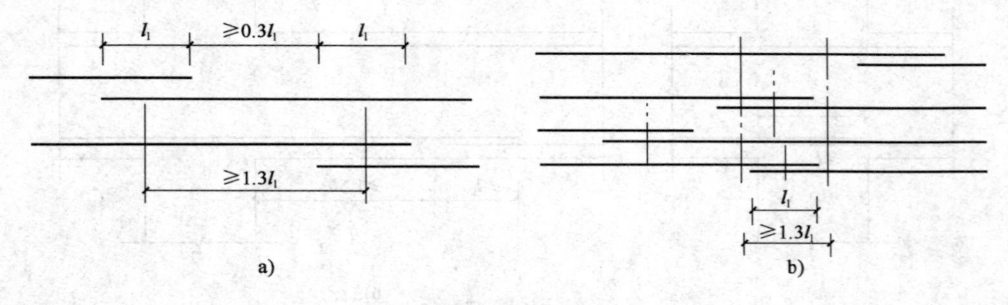

图 5-28　钢筋搭接接头间距

a)搭接接头间距；b)同一搭接范围

③纵向受压钢筋采用搭接连接时，其受压搭接长度不应小于纵向受拉钢筋搭接长度的 70%，且不应小于 200mm。

④在纵向受力钢筋搭接长度范围内应配置箍筋，其直径不应小于搭接钢筋较大直径的 1/4；间距不应大于搭接钢筋较小直径的 5 倍，且不应大于 100mm。当受压钢筋直径大于 25mm 时，应在搭接接头两个端面外 100mm 的范围内各设置两道箍筋。

(2)机械连接

①纵向受力钢筋的机械连接接头宜相互错开，连接区段的长度为 $35d$（d 为连接钢筋的较小直径）。凡接头中点位于该连接区段长度内的连接接头均属于同一连接区段。

②位于同一连接区段内的纵向受拉钢筋接头面积百分率不宜大于50%；纵向受压钢筋的接头百分率可不受限制。

(3)焊接

①纵向受力钢筋的焊接接头应相互错开，连接区段的长度为$35d$（d为连接钢筋的较小直径）且不小于500mm。凡接头中点位于该连接区段长度内的焊接接头均属于同一连接区段。

②位于同一连接区段内的纵向受拉钢筋接头面积百分率不宜大于50%；纵向受压钢筋的接头百分率可不受限制。

③细晶粒热轧带肋钢筋以及直径大于25mm的带肋钢筋，其焊接应经实验确定；余热处理钢筋不宜焊接。

四、箍筋与弯起筋的构造要求

1. 箍筋的构造要求

(1)箍筋的级别

箍筋宜采用HRB400、HRBF400、HPB300、HRB500、HRBF500钢筋，也可采用HRB335、HRBF335钢筋。

(2)箍筋的形式和肢数

箍筋在梁内除承受剪力外，还起着固定纵筋位置，使梁内钢筋形成骨架，以及连接梁的受拉区和受压区，增加受压区混凝土的延性等作用。箍筋的形式有开口式和封闭式两种，如图5-28所示，开口箍不利于纵向钢筋的定位，且不能约束芯部混凝土，故除小过梁以外，一般构件不应采用开口箍，而应采用封闭式箍筋。对现浇T形截面梁，当不承受扭矩或动荷载时，在梁跨中截面上部受压区段内，也可采用开口式箍筋。当梁中配有按计算需要的纵向受压钢筋时，箍筋应做成封闭式。箍筋的末端应做成135°弯钩，弯钩端头平直段长度不应小于$5d$（d为箍筋直径）。箍筋的肢数分单肢、双肢及复合箍（多肢箍）等，如图5-29所示。一般按以下情况设置：当梁宽不大于400mm时，可采用双肢箍筋；当梁的宽度大于400mm且一层内的纵向受压钢筋多于3根时，或当梁的宽度不大于400mm但一层内的纵向受压钢筋多于4根时，应设置复合箍筋；当梁的宽度小于100mm时，可采用单肢箍筋。

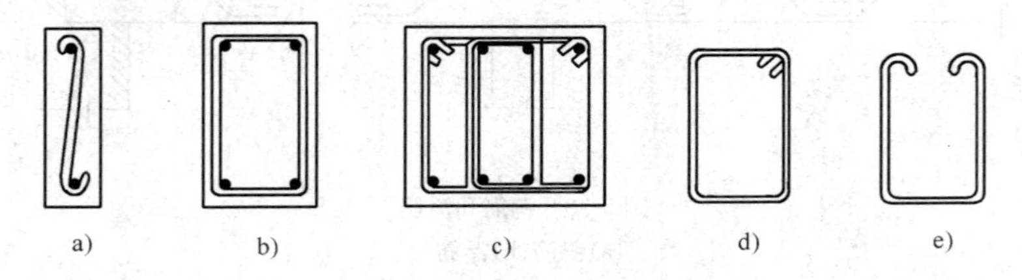

图5-29　箍筋的形式与肢数

a)单肢箍；b)双肢箍；c)四肢箍；d)封闭式；e)开口式

(3)箍筋的直径和间距

梁的截面高度大于800mm时，箍筋直径不宜小于8mm；截面高度不大于800mm时，不宜小于6mm。当梁中配有计算需要的纵向受压钢筋时，箍筋直径不应小于$d/4$（d为受压钢筋最大直径）。

梁中箍筋的最大间距宜符合表5-2的规定。当梁中配有按计算需要的纵向受压钢筋时，箍筋的间距不应大于 $15d$（d 为纵向受压钢筋的最小直径），并不应大于 400mm；当一层内的纵向受压钢筋多于 5 根且直径大于 18mm 时，箍筋间距不应大于 $10d$。

梁中箍筋的最大间距（mm）　　表 5-2

梁　高　h	$V>0.7f_tbh_0$ 或 $V>\frac{1.75}{\lambda+1}f_tbh_0$	$V\leqslant0.7f_tbh_0$ 或 $V\leqslant\frac{1.75}{\lambda+1}f_tbh_0$
$150<h\leqslant300$	150	200
$300<h\leqslant500$	200	300
$500<h\leqslant800$	250	350
$h>800$	300	400

（4）箍筋的设置

按计算不需要箍筋的梁，当截面高度大于 300mm 时，应沿梁全长设置构造箍筋；当截面高度为 150～300mm 时，可仅在构件端部各 1/4 跨度范围内设置构造箍筋；但当在构件中部 1/2 跨度范围内有集中荷载作用时，则应沿梁全长设置箍筋；当截面高度小于 150mm 时，可不设置箍筋。

2. 弯起钢筋的构造要求

（1）弯起钢筋的间距

当设置抗剪弯起钢筋时，前一排（相对支座而言）弯起钢筋的弯起点至后一排弯起钢筋的弯终点的距离不应大于表 5-2 中“$V>0.7f_tbh_0$”时的箍筋最大间距。

（2）弯起钢筋的锚固长度

弯起钢筋的弯终点外应留有平行于梁轴线方向的锚固长度，其长度在受拉区不应小于 $20d$，在受压区不应小于 $10d$（d 为弯起钢筋的直径），对光圆钢筋在末端应设置弯钩，如图 5-30 所示。

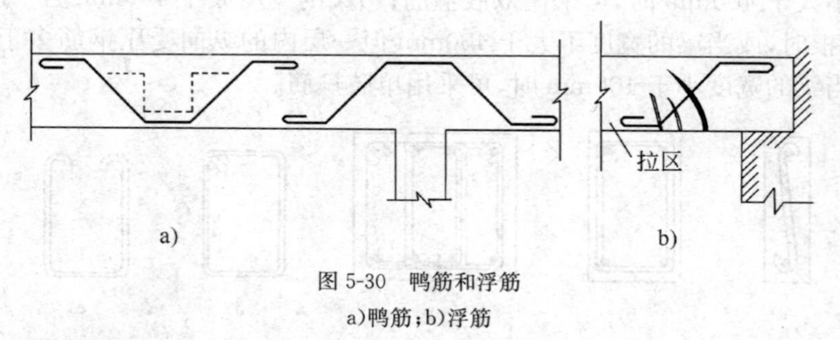

图 5-30　鸭筋和浮筋

a）鸭筋；b）浮筋

（3）弯起钢筋的弯起角度

梁中弯起钢筋的弯起角度一般可取 45°，当梁截面高度大于 700mm 时，也可为 60°。梁底层钢筋中的角部钢筋不应弯起，顶层钢筋中的角部钢筋不应弯下。

（4）受剪弯起钢筋的形式

当需要弯起筋抗剪而不能弯起纵向受拉钢筋时，可设置单独的受剪弯起钢筋。单独的受剪弯筋应采用“鸭筋”，如图 5-30a）所示，而不应采用“浮筋”，如图 5-30b）所示，否则一旦弯起钢筋滑动将使斜裂缝开展过大。

第六节　受弯构件斜截面承载力计算示例

受弯构件斜截面承载力计算主要是斜截面受剪承载力计算，斜截面受弯承载力通过构造要求满足。斜截面受剪承载力计算包括截面设计和截面复核。

一、截面设计

已知剪力设计值、材料强度和构件截面尺寸，要求确定箍筋及弯起钢筋的数量。应验算截面的最小尺寸及最小配箍率，并满足箍筋的最小直径及最大间距等构造要求。

［例 5-1］　矩形截面简支梁，截面尺寸、支承情况及纵筋数量如图 5-31 所示。该梁承受均布荷载设计值 80kN/m（包括梁自重），混凝土强度等级为 C20，箍筋为 HPB300，纵筋为 HRB400，环境类别为一类。试确定所需要配置的箍筋和弯起钢筋。

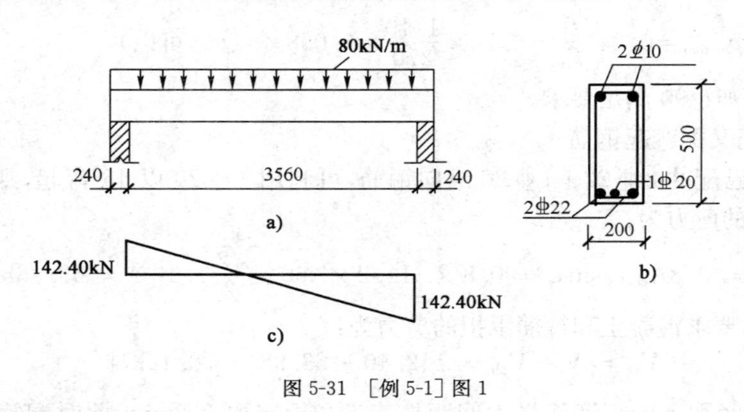

图 5-31　［例 5-1］图 1

解：(1)确定计算参数

根据给定的条件，C20 混凝土 $f_c=9.6\text{N/mm}^2$，$f_t=1.10\text{N/mm}^2$，$\beta_c=1.0$；HPB300 箍筋 $f_{yv}=270\text{N/mm}^2$；HRB400 纵筋 $f_y=360\text{N/mm}^2$；环境类别为一类时的最外层钢筋的保护层厚度为 25mm。

(2)确定截面有效高度

初选箍筋直径为 6mm，满足最小直径要求，则截面有效高度为：

$$h_0 = h - a_s = 500 - 25 - 6 - \frac{22}{2} = 458\text{mm}$$

取 $h_0=455\text{mm}$。

(3)剪力设计值

支座边缘处截面的最大剪力值为：

$$V = \frac{1}{2}ql_n = \frac{1}{2} \times 80 \times 3.56 = 142.40\text{kN}$$

(4)验算截面尺寸

$\frac{h_w}{b}=\frac{h_0}{b}=\frac{455}{200}=2.28<4$，属于一般梁，应按式(5-17)验算：

$$0.25\beta_c f_c b h_0 = 0.25 \times 1.0 \times 9.6 \times 200 \times 455 \times 10^{-3} = 218.40\text{kN} > V = 142.40\text{kN}$$

截面尺寸符合要求。

(5)验算是否需要按计算配置箍筋

$$0.7f_tbh_0=0.7\times1.10\times200\times455\times10^{-3}=70.07\text{kN}<V=142.40\text{kN}$$

需要进行计算配置箍筋。

(6)只配箍筋不配弯起钢筋

由式(5-9)得：

$$\frac{A_{sv}}{s}=\frac{V-0.7f_tbh_0}{f_{yv}h_0}=\frac{142400-0.7\times1.10\times200\times455}{270\times455}=0.589\text{mm}^2/\text{mm}$$

由正截面配筋及构造要求可知，该截面可设置双肢箍筋，箍筋直径取 6mm，则箍筋截面面积 $A_{sv}=nA_{sv1}=2\times28.3=56.6\text{mm}^2$，故求得箍筋间距为：

$$s=\frac{56.6}{0.589}=96.1\text{mm}$$

取箍筋间距 $s=90$mm。配箍率 $\rho_{sv}=\frac{A_{sv}}{bs}=\frac{56.6}{200\times90}=0.31\%$

最小配箍率 $\rho_{sv,min}=0.24\frac{f_t}{f_{yv}}=0.24\times\frac{1.10}{270}=0.098\%<\rho_{sv}$(可以)

故箍筋选用 $\phi6$@90 满足要求。

(7)既配箍筋又配弯起钢筋

根据正截面已配的 2Φ22+1Φ20 纵向钢筋，可利用 1Φ20 以 45°弯起，则由式(5-11)求得弯起钢筋承担的剪力为：

$$V_{sb}=0.8A_{sb}f_y\sin\alpha_s=0.8\times314.2\times360\times\frac{\sqrt{2}}{2}\times10^{-3}=63.98\text{kN}$$

由式(5-12)，要求混凝土和箍筋承担的剪力为：

$$V_{cs}=V-V_{sb}=142.40-63.98=78.42\text{kN}$$

箍筋最小直径取 6mm，箍筋最大间距按表 5-2 规定取 200mm，此时配箍率 $\rho_{sv}=\frac{A_{sv}}{bs}=\frac{56.6}{200\times200}=0.14\%>\rho_{sv,min}=0.098\%$(可以)。

由式(5-9)求得：

$$V_{cs}=0.7f_tbh_0+f_{yv}\frac{A_{sv}}{s}h_0$$

$$=70.07\times10^3+270\times\frac{56.6}{200}\times455$$

$$=104.84\text{kN}>78.42\text{kN}(\text{可以})$$

故箍筋应选用 $\phi6$@200。

(8)验算弯筋弯起点处的斜截面承载力

如图 5-32 所示，该处的剪力设计值：

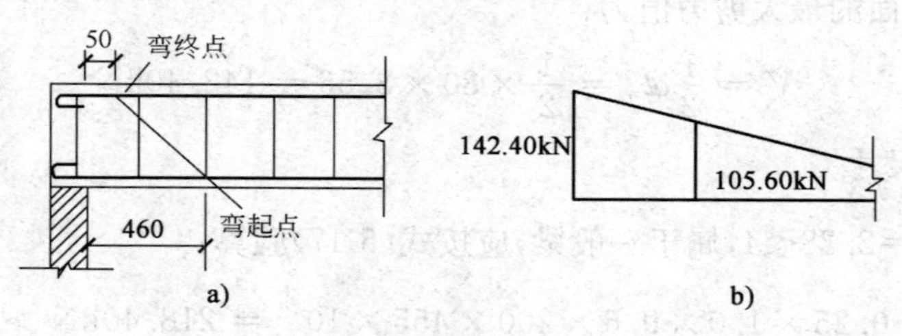

图 5-32 [例 5-1]图 2

$$V = 142.40 \times \frac{1.78 - 0.46}{1.78} = 105.60\text{kN} \approx 104.84\text{kN}(可以)$$

可不必再弯起钢筋或加大箍筋，配置 $\phi 6$ @200 已能满足要求。

［例 5-2］ 钢筋混凝土矩形截面简支梁，截面尺寸 $b \times h = 200\text{mm} \times 600\text{mm}$，$a_s = 40\text{mm}$，荷载设计值如图 5-33 所示，采用 C20 混凝土，箍筋为 HPB300，纵筋为 HRB500，试按仅配箍筋设计腹筋。

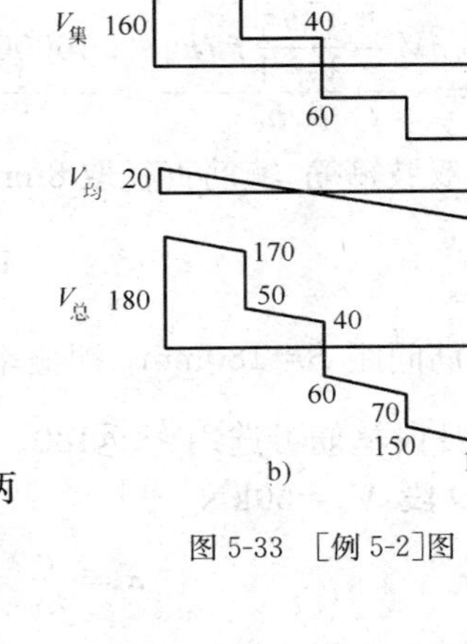

图 5-33 ［例 5-2］图

解：(1)确定计算参数

C20 混凝土：$f_c = 9.6\text{N/mm}^2$，$f_t = 1.10\text{N/mm}^2$，$\beta_c = 1.0$；HPB300 箍筋：$f_{yv} = 270\text{N/mm}^2$；HRB500 纵筋：$f_y = 435\text{N/mm}^2$。截面有效高度为 $h_0 = 600 - 40 = 560\text{mm}$。

(2)剪力设计值图，如图 5-33 所示。

(3)验算截面尺寸

$\frac{h_w}{b} = \frac{560}{200} = 2.8 < 4$，属于一般梁，应按式(5-17)验算：

$$0.25\beta_c f_c b h_0 = 0.25 \times 1.0 \times 9.6 \times 200 \times 560$$

$$= 268.8\text{kN} > V_A, V_B$$

截面尺寸符合要求。

(4)确定箍筋数量

该梁既受集中荷载，又受均布荷载，其中集中荷载对两支座截面所产生的剪力值均占总剪力值的 75%以上。

A 支座：　　$\frac{V_集}{V_总} = \frac{160}{180} = 88.9\%$

B 支座：　　$\frac{V_集}{V_总} = \frac{140}{160} = 87.5\%$

故梁的左右两半区段均应按式(5-10)计算受剪承载力。

根据剪力的变化情况，可将梁分为 AC、CD、DE 及 EB4 个区段来计算斜截面的受剪承载力。

①AC 段：$V_A = 180\text{kN}$

$$\lambda = \frac{a}{h_0} = \frac{1000}{560} = 1.79 < 3，同时 > 1.5$$

$$\frac{1.75}{\lambda + 1} f_t b h_0 = \frac{1.75}{1.79 + 1} \times 1.10 \times 200 \times 560 \times 10^{-3}$$

$$= 77.28\text{kN} < V_A = 180\text{kN}$$

必须按计算配置箍筋。

由式(5-10)得：

$$\frac{A_{sv}}{s} = \frac{V - \frac{1.75}{\lambda + 1} f_t b h_0}{f_{yv} h_0} = \frac{180000 - \frac{1.75}{1.79 + 1} \times 1.10 \times 200 \times 560}{270 \times 560} = 0.679\text{mm}^2/\text{mm}$$

截面设置双肢箍筋，箍筋直径取 8mm，箍筋截面积 $A_{sv}=2\times50.3=100.6\text{mm}^2$，则箍筋间距为：

$$s=\frac{100.6}{0.679}=148.2\text{mm}$$

取箍筋间距 $S=140\text{mm}$，配箍率 $\rho_{sv}=\frac{A_{sv}}{bs}=\frac{100.6}{200\times140}=0.36\%$

最小配箍率 $\rho_{sv,\min}=0.24\frac{f_t}{f_{yv}}=0.24\times\frac{1.10}{270}=0.098\%<\rho_{sv}$（可以）

故 AC 段箍筋可选用 $\phi8$@140。

②EB 段：$V_B=160\text{kN}$

与 AC 段同理，$\lambda=\frac{1000}{560}=1.79$，可得：

$$\frac{A_{sv}}{s}=\frac{V-\frac{1.75}{\lambda+1}f_tbh_0}{f_{yv}h_0}=\frac{160000-\frac{1.75}{1.79+1}\times1.10\times200\times560}{270\times560}=0.547\text{mm}^2/\text{mm}$$

设置双肢箍筋，箍筋直径取 8mm，箍筋间距为：

$$s=\frac{100.6}{0.547}=183.9\text{mm}$$

取箍筋间距 $S=180\text{mm}$，配箍率 $\rho_{sv}=\frac{A_{sv}}{bs}=\frac{100.6}{200\times180}=0.28\%>\rho_{sv,\min}$（可以）

故 EB 段箍筋可选用 $\phi8$@180。

③CD 段：$V_c=50\text{kN}$

$$\lambda=\frac{a}{h_0}=\frac{2000}{560}=3.57>3\text{，取 }\lambda=3$$

$$\frac{1.75}{\lambda+1}f_tbh_0=\frac{1.75}{3+1}\times1.10\times200\times560\times10^{-3}=53.90\text{kN}>V_c=50\text{kN}$$

仅需按构造配置箍筋，由表 5-2 选用 $\phi8$@350。此时配箍率为：

$$\rho_{sv}=\frac{A_{sv}}{bs}=\frac{100.6}{200\times350}=0.14\%>\rho_{sv,\min}\text{（可以）}$$

故 CD 段箍筋可选用 $\phi8$@350。

④DE 段：$V_E=70\text{kN}$

与 CD 段同理，$\lambda=\frac{2000}{560}=3.57>3$，取 $\lambda=3$。

$$\frac{1.75}{\lambda+1}f_tbh_0=53.90\text{kN}<V_E=70\text{kN}$$

由式(5-10)得：

$$\frac{A_{sv}}{s}=\frac{V-\frac{1.75}{\lambda+1}f_tbh_0}{f_{yv}h_0}=\frac{70000-\frac{1.75}{3+1}\times1.10\times200\times560}{270\times560}=0.106\text{mm}^2/\text{mm}$$

截面设置双肢箍筋，箍筋直径取 8mm，箍筋截面积 $A_{sv}=100.6\text{mm}^2$，则箍筋间距为：

$$s=\frac{100.6}{0.106}=949\text{mm}$$

仅需按构造配置箍筋，由表 5-2 选用 $\phi8$@250。这里需要说明的是，若按满足箍筋最小直径、最大间距及最小配箍率的要求，可选用 $\phi6$@250，但考虑实际工程应用，在同一根梁中宜选用相同直径的箍筋。故 DE 段箍筋采用 $\phi 8@250$。

[例 5-3] 已知钢筋混凝土外伸梁，如图 5-34 所示。混凝土强度等级为 C30，箍筋为 HRB335，纵筋为 HRB400，环境类别为二 a 类。试进行腹筋设计。

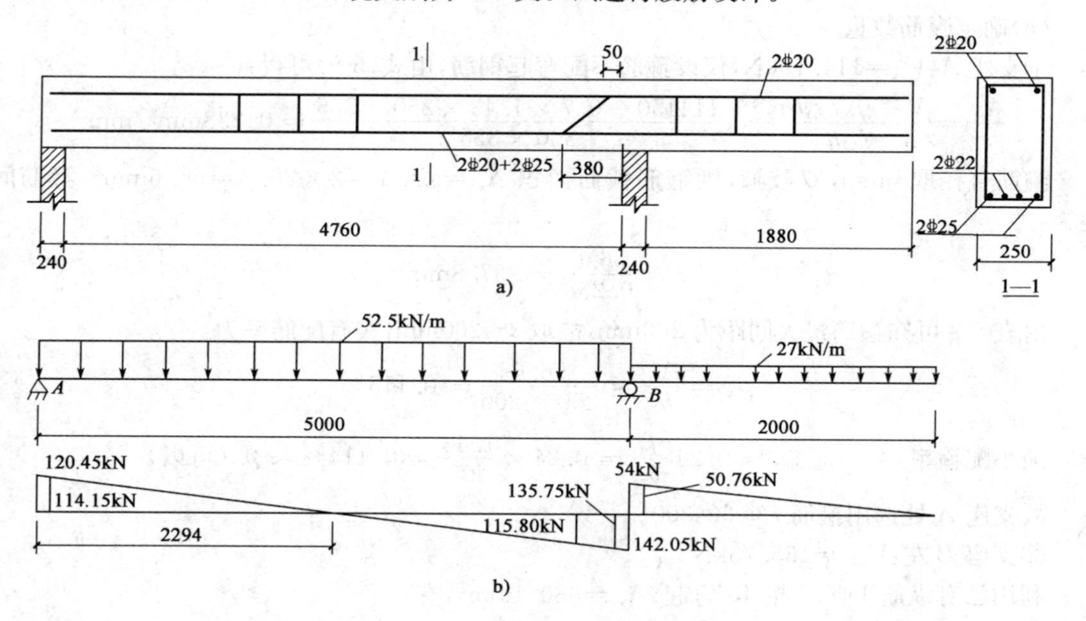

图 5-34 [例 5-3]图

解：(1)确定计算参数

C30 混凝土：$f_c = 14.3\text{N/mm}^2$，$f_t = 1.43\text{N/mm}^2$，$\beta_c = 1.0$；HRB335 箍筋：$f_{yv} = 300\text{N/mm}^2$；HRB400 纵筋：$f_y = 360\text{N/mm}^2$；环境类别为二 a 类时的最外层钢筋的保护层厚度为 25mm。

(2)确定截面有效高度

初选箍筋直径为 6mm，则截面有效高度为：

$$h_0 = h - a_s = 400 - 25 - 6 - \frac{25}{2} = 356.5\text{mm}$$

取 $h_0 = 355\text{mm}$。

(3)求剪力设计值

如计算简图(图 5-34)，对斜截面承载力而言，A 支座右截面、B 支座左截面、B 支座右截面为三个控制截面，各支座边缘的设计剪力值也列于图上。

(4)验算截面尺寸

$$\frac{h_w}{b} = \frac{355}{250} = 1.42 < 4$$

属于一般梁，应按式(5-17)验算：

$$0.25\beta_c f_c b h_0 = 0.25 \times 1.0 \times 14.3 \times 250 \times 355 \times 10^{-3} = 317.28\text{kN}$$

三个控制截面中 B 支座左截面的剪力值最大 $V_{B左} = 135.75\text{kN} < 317.28\text{kN}$，故截面尺寸符合要求。

(5)计算按构造配置箍筋的混凝土承载力

$$0.7f_tbh_0 = 0.7 \times 1.43 \times 250 \times 355 \times 10^{-3} = 88.84\text{kN}$$

三个控制截面中 B 支座右截面的剪力值 $V_{B右}=50.76\text{kN}<88.84\text{kN}$，故可按构造要求配置箍筋；而 A 支座右截面及 B 支座左截面应按计算配置箍筋。

(6)确定腹筋数量

①支座 A：$V_A=114.15\text{kN}$，仅设箍筋不配弯起钢筋，由式(5-9)可得：

$$\frac{A_{sv}}{s} = \frac{V-0.7f_tbh_0}{f_{yv}h_0} = \frac{114150-0.7\times1.43\times250\times355}{300\times355} = 0.238\text{mm}^2/\text{mm}$$

箍筋直径取 6mm，双肢箍，则箍筋截面面积 $A_{sv}=nA_{sv1}=2\times28.3=56.6\text{mm}^2$，箍筋间距为：

$$s = \frac{56.6}{0.238} = 237.8\text{mm}$$

由表 5-2 可知箍筋最大间距为 200mm，故取 $s=200\text{mm}$，实有配筋率为：

$$\rho_{sv} = \frac{A_{sv}}{bs} = \frac{56.6}{250\times200} = 0.113\%$$

最小配箍率 $\rho_{sv,min} = 0.24\frac{f_t}{f_{yv}} = 0.24\times\frac{1.43}{300} = 0.114\% \approx \rho_{sv}$（可以）

故支座 A 处选用箍筋为ϕ 6@200。

②支座 B 左：$V_{B左}=135.75\text{kN}$

利用已有纵筋 1Φ 22 按 45°弯起，$A_{sb}=380.1\text{mm}^2$，有：

$$V_{sb} = 0.8f_yA_{sb}\sin\alpha_s = 0.8\times360\times380.1\times\frac{\sqrt{2}}{2}\times10^{-3} = 77.41\text{kN}$$

若仍选用ϕ 6@200，受剪承载力为：

$$V_{cs} = 0.7f_tbh_0 + f_{yv}\frac{A_{sv}}{s}h_0 = 88840 + 300\times\frac{56.6}{200}\times355 = 118.98\text{kN}$$

$$V_{cs}+V_{sb} = 118.98+77.41 = 196.39\text{kN} > V_{B左} = 135.75\text{kN}（可以）$$

再验算弯起钢筋弯起点处的受剪承载力，该处剪力设计值为：

$$V = 142.05\times\frac{2.5-0.48}{2.5} = 114.78\text{kN} < V_{cs} = 118.98\text{kN}（可以）$$

③支座 B 右：$V_{B右}=50.76\text{kN}$

由前述知仅需按构造配置箍筋，取双肢箍，箍筋最小直径为 6mm，查表 5-2 得箍筋最大间距为 300mm，此时配箍率为：

$$\rho_{sv} = \frac{A_{sv}}{bs} = \frac{56.6}{250\times300} = 0.075\% < \rho_{sv,min} = 0.114\%（不可以）$$

可见选配ϕ 6@300 不满足最小配箍率要求，需选配ϕ 6@200 才能满足。

二、截面复核

已知材料强度、构件截面尺寸、配箍数量及弯起钢筋的截面面积，要求复核斜截面所能承受的剪力设计值。此时也应验算截面的最小尺寸及最小配箍率，并满足箍筋的最小直径及最大间距等构造要求。

[例 5-4] 一承受均布荷载的矩形截面简支梁，截面尺寸 $b\times h=200\text{mm}\times400\text{mm}$，采用 C20 混凝土，箍筋采用 HPB300 级，已配双肢箍筋 ϕ8 @200，求该梁所能承受的最大剪力设计

值 V；若梁净跨 $l_n=4.26\text{m}$，求按受剪承载力计算时梁所能承受的均布荷载设计值 q 为多少？

解：(1)确定计算参数

C20 混凝土：$f_c=9.6\text{N/mm}^2$，$f_t=1.10\text{N/mm}^2$，$\beta_c=1.0$；HPB300 箍筋：$f_{yv}=270\text{N/mm}^2$；设截面有效高度为 $h_0=400-45=355\text{mm}$。

(2)计算混凝土和箍筋的共同受剪承载力

$$V_{cs}=0.7f_tbh_0+f_{yv}\frac{nA_{sv1}}{s}h_0$$

$$=0.7\times1.10\times200\times355+300\times\frac{2\times50.3}{200}\times355=108.24\text{kN}$$

(3)复核梁截面尺寸及配箍率

$0.25\beta_cf_cbh_0=0.25\times1.0\times9.6\times200\times355\times10^{-3}=170.40\text{kN}>V_{cs}=108.24\text{kN}$

截面尺寸满足要求。

验算配箍率：

$$\rho_{sv}=\frac{A_{sv}}{bs}=\frac{2\times50.3}{200\times200}=0.25\%>\rho_{sv,\min}=0.24\frac{f_t}{f_{yv}}=0.24\times\frac{1.10}{270}=0.098\%\text{(可以)}$$

且箍筋直径和间距符合构造规定。

梁所能承受的最大剪力设计值 $V=V_{cs}=108.24\text{kN}$。

(4)按受剪承载力计算时梁所能承受的均布荷载设计值

$$q=\frac{2V_{cs}}{l_n}=\frac{2\times108.24}{4.26}=50.82\text{kN/m}$$

故梁所能承受的均布荷载设计值为 $q=50.82\text{kN/m}$。

思考题

5-1　梁上斜裂缝是怎样形成的？它发生在梁的什么区段内？

5-2　斜裂缝有几种类型？有何特点？

5-3　无腹筋梁在斜裂缝形成前后的应力状态有什么变化？

5-4　试述剪跨比的概念及其对斜截面破坏的影响。

5-5　试述梁斜截面受剪破坏的三种形态及其破坏特征。

5-6　试述简支梁斜截面受剪机理的力学模型。

5-7　影响斜截面受剪性能的主要因素有哪些？

5-8　在设计中采用什么措施来防止梁的斜压破坏和斜拉破坏？

5-9　写出矩形、T 形、工字形梁在不同荷载情况下斜截面受剪承载力计算公式。

5-10　连续梁的受剪性能与简支梁相比有何不同？为什么它们可以采用同一受剪承载力计算公式？

5-11　计算梁斜截面受剪承载力时应取哪些计算截面？

5-12　什么是抵抗弯矩图？如何绘制？绘制抵抗弯矩图的目的是什么？

5-13　为了保证梁斜截面受弯承载力，对纵筋的弯起、截断、锚固以及箍筋的间距，有什么构造要求？

习　题

5-1　矩形截面简支梁，截面尺寸 $b\times h=250\text{mm}\times600\text{mm}$，承受由均布荷载作用产生的剪力设计值 $V=200\text{kN}$。混凝土强度等级为 C25，箍筋为 HPB300，$a_s=40\text{mm}$。求受剪承载力所需的箍筋。

5-2　梁截面尺寸等条件同题 5-1，当先按构造要求配置箍筋（采用 HPB300），且箍筋配置为最经济时，求所需配置的弯起钢筋（采用 HRB335）。

5-3　矩形截面简支梁，截面尺寸为 $b\times h=250\text{mm}\times700\text{mm}$，梁上作用均布荷载设计值（包括梁自重）$q=20\text{kN/m}$、集中荷载设计值 $p=120\text{kN}$，如图 5-35 所示。混凝土强度等级为 C30，箍筋为 HRB335，纵筋为 HRB500，环境类别为二 a 类。试求：

(1)按跨中最大弯矩计算所需纵向受拉钢筋；

(2)按仅配置箍筋时，全梁各段所需抗剪箍筋；

(3)按先利用受拉纵筋为弯起筋时，求所需抗剪箍筋。

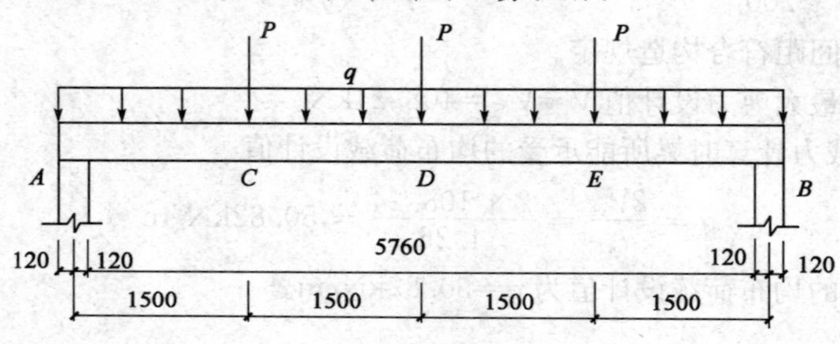

图 5-35　习题 5-3 图

5-4　一矩形截面外伸梁，支承于砖墙上。梁跨度、截面尺寸、已配受拉纵向钢筋及均布荷载设计值（包括梁自重）如图 5-36 所示。混凝土强度等级为 C25，混凝土保护层厚度为 25mm，纵筋采用 HRB400，箍筋采用 HPB300。求截面 A、B_l、B_r 受剪承载力所需的腹筋。

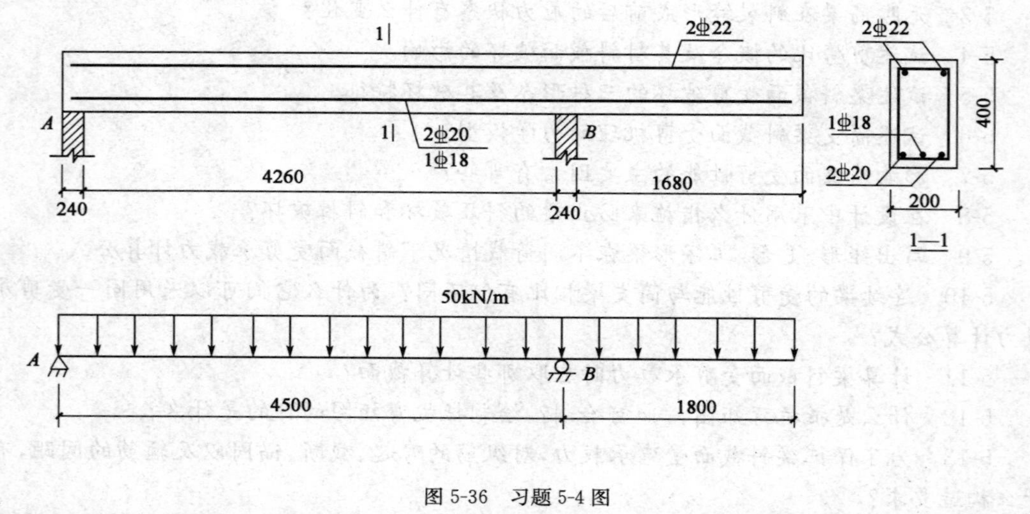

图 5-36　习题 5-4 图

5-5　图 5-37 所示是一钢筋混凝土简支梁，混凝土强度等级为 C30，纵向受拉钢筋为 HRB400，箍筋为 HPB300，环境类别为一类。如果忽略梁自重及架立钢筋的作用，试求此梁所能承受的最大荷载设计值 P，此时该梁为正截面破坏还是斜截面破坏？

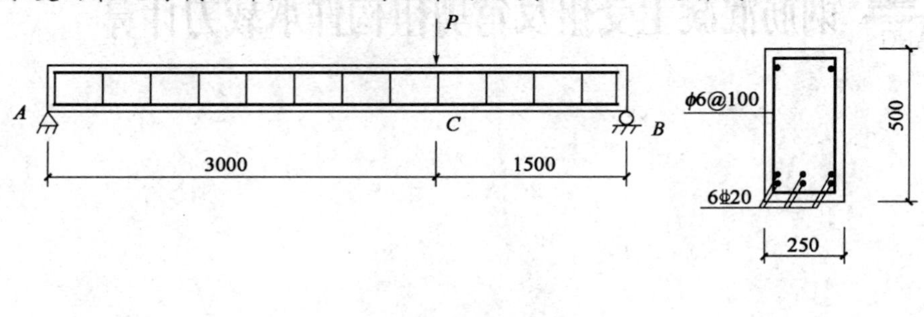

图 5-37　习题 5-5 图

第六章 钢筋混凝土受扭及弯剪扭构件承载力计算

DILIUZHANG

当力矩作用平面与构件正截面平行时，构件产生扭矩，这类构件成为扭转构件。

在实际工程中，单独承受纯扭作用的构件较少，较多的是扭转和弯曲同时发生的复合受扭构件。在建筑工程中常见的几种受扭构件如图 6-1 所示。一般来说，吊车梁、平面曲梁或折梁以及与其他梁整浇的现浇框架边梁、螺旋楼梯等，都是复合受扭构件。在桥梁工程中，当直线桥梁上集中荷载的作用线偏离桥轴线时，在曲线桥梁上以及 T 形梁桥在翼缘板桥面上局部受力时，也都会遇到弯、剪、扭共同作用的情况。

受扭构件按照产生扭转的原因可以分为两类：平衡扭转和变形协调扭转。由荷载引起可用结构的平衡条件确定扭矩的扭转称为平衡扭转，如图 6-1a)、图 6-1b)所示；由超静定结构相邻构件的变形而引起，其扭矩需结合变形协调条件才可确定，这种扭转称为协调扭转，如图 6-1c)所示。

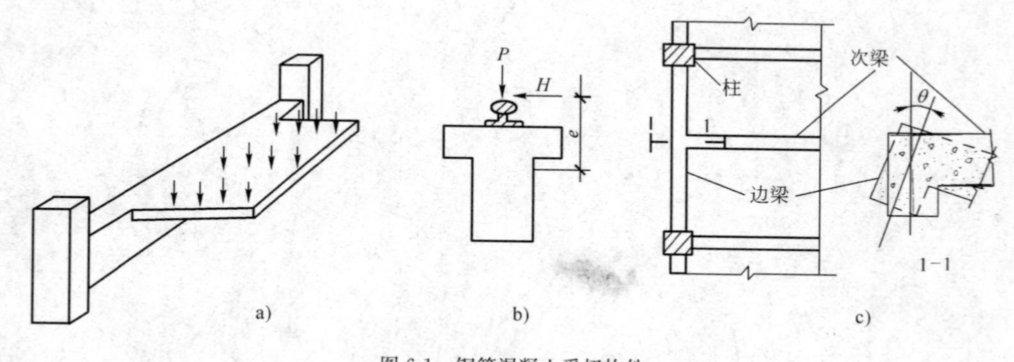

图 6-1 钢筋混凝土受扭构件

第一节 钢筋混凝土纯扭构件的试验研究

一、素混凝土纯扭构件的破坏特征

由材料力学可知，矩形截面匀质弹性材料构件在扭矩作用下，截面中各点均产生剪应力

τ,其最大剪应力 τ_{max}发生在截面长边的中点,与该点剪应力作用相对应的主拉应力 σ_{tp}和主压应力 σ_{cp}分别与构件轴线呈 45°方向,且 $\sigma_{tp}=-\sigma_{cp}=\tau_{max}$。由于混凝土的抗拉强度较低,因此,在扭矩的作用下,构件长边侧面中点处混凝土沿垂直于主拉应力 σ_{tp}的方向首先开裂,并很快向相邻两边延伸,形成如图 6-2a)所示三面受拉、一面受压的斜向空间扭曲破坏面,如图 6-2b)所示。这种破坏称为扭曲截面破坏,破坏带有突然性,属于脆性破坏。

二、钢筋混凝土纯扭构件的破坏特征

由于素混凝土构件的抗扭承载力很低,且表现出明显的脆性破坏特征,故通常在构件内设置一定数量的抗扭钢筋,用以改善构件的受力性能。受扭构件最有效的配筋方式是沿垂直于斜裂缝方向配置螺旋形钢筋,当混凝土开裂后,主拉应力直接由钢筋承受。但是这种配筋方式施工比较复杂,且不能适应扭矩方向的变化,实际工程中很少采用。一般都是配置抗扭纵筋和抗扭箍筋来承担主拉应力,抗扭钢筋尽量靠近构件表面设置,如图 6-3 所示。

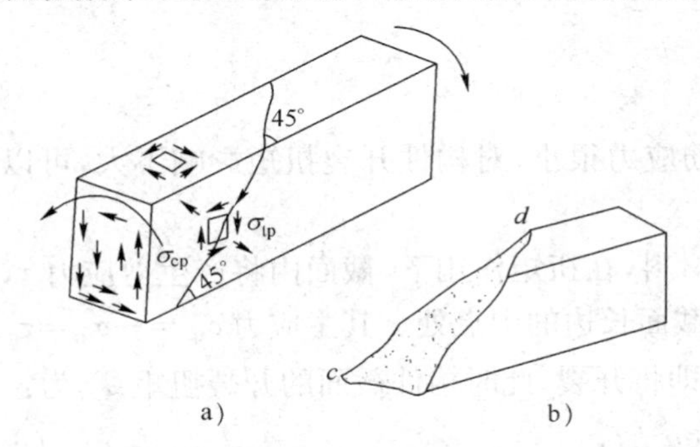

图 6-2 素混凝土受扭构件的受力情况及破坏面

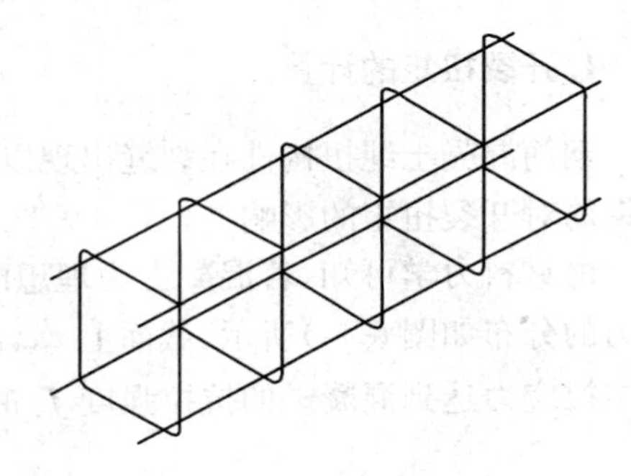

图 6-3 抗扭钢筋骨架

试验表明,对于钢筋混凝土矩形截面受扭构件,其破坏形态主要与配置钢筋数量大小有关。

(1)少筋构件

当配筋量较少时,在扭矩作用下,斜裂缝一旦出现,钢筋不足以承担由混凝土开裂后转移给钢筋的外扭矩,裂缝就会迅速向相邻两侧面呈螺旋形延伸,形成三面开裂、一面受压的空间扭曲裂面,构件随即破坏。破坏过程急速而突然,属于脆性破坏。其破坏扭矩 T_u 基本上等于开裂扭矩 T_{cr},称这种构件为少筋构件。

(2)适筋构件

当构件为正常配筋时,在扭矩的作用下,首条裂缝出现后并不立即破坏,随着外扭矩的增加,将陆续出现多条大体平行的连续的螺旋裂缝。与斜裂缝相交的纵筋和箍筋先后达到屈服,斜裂缝进一步开展,最后受压面上的混凝土被压碎,构件随之破坏。其破坏是随着钢筋的逐渐塑流而破坏的,故属于塑性破坏。

(3)部分超配筋构件

当构件中纵筋和箍筋的配筋比率相差较大,即其中一种钢筋配置过多时,在破坏时另一种配筋适量的钢筋首先达到屈服,进而受压边混凝土被压碎,而配置较多的钢筋未达到屈服,破坏时也具有一定的塑性性能。

(4)完全超配筋构件

当构件的配筋量过大或混凝土强度等级过低时,构件破坏时纵筋和箍筋均未达到屈服,构件是因为受压混凝土被压碎而破坏。这种破坏属于脆性破坏。

综上所述,在设计中应避免"少筋构件",《混凝土结构设计规范》对受扭构件规定了抗扭纵筋及抗扭箍筋最小配筋率;应防止"完全超配筋构件",因此《混凝土结构设计规范》规定了配筋的上限,也就是规定了截面的限制条件。

第二节　纯扭构件受扭承载力计算

在工程中受扭构件的截面可能是矩形、箱形、工字形等,但不论何种截面形式,在纯扭构件的扭曲截面承载力计算中,首先需要计算构件的开裂扭矩。如果外扭矩大于构件的开裂扭矩,则还要按计算配置受扭纵筋和受扭箍筋,以满足构件的承载力要求。

一、矩形截面纯扭构件受扭承载力计算

1. 开裂扭矩的计算

钢筋混凝土纯扭构件在裂缝出现以前,钢筋应力很小,对构件开裂扭矩影响不大,可以忽略钢筋对开裂扭矩的影响。

由材料力学可知,若混凝土为理想的弹性材料,在扭矩作用下,截面内将产生剪应力 τ,剪应力的分布如图 6-4a)所示,截面上 τ_{max} 出现在截面长边的中点处。其主应力 $\sigma_{tp}=-\sigma_{cp}=\tau_{max}$。当主拉应力达到混凝土的抗拉强度 f_t 时,构件即将开裂,此时构件截面的开裂扭矩 T_{cr} 为:

$$T_{cr} = \alpha b^2 h f_t \tag{6-1}$$

式中:f_t——混凝土的抗拉强度设计值;

b、h——截面的宽度和高度;

α——与比值 h/b 有关的系数,当 $h/b=1\sim10$ 时,$\alpha=0.208\sim0.313$。

若混凝土为理想的弹塑性材料,当最大扭剪应力值或最大主拉应力值达到混凝土抗拉强度时,并未发生破坏,直到截面上各点的应力全部达到混凝土抗拉强度后,即 $\tau=\tau_{max}=f_t$,构件才丧失承载能力,如图 6-4b)所示。根据塑性力学理论,截面上的剪应力分布可近似分为 4 个部分,如图 6-4c)所示,并分块计算各个部分剪应力的合力和相应的力偶,可以得到截面的开裂扭矩为:

$$T_{cr} = \frac{b^2}{6}(3h-b)f_t = W_t f_t \tag{6-2}$$

式中:W_t——截面受扭塑性抵抗矩。对于矩形截面有:

$$W_t = \frac{b^2}{6}(3h-b) \tag{6-3}$$

众所周知,混凝土既非弹性材料又非理想的弹塑性材料,而是介于两者之间的弹塑性材料。试验结果表明,按照式(6-2)塑性理论计算的抗扭承载力要比实测的结果偏大;而按照式(6-1)弹性理论计算的抗扭承载力比实测的结果偏小。为了工程设计实用方便,《混凝土结构设计规范》(GB 50010—2010)取混凝土抗拉强度降低系数为 0.7,故受扭构件的开裂扭矩计算公式为:

$$T_{cr} = 0.7 f_t W_t \tag{6-4}$$

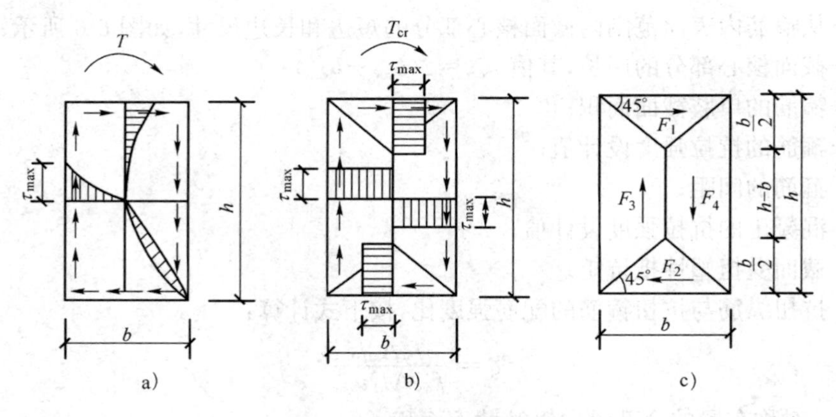

图 6-4　纯扭构件截面剪应力分布

2. 钢筋混凝土纯扭构件承载力的计算

钢筋混凝土构件在扭矩作用下，即将开裂时其截面已进入弹塑性阶段，开裂后又处于带裂缝工作情况。由于扭矩作用而在四侧引起与裂缝垂直的主拉应力方向不同，使破坏扭面处于空间受力状态，破坏形态也随着纵筋及箍筋配筋量不同而异，因此其受力状态非常复杂。目前国内外许多学者提出了多种计算模型（如数值解析法、近似公式法等），但理论公式计算值与试验结果相比仍有差距，因而钢筋混凝土受扭承载力的计算方法有待于进一步的研究。我国《混凝土结构设计规范》是在空间变角度桁架模型的基础上，通过对钢筋混凝土矩形截面纯扭构件的试验研究和统计分析，如图 6-5 所示，在满足可靠度要求的前提下，提出了半经验半理论的纯扭构件承载力计算公式。

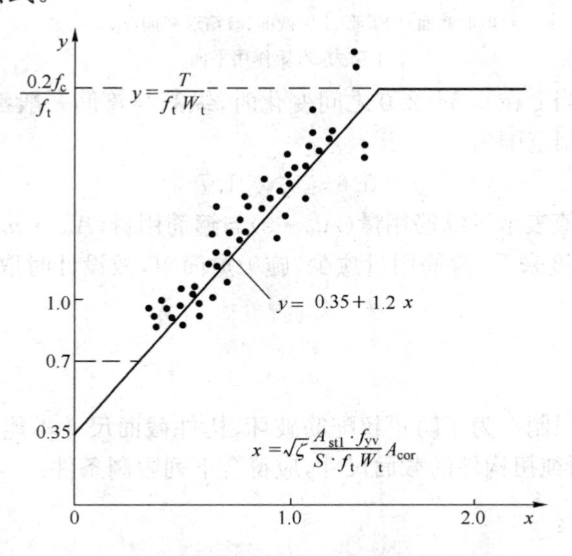

图 6-5　矩形截面钢筋混凝土纯扭构件计算曲线

$$T \leqslant 0.35 f_t W_t + 1.2\sqrt{\zeta}\frac{f_{yv}A_{st1}A_{cor}}{s} \tag{6-5}$$

式中：T——扭矩设计值；

A_{cor}——截面核芯部分的面积，其值 $A_{cor}=b_{cor}\cdot h_{cor}$；

b_{cor}、h_{cor}——从箍筋内表面范围内截面核心部分的短边和长边尺寸，如图 6-6 所示；

u_{cor}——截面核心部分的周长，其值 $u_{cor}=2(b_{cor}+h_{cor})$；

A_{st1}——箍筋的单肢截面面积；

f_{yv}——箍筋的抗拉强度设计值；

s——箍筋的间距；

f_t——混凝土的抗拉强度设计值；

W_t——截面受扭塑性抵抗矩；

ζ——抗扭纵筋与抗扭箍筋的配筋强度比，按下式计算：

$$\zeta=\frac{f_y A_{stl} s}{f_{yv} A_{st1} u_{cor}} \tag{6-6}$$

式中：A_{stl}——对称布置的全部纵向钢筋截面面积；

f_y——纵向钢筋抗拉强度设计值。

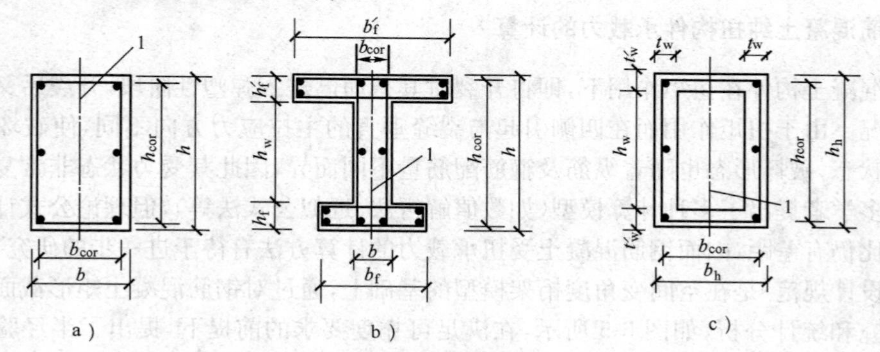

图 6-6 受扭构件截面

a)矩形截面；b)T 形、I 形截面；c)箱形截面($t_w \leqslant t'_w$)

1-剪力、弯矩作用平面

由根据试验结果，当 ζ 在 0.5～2.0 之间变化时，纵筋与箍筋一般都能屈服，《混凝土结构设计规范》规定 ζ 的限制范围为：

$$0.6 \leqslant \zeta \leqslant 1.7 \tag{6-7}$$

由式(6-6)可知，ζ 值表示了纵筋用量($A_{stl} \cdot s$)与箍筋用量($A_{st1} \cdot u_{cor}$)的比值，纵筋用量愈多，ζ 值愈大；从施工角度来看，箍筋用量愈少，施工愈简单，故设计时取 ζ 略大一些，一般常用范围为 $\zeta=1.0$～1.3。

3. 公式适用条件

(1)截面最小尺寸限制。为了防止超配筋破坏，构件截面尺寸不能太小。《混凝土结构设计规范》规定，矩形截面纯扭构件的截面尺寸，应符合下列限制条件：

当$\frac{h_w}{b}$(或$\frac{h_w}{t_w}$)$\leqslant 4$ 时：

$$\frac{T}{0.8W_t} \leqslant 0.25\beta_c f_c \tag{6-8}$$

当$\frac{h_w}{b}$(或$\frac{h_w}{t_w}$)$=6$ 时：

$$\frac{T}{0.8W_t} \leqslant 0.20\beta_c f_c \tag{6-9}$$

当 $4<\frac{h_w}{b}<6$ 时，按线性内插法确定。

式中：h_w——截面的腹板高度。对矩形截面，取截面有效高度 h_0；对 T 形截面，取有效高度减去翼缘高度；对工形截面和相形截面，取腹板净高；

b——矩形截面宽度。T 形截面或工形截面取腹板宽度，箱形截面取两侧壁总厚度 $2t_w$（t_w 为箱形截面壁厚）；

β_c——混凝土强度影响系数。当混凝土强度等级不大于 C50，取 $\beta_c=1.0$；当混凝土强度等级为 C30 时，取 $\beta_c=0.8$；其间按线性内插法确定；

f_c——混凝土轴心抗压强度。

(2)公式的下限。当符合下列条件时，可不进行构件受扭配筋计算，仅需按构造要求配置纵向钢筋和箍筋：

$$T \leqslant T_{cr}=0.7 f_t W_t \tag{6-10}$$

(3)为了避免少筋构件破坏，纯扭构件中受扭箍筋配筋率 ρ_{st} 和受扭纵筋配筋率 ρ_{tl} 应符合下列要求：

$$\rho_{st}=\frac{nA_{st1}}{bs} \geqslant \rho_{st,min}=0.28\frac{f_t}{f_{yv}} \tag{6-11}$$

$$\rho_{tl}=\frac{A_{stl}}{bh}=\rho_{tl,min}=0.85\frac{f_t}{f_y} \tag{6-12}$$

4. 钢筋混凝土纯扭构件设计计算步骤

(1)验算截面尺寸：用式(6-8)或式(6-9)验算截面尺寸，如果不满足要求，应加大截面尺寸或提高混凝土强度等级；

(2)用式(6-10)验算是否需要计算配置抗扭钢筋；

(3)选取箍筋直径、肢数及 ζ 值，用式(6-5)计算箍筋间距为：

$$S=\frac{1.2\sqrt{\zeta} f_{yv} A_{cor} A_{st1}}{T-0.38 f_t W_t}$$

(4)验算箍筋最小配筋率；

(5)用式(6-6)计算抗扭纵向钢筋截面面积 A_{stl}。

[例 6-1] 钢筋混凝土矩形截面纯扭构件的截面尺寸为 $b\times h=150\text{mm}\times 300\text{mm}$，承担扭矩设计值 $T=4.6\text{kN}\cdot\text{m}$，混凝土强度等级为 C30（$f_c=14.3\text{MPa}$，$f_t=1.43\text{MPa}$），安全等级为二级，混凝土保护层厚度为 25mm，纵向抗扭钢筋为 HRB335 级钢筋，箍筋采用 HPB300 级钢筋，试计算该构件所需配置的箍筋和纵筋。

解：(1)设计参数

查附表 2 和附表 9 得：$f_c=14.3\text{N/mm}^2$，$f_t=1.43\text{N/mm}^2$

$f_y=300\text{N/mm}^2$，$f_{yv}=270\text{N/mm}^2$

保护层厚度 $c=25\text{mm}$，混凝土强度影响系数 $\beta_c=1.0$。

设箍筋直径为 $\phi 8$，则截面核心的短边尺寸和长边尺寸分别为：

$$b_{cor}=150-25\times 2-2\times 8=84\text{mm}$$

$$h_{cor}=300-25\times 2-8\times 2=234\text{mm}$$

截面核心部分的面积和周长分别为：

$$A_{cor}=b_{cor}\times h_{cor}=84\times 234=19656\text{mm}^2$$

$$u_{cor}=2(b_{cor}+h_{cor})=2\times(84+234)=636\text{mm}$$

(2)验算截面尺寸

$$W_t=\frac{1}{6}b^2(3h-b)=\frac{150^2}{6}(3\times300-150)=2.81\times10^6\text{mm}^3$$

$$\frac{T}{0.8W_t}=\frac{4.6\times10^6}{0.8\times2.812\times10^6}=1.31\text{N/mm}^2<0.25\beta_c f_c$$

$$=0.25\times1.0\times14.3=3.575\text{N/mm}^2$$

截面尺寸满足要求。

(3)验算是否需要计算配置抗扭钢筋

$$\frac{T}{W_t}=1.636>0.7ft=0.7\times1.43=1.0\text{N/mm}^2$$

故需按计算配筋。

(4)计算抗扭箍筋

取 $\zeta=1.0$,由式(6-5)计算有:

$$\frac{A_{st1}}{s}=\frac{T-0.35f_tW_t}{1.2\sqrt{\zeta}f_{yv}A_{cor}}=\frac{4.6\times10^6-0.35\times1.43\times2.812\times10^6}{1.2\times1.0\times270\times19656}=0.50$$

选用 $\phi8$ 箍筋,$A_{st1}=50.3\text{mm}^2$,则有:

$$s=\frac{50.3}{0.5}=100.6\text{mm}$$

则取 $s=100\text{mm}$。

验算配筋率:

$$\rho_{st}=\frac{2A_{st1}}{bs}=\frac{2\times50.3}{150\times100}=0.67\%>\rho_{st,\min}=0.28\frac{f_t}{f_{yv}}=0.28\times\frac{1.43}{270}=0.148\%$$

满足要求。

(5)计算受扭纵筋

由式(6-6)计算有:

$$A_{stl}=\zeta\frac{A_{stl}}{s}\cdot\frac{f_{yv}}{f_y}u_{cor}=1.0\times\frac{50.3}{100}\times\frac{270}{300}\times636$$

$$=287.9\text{mm}^2$$

查表附表 21,选 $6\phi8$,$A_{stl}=302\text{mm}^2$。

验算配筋率:

$$\rho_{tl}=\frac{A_{stl}}{bh}=\frac{302}{150\times300}=0.67\%>\rho_{tl,\min}$$

$$=0.85\frac{f_t}{f_y}=0.85\times\frac{1.43}{300}=0.41\%$$

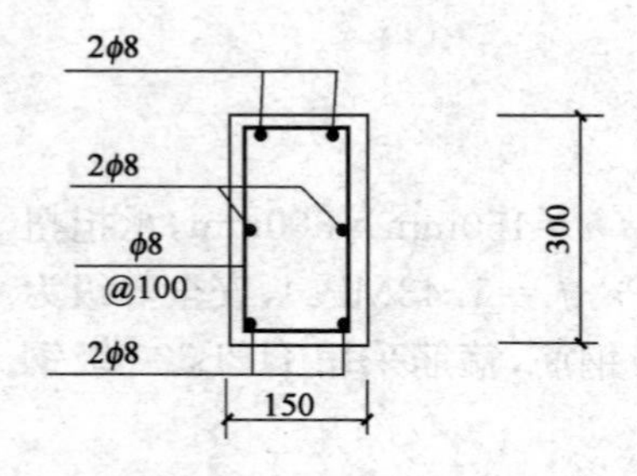

图 6-7 [例 6-1]构件截面配筋图

满足要求。该受扭构件截面配筋如图 6-7 所示。

二、T 形和工字形截面纯扭构件受扭承载力计算

对于 T 形和工字形截面纯扭构件,可将截面划分成几个矩形截面,如图 6-8 所示。矩形截面划分的原则是首先满足腹板截面的完整性,然后再划分受压翼缘和受拉翼缘的面积。分别计算各个矩形截面的受扭塑性抵抗矩,然后将总扭矩按各个矩形截面受扭塑性抵抗矩的比例分配到各个矩形截面上,最后按式(6-5)分别进行受扭承载力计算。

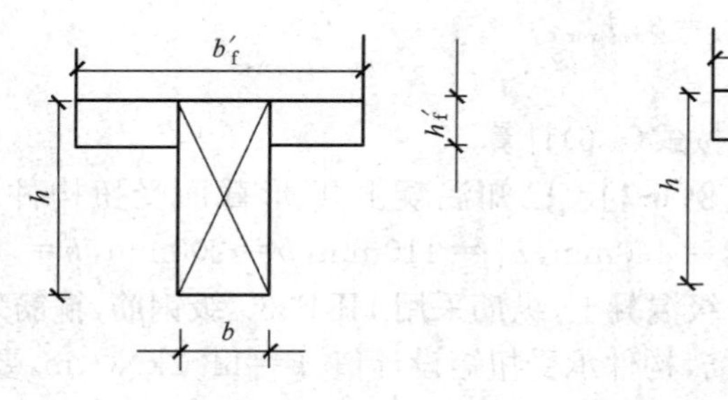

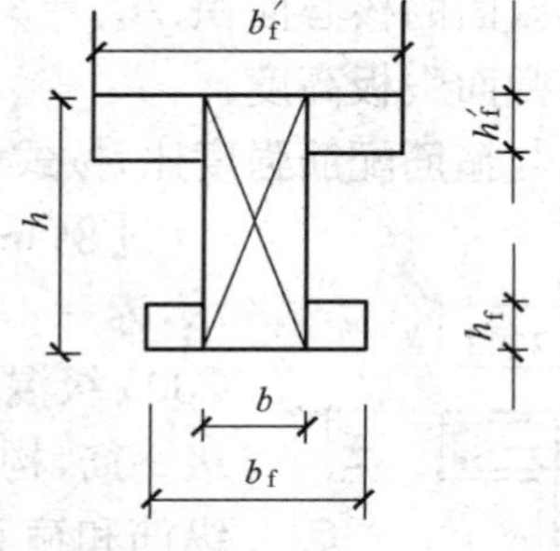

图 6-8　T 形和工字形截面的划分

腹板各个矩形截面的扭矩设计值可按下式规定计算：

腹板　$$T_W=\frac{W_{tw}}{W_t}T \tag{6-13a}$$

受压翼缘　$$T'_f=\frac{W'_{tf}}{W_t}T \tag{6-13b}$$

受拉翼缘　$$T_f=\frac{W_{tf}}{W_t}T \tag{6-13c}$$

式中：T——构件截面所承受的扭矩设计值；

T_w——腹板所承受的扭矩设计值；

T'_f、T_f——受压翼缘、受拉翼缘所承受的扭矩设计值；

W_{tw}——腹板的受扭塑性抵抗矩，$W_{tW}=\frac{b^2}{6}(3h-b)$；

W'_{tf}——受压翼缘的受扭塑性抵抗矩，$W'_{tf}=\frac{h'^2_f}{2}(b'_f-b)$；

W_{tf}——受拉翼缘的受扭塑性抵抗矩，$W_{tf}=\frac{h^2_f}{2}(b_f-b)$；

W_t——截面总的受扭塑性抵抗矩，$W_t=W_{tW}+W'_{tf}+W_{tf}$。

三、箱形截面纯扭构件受扭承载力计算

试验表明，箱形截面钢筋混凝土纯扭构件的扭曲截面承载力，在箱壁具有一定厚度时（$t_{ew}\geqslant 0.4b_h$），其受扭承载力与实心截面 $b_h\times h_h$ 是基本相同的。当壁厚较薄时，其受扭承载力则小于实心截面的受扭承载力。因此，箱形截面受扭承载力计算公式是在矩形截面受扭承载力式(6-5)的基础上，仅在混凝土抗扭项中考虑了与截面相对厚度有关的折减系数 α_h：

$$T_u=0.35f_t\left(\frac{2.5t_w}{b_h}\right)W_t+1.2\sqrt{\zeta}\cdot\frac{f_{yv}A_{St1}}{S}A_{cor} \tag{6-14}$$

$$\alpha_h=\frac{2.5t_w}{b_h} \tag{6-15}$$

$$W_t=\frac{b_h^2}{6}(3h_h-b_h)-\frac{(b_h-2t_w)^2}{6}[3h_w-(b_h-2t_w)] \tag{6-16}$$

式中：α_h——箱形截面壁厚影响系数。当 $\alpha_h>1.0$ 时，取 $\alpha_h=1.0$；

W_t——箱形截面受扭塑性抵抗矩；

t_w——箱形截面壁厚，其值应满足 $t_w\geqslant b_h/7$；

b_h、h_h——箱形截面的长边和短边尺寸；

A_{cor}——箱形截面的核心面积，$A_{cor}=b_{cor}h_{cor}$；

h_w——箱形截面腹板高度；

ζ——纵筋与箍筋配筋强度比，按式(6-6)计算。

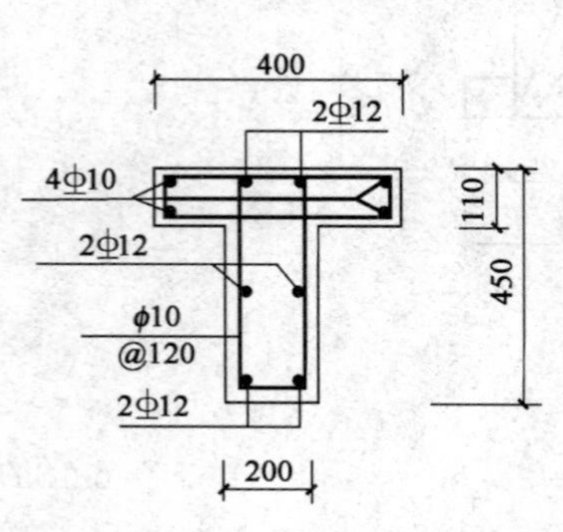

图 6-9　构件截面尺寸及配筋

[例 6-2]　已知混凝土 T 形截面受扭构件，如图 6-9 所示，$b'_f=400\text{mm}$，$h'_f=110\text{mm}$，$b=200\text{mm}$，$h=450\text{mm}$，采用 C305 级混凝土，纵筋采用 HRB335 级钢筋，箍筋采用 HPB300 级钢筋，构件承受扭矩设计值 $T=14.2\text{kN}\cdot\text{m}$，要求选配抗扭纵筋和箍筋(二 a 类环境)。

解：(1)设计参数

查附表 2 和附表 9 得：$f_c=14.3\text{N/mm}^2$，$f_t=1.43\text{N/mm}^2$，$f_y=300\text{N/mm}^2$，$f_{yv}=270\text{N/mm}^2$，混凝土保护层厚度 $c=25\text{mm}$，混凝土强度系数 $\beta_c=1.0$。

(2)截面几何特征值计算

设箍筋直径为 $\phi10$，则有：

$$b_{cor}=200-2\times25-2\times10=130\text{mm}$$

$$h_{cor}=450-2\times25-2\times10=380\text{mm}$$

$$b'_{fcor}=400-200-2\times25-2\times10=130\text{mm}$$

$$h'_{fcor}=110-2\times25-2\times10=40\text{mm}$$

$$W_{tw}=\frac{b^2}{6}(3h-b)=\frac{200^2}{6}(3\times450-200)=7.667\times10^6\text{mm}^3$$

$$W'_{tf}=\frac{110^2}{2}(400-200)=1.10\times10^6$$

$$W_t=W_{tw}+W'_{tf}=(7.667+1.10)\times10^6=8.767\times10^6\text{mm}^3$$

腹板：$A_{cor}=b_{cor}h_{cor}=130\times380=49400\text{mm}^2$

$u_{cor}=2(b_{cor}+h_{cor})=2\times(130+380)=1020\text{mm}$

翼缘：$A_{cor}=130\times40=5200\text{mm}^2$，$u_{cor}=2\times(130+40)=340\text{mm}$

(3)适用条件验算

①验算截面尺寸条件

$$\frac{T}{0.8W_t}=\frac{14.2\times10^6}{0.8\times8.767\times10^6}=2.02\text{N/mm}^2<0.25\beta_c f_c=0.25\times1.0\times14.3$$

$$=3.575\text{N/mm}^2$$

截面满足要求。

②判断是否计算配置受扭钢筋

$$\frac{T}{W_t}=\frac{14.2\times10^6}{8.767\times10^6}=1.6\text{N/mm}^2>0.7f_t=0.7\times1.43=1.0\text{N/mm}^2$$

应按计算配置受扭纵筋和箍筋。

(4)扭矩分配

$$T_w=T\frac{W_{tw}}{W_t}=14.2\times\frac{7.667}{8.767}=12.43\text{kN}\cdot\text{m}$$

$$T'_f=14.2-12.43=1.77\text{kN}\cdot\text{m}$$

(5)腹板受扭计算

设 $\zeta=1.0$，则有：

$$\frac{A_{\mathrm{st1}}}{s} \geqslant \frac{T_{\mathrm{w}}-0.35 f_{\mathrm{t}} W_{\mathrm{tw}}}{1.2 \sqrt{\zeta} A_{\mathrm{cor}} f_{\mathrm{yv}}}=\frac{12.27 \times 10^{6}-0.35 \times 1.43 \times 7.667 \times 10^{6}}{1.2 \times 1.0 \times 49400 \times 270}=0.527$$

选配钢筋直径为 $\phi10$，$A_{\mathrm{st1}}=78.5\mathrm{mm}^2$，$s=\frac{78.5}{0.527}=148.9\mathrm{mm}$。

取 $\phi10$@120。

计算腹板所需抗扭纵筋：

$$A_{\mathrm{stl}}=\zeta \frac{A_{\mathrm{st1}}}{s} \frac{f_{\mathrm{yv}}}{f_{\mathrm{y}}} u_{\mathrm{cor}}=1.0 \times \frac{78.5 \times 270}{120 \times 300}=600.5 \mathrm{mm}^{2}$$

选配 6 Φ 12(678mm²)，分上、中、下三排，每排 2 Φ 12。

(6)翼缘受扭配筋计算

设 $\zeta=1.2$，则有：

$$\frac{A_{\mathrm{st1}}}{s} \geqslant \frac{T_{\mathrm{f}}'-0.35 f_{\mathrm{t}} W_{\mathrm{tf}}}{1.2 \sqrt{\zeta} A_{\mathrm{cor}} f_{\mathrm{yv}}}=\frac{1.93 \times 10^{6}-0.35 \times 1.43 \times 1.21 \times 10^{6}}{1.2 \times \sqrt{1.2} \times 5200 \times 270}=0.72$$

选 $\phi10$ 箍筋，$A_{\mathrm{st1}}=78.5\mathrm{mm}^2$，$s=\frac{78.5}{0.72}=109\mathrm{mm}$。

选 $\phi10$@120。

翼缘受扭纵筋计算：

$$A_{\mathrm{stl}}=\zeta \frac{A_{\mathrm{st1}}}{s} \frac{f_{\mathrm{yv}}}{f_{\mathrm{y}}} u_{\mathrm{cor}}=1.0 \times \frac{78.5}{120} \times \frac{270}{300} \times 340=200.18 \mathrm{mm}^{2}$$

选配 4 Φ 10(314mm²)，配置在翼缘的四角，满足构造要求。

(7)校核最小配筋率

①腹板配筋率验算

$$\rho_{\mathrm{tl}}=\frac{A_{\mathrm{stl}}}{b h}=\frac{678}{200 \times 450}=0.75\%>0.85 \frac{f_{\mathrm{t}}}{f_{\mathrm{y}}}=0.85 \times \frac{1.43}{300}=0.419\%$$

$$\rho_{\mathrm{st}}=\frac{2 A_{\mathrm{st1}}}{b s}=\frac{2 \times 78.3}{200 \times 120}=0.65\%>0.28 \frac{f_{\mathrm{t}}}{f_{\mathrm{yv}}}=0.28 \times \frac{1.43}{300}=0.148\%$$

均满足要求。

②翼缘配筋率验算

$$\rho_{\mathrm{tl}}=\frac{A_{\mathrm{stl}}}{b h}=\frac{314}{200 \times 110}=1.42\%>0.85 \frac{f_{\mathrm{t}}}{f_{\mathrm{y}}}=0.85 \times \frac{1.43}{300}=0.419\%$$

$$\rho_{\mathrm{st}}=\frac{A_{\mathrm{sv}}}{b s}=\frac{157}{200 \times 120}=0.654>0.28 \frac{f_{\mathrm{t}}}{f_{\mathrm{yv}}}=0.28 \times \frac{1.43}{300}=0.148\%$$

均满足要求，截面配筋如图 6-9 所示。

第三节　弯剪扭构件承载力计算

一、矩形截面弯剪扭构件承载力计算

1. 试验研究与计算模型

处于弯矩、剪力、扭矩共同作用下的钢筋混凝土构件，其受力状态是非常复杂的。构件的

荷载条件及构件的内在因素都影响着构件的破坏特征及其承载力。试验研究表明，弯扭或弯剪扭共同作用下钢筋混凝土矩形截面构件，随着弯剪扭比值和钢筋布置不同，有三种破坏类型。

第Ⅰ类型——构件在弯矩和扭矩作用下，当弯矩较大而扭矩较小时，扭矩产生的拉应力减少了截面上部的弯压区钢筋压应力，而处于有利的受压状态，如图 6-10a)所示。破坏自截面下部弯拉区受拉纵筋首先屈服开始，通常称为“弯型”破坏。

第Ⅱ类型——构件在弯剪扭共同作用下，当纵筋在截面的顶部及底部配置较多，两侧面较少，而截面宽高比(b/h)较小，或作用的剪力和扭矩较大时，破坏自剪力和扭矩所产生主拉应力相叠加一侧面开始，其另一侧面处于受压状态，如图 6-10b)所示，通常称为“剪扭型破坏”。

第Ⅲ类型——构件在弯扭共同作用下，当扭矩较大而弯矩较小，截面上部弯压区在较大扭矩作用下，由受压转变为受拉状态，弯曲压应力减少了扭转拉应力，相对地提高了受扭承载力。破坏自纵筋面积较小的顶部开始，受压区在截面底部，如图 6-10c)所示，通常称为“扭型”破坏。

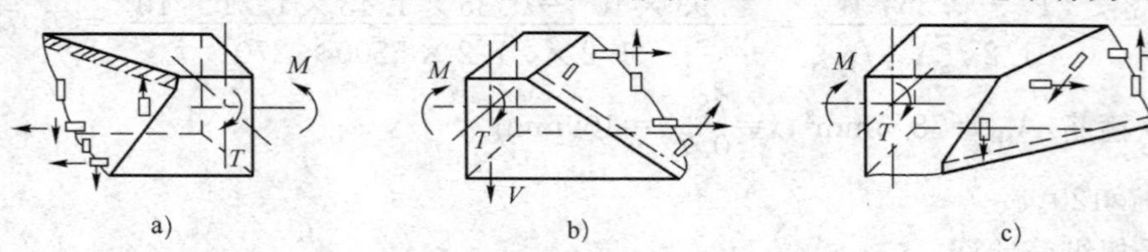

图 6-10 弯剪扭构件的破坏形态及破坏类型

a)第 I 类型；b)第 II 类型；c)第 III 类型

2.《混凝土结构设计规范》(GB 50010—2010)**规定的计算方法**

《混凝土结构设计规范》(GB 500010—2010)在实验研究的基础上，采用了如下的简化方法：

对于弯矩作用，按受弯构件正截面受弯承载力计算公式，单独计算所需纵向受拉钢筋。对于剪力和扭矩，当构件在剪扭共同作用下，在截面某受压区内，将同时承受剪切和扭转应力的双重作用，致使混凝土承载力降低。在计算时为了与受剪承载力计算及受扭承载力计算相协调，仍采用受弯构件的受剪承载力及纯扭构件承载力计算公式，但二者的混凝土承载力项中，应考虑剪扭双重作用的影响，取用分别乘以混凝土承载力降低系数后的承载力值。在弯扭构件承载力计算时，不再考虑两者之间的相关性，将受弯、受扭单独计算抗弯的纵筋和抗扭的纵筋配置在需要的位置，对截面同一位置处的两种纵筋，可将两者面积叠加后选择配筋。

(1)剪扭构件的承载力

试验结果表明，当剪力与扭矩共同作用时，剪力存在会使混凝土的抗扭承载力降低，而扭矩的存在也将降低混凝土的抗剪承载力，两者之间的相关关系大致符合 1/4 圆的规律，如图 6-11所示。其表达式为：

$$\left(\frac{V_{c}}{V_{c0}}\right)^{2}+\left(\frac{T_{c}}{T_{c0}}\right)^{2}=1 \tag{6-17}$$

式中：T_c、V_c——剪扭共同作用下的受剪及受扭承载力；

V_{c0}——纯剪构件混凝土部分的受剪承载力，$V_{c0}=0.7f_tbh_0$(或 $V_{c0}=\frac{1.75}{\lambda+1}f_tbh_0$)；

T_{c0}——纯扭构件混凝土部分的受扭承载力，$T_{c0}=0.35f_tW_tt$。

为了简化计算，《混凝土结构设计规范》(GB 50010—2010)规定其圆弧线可用如图 6-12 所示的三折线 EG、GH 和 HF 来代替。在作直线 CD 时，为了简化方便和试验分析表明，取 $CE=EF=0.5$ 时得出的公式计算值与相应的试验值符合程度最好。这样，在图 6-11 中，B 点表示任一扭剪比(T/Vb)时，用无量纲坐标表示构件剪扭承载力的计算点，其中 OA 段表示混凝土的承载力，AB 段表示相应钢筋所能承受的承载力。若取 $AI=DI=\beta_t$，则有：

$$\frac{V_c}{V_{c0}}=1.5-\beta_t$$

$$V_c=(1.5-\beta_t)V_{c0}$$

$$\frac{T_c}{T_{c0}}=\beta_t \quad 或 \quad T_c=\beta_t T_{c0}$$

式中：β_t——剪扭构件混凝土承载力降低系数。

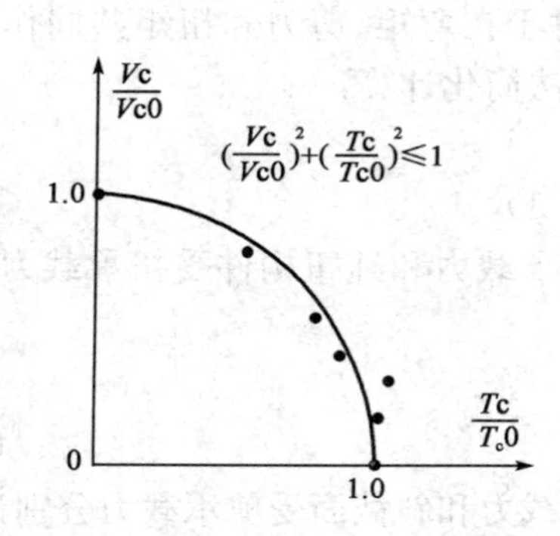

图 6-11　混凝土剪扭承载力相关关系

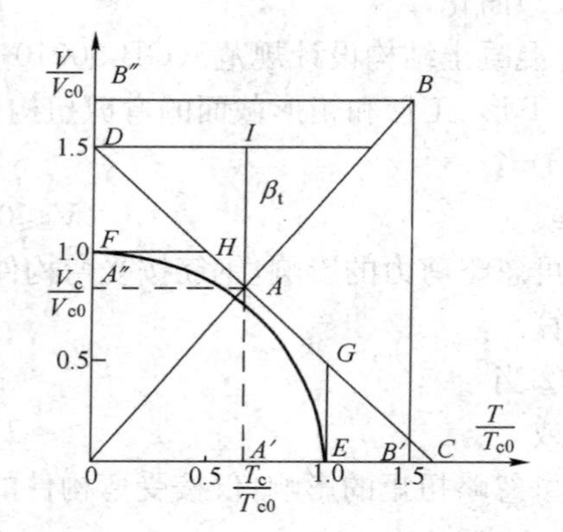

图 6-12　$\frac{V_c}{V_{c0}}-\frac{T_c}{T_{c0}}$相关关系曲线简化计算

对于 β_t 值，由图 6-12，$\triangle OAA''\simeq\triangle OBB''$，可得

$$\frac{\beta_t}{V_c/V_{c0}}=\frac{T/T_{c0}}{V/V_{c0}}\beta_t$$

则
$$\beta_t=\frac{T}{V}\cdot\frac{V_c}{T_{c0}}=(1.5-\beta_t)\frac{T}{V}\cdot\frac{V_{c0}}{T_{c0}}$$

解之得
$$\beta_t=\frac{1.5}{1+\frac{V}{T}\frac{T_{c0}}{V_{c0}}}$$

对于矩形截面，可取 $V_{c0}=0.7f_t bh_0$，$T_{c0}=0.35f_t W_t$，则有：

$$\beta_t=\frac{1.5}{1+0.5\frac{V}{T}\frac{W_t}{bh_0}} \tag{6-18}$$

对于受集中荷载作用为主的矩形截面构件有：

$$\beta_t=\frac{1.5}{1+0.2(\lambda+1)\frac{VW_t}{Tbh_0}} \tag{6-19}$$

由图 6-12 可知，β_t 值只适用于 GH 范围，故必须符合 $0.5\leqslant\beta_t\leqslant1.0$。当 $\beta_t<0.5$ 时，取 $\beta_t=0.5$；当 $\beta_t>1.0$ 时，取 $\beta_t=1.0$。β_t 为水平线 DI 到斜线 GH 上的任一点的距离。

(2)剪扭构件承载力计算公式

①一般剪扭构件

受剪承载力： $$V \leqslant 0.7(1.5-\beta_t) f_t b h_0 + f_{yv} \frac{A_{sv}}{s} h_0 \tag{6-20}$$

受扭承载力： $$T \leqslant 0.35\beta_t f_t W_t + 1.2\sqrt{\zeta} f_{yv} \frac{A_{st1} A_{cor}}{s} \tag{6-21}$$

式中 β_t 按式(6-18)计算。

②集中荷载作用下的矩形截面独立梁(包括作用多种荷载，且其中集中荷载对支座截面所产生的剪力值占总剪力值 75%以上的情况)。则按下式计算受剪承载力：

$$V \leqslant \frac{1.75}{\lambda+1}(1.5-\beta_t) f_t b h_0 + f_{yv} \frac{A_{sv}}{s} h_0 \tag{6-22}$$

受扭承载力计算同式(6-21)，式中 β_t 值按式(6-19)计算。

(3)简化计算

《混凝土结构设计规范》(GB 50010—2010)规定，对于在弯矩、剪力和扭矩共同作用下的矩形、T 形、工形和箱形截面的弯剪扭构件，可按下述方法简化计算：

①当 $$V \leqslant 0.35 f_t b h_0 \tag{6-23}$$

或 $$V \leqslant 0.875 f_t b h_0 / (\lambda+1) \tag{6-24}$$

可忽略剪力的影响，钢筋按受弯构件的正截面受弯承载力和纯扭构件受扭承载力分别进行计算。

②当 $$T \leqslant 0.175 f_t W_t \tag{6-25a}$$

或 $$T \leqslant 0.175 \alpha_h f_t W_t \tag{6-25b}$$

可忽略扭矩的影响，仅按受弯构件的正截面受弯承载力和斜截面受剪承载力分别计算。

3. 弯剪扭构件计算步骤

当构件同时承受弯矩设计值 M、剪力设计值 V 和扭矩设计值 T 作用时，承载力计算步骤如下：

(1)按弯矩设计值 M 进行受弯构件正截面承载力计算，确定受弯纵筋 A_s 和 A_s'；

(2)按剪扭构件计算受扭箍筋 A_{st1}、受剪箍筋 A_{sv1} 以及受扭纵筋 A_{stl}；

受扭箍筋： $$\frac{A_{st1}}{s} = \frac{T - 0.35\beta_t f_t W_t}{1.2\sqrt{\zeta} f_{yv} A_{cor}} \tag{6-26a}$$

受剪箍筋： $$\frac{nA_{sv1}}{s} = \frac{V - 0.7(1.5-\beta_t) f_t b h_0}{f_{yv} h_0} \tag{6-26b}$$

或 $$\frac{nA_{sv1}}{s} = \frac{V - (1.5-\beta_t)\frac{1.75}{\lambda+1} f_t b h_0}{f_{yv} h_0} \tag{6-26c}$$

受扭纵筋： $$A_{stl} = \zeta \frac{A_{st1}}{s} \cdot \frac{f_{yv}}{f_y} u_{cor} \tag{6-26d}$$

(3)将上述第(1)步和第(2)步计算所得的纵筋进行相应叠加：受弯纵筋 A_s 和 A_s' 分别布置在截面的受拉侧(底部)和受压侧(顶部)，如图 6-13a)所示；受扭纵筋应沿截面四周均匀对称配置，如图 6-13b)所示；叠加这两部分纵筋，配置结果如图 6-13c)所示。

(4)将上述第(1)步和第(2)步计算所得的箍筋进行叠加：受剪箍筋 $\frac{nA_{sv1}}{s}$ 的配置($n=4$)，如

图 6-14a)所示；受扭箍筋 A_{st1}/s 沿截面周边配置，如图 6-14b)所示；叠加这两部分箍筋，配置结果如图 6-14c)所示。

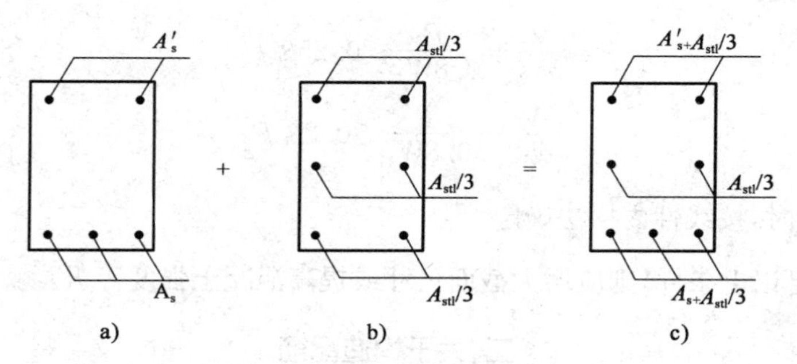

图 6-13 弯扭纵筋的叠加

a)受弯纵筋；b)受扭纵筋；c)纵筋叠加

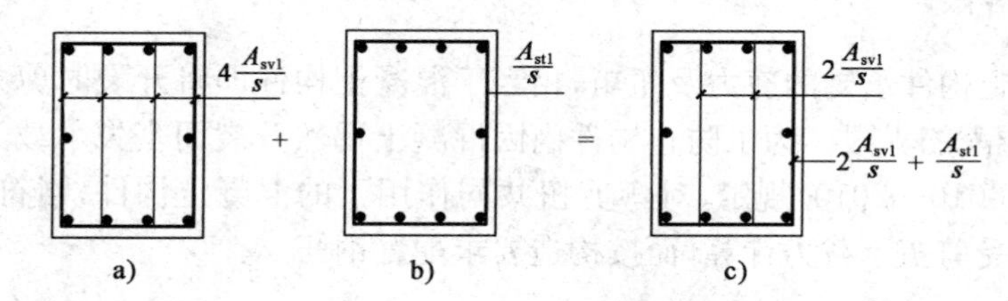

图 6-14 剪扭箍筋的叠加

a)受剪箍筋；b)受扭箍筋；c)箍筋叠加

二、T 形和工字形截面弯剪扭构件承载力计算

1. 抗弯纵向钢筋截面面积

按第四章受弯构件正截面受弯承载力计算，并配置在需要的位置。

2. 构件剪扭承载力计算

(1)T 形和工字形截面的翼缘不考虑其抗剪能力，截面剪力认为由腹板承担，故腹板按矩形截面式(6-20)或式(6-22)计算受剪承载力。但在计算 β_t 时，应将 T 和 W_t 分别以 T_w 和 W_{tw} 代替。

(2)T 形和工字形截面的受扭承载力

该类构件考虑翼缘承担扭矩，故按纯扭构件进行计算。腹板承担的扭矩为 T_w，塑性抵抗矩为 W_{tw}，代入式(6-21)计算受扭钢筋。对受压翼缘应将分担的扭矩 T'_f 及 W'_{tf} 对受拉翼缘应将分担的扭矩 T_f 及 W_{tf} 分别代入式(6-5)计算，求出翼缘所需抗扭钢筋。最后将计算得到的相关纵筋及箍筋截面面积进行分别叠加。

第四节 受扭构件构造要求

一、关于截面限制条件

在弯剪扭构件设计时，为了保证构件截面尺寸不致过小，避免发生完全超配筋破坏，《混凝土结构设计规范》规定，对在弯、剪、扭共同作用下的矩形、T 形、工字形截面混凝土构件，应符合如下的截面限制条件：

当$\frac{h_w}{b}\leqslant4$时：
$$\frac{V}{bh_0}+\frac{T}{0.8W_t}\leqslant0.25\beta_c f_c \tag{6-27}$$

当$\frac{h_w}{b}\geqslant6$时：
$$\frac{V}{bh_0}+\frac{T}{0.8W_t}\leqslant0.2\beta_c f_c \tag{6-28}$$

当$4<\frac{h_w}{b}<6$时，按线性内插法确定。

如果不能满足以上条件，则应增大截面尺寸或提高混凝土强度等级。

二、关于构造配筋

1. 构造配筋界限

当钢筋混凝土构件承受的剪力及扭矩，相当于混凝土构件即将开裂时剪力及扭矩值的界限状态，称为构造配筋界限。为了防止构件内因混凝土偶然开裂而丧失承载力，《混凝土结构设计规范》(GB 50010—2010)规定，对弯剪扭共同作用下的混凝土构件，当符合下列条件时，则可不进行构件受剪扭承载力计算，而按构造要求配置钢筋。
$$\frac{V}{bh_0}+\frac{T}{W_t}\leqslant0.7f_t \tag{6-29}$$

2. 关于受扭构件最小配筋率

(1)构件箍筋最小配筋率。在工程结构设计中，大多数均属于弯剪扭共同作用的构件，受纯扭的构件及少。《混凝土结构设计规范》(GB 50010—2010)规定，构件在剪扭共同作用下，其受剪及受扭箍筋之和最小配筋率为：
$$\rho_{stv}=\frac{n(A_{sv1}+A_{st1})_{sv}}{bs}\geqslant\rho_{st,min}=0.28\frac{f_t}{f_{yv}} \tag{6-30}$$

(2)构件纵筋的最小面积配筋率。对构件在剪扭共同作用下受扭纵筋的最小配筋率为：
$$\rho_{tl}=\frac{A_{stl}}{bh}\geqslant\rho_{tl,min}=0.6\sqrt{\frac{T}{Vb}}\cdot\frac{f_t}{f_y} \tag{6-31}$$

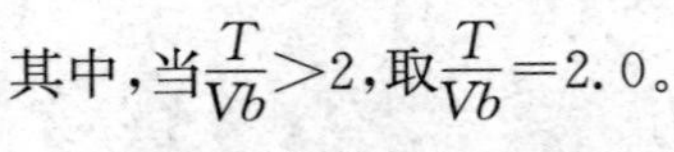

其中，当$\frac{T}{Vb}>2$，取$\frac{T}{Vb}=2.0$。

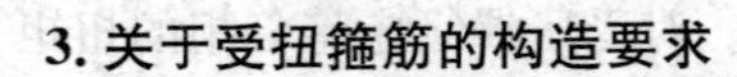

(3)弯曲受拉纵向钢筋的配筋率应满足其最小配筋率要求。

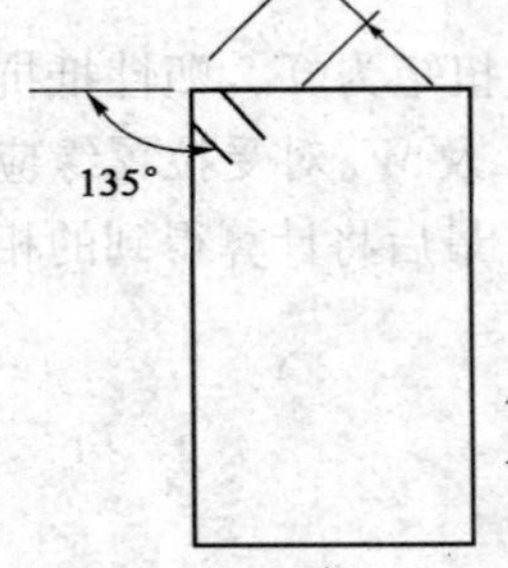

图 6-15 箍筋搭接长度

3. 关于受扭箍筋的构造要求

在受扭构件中，箍筋在整个周长中均受拉力。因此，抗扭箍筋必须采用封闭式。当采用绑扎骨架时，应将箍筋末端做成 135°弯钩，弯钩的端头平直段长度不应小于 $10d$(d 为箍筋直径)。

受扭纵筋应沿截面周长均匀、对称布置，截面四角必须布置受扭纵筋，纵筋间距不大于 200mm，且≤b。受扭纵筋的搭接和锚固均应按受拉钢筋的构造要求处理。受扭构件的配筋要求如图 6-15 所示。

[例 6-3] 某均布荷载作用下矩形截面梁，截面尺寸 $b\times h$=250mm×500mm；承受弯矩设

计值为 $M=70\mathrm{kN\cdot m}$，剪力设计值为 $V=95\mathrm{kN}$，扭矩设计值为 $T=10\mathrm{kN\cdot m}$。混凝土强度等级为 C30；纵筋采用 HRB400 级钢筋，箍筋采用 HPB300 级钢筋。求该构件满足承载力要求所需钢筋。

解：(1)设计参数

查附表得：$f_c=14.3\mathrm{N/mm^2}$，$f_t=1.43\mathrm{N/mm^2}$；$f_y=360\mathrm{N/mm^2}$；$f_{yv}=270\mathrm{N/mm^2}$；$\xi_b=0.518$；$\alpha_{s,max}=0.384$。

混凝土保护层厚度：$c=25\mathrm{mm}$，高强混凝土折减系数 $\beta_c=1.0$。

(2)验算截面尺寸

设箍筋直径为 $\phi10$，纵筋直径为 $d=20\mathrm{mm}$，$a_s=25+10+\dfrac{d}{2}=45\mathrm{mm}$。

取 $h_0=500-45=455\mathrm{mm}$。

截面核心部分的短边和长边尺寸分别为：

$$b_{cor}=250-25\times2-10\times2=180\mathrm{mm}$$

$$h_{cor}=500-25\times2-10\times2=430\mathrm{mm}$$

截面核心部分的面积和周长分别为：

$$A_{cor}=b_{cor}h_{cor}=180\times430=77400\mathrm{mm^2}$$

$$u_{cor}=2(b_{cor}+h_{cor})=2\times(180+430)=1220\mathrm{mm}$$

截面塑性抵抗矩为：

$$W_t=\frac{b^2}{6}(3h-b)=\frac{250^2}{6}\times(3\times500-250)=13.02\times10^6\mathrm{mm^3}$$

$$\frac{V}{bh_0}+\frac{T}{0.8W_t}=\frac{95\times10^3}{250\times455}+\frac{10\times10^6}{0.8\times13.02\times10^6}=1.795\mathrm{N/mm^2}<$$

$$0.25\beta_c f_c=0.25\times1.0\times14.3=3.575\mathrm{N/mm^2}$$

截面尺寸满足要求。

因为：
$$\frac{V}{bh_0}+\frac{T}{W_t}=\frac{95\times10^3}{250\times455}+\frac{10\times10^6}{13.02\times10^6}=1.6\mathrm{N/mm^2}>0.7f_t$$

$$=0.7\times1.43=1.001\mathrm{N/mm^2}$$

需要按计算配置钢筋。

(3)确定构件的计算方法

$$V=95\mathrm{kN}>0.35f_tbh_0=0.35\times1.43\times250\times455=56.93\mathrm{kN}$$

$$T=10\mathrm{kN\cdot m}>0.175f_tW_t=0.175\times1.43\times13.02\times10^6=3.25\mathrm{kN\cdot m}$$

故剪力和扭矩均不可忽略，需要按照弯剪扭共同作用计算钢筋。

(4)确定受弯正截面承载力所需纵筋

$$\alpha_s=\frac{M}{\alpha_1f_cbh_0^2}=\frac{70\times10^6}{1.0\times14.3\times250\times455^2}=0.095<\alpha_{s,max}=0.384$$

$$\xi=1-\sqrt{1-2\alpha_s}=1-\sqrt{1-2\times0.095}=0.1<\xi_b=0.518$$

$$A_s=\xi bh_0\frac{\alpha_1f_c}{f_y}=0.1\times250\times455\times\frac{1.0\times14.3}{360}=451.84\mathrm{mm^2}$$

$$\rho_{min}=\max(0.45\frac{f_t}{f_y},0.2\%)=0.00215$$

$$A_s=451.84\mathrm{mm^2}>\rho_{min}bh_0=0.00215\times250\times455=244.56\mathrm{mm^2}$$

(5)受剪计算

$$\beta_t=\frac{1.5}{1+0.5\times\frac{V}{T}\frac{W_t}{bh_0}}=\frac{1.5}{1+0.5\times\frac{95\times10^3}{10\times10^6}\frac{13.02\times10^6}{250\times455}}=1.4>1.0$$

取 $\beta_t=1.0$，确定受剪所需箍筋，设箍筋肢数 $n=2$，则有：

$$\frac{A_{sv}}{s}=\frac{V-0.7(1.5-\beta_t)f_tbh_0}{f_{yv}h_0}$$

$$=\frac{95\times10^3-0.7\times(1.5-1.0)\times1.43\times250\times455}{270\times455}=0.309$$

(6)受扭计算

确定受扭箍筋，设 $\zeta=1.2$，则有：

$$\frac{A_{st1}}{s}=\frac{T-0.35\beta_tf_tW_t}{1.2\sqrt{\zeta}f_{yv}A_{cor}}$$

$$=\frac{10\times10^6-0.35\times1.0\times1.43\times13.02\times10^6}{1.2\times\sqrt{1.2}\times270\times77400}$$

$$=0.127$$

确定受扭纵筋：

$$A_{stl}=\zeta\frac{f_{yv}}{f_y}u_{cor}\frac{A_{st1}}{s}=1.2\times\frac{270}{360}\times1220\times0.127=139.45\text{mm}^2$$

验算受扭纵筋最小配筋率：

$$\frac{T}{Vb}=\frac{10\times10^6}{95\times10^3\times250}=0.42<2$$

$$\rho_{tl,min}=0.6\sqrt{\frac{T}{Vb}}\cdot\frac{f_t}{f_y}=0.6\times\sqrt{0.42}\times\frac{1.43}{360}=0.154\%$$

$$A_{stl}=139.45\text{mm}^2<\rho_{tl,min}bh=0.00154\times250\times500=192.5\text{mm}^2$$

取 $A_{stl}=192.5\text{mm}^2$。

(7)选配钢筋

①确定剪扭作用的箍筋

$$\frac{A_{sv1}}{s}+\frac{A_{st1}}{s}=\frac{0.309}{2}+0.127=0.281$$

选用双肢箍筋 $\phi10$@250。

②确定纵筋

受扭纵筋分成三层，每层2根。梁截面顶部和中部各层配筋为：

$$\frac{A_{stl}}{3}=\frac{192.5}{3}=64.17\text{mm}^2$$

各选 $2\phi10$，则有 $A_s=157\text{mm}^2$，满足要求。

梁截面底部纵筋配置：

$$A_s+\frac{A_{stl}}{3}=451.8+64.17=515.97\text{mm}^2$$

选 $4\phi14$，则有 $A_s=615\text{mm}^2$，满足要求。

(8)验算最小配筋率

$$\rho_{stv,min}=0.28\frac{f_t}{f_{yv}}=0.28\times\frac{1.43}{270}=0.148\%$$

$$\rho_{stv} = \frac{2(\frac{A_{sv1}}{s} + \frac{A_{st1}}{s})}{b} = \frac{2 \times (0.155 + 0.127)}{250} = 0.225\% > \rho_{stv,min}$$

满足要求，截面配筋如图 6-16 所示。

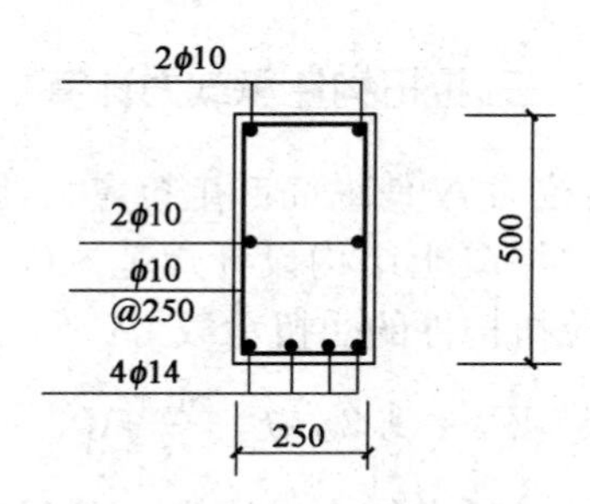

图 6-16 ［例 6-3］截面配筋图

第五节　压弯剪扭构件与拉弯剪扭构件的承载力计算

一、压扭构件承载力计算

当有轴向压力作用时，轴向压力的存在会限制受扭斜裂缝的发展，从而提高受扭承载力。根据试验结果，《混凝土结构设计规范》(GB 50010—2010)规定由下式计算矩形截面压扭构件的受扭承载力：

$$T \leqslant 0.35 f_t W_t + 1.2\sqrt{\zeta} f_{yv} \frac{A_{st1}}{s} A_{scor} + 0.07 \frac{N}{A} W_t \tag{6-32}$$

式中：N——与扭矩设计值 T 相应的轴向压力设计值，当 $N \geqslant 0.3 f_c$ 时，取 $N = 0.3 f_c$；

A——构件截面面积。

式(6-32)中 $0.07 \frac{N}{A} W_t$ 是轴向压力对混凝土部分受扭承载力的贡献。当扭矩 $T \leqslant 0.7 f_t W_t + 0.07 \frac{N}{A} W_t$ 时，可按最小配筋率和构造要求配置受拉钢筋。

二、压弯剪扭构件承载力计算

与弯剪扭构件计算类似，对于在轴向压力、弯矩、剪力和扭矩共同作用下的框架柱，按轴向压力和弯矩进行正截面承载力计算确定纵筋 A_s 和 A'_s。剪扭承载力需按下式考虑剪扭相关作用并计算确定配筋，然后再将相应部分钢筋叠加：

$$T \leqslant \beta_t (0.35 f_t W_t + 0.07 \frac{N}{A} W_t) + 1.2\sqrt{\zeta} f_{yv} \frac{A_{st1}}{s} A_{cor} \tag{6-33a}$$

$$V \leqslant (1.5 - \beta_t)(\frac{1.75}{\lambda + 1} f_t b h_0 + 0.07N) + f_{yv} \frac{n A_{sv1}}{s} h_0 \tag{6-33b}$$

式中 β_t 含义同前。当 $\frac{V}{bh_0} + \frac{T}{W_t} \leqslant 0.7 f_t + 0.07 \frac{N}{bh_0}$ 时，可按做小配筋率和构造要求配置钢筋。

当扭矩 $T \leqslant 0.175 f_t W_t$ 时，可按偏心受压构件的正截面受弯承载力和框架柱的斜截面收件承载力分别进行计算。

压弯剪扭构件的钢筋配置叠加方法与弯剪扭构件类似，纵向钢筋按偏心受压构件正截面承载力和式(6-33a)计算的受扭承载力分别计算所需要的纵筋截面面积，并将其再相应位置叠加配置；箍筋应按式(6-33a)的受扭承载力与式(6-33b)的受剪承载力计算所需要的箍筋截面面积，并在相应位置叠加配置。

三、拉扭构件承载力计算

当有轴向拉力作用时。轴向拉力 N 使纵筋产生拉应力，因此，纵筋的抗扭作用受到削弱，从而降低了构件的受扭承载力。《混凝土结构设计规范》(GB 50010—2010)根据变角度空间桁架模型，由下式计算矩形截面拉扭构件的受扭承载力：

$$T \leqslant 0.35 f_t W_t + 1.2\sqrt{\zeta} f_{yv} \frac{A_{sv1}}{s} A_{cor} - 0.2 \frac{N}{A} W_t \tag{6-34}$$

式中：N——与扭矩设计值 T 相应的轴向拉力设计值。当 $N \geqslant 1.75 f_t A$ 时，取 $N = 1.75 f_t A$；

A——构件的截面面积。

其他符号同前。

四、拉弯剪扭构件的承载力计算

对于在轴向拉力、弯矩、剪力、和扭矩共同作用下的钢筋混凝土矩形截面框架柱，其受剪扭承载力按下式计算：

$$T \leqslant \beta_t (0.35 f_t W_t - 0.2 \frac{N}{A} W_t) + 1.2\sqrt{\zeta} f_{yv} \frac{A_{st1}}{s} A_{cor} \tag{6-35a}$$

$$V \leqslant (1.5 - \beta_t)(\frac{1.75}{\lambda + 1} f_t b h_0 - 0.2N) + f_{yv} \frac{nA_{sv1}}{s} h_0 \tag{6-35b}$$

式中符号同前，拉弯剪扭构件承载能力计算方法与压弯剪扭构件计算方法类似，注意相应部位钢筋的叠加。

思 考 题

6-1　在实际工程中构件可能受到哪两种扭矩？举例说明？

6-2　钢筋混凝土矩形截面纯扭构件的破坏特征有哪几种？其特点如何？

6-3　何谓截面受扭塑性抵抗矩？矩形截面的塑性抵抗矩是如何计算的？

6-4　说明受扭构件计算公式中 ζ 的物理意义。ζ 的合理取值范围是什么含义？

6-5　何谓剪扭相关？其相互影响的规律如何？

6-6　如何计算 T 形和工字形截面纯扭构件的受扭承载力？

6-7　矩形截面剪扭构件的受扭承载力和受剪承载如何计算？

6-8　如何计算 T 形和工字形截面的弯剪扭构件的承载能力？

6-9　矩形截面剪扭构件的截面限制条件如何？其物理意义是什么？

6-10　纯扭构件中箍筋的最小配筋率是如何规定的？弯剪扭构件中箍筋的最小配筋率如何规定的？

6-11　试简述弯剪扭构件的承载力计算方法。

习 题

6-1 某钢筋混凝土矩形截面构件，$b\times h=250\text{mm}\times 500\text{mm}$，混凝土强度等级为C20级，纵筋为HRB335级钢筋，配置6根直径为12mm的抗扭纵筋(沿截面周边均匀对称布置)，截面面积为$A_{stl}=678\text{mm}^2$；箍筋采用HPB300级钢筋，双肢箍封闭式，直径为8mm，间距为100mm，安全等级为二级，环境类别为一类，确定该构件能承担多大的扭矩设计值。

6-2 某方形截面纯扭构件，$b\times h=400\text{mm}\times 400\text{mm}$，混凝土强度等级为C25，承受扭矩设计值$T=28\text{kN}\cdot\text{m}$，纵筋采用HRB335级钢筋，箍筋采用HPB300级钢筋。求该截面所需配置的受扭钢筋。

6-3 已知一均布荷载作用下钢筋混凝土T形截面弯剪扭构件，截面尺寸为$b'_f=400\text{mm}$，$h'_f=110\text{mm}$，$b\times h=200\text{mm}\times 500\text{mm}$，$c=25\text{mm}$。构件承受的弯矩设计值为$M=55\text{kN}\cdot\text{m}$，承受最大剪力设计值为$V=65\text{kN}$，扭矩设计值为$T=8\text{kN}\cdot\text{m}$，采用混凝土强度等级为C25，纵筋为HRB335级钢筋，箍筋采用HPB300级钢筋。试求其配筋。

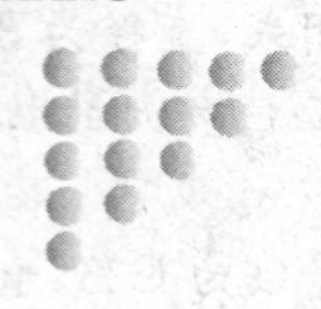

第七章 钢筋混凝土受压构件承载力计算

DIQIZHANG

第一节 概　　述

工程中以承受压力作用为主的构件称为受压构件。例如，房屋结构中的柱和墙、桁架中的受压腹杆和弦杆、剪力墙结构中的剪力墙、烟囱的筒壁以及桥梁结构中的桥墩和桩等都属于受压构件。受压构件在结构中起重要作用，一旦破坏，将影响整个结构的破坏或倒塌。

荷载作用下，受压构件截面上一般有轴向力、弯矩和剪力。计算时，常将作用在截面上的弯矩化为等效偏心力来考虑。为工程设计方便，一般不考虑混凝土材料的不均匀性和钢筋的不对称性，近似按轴向力作用点与构件截面形心的位置来划分构件类型，如图 7-1 所示。当轴向力作用点与构件截面形心重合时，称为轴心受压构件；当轴向力作用点与构件截面形心不重合时，称为偏心受压构件。当轴向力作用点仅与构件正截面的某一主轴有偏心距时，称为单向偏心受压构件；当轴向力作用点与构件正截面的两个主轴都有偏心距时，称为双向偏心受压构件。

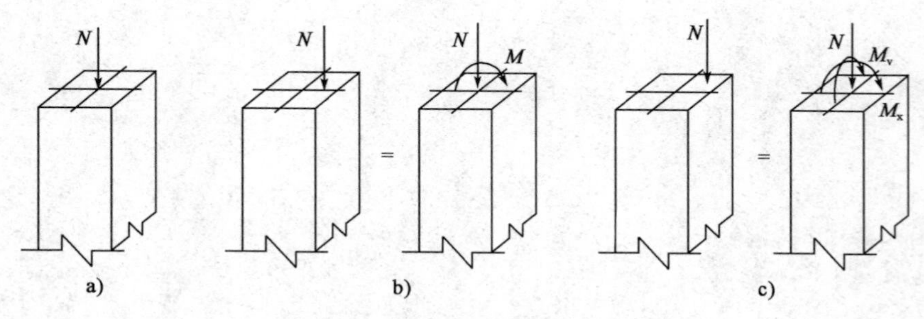

图 7-1　轴心受压和偏心受压

a)轴心受压；b)单向偏心受压；c)双向偏心受压

第二节 轴心受压构件正截面承载力计算

实际工程中，由于混凝土材料具有不均匀性、配筋的不对称性和构件的制作、安装偏差，截面的几何中心和物理中心往往不重合，这些因素使纵向压力产生初始偏心距。因此，工程中理想的轴心受压构件是不存在的。对以承受恒载为主的框架中柱、桁架的受压腹杆，因截面弯矩很小，可略去不计，近似按轴心受压构件考虑。

按照箍筋的配置方式不同，轴心受压构件可分为普通箍筋柱和螺旋箍筋柱两种情况，如图7-2所示。普通箍筋柱中配有纵向钢筋和普通箍筋。纵向钢筋的作用是协同混凝土承担压力，减小构件截面尺寸；抵抗偶然偏心产生的应力；防止构件的脆性破坏；减小混凝土的收缩和徐变。受压构件中箍筋的主要作用是防止纵向钢筋压屈；固定纵向钢筋位置并与纵向钢筋形成空间骨架；约束核心混凝土，改善混凝土延性。螺旋箍筋柱中的箍筋间距较密，能够显著提高核心混凝土的强度和变形性能。

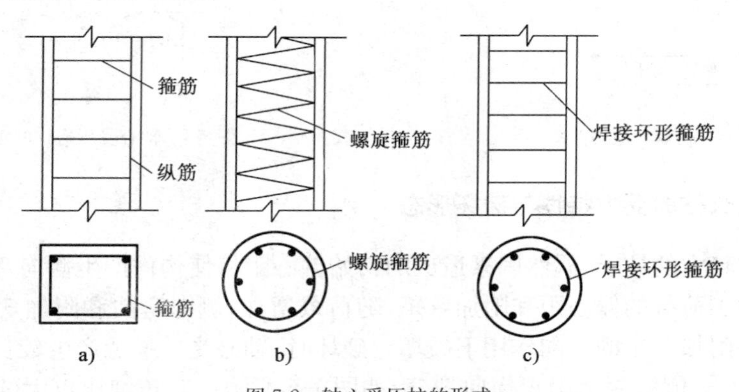

图7-2　轴心受压柱的形式

a)普通箍筋柱；b)螺旋箍筋柱；c)焊接环形箍筋柱

一、配有普通箍筋轴心受压构件正截面承载力计算

根据长细比不同，轴心受压柱分为短柱和长柱。$l_0/b\leqslant 8$(矩形截面)或$l_0/d\leqslant 7$(圆形截面)或$l_0/i\leqslant 28$(其他截面)的柱是短柱，其中，l_0为计算长度，b为矩形截面较小边长，d为圆形截面直径，i为截面最小回转半径。

1.轴心受压短柱的破坏特征

由于钢筋和混凝土之间存在黏结力，轴向压力作用下二者共同变形，压应变沿构件长度基本是均匀分布的。当轴向压力较小时，钢筋和混凝土处于弹性工作状态，二者应力按照弹性模量比值线性增长。随着轴向压力增大，由于混凝土塑性变形的发展(弹性模量降低)，钢筋压应力增长速度快于混凝土，如图7-3所示。

随轴向压力逐渐增大，柱中出现纵向细微裂缝，进而细微裂缝发展成为明显的纵向裂缝。当达到破坏荷载的90%左右时，这些裂缝相互贯通，混凝土保护层剥落，核心混凝土在裂缝之间被压碎。混凝土侧向膨胀时将纵向钢筋向外推挤，使箍筋间的纵向钢筋呈灯笼状向外凸出，柱随即破坏，如图7-4所示。

试验表明：钢筋混凝土短柱达到极限承载力时的极限压应变在0.0025～0.0035之间变化。轴心受压承载力计算时，对普通混凝土构件，取压应变0.002为控制条件，此时钢筋的应力为$\sigma_s=E_s\varepsilon_s=2\times10^5\times0.002=400\text{N/mm}^2$。对于采用HRB400、HRBF400和RRB400级热轧钢筋为纵筋的轴向受压构件，在构件破坏时钢筋应力可以达到屈服强度。柱中配置纵向钢筋和箍筋后，改善了混凝土的变形性能，轴心受压构件的极限压应变还会增大，因此，极限状态时HRB500和HRBF500级纵筋($f'_y=410\text{N/mm}^2$)的应力也会达到屈服强度。

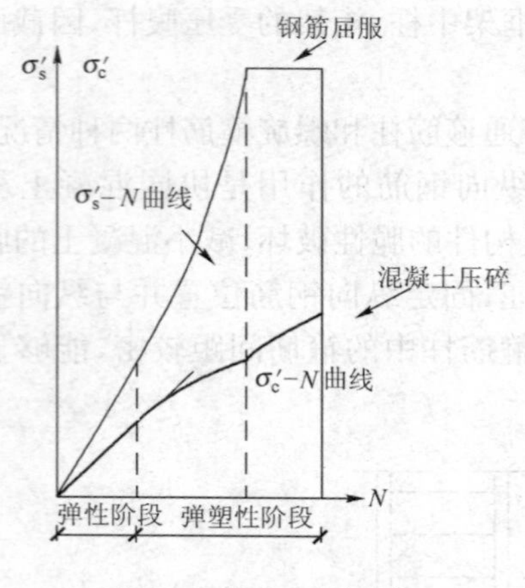

图 7-3　荷载—应力曲线

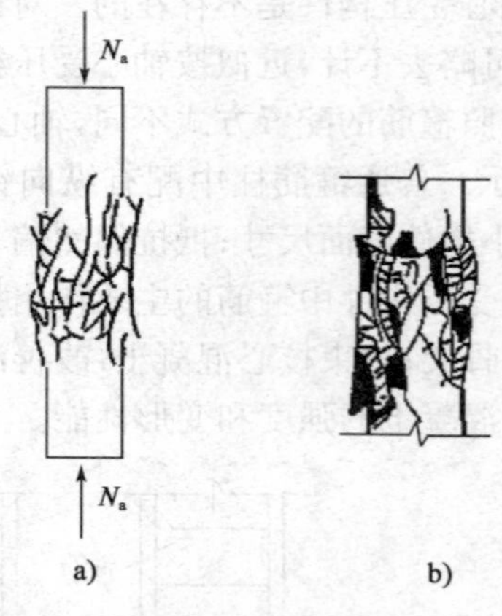

图 7-4　轴心受压短柱的破坏形态

2. 轴心受压长柱的受力特性与破坏形态

对于长细比较大的柱子，偶然因素造成的初始偏心距将使构件产生侧向弯曲和附加弯矩，侧向弯曲又增大了荷载的偏心距和附加弯矩，随荷载增加，侧向弯曲和附加弯矩不断增大，使长柱在轴向力和附加弯矩的共同作用下破坏。破坏时，轴心受压一侧产生较长的纵向裂缝，混凝土被压碎，而另一侧混凝土出现横向裂缝，如图 7-5 所示。对长细比更大的柱子，在材料破坏之前可能发生失稳破坏。初始偏心距对轴心受压短柱的承载力和破坏形态没有明显影响，因此，轴心受压长柱的承载力比相同条件下的轴心受压短柱低。《混凝土结构设计规范》采用稳定系数 φ 来表示轴心受压长柱承载力降低的程度，即

$$\varphi = \frac{N_u^l}{N_u^s}$$

式中：N_u^l、N_u^s——表示长柱和短柱的受压承载力。

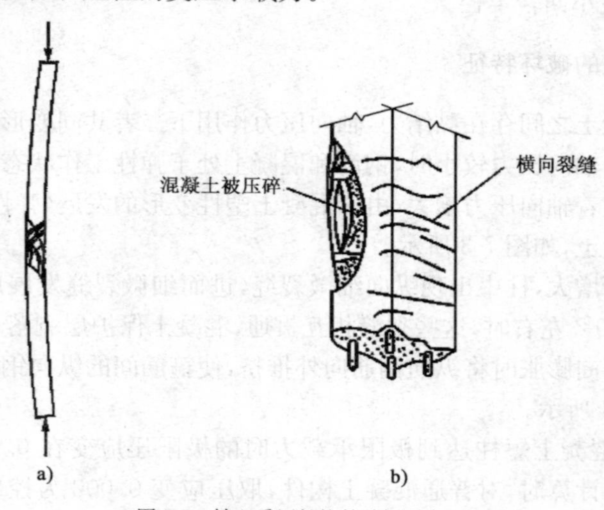

图 7-5　轴心受压长柱的破坏形态

a）长柱加载图；b）长柱破坏图

根据国内外试验资料分析，φ 值主要和构件长细比有关，混凝土强度和配筋率对其影响较小。《混凝土结构设计规范》规定了 φ 值，如表 7-1 所示。

构件计算长度 l_0 与两端支承有关。实际结构构件的端部连接构造比较复杂。因此，《混凝土结构设计规范》中，对单层厂房排架、框架柱等的计算长度作了具体规定，在设计时可以查用。

钢筋混凝土轴心受压构件稳定系数 φ 表 7-1

l_0/b	≤8	10	12	14	16	18	20	22	24	26	28
l_0/d	≤7	8.5	10.5	12	14	15.5	17	19	21	22.5	24
l_0/i	≤28	35	42	48	55	62	69	76	83	90	97
φ	1.0	0.98	0.95	0.92	0.87	0.81	0.75	0.70	0.65	0.60	0.56
l_0/b	30	32	34	36	38	40	42	44	46	48	50
l_0/d	26	28	29.5	31	33	34.5	36.5	38	40	41.5	43
l_0/i	104	111	118	125	132	139	146	153	160	167	174
φ	0.52	0.48	0.44	0.40	0.36	0.32	0.29	0.26	0.23	0.21	0.19

注：表中 l_0 为构件计算长度；b 为矩形截面的短边尺寸；d 为圆形截面直径；i 为截面最小回转半径。

3. 受压承载力计算公式

根据上述分析，《混凝土结构设计规范》给出了轴心受压构件正截面承载力计算公式：

$$N \leqslant N_u = 0.9\varphi(f_c A + f'_y A'_s) \tag{7-1}$$

式中：N——轴向压力设计值；

φ——受压构件稳定系数，按表 7-1 采用；

f_c——混凝土轴心抗压强度设计值；

A——构件截面面积；

f'_y——纵向钢筋的抗压强度设计值；

A'_s——纵向受压钢筋截面面积。

当纵筋配筋率 $\rho' > 3\%$ 时，式(7-1)中的 A 改用$(A-A'_s)$代替。

4. 设计方法

轴心受压构件的设计问题可分为截面设计和截面复核两类。

(1)截面设计

截面设计有两种情况：

其一，已知轴向压力 N、构件截面尺寸、计算长度 l_0、材料强度等级，要求确定纵向钢筋面积。这时，根据表(7-1)查出 φ 值，按照式(7-1)计算出所需纵向钢筋面积，然后选配钢筋，注意满足构造要求。

其二，已知轴向压力 N、计算长度 l_0、根据构造要求选择了材料强度等级，要求确定柱的截面尺寸和配筋。在经济配筋率范围内 $\rho'(1.5\%\sim2\%)$ 初选纵向钢筋配筋率，并取稳定系数 $\varphi=1.0$，由(7-1)式求出构件截面面积 A，并确定截面边长 b。其余步骤同第一种情况。

(2)截面复核

截面复核，步骤比较简单。将有关数据代入公式(7-1)计算出 N_u，与给定的荷载值比较，同时验算适用条件。

[例 7-1] 某现浇多层钢筋混凝土框架结构，底层中柱按轴心受压构件计算，已知柱截面 $b\times h=450mm\times450mm$，计算长度 $l_0=5.8m$，轴向压力设计值 $N=3150kN$，混凝土强度等级为 C30($f_c=14.3N/mm^2$)，纵向钢筋为 HRB400 级($f'_y=f_y=360N/mm^2$)，求纵向受压钢筋的截面面积 A'_s。

解：(1)基本参数

$$b\times h=450mm\times450mm, l_0=5800mm, N=315\times10^4N,$$
$$f_c=14.3N/mm^2, f'_y=360N/mm^2$$

(2)确定稳定系数 φ

由 $\frac{l_0}{b}=5800/450=12.89$，查表 7-1，插值得 $\varphi=0.937$。

(3)计算纵向受压钢筋面积 A'_s

$$A'_s=\frac{\frac{N}{0.9\varphi}-f_cA}{f'_y}=\frac{\frac{315\times10^4}{0.9\times0.937}-14.3\times450\times450}{360}$$
$$=2332mm^2$$

(4)验算配筋率

$$0.55\%=\rho_{min}<\rho'=\frac{A'_s}{A}=\frac{2332}{450\times450}=0.0115=1.15\%<3\%$$

(5)选筋

选用 12⏀16($A'_s=2413mm^2$)。

[例 7-2] 某多层框架结构钢筋混凝土现浇柱，其底层中柱按轴心受压构件计算。轴向压力设计值 $N=1600kN$，基础顶面高程为 $-0.5m$，柱顶高程 6m，混凝土强度等级为 C20($f_c=9.6N/mm^2$)，HRB335 级钢筋($f'_y=300N/mm^2$)，试求柱截面尺寸及纵筋面积 A'_s。

解：(1)基本参数

$N=16\times10^5N, f_c=9.6N/mm^2, f'_y=300N/mm^2$，底层高 $H=6-(-0.5)=6.5m$

根据规范规定，计算高度取 $l_0=0.7H=0.7\times6.5=4.55m$。

(2)初步确定柱截面尺寸

先假定为短柱($\varphi=1.0$)且设 $\rho'=1\%$(在经济配筋率范围内初步选定纵筋的配筋率)，则由(7-1)式得

$$A=\frac{N}{0.9\varphi(f_c+\rho'f'_y)}=\frac{16\times10^5}{0.9\times1.0\times(9.6+0.01\times300)}=132231mm^2$$

取构件截面为正方形，其边长 $b=\sqrt{A}=\sqrt{132231}=364mm$

取 $b=350mm$。

实际柱截面面积 $A=350\times350=122500mm^2$

(3)重求稳定系数 φ

由 $\frac{l_0}{b}=\frac{6.5\times10^3}{350}=13$，查表 7-1，插值得 $\varphi=0.935$

(4)计算纵向受压钢筋 A'_s

由式(7-1)可得

$$A'_s=\frac{\frac{N}{0.9\varphi}-f_cA}{f'_y}=\frac{\frac{16\times10^5}{0.9\times0.935}-9.6\times122500}{300}=2315mm^2$$

(5)配筋率满足要求,不必验算。

(6)选筋

选用 4 ⌀ 22+2 ⌀ 25(A'_s=2502mm^2)。

二、配有螺旋箍筋轴心受压构件正截面承载力计算

1. 螺旋箍筋柱的受力特性

当混凝土的横向变形受到有效约束时,其抗压强度明显提高。配有螺旋箍筋的轴心受压柱就是利用这一原理提高柱子的承载力的。试验表明,荷载较小时,箍筋对混凝土的约束作用不明显。对沿柱高设置间距很密的螺旋式或焊接环式箍筋柱,当混凝土压应力超过 $0.8f_c$ 时,混凝土横向变形急剧增大,螺旋式或焊接环式箍筋产生拉应力,有效地限制了核心混凝土的横向变形,使核心混凝土在三向受压状态下工作,从而提高了混凝土强度和轴心受压构件的承载力。当荷载达到普通箍筋柱的极限荷载时,螺旋箍筋外的混凝土保护层开始剥落,核心区域混凝土可以承担继续增大的荷载。当螺旋箍筋受拉屈服时,不能再对核心混凝土形成有效约束,混凝土的抗压强度不能再提高,柱达到极限承载力。螺旋式或焊接环式箍筋虽然沿水平方向设置,但可以间接提高构件的轴向受压承载力,所以称这种钢筋为“间接钢筋”。

2. 承载力计算公式

由于螺旋式或焊接环式箍筋对核心混凝土的约束作用,核心混凝土的抗压强度由单轴受压时的 f_c 提高到 f_{c1}:

$$f_{c1} = f_c + 4\sigma_r \tag{7-2}$$

式中:σ_r——螺旋箍筋屈服时,柱的核心混凝土受到的径向压应力,如图 7-6 所示。

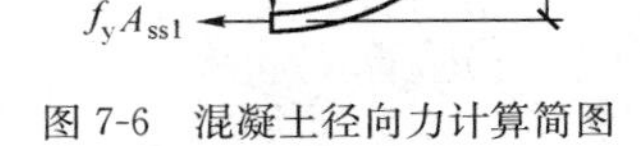

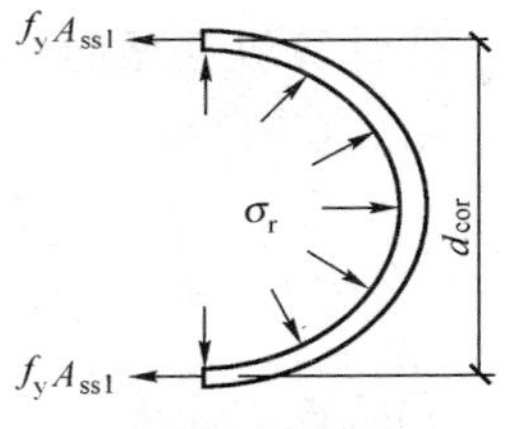

图 7-6　混凝土径向力计算简图

由图 7-6 可知,箍筋屈服时,由力的平衡条件有:

$$2f_yA_{ss1} = \sigma_r d_{cor} s \tag{7-3}$$

式中:f_y——螺旋箍筋的抗拉强度设计值;

A_{ss1}——单根间接钢筋的截面面积;

d_{cor}——构件的核心截面直径(按箍筋内皮计);

s——间接钢筋沿轴线方向的间距。

试验研究表明,混凝土强度提高时,箍筋约束作用降低,根据试验结果,σ_r 表达式为:

$$\sigma_r = \frac{2\alpha f_y A_{ss1}}{s d_{cor}} = \frac{2\alpha f_y A_{ss1} d_{cor}\pi}{4s\dfrac{\pi d_{cor}^2}{4}} = \frac{\alpha f_y A_{ss0}}{2A_{cor}} \tag{7-4}$$

式中:α——间接钢筋对混凝土的约束折减系数。当混凝土强度等级小于 C50,取 $\alpha=1$;混凝土强度为 C80,取 $\alpha=0.85$;其间按线性内插法确定;

A_{ss0}——间接钢筋换算截面面积,$A_{ss0}=(\pi d_{cor}A_{ss1})/s$;

A_{cor}——构件核心混凝土截面面积,即间接钢筋内表面范围内的混凝土面积。

螺旋箍筋或焊接环形箍筋柱破坏时,受压钢筋达到屈服强度,间接钢筋约束的核心混凝土强度达到 f_{c1},箍筋外皮混凝土剥落,考虑可靠度调整系数 0.9 后,得到承载力计算公式:

$$N \leqslant N_u = 0.9(f_cA_{cor} + f'_yA'_s + 2\alpha f_yA_{ss0}) \tag{7-5}$$

当利用式(7-5)计算螺旋箍筋或焊接环形箍筋柱的受压承载力时，必须满足有关条件，否则就不能考虑箍筋的约束作用。《混凝土结构设计规范》规定：凡属下列情况之一，不考虑间接钢筋提高承载力的影响，按式(7-1)计算构件的承载力。

(1)当 $l_0/d > 12$ 时，因构件长细比较大，侧向弯曲的影响有可能使间接钢筋不能充分发挥作用，使承载力降低。

(2)当间接钢筋的换算截面面积 A_{sso} 小于纵筋全部截面面积的25%时，表明间接钢筋配置太少，对约束核心混凝土的作用不明显，不考虑间接钢筋对承载力提高的影响。

(3)当按式(7-5)算得的承载力小于式(7-1)算得的受压承载力时。此时，混凝土保护层较厚，而核心混凝土面积相对减小，就会出现上述情况。

为防止间接钢筋外围混凝土保护层过早剥落，按式(7-5)计算所得的承载力不大于按式(7-1)计算所得承载力的1.5倍。

[例 7-3] 某建筑门厅现浇圆形钢筋混凝土轴心受压柱，已知轴向力设计值 $N=3500$kN，柱直径为400mm，混凝土保护层厚度为20mm。计算长度 $l_0=4.2$m，混凝土强度等级为C30($f_c=14.3\text{N/mm}^2$)，柱中纵向钢筋和箍筋均采用HRB400级钢筋，试设计该柱配筋。

解：(1)按普通箍筋柱设计

①计算参数

C30混凝土，$f_c=14.3\text{N/mm}^2$；HRB400级钢筋，$f_y=f'_y=360\text{N/mm}^2$。

$N=35\times10^5$ N，$d=400$mm，$l_0=4.2$m。

②计算稳定系数 φ

$$l_0/d = 4200/400 = 10.5 < 12$$

查表7-1，得 $\varphi=0.935$。

③计算纵筋截面面积 A'_s

由式(7-1)得

$$A'_s = \frac{\dfrac{N}{0.9\varphi} - f_c A}{f'_y} = \frac{\dfrac{35\times10^5}{0.9\times0.935} - 14.3\times125600}{360} = 6564\text{mm}^2$$

④验算配筋率

$$\rho' = \frac{A'_s}{A} = \frac{6382}{125600} = 0.0523 > 5\%$$

由于配筋率大于5%，而 $l_0/d=4200/400=10.5<12$，若混凝土强度等级不再提高，可以考虑采用螺旋箍筋柱。

(2)按螺旋箍筋柱设计

①确定纵筋数量

假设纵筋配筋率 $\rho'=3\%$，则有：

$$A'_s = 0.03\times A = 3769.9\text{mm}^2$$

选10 Φ 22，实配 $A'_s=3801\text{mm}^2$。

②计算间接钢筋的换算截面面积 A_{sso}

$$d_{cor} = d - 2\times20 - 2\times10 = 400 - 60 = 340\text{mm}$$

$$A_{cor} = \frac{\pi}{4}d_{cor}^2 = \frac{\pi\times340^2}{4} = 90792\text{mm}^2$$

$$A_{ss0}=\frac{\frac{N}{0.9}-f_cA_{cor}-f'_yA'_s}{2\alpha f_y}=\frac{35\times10^5/0.9-14.3\times90792-360\times3801}{2\times1.0\times360}$$

$$=1697.5\text{mm}^2>0.25A'_s=0.25\times3801=950.3\text{mm}^2\text{（符合构造要求）}$$

③确定螺旋箍筋的直径和间距

初选直径 10mm 的螺旋箍筋，实际 $A_{ss1}=78.5\text{mm}^2$，箍筋间距为：

$$s=\frac{\pi d_{cor}A_{ss1}}{A_{sso}}=\frac{\pi\times340\times78.5}{1697.5}=49\text{mm}$$

按照螺旋箍筋的构造要求，箍筋间距不应大于 80mm 及 $d_{cor}/5=340/5=68\text{mm}$，且不应小于 40mm。取 $s=45\text{mm}$，满足要求。

④复核承载力，验算保护层是否过早剥落

$$A_{ss0}=\frac{\pi d_{cor}A_{ss1}}{s}=\frac{3.14\times340\times78.5}{45}=1863.3\text{mm}^2$$

代入式(7-5)有：

$$N_u=0.9(f_cA_{cor}+f'_yA'_s+2\alpha f_yA_{ss0})=0.9\times(14.3\times90792+360\times3801+2\times1.0\times360\times1863.3)$$

$$=3607\text{kN}>N=3500\text{kN}$$

按普通箍筋柱计算：

$$1.5\times0.9\varphi(f_cA+f'_yA'_s)=1.5\times0.9\times0.95\left(14.3\times\frac{3.14\times400^2}{4}+360\times3801\right)$$

$$=4059.6\text{kN}>N_u=3607\text{kN}$$

且 $\quad 0.9\varphi(f_cA+f'_yA'_s)=2706.4\text{kN}<N_u=3607\text{kN}$

满足要求。

第三节 矩形截面偏心受压构件正截面承载力计算

同时承受轴向力和弯矩作用的构件称为偏心受压构件。实际工程中，偏心受压构件使用非常广泛，如常用的多层框架柱、单层刚架柱、单层排架柱、实体剪力墙等都属于偏心受压构件。这类构件截面上除了有弯矩、轴向力作用，同时还作用有剪力，因此，偏心受压构件除了进行正截面承载力计算外，还要进行斜截面承载力计算。

偏心受压构件一般采用矩形截面。为减轻自重、增大截面刚度，常采用工字形、箱形和 T 形截面。本节主要讲述矩形截面偏心受压构件承载力计算，工字形和 T 形截面偏心受压构件在后面章节中介绍。

一、偏心受压构件的受力特点及破坏形态

试验表明，偏心受压构件的正截面受力特点和破坏形态主要与偏心距、纵向钢筋的配筋率有关。随轴向压力 N 的偏心距 e_0 和纵向钢筋配筋率的变化，偏心受压构件可能发生大偏心受压破坏或小偏心受压破坏。

钢筋混凝土偏心受压构件的纵向钢筋一般配置在截面偏心方向的两侧，离偏心压力较近一侧的纵向受力钢筋为受压钢筋，其截面面积用 A'_s 表示；离偏心压力较远一侧的纵向受力钢筋可能受拉也可能受压，不管受拉还是受压，其截面面积都用 A_s 表示。

1. 大偏心受压破坏

当构件截面的相对偏心距 e_0/h_0 较大，并且受拉钢筋 A_s 配置不过多时，发生大偏心受压破坏。

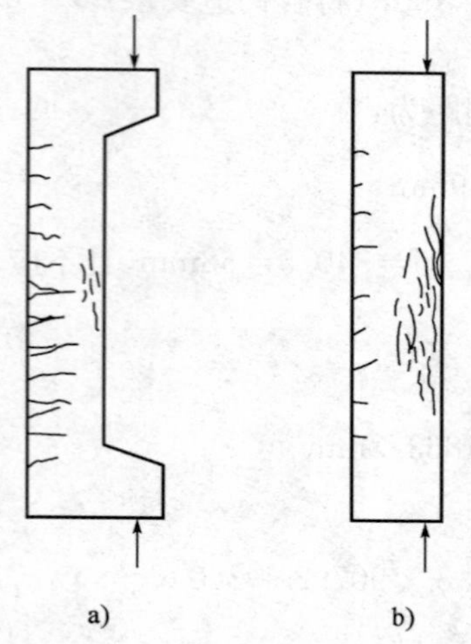

图 7-7 大小偏心受压构件的破坏形态
a)大偏心受压；b)小偏心受压

大偏心受压构件由于偏心距较大，弯矩作用较显著，具有与受弯构件适筋梁相似的受力特点。在偏心压力作用下，离纵向压力较近一侧的截面受压，而另一侧截面受拉。随偏心压力增加，首先在受拉区混凝土产生横向裂缝，这些裂缝的宽度随荷载增大而加宽并逐渐向受压区扩展，在受拉区形成几条主要水平裂缝。裂缝的开展使受拉钢筋应力迅速增加，首先达到屈服。受拉钢筋进入塑性屈服阶段后，裂缝宽度和深度进一步加大，使受压区混凝土面积不断减小，混凝土压应变不断提高，受压区混凝土边缘出现纵向裂缝。当受压区边缘混凝土达到极限压应变时，受压区边缘混凝土被压碎而导致构件破坏，如图 7-7a)所示。此时，受压钢筋应力一般都能达到屈服强度。

大偏心受压破坏的主要特点是破坏始自于受拉区，首先受拉钢筋屈服，然后受压钢筋屈服，最后受压区混凝土被压坏。因此，大偏心受压破坏也称为受拉破坏。破坏阶段截面的应力分布如图 7-8a)所示。

2. 小偏心受压破坏

当相对偏心距较小、很小，或相对偏心距虽较大，但配置的受拉钢筋较多时，构件发生小偏心受压破坏。根据受压破坏时截面上的应力分布情况，小偏心受压破坏有以下 3 种形式。

(1)相对偏心距较小或相对偏心距较大，但受拉钢筋配置较多时，截面处于大部分受压状态。当偏心压力逐渐增大时，与受拉破坏相同，截面受拉边出现水平裂缝，但水平裂缝的发展较为缓慢，临近破坏荷载时受压边出现纵向裂缝，混凝土压应变增长较快，随即受压区边缘混凝土达到极限压应变，混凝土被压碎，受压钢筋达到屈服强度，远离纵向外力 N 的受力钢筋受拉但未屈服。受压破坏形态如图 7-7b)所示。破坏阶段截面的应力分布如图 7-8b)所示。

(2)相对偏心距很小时，构件截面全部受压。构件不出现水平裂缝，一侧压应力较大，另一侧压应力较小。构件破坏从压应力较大一侧开始，该侧边缘混凝土达到极限压应变，受力钢筋达到屈服强度。破坏时，离纵向压力较远一侧钢筋受压，一般达不到屈服强度。破坏阶段截面的应力分布如图 7-8c)所示。

(3)相对偏心距很小，距纵向压力较远一侧的钢筋配置过少时，构件截面的实际形心和几何中心不重合，也可能发生距轴向压力较远一侧的混凝土压应力反而大些，而被压碎先破坏的情况。破坏阶段截面的应力分布如图 7-8d)所示。

上述 3 种情况破坏的共同特征是小偏心受压破坏始自于受压区，受压区混凝土被压碎达到其抗压强度，受压钢筋屈服，而距纵向压力较远一侧的钢筋，不论受拉还是受压，一般均达不到屈服强度。小偏心受压破坏较突然，无明显预兆，具有脆性性质。小偏心受压破坏是由混凝土先被压碎引起的，所以这种破坏又称为受压破坏。

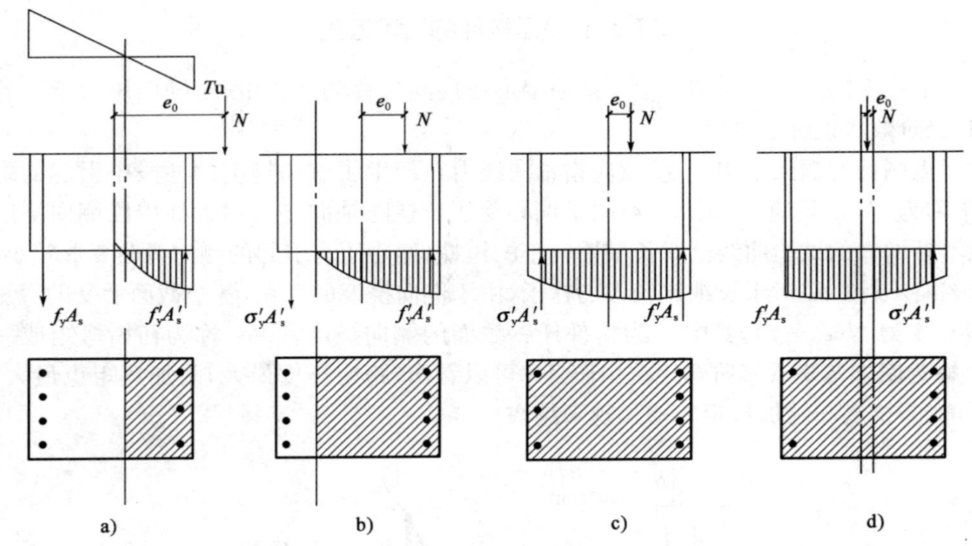

图 7-8　偏心受压构件破坏时截面的应力分布

a)大偏心受压；b)小偏心部分截面受压；c)小偏心全截面受压；d)离 N 较远一侧混凝土压坏

二、大小偏心受压界限

“受拉破坏”和“受压破坏”中间有一种过渡状态，称为“界限破坏”。受拉破坏和受压破坏的根本区别在于远离纵向外力 N 的钢筋是否屈服。大偏心受压破坏时，受拉区钢筋先达到屈服强度，小偏心受压破坏时，受压区混凝土先破坏，远离纵向外力 N 的钢筋未屈服。界限破坏状态时，受拉钢筋应力达到屈服的同时受压区边缘混凝土达到极限压应变。

两种受压破坏的特征与受弯构件适筋和超筋的界限破坏相同，因此，采用界限相对受压区高度 ξ_b 来判断两种破坏类型。

当 $\xi \leqslant \xi_b$ 时，属于大偏心受压破坏；

当 $\xi > \xi_b$ 时，属于小偏心受压破坏。

三、附加偏心距

当求得偏心受压构件截面上的弯矩设计值 M 和轴向力设计值 N 后，即可求得计算偏心距 $e_0 = M/N$。由于工程中实际存在着荷载作用位置的不确定性、混凝土质量的不均匀性以及施工的偏差等因素，都可能产生附加偏心距 e_a。当 e_0 较小时，e_a 影响较大；随 e_0 增大，e_a 影响逐渐减小。《混凝土结构设计规范》规定：在两类偏心受压构件中，均应计入附加偏心距 e_a 的影响，其值应取 20mm 和偏心方向截面尺寸的 $l/30$ 两者中的较大值。

考虑附加偏心距之后，轴向力的初始偏心距 e_i 按下列公式计算：

$$e_i = e_0 + e_a \tag{7-6}$$

$$e_0 = \frac{M}{N} \tag{7-7}$$

式中：e_i——初始偏心距；

e_0——由作用在截面上的弯矩设计值 M 和轴向力设计值 N 计算所得偏心距；

e_a——附加偏心距。

四、偏心受压构件的二阶效应

结构工程中的二阶效应指产生了挠曲变形或层间位移的结构中，由轴向压力所引起的附加内力，二阶效应也称二阶弯矩。

对于无侧移的框架结构，二阶效应指轴向压力在产生了侧向挠度的柱段中引起的附加内力（通常称为 $P-\delta$ 效应）。图 7-9 给出了偏心受压长柱随轴向压力增大柱中段侧向挠度和附加弯矩不断增大的试验曲线。对长细比较小的短柱，偏心压力引起的侧向弯曲变形较小，计算中可以忽略不计。而对于长细比较大的柱子，由于侧向挠度的存在，各个截面承受的弯矩由原来的 Ne_0 变为 $N(e_0+f)$，其中 f 为构件任一截面的侧向挠度。Ne_0 称为初始弯矩或一阶弯矩；Nf 称为附加弯矩或二阶弯矩。由图 7-9 可以看出，跨中挠度最大，附加弯矩也最大；随荷载不断增加，挠度和附加弯矩的增长越来越快。

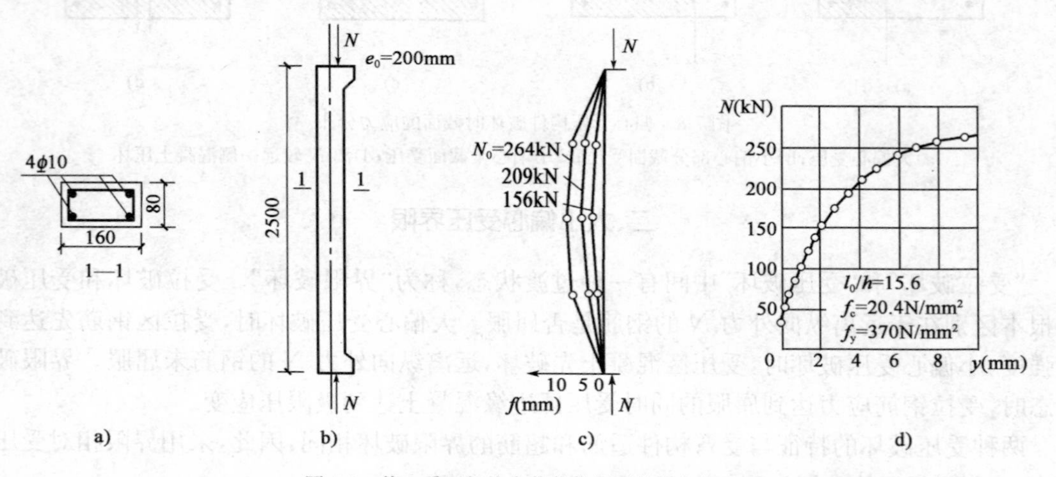

图 7-9　偏心受压长柱在荷载作用下的侧向挠度

对于有侧移的框架结构，二阶效应主要指竖向荷载在产生了侧移的框架中引起的附加内力（通常称为 $P-\Delta$ 效应）。有侧移框架结构是指框架结构上作用有水平荷载，或虽没有水平荷载，但结构或荷载不对称，框架结构会产生侧移。有侧移框架的二阶效应不同于无侧移框架。图 7-10 给出了有侧移框架的二阶弯矩图。图中简单门架承受水平荷载 F 和竖向力 N 的作用。仅有水平荷载作用的变形图如图 7-10a）中虚线所示，弯矩图如图 7-10b）所示。N 作用下产生了附加变形（变形实线所示）和附加弯矩，附加弯矩如图 7-10c）所示。此时的二阶弯矩为结构侧移和杆件变形所产生的附加弯矩的总和。最大的一阶和二阶弯矩都出现在柱端且同号，柱端控制截面上的弯矩为一阶和二阶弯矩之和，如图 7-10d）、e）所示。

1. 偏心受压柱破坏类型

钢筋混凝土偏心受压柱，按长细比不同可分为短柱、长柱和细长柱。图 7-11 给出了三个截面尺寸、材料、配筋、支承情况和轴向压力的偏心距等完全相同，仅长细比不同的偏心受压构件从加荷到破坏的 $N-M$ 示意图。曲线 $abcd$ 为偏心受压构件在不同偏心距下截面破坏时的 N_u-M_u 承载力曲线，N_u 和 M_u 分别是截面破坏时所能承担的轴向压力和相应的弯矩。

短柱的侧向弯曲很小，侧向弯曲引起的附加弯矩可忽略不计，偏心距从开始加载到破坏不变，因此，N 和 M 为线性关系，如图 7-11 中直线 oa 所示。当直线与 N_u-M_u 承载力曲线相交

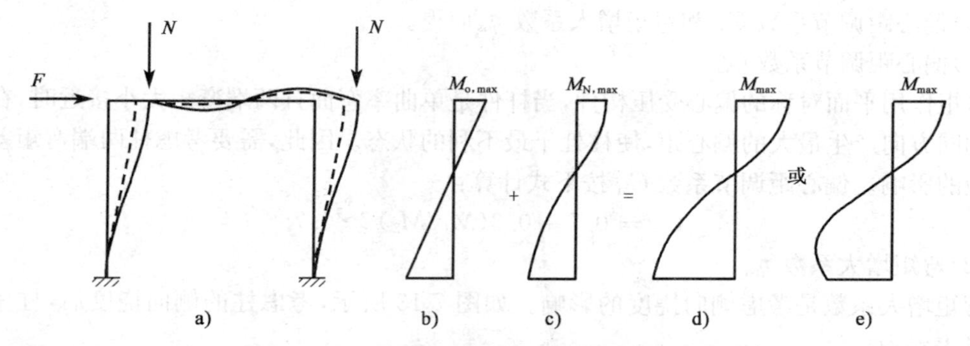

图 7-10　结构侧移引起的二阶弯矩

a)计算简图；b)F 引起的弯矩；c)N 引起的弯矩；d)、e)弯矩叠加图

时，临界截面上的材料达到其极限抗压强度（小偏心）或极限抗拉强度（大偏心），构件的破坏属于材料破坏。

长细比较大的柱，附加弯矩的影响不能忽略。当荷载增加到一定程度时，伴随着附加弯矩的增长，弯矩 M 比 N 增长得快，$N-M$ 关系呈非线性，如图 7-11 中 ob 曲线。构件破坏时，仍能达到承载力 N_u-M_u 承载力曲线。这种破坏称为二阶效应影响下的材料破坏，构件所能承担的轴向压力 N_b 比短柱时的 N_a 低。矩形截面柱 $8<l_0/h\leqslant30$ 时、工字形及 T 形截面柱 $28<l_0/i\leqslant104$ 时、环形及圆形截面柱 $7<l_0/d\leqslant26$ 时，均为长柱。

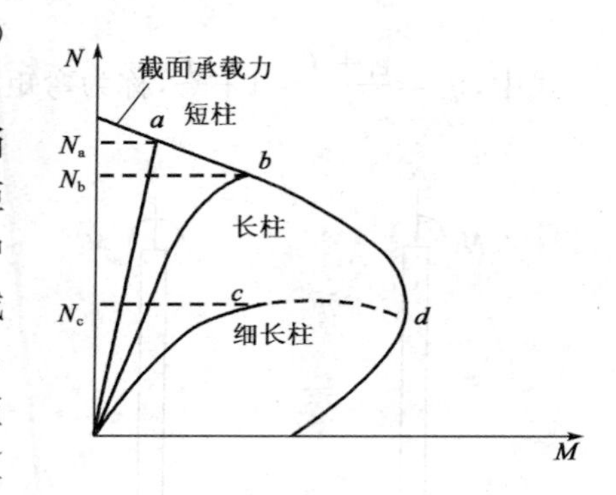

图 7-11　不同长细比偏心受压柱的 $N—M$ 曲线

长细比更大的细长柱，加载初期与长柱相似，但弯矩 M 的增长更快。当轴向偏心压力达到最大值时，纵向力的微小增量就会使侧向挠度剧增，引起不收敛的弯矩而使构件发生失稳破坏，如图 7-11 中 ocd 曲线所示。此时构件截面上材料的应力均未达到材料破坏，所能承担的纵向压力 N_c 远小于短柱的承载力 N_a。由于细长柱的失稳破坏发生突然，工程中一般不宜采用。

2. 构件自身挠曲二阶效应（P-δ 效应）

《混凝土结构设计规范》规定：对弯矩作用平面对称的偏心受压构件，当同一主轴方向的杆端弯矩比 M_1/M_2 不大于 0.9，且设计轴压比不大于 0.9 时，若构件长细比满足式(7-8)要求，可不考虑该方向构件自身挠曲产生的附加弯矩。否则，附加弯矩的影响不可忽略，需按截面的两个主轴方向分别考虑构件自身挠曲产生的附加弯矩。

$$l_0/i\leqslant34-12(M_1/M_2)\tag{7-8}$$

式中：M_1、M_2——偏心受压构件按结构分析确定的对同一主轴的弯矩设计值，绝对值较大的为 M_2，绝对值较小的为 M_1，当构件按单曲率弯曲时，M_1/M_2 为正，如图 7-12a)所示；否则为负，如图 7-12b)所示；

l_0——构件的计算长度，可近似取偏心受压构件相应主轴方向两支撑点之间的距离；

i——偏心方向的截面回转半径。

实际工程中常用的柱子是长柱，需要考虑附加弯矩影响时，通常采用增大系数法。《混凝土结构设计规范》将偏心受压构件的设计弯矩（考虑了附加弯矩影响后）取为原柱端最大弯矩

M_2 乘以偏心距调节系数 C_m 和弯矩增大系数 η_{ns} 而得。

(1)偏心距调节系数 C_m

弯矩作用平面对称的偏心受压构件，当杆件是单曲率弯曲且两端弯矩大小接近时，在该柱两端相同方向产生最大的偏心距，使柱处于最不利的状态。因此，需要考虑柱两端弯矩差异对偏心距的影响。偏心距调节系数 C_m 按下式计算：

$$C_m = 0.7 + 0.3(M_1/M_2) \geqslant 0.7 \tag{7-9}$$

(2)弯矩增大系数 η_{ns}

弯矩增大系数是考虑侧向挠度的影响。如图 7-13 所示，考虑柱的侧向挠度后，柱中截面弯矩可表示为：

$$M = N(e_i + f) = N\frac{e_i + f}{e_i}e_i = N\eta_{ns}e_i$$

式中，$\eta_{ns} = \frac{e_i + f}{e_i} = 1 + \frac{f}{e_i}$，称为弯矩增大系数。

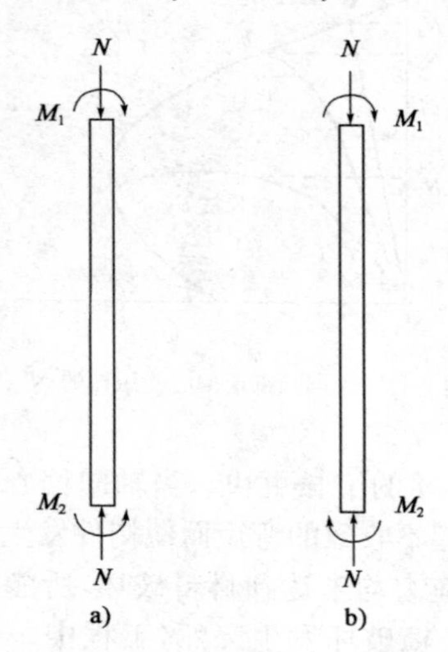

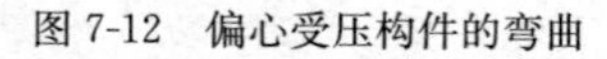
图 7-12 偏心受压构件的弯曲

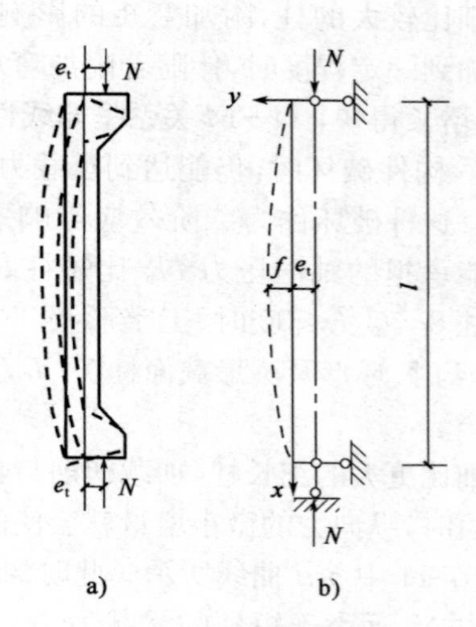

图 7-13 钢筋混凝土柱弯矩增大系数计算图

试验表明，两端铰接柱的挠曲线很接近正弦曲线，故可取：

$$y = f\sin\frac{\pi}{l_0}x$$

柱截面曲率近似为：

$$|y''| = f\frac{\pi^2}{l_0^2}\sin\frac{\pi}{l_0}x$$

跨中截面 $x = \frac{l_0}{2}$ 处的曲率为：

$$|y''| = \frac{1}{r_c} = f\frac{\pi^2}{l_0^2} \approx \frac{10}{l_0^2}f$$

式中：f——柱中截面的侧向挠度，即

$$f = \frac{1}{r_c} \cdot \frac{l_0^2}{10}$$

将 f 的表达式代入 η_{ns} 的表达式，又有 $\varphi = \frac{1}{\gamma_c}$，则有：

$$\eta_{ns} = 1 + \frac{\varphi l_0^2}{10e_i}$$

由平截面假定可知，界限破坏时的截面曲率为：

$$\varphi_b = \frac{\phi\varepsilon_{cu} + \frac{f_y}{E_s}}{h_0}$$

式中：ϕ——徐变系数，考虑荷载长期作用的影响。

试验表明：大偏心受压构件破坏时，实测曲率 φ 与 φ_b 相差不大；在小偏心受压破坏时，曲率 φ 随偏心距的减小而降低。因此，应对 φ_b 进行修正。

$$\varphi = \varphi_b \zeta_c = \frac{\phi\varepsilon_{cu} + f_y/E_s}{h_0}\zeta_c$$

根据国外规范和试验结果，ζ_c 按下式计算：

$$\zeta_c = \frac{N_b}{N}$$

其中，N_b 为界限状态时的截面受压承载力设计值，近似取 $x_b=0.5h$，$N_b=0.5f_cA$，则有：

$$\zeta_c = \frac{0.5f_cA}{N} \leqslant 1 \tag{7-10}$$

式中：N——与弯矩设计值 M_2 相应的轴向压力设计值；

A——构件截面面积。对 T 形和 I 形截面，均取 $A=bh+2(b_f'-b)h_f'$。

把上述 φ 值代入 η_{ns} 表达式，可得：

$$\eta_{ns} = 1 + \frac{\varphi l_0^2}{10e_i} = 1 + \frac{\phi\varepsilon_{cu} + f_y/E_s}{h_0}\zeta_c \frac{l_0^2}{10e_i}$$

上式中取 $\phi=1.25$，$f_y/E_s=0.00225$，$h/h_0=1.1$，钢筋强度采用 400MPa 和 500MPa 的平均值 $f_y=450$MPa，令 $e_i=M_2/N+e_a$，则有：

$$\eta_{ns} = 1 + \frac{1}{1300(M_2/N+e_a)/h_0}\left(\frac{l_0}{h}\right)^2\zeta_c \tag{7-11}$$

考虑构件自身挠曲影响后，对计算截面所用的弯矩设计值 M 可按下列公式计算：

$$M = C_m\eta_{ns}M_2 \tag{7-12}$$

当 $C_m\eta_{ns}<1.0$ 时，取 $C_m\eta_{ns}=1.0$；对剪力墙及核心筒墙，可取 $C_m\eta_{ns}=1.0$。

3. 构件侧移二阶效应（P-Δ 效应）

由侧移产生的二阶效应（P-Δ 效应）可采用增大系数法近似计算。即

$$M = M_{ns} + \eta_s M_s \tag{7-13}$$

$$\Delta = \eta_s\Delta_1 \tag{7-14}$$

式中：M_s——引起结构侧移荷载产生的一阶弹性分析构件端弯矩设计值；

M_{ns}——不引起结构侧移荷载产生的一阶弹性分析构件端弯矩设计值；

Δ_1——一阶弹性分析的层间位移；

η_s——P—Δ 效应增大系数。

η_s 在不同结构中的计算公式不同，可按照下列情况分别计算。

(1)框架结构柱

$$\eta_s = \frac{1}{1-\frac{\sum N_j}{Dh}} \tag{7-15}$$

式中：N_j——计算楼层第 j 列柱轴力设计值；

D——所计算楼层的侧向刚度；

h——所计算楼层层高。

(2)排架结构柱

排架结构考虑二阶效应的弯矩设计值按下列公式计算：

$$M=\eta_s M_0 \tag{7-16a}$$

$$\eta_s=1+\frac{1}{1500(M_0/N+e_a)/h_0}\left(\frac{l_0}{h}\right)^2\zeta_c \tag{7-16b}$$

式中：M_0——一阶弹性分析柱端弯矩设计值。

(3)剪力墙结构、框架—剪力墙结构和筒体结构

$$\eta_s=\frac{1}{1-0.14\dfrac{H^2\sum G}{E_c J_d}} \tag{7-17}$$

式中：$\sum G$——各楼层重力荷载设计值之和；

$E_c J_d$——结构等效侧向刚度；

H——结构总高度。

五、偏心受压构件正截面承载力计算的基本假定

偏心受压构件正截面破坏特征和受弯构件的破坏特征相似。因此，偏心受压构件计算的基本假定与受弯构件基本相同。

(1)平截面假定仍然适用。

(2)不考虑混凝土的抗拉强度。

(3)混凝土和钢筋的应力—应变关系曲线假定和受弯构件中假定的一样。

但是，由于偏心受压构件受力的复杂性，受压混凝土的极限压应变在偏心受压构件中随偏心程度的大小而有所变化，不像在受弯构件中基本不变。为了计算的统一性和简便性，偏心受压构件正截面承载力计算采用了与受弯构件正截面计算一样的基本假定。

六、非对称配筋矩形截面偏压构件承载力计算

1. 大偏心受压破坏承载力计算基本公式和适用条件

大偏心受压构件达到承载能力极限状态时，其裂缝截面上的应力分布如图 7-14 所示。受拉和受压钢筋的应力均达到屈服强度。为简化计算，受压区混凝土应力图形采用和受弯构件分析中相同的等效矩形应力图形，应力值为 $\alpha_1 f_c$，等效的受压区高度 x 为中和轴压区高度乘以系数 β_1。

根据图 7-14，由纵向力的平衡和对受拉钢筋合力作用点取矩，可得：

$$N\leqslant N_u=\alpha_1 f_c bx+f'_y A'_s-f_y A_s \tag{7-18}$$

$$Ne\leqslant N_u e=\alpha_1 f_c bx\left(h_0-\frac{x}{2}\right)+f'_y A'_s(h_0-a'_s) \tag{7-19}$$

式中：N——轴向压力设计值；

x——混凝土受压区高度；

e——轴向压力作用点至纵向受拉钢筋合力点之间的距离。其中：

$$e = e_i + \frac{h}{2} - a_s \tag{7-20}$$

将 $x = \xi h_0$ 代入式(7-18)和式(7-19)，令 $\alpha_s = \xi(1-0.5\xi)$，则上列公式可写为：

$$N \leqslant N_u = \alpha_1 f_c b h_0 \xi + f'_y A'_s - f_y A_s \tag{7-21}$$

$$Ne \leqslant N_u e = \alpha_1 f_c b h_0^2 \xi(1-0.5\xi) + f'_y A'_s (h_0 - a'_s) \tag{7-22}$$

为保证构件在破坏时受拉钢筋应力能达到抗拉强度设计值 f_y，必须满足下列适用条件：

$$\xi = \frac{x}{h_0} \leqslant \xi_b \text{ 或 } x \leqslant \xi_b h_0 \tag{7-23}$$

为保证受压钢筋应力能达到抗压强度设计值 f'_y，必须满足下列适用条件：

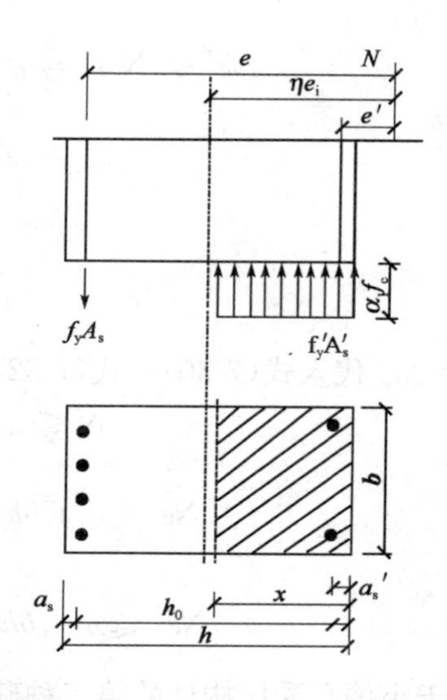

图 7-14 矩形截面大偏心受压极限状态应力图

$$x \geqslant 2a'_s \tag{7-24}$$

如果计算中出现 $x < 2a'_s$ 的情况时，受压钢筋应力可能在构件破坏时达不到 f'_y，与双筋受弯构件类似，取 $x = 2a'_s$，此时受压区混凝土所承担的压力作用点位置与受压钢筋承担压力 $f'_y A'_s$ 位置相重合。对受压钢筋 A'_s 的合力点取矩，可得：

$$Ne' = f_y A_s (h_0 - a'_s) \tag{7-25}$$

$$e' = e_i - \frac{h}{2} + a'_s \tag{7-26}$$

式中：e'——轴向压力作用点至纵向受压钢筋合力点之间的距离。

由式(7-25)可得：

$$A_s = \frac{Ne'}{f_y(h_0 - a'_s)} \tag{7-27}$$

2. 小偏心受压破坏承载力计算基本公式和适用条件

小偏心受压构件达到承载能力极限状态时，截面上可能全部受压或部分受压。通常情况下，截面上的应力分布如图 7-15a)、b)所示。破坏时，受压区混凝土被压碎，该侧钢筋应力达到屈服强度，远离纵向外力 N 的钢筋可能受拉或受压，但达不到屈服，应力用 σ_s 表示。σ_s 可按下式近似计算：

$$\sigma_s = \frac{f_y}{\xi_b - \beta_1}(\xi - \beta_1) \tag{7-28}$$

当计算出的 σ_s 是正号时，说明 A_s 受拉；当计算出的 σ_s 是负号时，说明 A_s 受压。σ_s 应符合下式要求：

$$-f'_y \leqslant \sigma_s \leqslant f_y \tag{7-29}$$

根据图 7-15，由纵向力的平衡和对受拉钢筋及受压钢筋合力作用点取矩，可得：

$$N \leqslant N_u = \alpha_1 f_c b x + f'_y A'_s - \sigma_s A_s \tag{7-30}$$

$$Ne \leqslant N_u e = \alpha_1 f_c b x \left(h_0 - \frac{x}{2}\right) + f'_y A'_s (h_0 - a'_s) \tag{7-31}$$

或 $$Ne' \leqslant N_u e' = \alpha_1 f_c bx\left(\frac{x}{2} - a'_s\right) - \sigma_s A_s (h_0 - a'_s) \tag{7-32}$$

式中
$$e' = \frac{h}{2} - a'_s - e_i \tag{7-33}$$

$$e = \frac{h}{2} - a_s + e_i \tag{7-34}$$

将 $x=\xi h_0$ 代入式(7-30)～式(7-32)，则计算公式可写为：

$$N \leqslant \alpha_1 f_c b\xi h_0 + f'_y A'_s - \sigma_s A_s \tag{7-35}$$

$$Ne \leqslant \alpha_1 f_c bh_0^2 \xi\left(1 - \frac{\xi}{2}\right) + f'_y A'_s (h_0 - a'_s) \tag{7-36}$$

或 $$Ne' \leqslant \alpha_1 f_c bh_0^2 \xi\left(\frac{\xi}{2} - \frac{a'_s}{h_0}\right) - \sigma_s A_s (h_0 - a'_s) \tag{7-37}$$

当属于小偏心受压构件的第三种破坏情况时，截面上纵向偏心压力的偏心距很小且纵向偏心压力比较大（$N > f_c bh_0$）。这时，有可能 A_s 受压屈服，这种破坏称为反向破坏，破坏时截面上的应力分布如图 7-15c)所示。为使 A_s 配置不过少，对 A'_s 合力点取矩，可得：

$$Ne' \leqslant \alpha_1 f_c bh\left(h'_0 - \frac{h}{2}\right) + f'_y A_s (h'_0 - a_s) \tag{7-38}$$

$$e' = \frac{h}{2} - a'_s - (e_0 - e_a) \tag{7-39}$$

式中：h'_0——纵向钢筋 A'_s 合力点至远离轴向力一侧边缘的距离，其中 $h'_0 = h - a'_s$。

为避免 A_s 发生受压破坏，《混凝土结构设计规范》规定，对采用非对称配筋的小偏心受压构件，当 $N > f_c bh_0$ 时，A_s 应满足式(7-38)的要求。A_s 取值同时应满足最小配筋（$A_{s,\min} = \rho_{\min} bh$）要求。

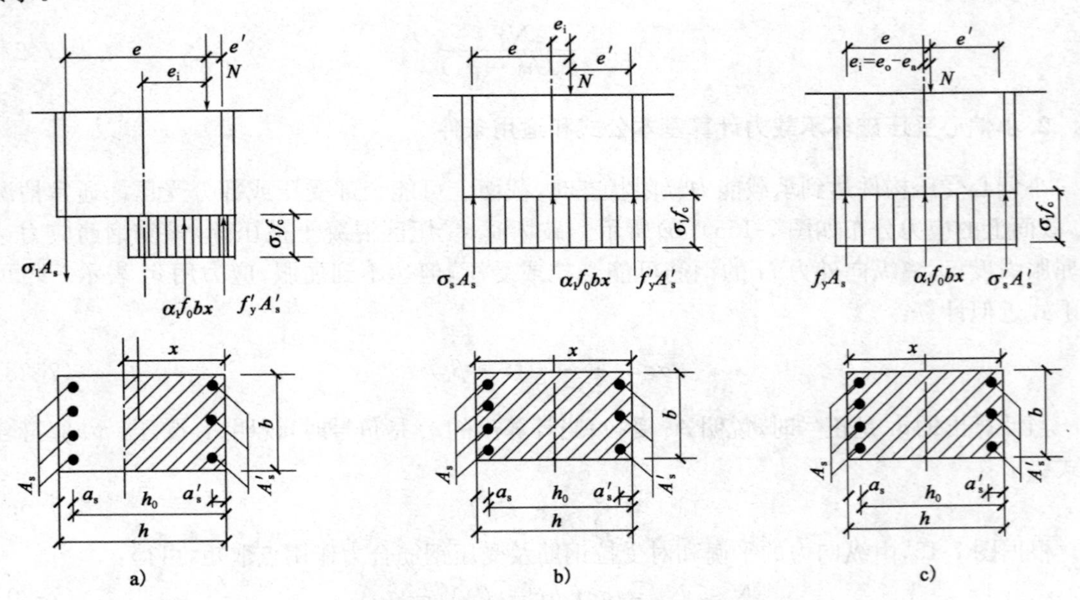

图 7-15　矩形截面小偏心受压承载力计算应力图

a)小偏心部分截面受压；b)小偏心全截面受压；c)反向破坏

小偏心受压构件承载力计算公式应满足的适用条件是：$\xi > \xi_b$、$-f'_y \leqslant \sigma_s \leqslant f_y$ 及 $x \leqslant h$。当纵向受力钢筋 A_s 的应力 σ_s 达到受压屈服强度（$-f'_y$）且 $f_y = f'_y$ 时，根据式(7-28)可计算出该状态下相对受压区高度：$\xi_{cy} = 2\beta_1 - \xi_b$。

3. 大、小偏心受压破坏的判别

进行偏心受压构件设计时，需确定构件的偏心类型。大小偏心的判别方法常用的有以下几种：

(1)直接计算 ξ 判别大小偏心

如果根据已知条件可以使用基本公式直接计算 ξ，那么可将计算所得 ξ 值与 ξ_b 相比较，以判别大小偏心。这种方法适合于截面校核及对称配筋矩形截面的截面设计。

(2)界限偏心距判别大小偏心

非对称配筋小偏心受压构件截面设计问题中，无法直接计算出 ξ。可按照界限状态时的界限偏心距与初始偏心距比较来判断大小偏心。图 7-16 为大小偏心受压过渡的界限状态下的矩形截面应力分布图。此时混凝土在界限状态下受压区相对高度为 ξ_b，受拉钢筋应力 σ_s 刚好达到屈服强度 f_y，由平衡条件可得：

$$N_b = \alpha_1 f_c b h_0 \xi_b + f'_y A'_s - f_y A_s \tag{7-40}$$

$$M_b = N_b e_{0b} = \alpha_1 f_c b h_0 \xi_b \left(\frac{h}{2} - \frac{\xi_b h_0}{2}\right) + f'_y A'_s \left(\frac{h}{2} - a'_s\right) - f_y A_s \left(\frac{h}{2} - a_s\right) \tag{7-41}$$

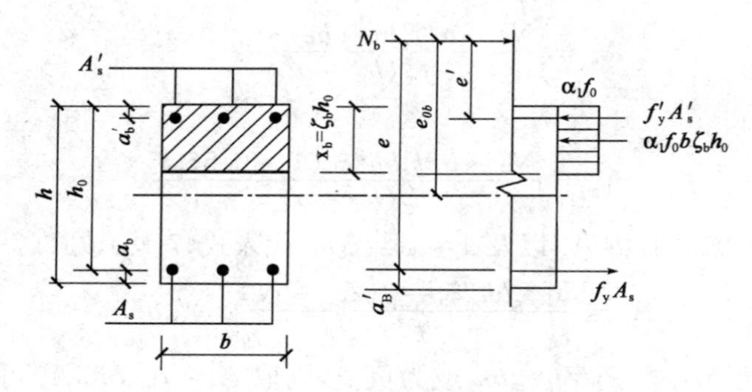

图 7-16　大小偏心界限状态应力图

取 $A_s = \rho b h_0$ 和 $A'_s = \rho' b h_0$ 代入上式整理可得：

$$\frac{e_{0b}}{h_0} = \frac{\alpha_1 f_c b \xi_b \left(\frac{h}{h_0} - \xi_b\right) + (\rho' f'_y + \rho f_y)\left(\frac{h}{h_0} - \frac{2a_s}{h_0}\right)}{2\left(\alpha_1 f_c \xi_b \frac{h}{h_0} + \rho' f'_y - \rho f_y\right)} \tag{7-42}$$

e_{0b}为界限偏心距，其影响因素较多，需根据工程经验进行简化。取工程中常用的材料性质和几何尺寸间的关系（如 $h = 1.05h_0$，$a_s = a'_s = 0.05h_0$，$f_y = f'_y$，混凝土强度等级 C25～C50，钢筋级别 HRB335～HRB500 等)，以及配筋率 ρ 和 ρ' 的下限值代入式(7-42)，可得出 e_{0b}/h_0 大约在 0.3 左右，且变化幅度不大，因此，可用于判别截面的大小偏心。

当 $e_i > 0.3h_0$ 时，可先按大偏心受压构件进行计算；当 $e_i \leqslant 0.3h_0$ 时，可按小偏心受压构件进行计算。计算过程中得到 ξ 后，再根据 ξ 确定是哪一种偏压破坏。

(3)试算法

先假设按大偏心受压破坏计算，得到 ξ 值后与 ξ_b 比较，确定截面属于那一种破坏。如果

$\xi \leqslant \xi_b$，说明原假设正确，可继续进行计算；如果 $\xi > \xi_b$，说明原假设错误，改按小偏心受压重新计算。该方法适用于任何形状截面的设计计算。

4. 矩形截面偏心受压构件的截面设计

已知混凝土和钢筋强度等级、截面尺寸、轴向力设计值 N、柱端弯矩设计值 M_1 和 M_2、构件计算长度 l_0 等，求钢筋截面面积 A_s 和 A'_s。

确定是否需要考虑附加弯矩的影响。如果需要考虑，由式(7-12)计算柱端弯矩设计值 M，然后计算初始偏心距 e_i，根据 e_i 粗略判别大小偏心类型。当 $e_i > 0.3h_0$ 时，按大偏心受压构件进行计算；当 $e_i \leqslant 0.3h_0$ 时，按小偏心受压构件进行计算。不论大偏心还是小偏心受压构件，在弯矩作用平面内受压承载力计算之后，均应按轴心受压构件验算垂直于弯矩作用平面的受压承载力，计算长度 l_0 和稳定系数 φ 按垂直于弯矩作用平面方向确定，受压钢筋 A'_s 取全部纵向钢筋的截面面积($A_s + A'_s$)。

(1)大偏心受压构件正截面承载力设计

大偏心受压构件正截面承载力设计分以下两种情况。

第一种情况：A_s、A'_s 均未知时。

由式(7-18)和式(7-19)可以看出，两个方程共有 A_s、A'_s、x 三个未知数，不能求得唯一解，必须补充一个条件。为使总用钢量($A_s + A'_s$)最少，应充分利用受压区混凝土承担压力。因此，取 $x = x_b = \xi_b h_0$，代入式(7-19)可得：

$$A'_s = \frac{Ne - \alpha_1 f_c b x_b (h_0 - 0.5x_b)}{f'_y (h_0 - a'_s)} \tag{7-43}$$

或由式(7-22)得：

$$A'_s = \frac{Ne - \alpha_1 f_c b h_0^2 \xi_b (1 - 0.5\xi_b)}{f'_y (h_0 - a'_s)} \tag{7-44}$$

若求得的 $A'_s \geqslant 0.002bh$，将 A'_s 以及 $x = x_b = \xi_b h_0$ 代入式(7-18)或式(7-21)，可得：

$$A_s = \frac{\alpha_1 f_c b h_0 \xi_b + f'_y A'_s - N}{f_y} \geqslant \rho_{min} bh \tag{7-45}$$

若求得的 A'_s 小于最小配筋率 $\rho_{min} bh$ 或为负值，则取 $A'_s = \rho_{min} bh$，A_s 可按 A'_s 为已知的情况计算。

当由式(7-45)求得的 $A_s > \rho_{min} bh$ 时，按计算的 A_s 配筋；若求得的 $A_s < \rho_{min} bh$ 或为负值时，应按 $A_s = \rho_{min} bh$ 配筋。

第二种情况：A'_s 已知求 A_s。

由式(7-18)和式(7-19)可以看出，两个方程共有 A_s、x 两个未知数，因此代入公式可直接求解。为便于计算分析，采用和受弯构件双筋矩形截面一样的方法，由式(7-22)可得：

$$\alpha_s = \frac{Ne - f'_y A'_s (h_0 - a'_s)}{\alpha_1 f_c b h_0^2} \tag{7-46}$$

则

$$\xi = 1 - \sqrt{1 - 2\alpha_s} \tag{7-47}$$

当 $\frac{2a'_s}{h_0} \leqslant \xi \leqslant \xi_b$ 时，由式(7-21)可得：

$$A_s = \frac{\alpha_1 f_c b h_0 \xi + f'_y A'_s - N}{f_y} \geqslant \rho_{min} bh \tag{7-48}$$

如果 $A_s < \rho_{min}bh$，取 $A_s = \rho_{min}bh$。

当 $\xi > \xi_b$ 时，说明受压钢筋偏少，改按第一种情况或增大截面尺寸后重新计算。

当 $\xi < \frac{2a'_s}{h_0}(x < 2a'_s)$ 时，应按式(7-27)重新计算 A_s。

(2)小偏心受压构件正截面承载力设计

由式(7-30)和式(7-31)可以看出，两个独立的方程共有 A_s、A'_s、x 三个未知数。小偏心受压破坏时，A_s 受压或受拉，一般达不到屈服强度，不需要配置较多的 A_s，可按最小配筋率确定 A_s，这样得出的 $(A_s + A'_s)$ 最为经济。设计步骤如下：

①按最小配筋率初步设定 A_s

取 $A_s = \rho_{min}bh$。为防止距轴向力较远一侧的混凝土先被压碎，当 $N > \alpha_1 f_c bh_0$，还应按式(7-38)验算 A_s，即：

$$A_s = \frac{Ne' - \alpha_1 f_c bh(h'_0 - 0.5h)}{f'_y(h'_0 - a_s)}$$

钢筋 A_s 取上述两者中的较大值，并应符合构造要求。

②计算 A'_s

将确定的 A_s 代入式(7-37)并利用 σ_s 的近似公式(7-28)，可得到 ξ 的一元二次方程，解此方程可得到式(7-49)。也可以将实际选配的 A_s 代入式(7-35)和式(7-36)，通过解联立方程解出 ξ。

$$\xi = A + \sqrt{A^2 + B} \tag{7-49}$$

式中：

$$A = \frac{a'_s}{h_0} + \frac{f_y A_s}{(\xi_b - \beta_1)\alpha_1 f_c bh_0}\left(1 - \frac{a'_s}{h_0}\right)$$

$$B = \frac{2Ne'}{\alpha_1 f_c bh_0^2} + \frac{2\beta_1 f_y A_s}{(\xi_b - \beta_1)\alpha_1 f_c bh_0}\left(1 - \frac{a'_s}{h_0}\right)$$

如果 $\xi \leqslant \xi_b$，应按大偏心受压构件重新计算。

根据解出的 ξ 值和 σ_s 值，结合小偏心受压破坏的适用条件，分下列 4 种情况计算。

a. 如果 $\xi \leqslant h/h_0$ 且 $-f'_y \leqslant \sigma_s < f_y$，表明 A_s 受拉但未达到屈服强度，或 A_s 受压未屈服或刚好屈服。混凝土受压区计算高度未超过截面高度。步骤②中 ξ 值有效，代入式(7-36)可求得 A'_s。

b. 如果 $\xi \leqslant h/h_0$ 且 $\sigma_s < -f'_y$ 时，说明 A_s 已经达到受压屈服强度，且混凝土受压区计算高度未超过截面高度。步骤②中计算的 ξ 值无效，应重新计算。此时，可取 $\sigma_s = -f'_y$，式(7-35)和式(7-37)变为：

$$N \leqslant \alpha_1 f_c b\xi h_0 + f'_y A'_s + f'_y A_s \tag{7-50}$$

$$Ne' \leqslant \alpha_1 f_c bh_0^2 \xi\left(\frac{\xi}{2} - \frac{a'_s}{h_0}\right) - f'_y A_s(h_0 - a'_s) \tag{7-51}$$

解上述方程，即可求得 ξ 和 A'_s。

c. 如果 $\xi > h/h_0$ 且 $-f'_y \leqslant \sigma_s < 0$ 时，说明 A_s 未达到或刚好达到屈服强度，混凝土截面全部受压，受压区计算高度超出了截面高度。步骤②中 ξ 值无效，应重新计算。此时，取 $\xi = h/h_0$，式(7-35)和式(7-36)变为：

$$N \leqslant \alpha_1 f_c bh + f'_y A'_s - \sigma_s A_s \tag{7-52}$$

$$Ne \leqslant \alpha_1 f_c bh\left(h_0-\frac{h}{2}\right)+f'_y A'_s(h_0-a'_s) \tag{7-53}$$

解上述方程即可求得 σ_s 和 A'_s。解出的 σ_s 应仍满足 $-f'_y \leqslant \sigma_s < 0$，如果 σ_s 超出了范围，应增加 A_s 的用量，按步骤②重新计算。

d. 如果 $\xi > h/h_0$ 且 $\sigma_s < -f'_y$，说明 A_s 应力已经达到受压屈服强度，混凝土受压区计算高度超出了截面高度。步骤②中 ξ 值无效，应重新计算。此时，取 $\sigma_s=-f'_y$，$\xi=h/h_0$，则式(7-35)和式(7-36)成为：

$$N \leqslant \alpha_1 f_c bh + f'_y A'_s + f'_y A_s \tag{7-54}$$

$$Ne \leqslant \alpha_1 f_c bh\left(h_0-\frac{h}{2}\right)+f'_y A'_s(h_0-a'_s) \tag{7-55}$$

解上述方程即可求得 A_s 和 A'_s。将求得的 A_s 与步骤①中的取值比较，取两者中较大值。

③按轴心受压构件验算垂直于弯矩作用平面的受压承载力。

5. 矩形截面偏心受压构件的截面复核

已知截面尺寸、钢筋用量 A_s 及 A'_s、混凝土强度等级和钢筋类别、构件计算长度 l_0、构件截面上作用的弯矩设计值 M 和轴向力设计值 N，要求验算截面是否满足承载力要求。

截面复核时，首先判别大小偏心受压。由式(7-18)和式(7-19)，取 $\xi=\xi_b$，可得界限状态下的偏心距 e_{ib} 为：

$$e_{ib}=\frac{\alpha_1 f_c bh_0^2\xi_b(1-0.5\xi_b)+f'_y A'_s(h_0-a'_s)}{\alpha_1 f_c bh_0\xi_b+f'_y A'_s-f_y A_s}-\left(\frac{h}{2}-a_s\right) \tag{7-56}$$

将实际算得的 e_i 与 e_{ib} 比较，当 $e_i \geqslant e_{ib}$ 时，为大偏心受压；当 $e_i < e_{ib}$ 时，为小偏心受压。

具体计算步骤详见例题。截面复核中还应按轴心受压构件验算垂直于弯矩平面的受压承载力。

[**例 7-4**] 钢筋混凝土偏心受压柱，截面尺寸 $b=400$mm，$h=450$mm，混凝土保护层厚度 $c=20$mm。柱承受轴向压力设计值 $N=320$kN，柱顶截面弯矩设计值 $M_1=357$kN·m，柱底截面弯矩设计值 $M_2=380$kN·m。柱挠曲变形为单曲率。弯矩作用平面内柱上下两端的计算长度为 5.0m；弯矩作用平面外柱的计算长度 5.6m。混凝土强度等级为 C30，纵筋采用 HRB500 级钢筋。求钢筋截面面积 A'_s 和 A_s。

解：(1)计算参数整理

$b\times h=400\text{mm}\times 450\text{mm}$，$N=32\times10^4\text{N}$，$M_1=357\text{kN}\cdot\text{m}$，$M_2=380\text{kN}\cdot\text{m}$，$a_s=a'_s=40\text{mm}$，$f_c=14.3\text{N/mm}^2$，$f_y=435\text{N/mm}^2$，$f'_y=410\text{N/mm}^2$，$\xi_b=0.518$，$h_0=410\text{mm}$。

(2)是否考虑附加弯矩影响

杆端弯矩比：$\dfrac{M_1}{M_2}=\dfrac{357}{380}=0.94>0.9$

所以应考虑杆件自身挠曲变形的影响。

(3)计算弯矩设计值

$$\frac{h}{30}=\frac{450}{30}=15\text{mm}<20\text{mm}，取 e_a=20\text{mm}$$

$$\zeta_c=\frac{0.5f_cA}{N}=4>1，取 \zeta_c=1$$

$$C_m=0.7+0.3\frac{M_1}{M_2}=0.7+0.3\times0.94=0.982$$

$$\eta_{ns}=1+\frac{1}{1300\left(\frac{M_2}{N}+e_a\right)/h_0}\left(\frac{l_0}{h}\right)^2\zeta_c=1.032$$

$$M=C_m\eta_{ns}M_2=0.982\times1.032\times380=385\text{kN}\cdot\text{m}$$

(4)判别偏压类型

$$e_0=\frac{M}{N}=\frac{385\times10^6}{320\times10^3}=1203\text{mm}$$

$$e_i=e_0+e_a=1203+20=1223\text{mm}>0.3h_0(=0.3\times410=123\text{mm})$$

故按大偏心受压构件计算。

$$e=e_i+\frac{h}{2}-a_s=1223+\frac{450}{2}-40=1408\text{mm}$$

(5)计算 A'_s 和 A_s

为使钢筋总用量最小，近似取 $\xi=\xi_b=0.518$，则有：

$$a_{sb}=\xi_b(1-0.5\xi_b)=0.518\times(1-0.5\times0.518)=0.384$$

$$A'_s=\frac{Ne-\alpha_1f_c\alpha_{sb}bh_0^2}{f'_y(h_0-a'_s)}=\frac{320\times10^3\times1408-1\times14.3\times0.384\times400\times410^2}{410\times(410-40)}$$

$$=537\text{mm}^2>A'_{s\min}(=\rho'_{\min}bh=0.002\times400\times450=360\text{mm}^2)$$

$$A_s=\frac{\alpha_1f_cbh_0\xi_b+f'_yA'_s-N}{f_y}=\frac{1\times14.3\times400\times410\times0.518+360\times611-320\times10^3}{435}$$

$$=2563\text{mm}^2>A_{s\min}(=\rho_{\min}bh=0.002\times400\times450=360\text{mm}^2)$$

(6)配筋

受压钢筋选 2⊈20$A'_s=628\text{mm}^2$，受拉钢筋选 5⊈25($A_s=2454\text{mm}^2$)。混凝土保护层厚度为 20mm，纵筋最小净距为 50mm。

验算受拉侧钢筋净距：25×5+(20+10)×2+50×4=385mm，一排布置 5⊈25 可以满足纵筋净距的要求。

截面总配筋率为：

$$\rho=\frac{A_s+A'_s}{bh}=\frac{2454+628}{400\times450}=0.0171>0.0055(\text{满足要求})$$

(7)验算垂直于弯矩作用平面的受压承载力

$\frac{l_0}{b}=\frac{5600}{400}=14$，查表 7-1，$\varphi=0.92$。由式(7-1)得：

$$\begin{aligned}N_u&=0.9\varphi(f_cA+f'_yA'_s)\\&=0.9\times0.92\times[14.3\times400\times450+410\times(2454+628)]\\&=3178\times10^3\text{N}\\&=3178\text{kN}>N=320\text{kN}\end{aligned}$$

满足要求。

[例 7-5] 柱截面尺寸 $b=400\text{mm}$，$h=400\text{mm}$，混凝土保护层厚度 $c=25\text{mm}$。截面承受轴向压力设计值 $N=250\text{kN}$，柱顶截面弯矩设计值 $M_1=90\text{kN}\cdot\text{m}$，柱底截面弯矩设计值 $M_2=105\text{kN}\cdot\text{m}$。柱挠曲变形为单曲率。弯矩作用平面内柱上下两端的计算长度为 9.6m，弯矩作用平面外柱的计算长度 12.0m。混凝土强度等级为 C35，纵筋采用 HRB500 级钢筋。受压区已配有 3Φ18($A'_s=763\text{mm}^2$)。求纵向受拉钢筋 A_s。

解：(1)钢筋和混凝土材料强度

$f_y=435\text{N/mm}^2$，$f'_y=410\text{N/mm}^2$，$f_c=16.7\text{N/mm}^2$。

弯矩作用平面内柱计算长度 $l_0=9.6\text{m}$。

(2)判断构件是否需要考虑附加弯矩

取 $a_s=a'_s=45\text{mm}$，$h_0=h-a_s=400-45=355\text{mm}$

杆端弯矩比 $$\frac{M_1}{M_2}=\frac{90}{105}=0.857<0.9$$

轴压比 $$\frac{N}{Af_c}=\frac{350\times10^3}{400\times400\times14.3}=0.15<0.9$$

截面回转半径 $$i=\frac{h}{2\sqrt{3}}=\frac{400}{2\sqrt{3}}=115.5\text{mm}$$

长细比 $$\frac{l_0}{i}=\frac{9600}{115.5}=83>34-12(M_1/M_2)=34-12\times(90/105)=23.7$$

应考虑杆件自身挠曲变形的影响。

(3)计算弯矩设计值

$$\frac{h}{30}=\frac{400}{30}=13\text{mm}<20\text{mm},\text{取 } e_a=20\text{mm}$$

$$\zeta_c=\frac{0.5f_cA}{N}=\frac{0.5\times16.7\times400\times400}{350\times10^3}=3.82>1,\text{取 } \zeta_c=1$$

$$C_m=0.7+0.3\frac{M_1}{M_2}=0.7+0.3\times0.857=0.957$$

$$\eta_{ns}=1+\frac{1}{1300\left(\frac{M_2}{N}+e_a\right)/h_0}\left(\frac{l_0}{h}\right)^2\zeta_c$$

$$=1+\frac{1}{1300\times\left(\frac{105\times10^6}{350\times10^3}+20\right)/355}\times\left(\frac{9600}{400}\right)^2\times1=1.49$$

$$M=C_m\eta_{ns}M_2=0.957\times1.49\times105=149.72\text{kN}\cdot\text{m}$$

(4)判别偏压类型

$$e_0=\frac{M}{N}=\frac{149.72\times10^6}{350\times10^3}=428\text{mm}$$

$$e_i=e_0+e_a=428+20=448\text{mm}>0.3h_0(=0.3\times355=107\text{mm})$$

故按大偏心受压构件计算：

$$e=e_i+\frac{h}{2}-a_s=448+\frac{400}{2}-45=603\text{mm}$$

(5)计算 A_s

$$\alpha_s=\frac{Ne-f'_yA'_s(h_0-a'_s)}{\alpha_1f_cbh_0^2}=\frac{350\times10^2\times603-410\times763\times(355-45)}{1\times16.7\times400\times355^2}=0.136$$

$$\xi=1-\sqrt{1-2\alpha_s}=1-\sqrt{1-2\times0.136}=0.147<\frac{2a'_s}{h_0}=\frac{2\times45}{355}=0.254$$

即 $x<2a'_s$，说明破坏时 A'_s 不能达到屈服强度，近似取 $x=2a'_s$ 计算 A_s 如下：

$$e'=e_i-\frac{h}{2}+a'_s=448-\frac{400}{2}+45=293\text{mm}$$

$$A_s=\frac{Ne'}{f_y(h_0-a'_s)}=\frac{350\times10^3\times293}{435\times(355-45)}=760\text{mm}^2$$

$$> A_{smin}(=\rho_{min}bh = 0.002\times 400\times 400 = 320\text{mm}^2)$$

选 3 ⌀ 18($A_s=763\text{mm}^2$)。截面总配筋率 $\rho=\dfrac{A_s+A_s'}{bh}=\dfrac{763+763}{400\times 400}=0.00954>0.005$,满足要求。

(6)验算垂直于弯矩作用平面的受压承载力

$\dfrac{l_0}{b}=\dfrac{12000}{400}=30$,查表 7-1,$\varphi=0.52$。由式(7-1)得:

$$\begin{aligned}N_u&=0.9\varphi(f_cA+f_y'A_s')\\&=0.9\times 0.52\times[16.7\times 400\times 400+410\times(763+763)]\\&=1543.30\times 10^3\text{N}\\&=1543.30\text{kN}>N=350\text{kN}\end{aligned}$$

满足要求。

[例 7-6]　钢筋混凝土偏心受压柱,截面尺寸 $b=450\text{mm}$,$h=500\text{mm}$,$a_s=a_s'=40\text{mm}$。截面承受轴向压力设计值 $N=2200\text{kN}$,柱顶截面弯矩设计值 $M_1=200\text{kN}\cdot\text{m}$,柱底截面弯矩设计值 $M_2=200\text{kN}\cdot\text{m}$。柱挠曲变形为单曲率。弯矩作用平面内柱上下两端的支承长度为 4.0m;弯矩作用平面外柱的计算长度 $l_0=4.0\text{m}$。混凝土强度等级为 C35,纵筋采用 HRB400 级钢筋。求钢筋截面面积 A_s 和 A_s'。

解:(1)钢筋和混凝土材料强度

$f_y=f_y'=360\text{N/mm}^2$,$f_c=16.7\text{N/mm}^2$

(2)判断构件是否需要考虑附加弯矩

杆端弯矩比 $\dfrac{M_1}{M_2}=\dfrac{200}{200}=1>0.9$

所以应考虑杆件自身挠曲变形的影响。

(3)计算构件弯矩设计值

$$h_0 = h - a_s = 500 - 40 = 460\text{mm}$$

$$\frac{h}{30} = \frac{500}{30} \approx 16.7\text{mm} < 20\text{mm},取\ e_a = 20\text{mm}$$

$$\xi_c = \frac{0.5f_cA}{N} = \frac{0.5\times 16.7\times 450\times 500}{2200\times 10^3} = 0.85$$

$$C_m = 0.7 + 0.3\frac{M_1}{M_2} = 1$$

$$\eta_{ns} = 1 + \frac{1}{1300\left(\dfrac{M_2}{N}+e_a\right)/h_0}\left(\frac{l_0}{h}\right)\xi_c$$

$$=1+\frac{1}{1300\times\left(\dfrac{200\times 10^6}{2200\times 10^3}+20\right)/460}\times\left(\frac{4000}{500}\right)^2\times 0.85 = 1.174$$

$$M = C_m\eta_{ns}M_2 = 1\times 1.174\times 200 = 234.8\text{kN}\cdot\text{m}$$

(4)判别偏压类型

$e_0 = \dfrac{M}{N} = \dfrac{234.8\times 10^6}{2200\times 10^3} = 106.7\text{mm}$

$e_i = e_0 + e_a = 106.7 + 20 = 126.7\text{mm} < 0.3h_0(= 0.3\times 460 = 138\text{mm})$

故按小偏心受压构件计算。

$$e = e_i + \frac{h}{2} - a_s = 126.7 + \frac{500}{2} - 40 = 336.7\text{mm}$$

$$e' = \frac{h}{2} - a_s - e_i = \frac{500}{2} - 40 - 126.7 = 83.3\text{mm}$$

(5)初步确定 A_s

$$A_{s,\min} = \rho_{\min} bh = 0.002 \times 450 \times 500 = 450\text{mm}^2$$

$$f_c bh = 16.7 \times 450 \times 500 = 3757.5 \times 10^3\text{N} = 3757.5\text{kN} > N = 2200\text{kN}$$

可不进行反向受压破坏验算,故取 $A_s=450\text{mm}^2$,选 3 ⌀ 14($A_s=461\text{mm}^2$)。

(6)计算 A_s'

由式(7-28):

$$\sigma_s = \frac{\xi - \beta_1}{\xi_b - \beta_1} f_y = \frac{\frac{x}{460} - 0.8}{0.518 - 0.8} \times 360 = 1021.3 - 0.7752x$$

代入式(7-35)和式(7-36)式解联立方程可得:

$$x=288.5\text{mm}$$

$$\xi_b=0.518<\frac{x}{h_0}=0.6272<2\beta_1-\xi_b=1.082$$

由式(7-36)可得

$$A_s' = \frac{Ne - \alpha_1 f_c bh_0 \xi(1-0.5\xi)}{f_y(h_0 - a_s')}$$

$$= \frac{2200 \times 10^3 \times 336.7 - 1 \times 16.7 \times 450 \times 460^2 \times 0.6272 \times (1 - 0.5 \times 0.6272)}{360 \times (460 - 40)}$$

$$=371.5\text{mm}^2 < A'_{s\min}(= \rho'_{\min} bh = 0.002 \times 450 \times 500 = 450\text{mm}^2)$$

选 4 ⌀ 16($A_s'=804\text{mm}^2$)。截面总配筋率为:

$$\rho = \frac{A_s + A_s'}{bh} = \frac{804 + 461}{450 \times 500} = 0.0056 > 0.0055$$

满足要求。

(7)验算垂直于弯矩作用平面的受压承载力

$\frac{l_0}{b}=\frac{4000}{450}=8.9$,查表 7-1,$\varphi=0.99$,由式(7-1)得:

$$N_u = 0.9\varphi(f_c A + f_y' A_s')$$

$$=0.9\times0.99\times[16.7\times450\times500+360\times(804+461)]$$

$$=3753.7\times10^3\text{N}$$

$$=3753.7\text{kN}>N=2200\text{kN}$$

满足要求。

[例 7-7] 钢筋混凝土偏心受压柱,截面尺寸 $b\times h=300\text{mm}\times400\text{mm}$,$a_s=a_s'=50\text{mm}$。柱承受轴向压力设计值 $N=254\text{kN}$,柱顶截面弯矩设计值 $M_1=122\text{kN}\cdot\text{m}$,柱底截面弯矩设计值 $M_2=135\text{kN}\cdot\text{m}$。柱挠曲变形为单曲率。弯矩作用平面内柱上下两端的支撑长度为3.5m,弯矩作用平面外柱的计算长度 $l_0=4.375\text{m}$。混凝土强度等级为 C30,纵筋采用 HRB400 级钢筋。受压钢筋为 3 ⌀ 16($A_s'=603\text{mm}^2$),受拉钢筋为 4 ⌀ 20($A_s=1256\text{mm}^2$)。要求验算截面是否能够满足承载力的要求。

解:(1)钢筋和混凝土材料强度

$f_y = f'_y = 360\text{N/mm}^2, f_c = 14.3\text{N/mm}^2$

(2)判断构件是否考虑附加弯矩

$\frac{h}{30} = \frac{400}{30} = 14\text{mm} < 20\text{mm}$,取 $e_a = 20\text{mm}$

$h_0 = h - a_s = 400 - 50 = 350\text{mm}$

杆端弯矩比:$\frac{M_1}{M_2} = \frac{122}{135} = 0.904 > 0.9$

应考虑杆件自身挠曲变形的影响。

$$\zeta_c = \frac{0.5 f_c A}{N} = \frac{0.5 \times 14.3 \times 300 \times 400}{254 \times 10^3} = 3.38 > 1,\text{取 } \xi_c = 1$$

$$C_m = 0.7 + 0.3\frac{M_1}{M_2} = 0.7 + 0.3 \times 0.904 = 0.971$$

$$\eta_{ns} = 1 + \frac{1}{1300 \times \left(\frac{M_2}{N} + e_a\right)/h_0}\left(\frac{l_c}{h}\right)^2 \zeta_c$$

$$= 1 + \frac{1}{1300 \times \left(\frac{135 \times 10^6}{254 \times 10^3} + 20\right)/350} \times \left(\frac{3500}{400}\right)^2 \times 1 = 1.04$$

$$M = C_m \eta_{ns} M_2 = 0.971 \times 1.04 \times 135 = 136.33\text{kN} \cdot \text{m}$$

(3)计算界限偏心距 e_{ib}

$$e_{ib} = \frac{\alpha_1 f_c b h_0^2 \xi_b (1 - 0.5\xi_b) + f'_y A'_s (h_0 - a'_s)}{\alpha_1 f_c b h_o \xi_b + f'_y A'_s - f_y A_S} - \left(\frac{h}{2} - a_s\right)$$

$$= \frac{1 \times 14.3 \times 300 \times 350^2 \times 0.518 \times (1 - 0.5 \times 0.518) + 360 \times 603 \times (350 - 50)}{1 \times 14.3 \times 300 \times 350 \times 0.518 + 360 \times 603 - 360 \times 1256} - \left(\frac{400}{2} - 50\right)$$

$$= 342\text{mm}$$

(4)判别偏压类型

$$e_0 = \frac{M}{N} = \frac{136.33 \times 10^6}{254 \times 10^3} = 537\text{mm}$$

$e_i = e_0 + e_a = 537 + 20 = 557\text{mm} > e_{ib} = 342\text{mm}$

判为大偏心受压构件。

(5)计算截面能承受的偏心压力设计值 N_u

$$e = e_i + \frac{h}{2} - a_s = 557 + \frac{400}{2} - 50 = 707\text{mm}$$

将已知条件代入式(7-21)、式(7-22)得

$$\begin{cases} N_u = 1 \times 14.3 \times 300 \times 350\xi + 360 \times 603 - 360 \times 1256 \\ N_u \times 707 = 1 \times 14.3\xi(1 - 0.5\xi) \times 300 \times 350^2 + 360 \times 603 \times (350 - 50) \end{cases}$$

$$\begin{cases} N_u = 1501500\xi - 235080 \\ N_u \times 707 = 525525000\xi - 262762500\xi^2 + 65124000 \end{cases}$$

解得 $\xi = 0.3659 < \xi_b = 0.518$

$N_u = 314.34\text{kN} > 254\text{kN}$

垂直于弯矩作用平面的受压承载力计算 $N_u > N = 254\text{kN}$,计算过程略。故截面验算满足要求。

七、对称配筋矩形截面偏心受压构件正截面承载力计算

实际工程中，偏心受压构件通常承受变号弯矩作用，即截面在一种荷载组合下的受拉部位在另一种荷载组合下变为受压。当两个方向的弯矩相差不大，或虽然两个方向的弯矩相差较大，但按对称配筋设计求得的钢筋总量与非对称配筋设计所得钢筋用量相比相差不多时，宜采用对称配筋。对于预制柱，为避免吊装出错和方便施工，常常采用对称配筋。所谓对称配筋是指截面两侧钢筋种类、数量以及配置方式均相同，即 $A_s=A'_s$，$f_y=f'_y$，$a_s=a'_s$。

1. 截面设计

(1)大、小偏心受压破坏的判别

将 $A_s=A'_s$、$f_y=f'_y$ 代入大偏心受压构件基本公式(7-18)、式(7-19)，可得到对称配筋大偏心受压构件计算的基本公式为：

$$N=\alpha_1 f_c bx=\alpha_1 f_c bh_0\xi \tag{7-57}$$

$$Ne=\alpha_1 f_c bx\left(h_0-\frac{x}{2}\right)+f'_y A'_s(h_0-a'_s) \tag{7-58}$$

由式(7-57)可得

$$\xi=\frac{N}{\alpha_1 f_c bh_0} \tag{7-59}$$

当 $\xi\leqslant\xi_b(x\leqslant\xi_b h_0)$ 时，为大偏心受压构件；当 $\xi>\xi_b(x>\xi_b h_0)$ 时，为小偏心受压构件。

应用式(7-59)应注意：ξ 值可以作为大偏心受压构件判别的依据，但是不能作为小偏心受压构件的实际受压区高度；当轴向压力值较小时，可能会得出大偏心受压的结果，但又存在 $e_i<0.3h_0$ 的情况，这时实际是小偏心受压构件，但不管按大偏心还是小偏心计算出的配筋量较小，都接近构造配筋。因此，对于对称配筋下 ξ 值可以作为大、小偏心受压构件判别的依据。

(2)大偏心受压破坏

若 $2a'_s\leqslant x\leqslant\xi_b h_0$，由式(7-58)可直接求出 A_s，并令 $A_s=A'_s$；或由式(7-22)求得 A_s 和 A'_s。

若 $x<2a'_s$，则由式(7-27)求得 A_s 和 A'_s。

上述两种情况所求钢筋用量均应满足最小配筋率的要求。

(3)小偏心受压破坏

将 $A_s=A'_s$、$f_y=f'_y$ 及 σ_s 代入小偏心受压构件式(7-30)、式(7-31)和式(7-35)、式(7-36)，可得对称配筋矩形截面小偏心受压的基本计算公式为：

$$N=\alpha_1 f_c bx+f'_y A'_s-f_y A_s\frac{x/h_0-\beta_1}{\xi_b-\beta_1} \tag{7-60}$$

$$Ne=\alpha_1 f_c bx\left(h_0-\frac{x}{2}\right)+f'_y A'_s(h_0-a'_s) \tag{7-61}$$

或

$$N=\alpha_1 f_c bh_0\xi+f_y A_s\frac{\xi_b-\xi}{\xi_b-\beta_1} \tag{7-62}$$

$$Ne=\alpha_1 f_c bh_0^2\xi\left(1-\frac{\xi}{2}\right)+f_y A_s(h_0-a'_s) \tag{7-63}$$

关于 ξ 或 x 的方程为三次方程，其值很难求解。为此可采用近似方法或迭代方法进行求解，两种方法都可满足工程设计精度要求。

小偏心受压构件中，对于常用的材料强度，ξ 值的近似计算公式为：

$$\xi=\frac{N-\xi_b\alpha_1 f_c bh_0}{\dfrac{Ne-0.43\alpha_1 f_c bh_0^2}{(\beta_1-\xi_b)(h_0-a_s')}+\alpha_1 f_c bh_0}+\xi_b \tag{7-64}$$

将式代入(7-63)即可求得 A_s 和 A_s'。

除采用近似法外，还可采用迭代法计算 ξ 值。迭代法的两个公式为：

$$\xi_{i+1}=\frac{N}{\alpha_1 f_c bh_0}-\frac{f_y' A_{si}'}{\alpha_1 f_c bh_0}\cdot\frac{\xi_b-\xi_i}{\xi_b-\beta_1} \tag{7-65}$$

$$A_{si}'=\frac{Ne-\xi_i\left(1-\dfrac{\xi_i}{2}\right)\alpha_1 f_c bh_0^2}{f_y'(h_0-a_s')} \tag{7-66}$$

对于小偏心受压构件，混凝土受压区高度 x 介于 $\xi_b h_0$ 和 h 之间，因而可取其中间值 $x=(\xi_b h_0+h)/2$ 作为第一次近似值，代入式(7-66)可得 A_s' 的第一次近似值；将 A_s' 的第一次近似值代入式(7-65)，得 ξ 的第二次近似值。重复前述步骤，直至前后两次求得的 A_s' 相差不超过5%时，即可认为满足要求。

当算得 $A_s+A_s'>0.05bh$ 时，说明截面尺寸偏小，宜加大柱截面尺寸；当算得 $A_s'<0$ 时，说明柱截面尺寸偏大，应按最小配筋率配置纵向钢筋，满足 $A_s=A'_s=0.002bh_0$，并使 $A_s+A'_s$ 不小于全部纵筋的最小配筋量。

2. 截面复核

对称配筋偏心受压构件的截面承载力复核与非对称配筋相同，在相关公式中取 $A_s=A_s'$，$f_y=f_y'$。

[例 7-8] 钢筋混凝土偏心受压柱，截面尺寸为 $b=500\text{mm}$，$h=650\text{mm}$，$a_s=a_s'=50\text{mm}$。截面承受轴向压力设计值 $N=2280\text{kN}$，柱顶截面弯矩设计值 $M_1=535\text{kN}\cdot\text{m}$，柱底截面弯矩设计值 $M_2=560\text{kN}\cdot\text{m}$。柱挠曲变形为单曲率。弯矩作用平面内柱上下两端的支撑长度为4.8m，弯矩作用平面外柱的计算长度6.0m。混凝土强度等级为C35，纵筋采用HRB500级钢筋。采用对称配筋，求受拉钢筋 A_s 和受压钢筋 A_s'。

解：(1)钢筋和混凝土材料强度

$f_y=435\text{N/mm}^2$，$f_y'=410\text{N/mm}^2$，$f_c=16.7\text{N/mm}^2$。

(2)判断构件是否考虑附加弯矩

杆端弯矩比：$\dfrac{M_1}{M_2}=\dfrac{535}{560}=0.955>0.9$

所以应考虑构件自身挠曲的影响。

(3)计算构件弯矩设计值

$\dfrac{h}{30}=\dfrac{650}{30}\approx22\text{mm}>20\text{mm}$，取 $e_a=22\text{mm}$。

$h_0=h-a_s=650-50=600\text{mm}$

$\zeta_c=\dfrac{0.5f_cA}{N}=\dfrac{0.5\times16.7\times500\times650}{2280\times10^3}=1.19>1$，取 $\zeta_c=1$。

$C_m=0.7+0.3\dfrac{M_1}{M_2}=0.7+0.3\times0.955=0.9865$

$$\eta_{ns}=1+\frac{1}{1300\times\left(\dfrac{M_2}{N}+e_a\right)/h_0}\left(\frac{l_0}{h}\right)^2\zeta_c$$

$$=1+\frac{1}{1300\times\left(\frac{560\times10^6}{2280\times10^3}+22\right)/600}\left(\frac{4800}{650}\right)^2\times1=1.094$$

$M=C_m\eta_{ns}M_2=0.9865\times1.094\times560=604.4\text{kN}\cdot\text{m}$

(4)判别偏压类型

$$e_0=\frac{M}{N}=\frac{604.4\times10^6}{2280\times10^3}=265\text{mm}$$

$$e_i=e_0+e_a=265+22=287\text{mm}$$

$$e=e_i+\frac{h}{2}-a=287+\frac{650}{2}-50=562\text{mm}$$

$$x=\frac{N}{\alpha_1 f_c b}=\frac{2280\times10^3}{1\times16.7\times500}=273\text{mm}$$

$$2a_s=100\text{mm}<x=273\text{mm}<\xi_b h_0=0.482\times600=289\text{mm}$$

(5)计算钢筋面积

$$A'_s=\frac{Ne-\alpha_1 f_c bx\left(h_0-\frac{x}{2}\right)}{f'_y(h_0-a'_s)}$$

$$=\frac{2280\times10^3\times562-1\times16.77\times500\times273\times\left(600-\frac{273}{2}\right)}{410\times(600-50)}$$

$$=977\text{mm}^2$$

选 4 ⌀ 18（$A_s=A'_s=1018\text{mm}^2$），截面总配筋率为：

$$\rho=\frac{A_s+A'_s}{bh}=\frac{1018\times2}{500\times650}=0.00626>0.005$$

满足要求。

(6)验算垂直于弯矩作用平面的受压承载力

$\frac{l_0}{b}=\frac{6000}{500}=12$，查表 7-1，$\varphi=0.95$。按式(7-1)得

$$\begin{aligned}N_u&=0.9\varphi(f_cA+f'_yA'_s)\\&=0.9\times0.95\times(16.7\times500\times650+410\times1018\times2)\\&=5354.23\times10^3\text{N}\\&=5354.23\text{kN}>N=2200\text{kN}\end{aligned}$$

满足要求。

[例 7-9] 钢筋混凝土偏心受压柱，截面尺寸 $b=450\text{mm}$，$h=500\text{mm}$，$a_s=a'_s=500\text{mm}$。截面承受轴向压力设计值 $N=200\text{kN}$，柱顶截面弯矩设计值 $M_1=280\text{kN}\cdot\text{m}$，柱底截面弯矩设计值 $M_2=300\text{kN}\cdot\text{m}$。柱挠曲变形为单曲率。弯矩作用平面内柱上下两端的支撑长度为 4.2m，弯矩作用平面外柱的计算长度 5.25m。混凝土强度等级为 C30，纵筋采用 HRB500 级钢筋。采用对称配筋，求受拉和受压钢筋。

解：(1)钢筋和混凝土材料强度

$f_y=435\text{N/mm}^2$，$f'_y=410\text{N/mm}^2$，$f_c=14.3\text{N/mm}^2$。

(2)判断构件是否考虑附加弯矩

杆端弯矩比：$\frac{M_1}{M_2}=\frac{280}{300}=0.93>0.9$

所以应考虑杆件自身挠曲变形的影响。

(3)计算构件弯矩设计值

$\frac{h}{30}=\frac{500}{30}\approx16.7\text{mm}<20\text{mm}$，取 $e_a=20\text{mm}$。

$h_0=h-a_s=500-50=450\text{mm}$

$$\zeta_c=\frac{0.5f_cA}{N}=\frac{0.5\times14.3\times500\times500}{200\times10^3}=8.94>1\text{，取 }\zeta_c=1\text{。}$$

$$C_m=0.7+0.3\frac{M_1}{M_2}=0.7+0.3\times0.93=0.979$$

$$\eta_{ns}=1+\frac{1}{1300\times\left(\frac{M_2}{N}+e_a\right)/h_0}\left(\frac{l_0}{h}\right)^2\zeta_c$$

$$=1+\frac{1}{1300\times\left(\frac{300\times10^6}{200\times10^3}+20\right)/450}\left(\frac{4200}{500}\right)^2\times1=1.016$$

由于 $C_m\eta_{ns}=0.995<1$，取 $C_m\eta_{ns}=1$，则有：

$$M=C_m\eta_{ns}M_2=1\times300=300\text{kN}\cdot\text{m}$$

(4)判别偏压类型

$$e_0=\frac{M}{N}=\frac{300\times10^6}{200\times10^3}=1500\text{mm}$$

$$e_i=e_0+e_a=1500+20=1520\text{mm}$$

$$e'=e_i-\frac{h}{2}+a_s'=1520-\frac{500}{2}+50=1320\text{mm}$$

$$x=\frac{N}{\alpha_1f_cb}=\frac{200\times10^3}{1\times14.3\times450}=31.08\text{mm}<\xi_bh_0=0.482\times450=217\text{mm}$$

判定为大偏心受压，但 $x<2a_s'=100\text{mm}$，故实取 $x=100\text{mm}$。

(5)计算钢筋面积

$$A_s'=A_s=\frac{Ne'}{f_y(h_0-a_s')}=\frac{200\times10^3\times1320}{435\times(450-50)}=1517\text{mm}$$

选 4 ⌀ 22（$A_s=A_s'=1520\text{mm}^2$），截面总配筋率为：

$$\rho=\frac{A_s+A_s'}{bh}=\frac{1520\times2}{500\times500}=0.0122>0.005$$

满足要求。

(6)验算垂直于弯矩作用平面的受压承载力

$\frac{l_0}{b}=\frac{5250}{450}=11.67$，查表 7-1，$\varphi=0.955$。按式(7-1)有：

$$\begin{aligned}N_u&=0.9\varphi(f_cA+f_y'A_s')\\&=0.9\times0.955\times(14.3\times450\times500+410\times1520\times2)\\&=3836.7\times10^3\text{N}\\&=3836.7\text{kN}>N=200\text{kN}\end{aligned}$$

满足要求。

[例 7-10] 钢筋混凝土偏心受压柱，截面尺寸为 $b=500\text{mm}$，$h=600\text{mm}$，$a_s=a_s'=50\text{mm}$。

截面承受轴向压力设计值 $N=3768\text{kN}$，柱顶截面弯矩设计值 $M_1=505\text{kN}\cdot\text{m}$，柱底截面弯矩设计值 $M_2=540\text{kN}\cdot\text{m}$。柱挠曲变形为单曲率。弯矩作用平面内柱上下两端的支撑长度为 4.5m，弯矩作用平面外柱的计算长度 6.0m。混凝土强度等级为 C35，纵筋采用 HRB400 级钢筋。采用对称配筋，求受拉钢筋 A_s 和受压钢筋 A_s'。

解：(1)钢筋和混凝土材料强度

$f_y=f_y'=360\text{N/mm}^2$，$f_c=16.7\text{N/mm}^2$。

(2)判断构件是否考虑附加弯矩

杆端弯矩比：$\dfrac{M_1}{M_2}=\dfrac{505}{540}=0.935>0.9$

所以应考虑杆件自身挠曲变形的影响

(3)计算构件弯矩设计值

$\dfrac{h}{30}=\dfrac{600}{30}=20\text{mm}$，取 $e_a=20\text{mm}$。

$h_0=h-a_s=600-50=550\text{mm}$

$$\zeta_c=\frac{0.5f_cA}{N}=\frac{0.5\times16.7\times500\times600}{3768\times10^3}=0.665$$

$$C_m=0.7+0.3\frac{M_1}{M_2}=0.7+0.3\times0.935=0.98$$

$$\eta_{ns}=1+\frac{1}{1300\left(\dfrac{M_2}{N}+e_a\right)\div h_0}\times\left(\frac{l_0}{h}\right)^2\times\zeta_c$$

$$1+\frac{1}{1300\left(\dfrac{540\times10^6}{3768\times10^3}+20\right)\div550}\times\left(\frac{4500}{600}\right)^2\times0.665=1.097$$

$$M=C_m\eta_{ns}M_2=0.98\times1.097\times540=580.53\text{kN}\cdot\text{m}$$

(4)判别偏压类型

$$e_0=\frac{M}{N}=\frac{580.53\times10^6}{3768\times10^3}=154\text{mm}$$

$$e_i=e_0+e_a=154+20=174\text{mm}$$

$$e=e_i+\frac{h}{2}-a_s=174+300-50=424\text{mm}$$

$$\xi=\frac{N}{\alpha_1f_cbh_0}=\frac{3768\times10^3}{1\times16.7\times500\times550}=0.820>\xi_b=0.518$$

判定为小偏心受压构件。

(5)计算钢筋面积

按矩形面积对称配筋小偏心受压构件的近似公式(7-64)重新计算 ξ：

$$\xi=\frac{N-\alpha_1f_cbh_0\xi_b}{\dfrac{Ne-0.43\alpha_1f_cbh_0^2}{(\beta_1-\xi_b)(h_0-a_s')}+\alpha_1f_cbh_0}+\xi_b$$

$$=\frac{3768\times10^3-1\times16.7\times500\times550\times0.518}{\dfrac{3768\times10^3\times424-0.43\times1\times16.7\times500\times550^2}{(0.8-0.518)(550-50)}+1\times16.7\times500\times550}+0.518$$

$=0.687$

$$\sigma_s=\frac{\xi-\beta_1}{\xi_b-\beta_1}f_y=\frac{0.687-0.8}{0.518-0.8}\times360=144\text{N/mm}^2\begin{cases}<f_y=360\text{N/mm}^2\\>-f'_y=-360\text{N/mm}^2\end{cases}$$

把ξ代入式(7-36)，得

$$A_s=A'_S=\frac{Ne-\alpha_1 f_c bh_0^2\xi(1-0.5\xi)}{f'_y(h_0-a'_s)}$$

$$=\frac{3768\times10^3\times424-1\times16.7\times500\times550^2\times(1-0.5\times0.687)}{360\times(550-50)}=2547\text{mm}^2$$

(6)配筋

选5Φ25($A_s=A'_s=2454\text{mm}^2$)，截面总配筋率为：

$$\rho=\frac{A_s+A'_s}{bh}=\frac{2454\times2}{500\times600}=0.0164>0.005$$

满足要求。

(7)验算垂直于弯矩作用平面的受压承载力

$\frac{l_0}{b}=\frac{6000}{500}=12$，查表7-1，$\varphi=0.95$。按式(7-1)有：

$$\begin{aligned}N_u&=0.9\varphi(f_cA+f'_yA'_s)\\&=0.9\times0.95\times(16.7\times500\times600+360\times2454\times2)\\&=5794.2\times10^3\text{N}\\&=5794.2\text{kN}>N=3768\text{kN}\end{aligned}$$

满足要求。

八、偏心受压构件正截面承载力N_u-M_u关系曲线

1. N_u-M_u关系曲线的绘制

图7-17为西南交通大学所作的一组偏心受压试件在不同偏心距作用下承载力N_u和M_u之间的关系曲线。试验表明：截面尺寸、材料强度和配筋给定的偏心受压构件，可以在不同的N_u和M_u组合下达到承载能力极限状态，或者说给定一个轴力N_u，构件就有一个极限弯矩M_u，反之，也成立。

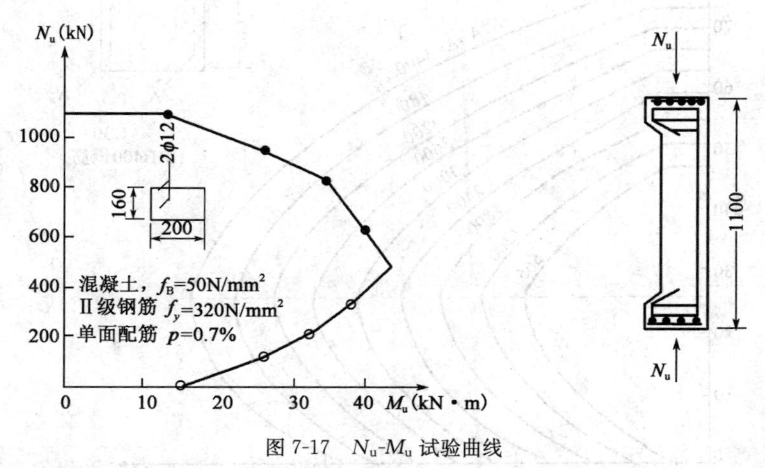

图7-17 N_u-M_u试验曲线

这表明，偏心受压构件所能承受的轴向力N_u和弯矩M_u具有相关性。下面以对称配筋矩形截面偏心受压构件为例，来绘制N_u—M_u关系曲线。

(1)大偏心受压构件的 N_u—M_u 关系曲线

将 N_u、$f_y=f'_y$、$A_s=A'_s$ 代入式(7-57),得

$$x=\frac{N_u}{\alpha_1 f_c b} \tag{7-67}$$

将式(7-67)、式(7-20)代入式(7-19),并令 $M_u=N_u e_i$,可得:

$$M_u=\frac{N_u}{2}\left(h-\frac{N_u}{\alpha_1 f_c b}\right)+f'_y A'_s(h_0-a'_s) \tag{7-68}$$

式(7-68)表明,N_u 与 M_u 之间是二次函数关系,如图 7-18 中水平粗虚线以下的曲线所示。

(2)小偏心受压构件的 N_u-M_u 关系曲线

将式(7-34)代入式(7-31),并令 $M_u=N_u e_i$,可得:

$$M_u=-N_u\left(\frac{h}{2}-a_s\right)+\frac{x}{h_0}\left(1-\frac{x}{2h_0}\right)\alpha_1 f_c b h_0^2+f'_y A'_s(h_0-a_s) \tag{7-69}$$

将式(7-28)代入式(7-30),可得

$$x=\frac{(\xi_b-\beta_1)h_0}{\alpha_1 f_c b h_0(\xi_b-\beta_1)-f'_y A'_s}N_u+\frac{(\xi_b-2\beta_1)f'_y A'_s h_0}{\alpha_1 f_c b h_0(\xi_b-\beta_1)-f'_y A'_s} \tag{7-70}$$

由式(7-69)和式(7-70)可见,小偏心受压构件的 N_u 与 M_u 之间也是二次函数关系,如图 7-18 中水平粗虚线以上的曲线所示。

2. N_u-M_u 关系曲线特点和应用

图 7-18 表明,N_u-M_u 关系曲线有着以下特点:

(1)大偏心受压时,M_u 随 N_u 的增大而增加;小偏心受压时,M_u 随 N_u 的增加而减少。

(2)界限破坏时,M_u 最大;$M_u=0$ 时,N_u 最大;$N_u=0$ 时,M_u 不是最大。

(3)对称配筋时,如果截面尺寸、形状相同,混凝土强度和钢筋级别也相同,随配筋量的增加,截面所能承担的极限弯矩 M_u 增加,但是截面承担的极限轴向力 N_u 不变,如图 7-18 中的虚线所示。

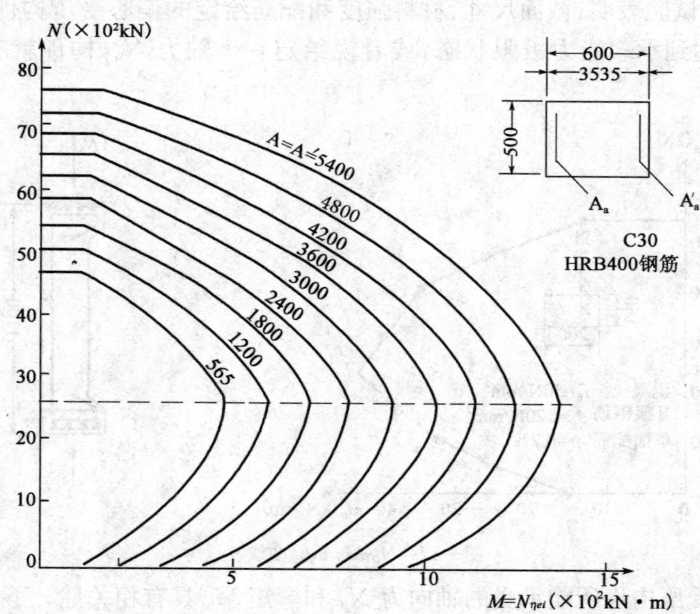

图 7-18 对称配筋时 N_u-M_u 相关曲线

图 7-18 表明：对于大偏心受压构件，当轴向压力基本不变时，弯矩值越大需要的纵向钢筋越多；当弯矩值基本不变时，轴向压力值越小需要的纵向钢筋越多。对于小偏心受压构件，当轴向压力基本不变时，弯矩值越大需要的纵向钢筋越多；当弯矩值基本不变时，轴向压力值越大需要的纵向钢筋越多。进行结构设计时，受压构件的一个截面往往有多个弯矩和轴向力组合。借助于 N_u-M_u 关系曲线可以筛选不利内力，挑选出需要配筋量大的内力组合，从而减小计算工作量。

第四节　I 形截面偏心受压构件正截面承载力计算

对于截面尺寸较大的装配式柱，为了节省混凝土和减轻自重，往往采用 I 形截面的对称配筋柱。I 形截面偏心受压构件的受力性能、破坏形态、计算原理与矩形截面偏心受压构件相同，仅由于截面形状不同而使计算公式有所差别。

一、对称配筋 I 形截面偏心受压构件承载力计算基本公式和适用条件

1. 大偏心受压构件

由于受压区高度不同，中和轴可能在受压翼缘，也可能在腹板。

(1) 中和轴在截面受压翼缘内（$x \leqslant h'_f$）

根据计算应力图 7-19a) 所示，由力的平衡条件可得：

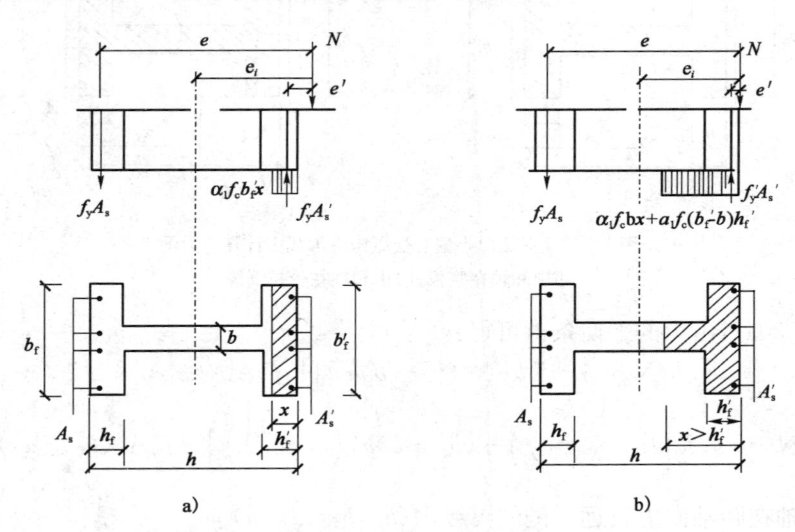

图 7-19　I 形截面大偏心受压构件承载力计算应力图

a) 中和轴在受压翼缘；b) 中和轴在腹板

$$N = \alpha_1 f_c b'_f x \tag{7-71}$$

$$Ne = \alpha_1 f_c b'_f x \left(h_0 - \frac{x}{2}\right) + f'_y A'_s (h_0 - a'_s) \tag{7-72}$$

其受力情况和宽度为 b'_f、高度为 h 的矩形截面大偏心受压构件相同。

(2) 中和轴在截面腹板内（$x > h'_f$）

根据计算应力图 7-19b) 所示，由力的平衡条件可得：

$$N=\alpha_1 f_c[bx+(b_f'-b)h_f'] \tag{7-73}$$

$$Ne=\alpha_1 f_c\left[bx\left(h_0-\frac{x}{2}\right)+(b_f'-b)h_f'\left(h_0-\frac{h_f'}{2}\right)\right]+f_y'A_s'(h_0-a_s') \tag{7-74}$$

式(7-71)～式(7-74)的适用条件为：

$$2a_s'\leqslant x\leqslant h_f' \tag{7-75}$$

若 $x\leqslant 2a_s'$，取 $x=2a_s'$ 进行计算。

2. 小偏心受压构件

I 形截面小偏心受压柱，中和轴的位置有两种情况：中和轴通过腹板或通过距轴向力较远一侧的翼缘，如图 7-20 所示。

(1)中和轴在截面腹板($h_f'<x\leqslant h-h_f$)

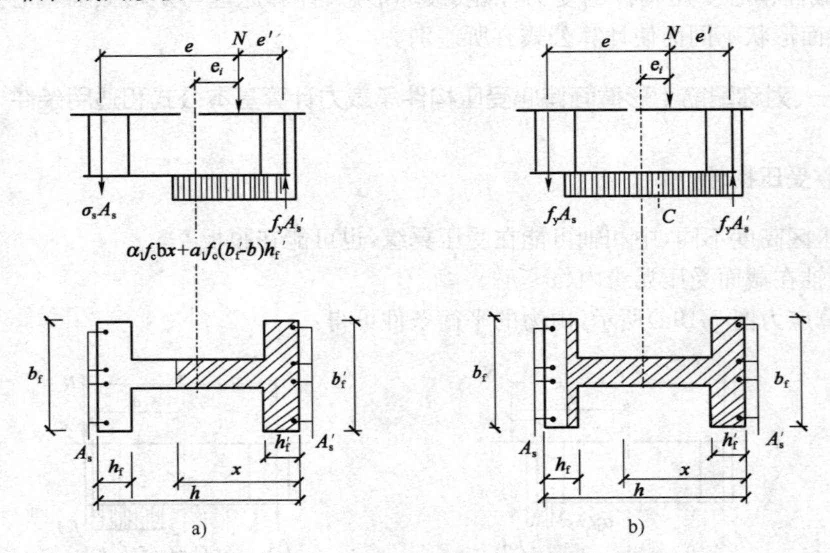

图 7-20　I 形截面小偏心受压构件承载力计算应力图

a)中和轴在腹板；b)中和轴在受拉翼缘

根据图 7-20a)，由力的平衡条件可得：

$$N=\alpha_1 f_c[bx+(b_f'-b)h_f']+f_y'A_s'-\sigma_s A_s \tag{7-76}$$

$$Ne=\alpha_1 f_c\left[bx\left(h_0-\frac{x}{2}\right)+(b_f'-b)h_f'\left(h_0-\frac{h_f'}{2}\right)\right]+f_y'A_s'(h_0-a_s') \tag{7-77}$$

(2)中和轴在距轴向力较远一侧的翼缘内($h-h_f<x\leqslant h$)

根据图 7-20b)，由力的平衡条件可得：

$$N=\alpha_1 f_c[bx+(b_f'-b)h_f'+(b_f-b)(x-h+h_f)]+f_y'A_s'-\sigma_s A_s \tag{7-78}$$

$$\begin{aligned}Ne=&\alpha_1 f_c bx\left(h_0-\frac{x}{2}\right)+\alpha_1 f_c(b_f'-b)h_f'\left(h_0-\frac{h_f'}{2}\right)+\\&\alpha_1 f_c(b_f-b)(x+h_f-h)\left(\frac{h}{2}+\frac{h_f}{2}-a_s-\frac{x}{2}\right)+f_y'A_s'(h_0-a_s')\end{aligned} \tag{7-79}$$

σ_s 值按照式(7-28)计算，应满足式(7-29)要求。

二、对称配筋Ⅰ形截面偏心受压构件承载力计算方法

1. 大偏心受压构件

大偏心受压构件承载力的计算步骤如下：

(1)假设中和轴在受压翼缘内，由式(7-71)可得：

$$x=\frac{N}{\alpha_1 f_c b_f'} \tag{7-80}$$

若 $2a_s'\leqslant x\leqslant h_f'$，则判断为大偏心受压，说明计算的 x 有效。按式(7-72)可求得 A_s' 和 A_s，取 $A_s'=A_s$。

若 $x\leqslant 2a_s'$，取 $x=2a_s'$，按式(7-27)计算，取 $A_s'=A_s$。

(2)若按式(7-80)算出的 $x>h_f'$，说明中和轴在腹板内，此时混凝土受压区高度 x 应按式(7-81)重新计算。

$$x=\frac{N-\alpha_1 f_c(b_f'-b)h_f'}{\alpha_1 f_c b} \tag{7-81}$$

若 $h_f'<x\leqslant\xi_b h_0$，则判断为大偏心受压，由式(7-74)可求得 A_s' 和 A_s，取 $A_s'=A_s$。

若 $x>\xi_b h_0$，则判断为小偏心受压，应按小偏心受压重新计算。

(3)最后验算垂直于弯矩作用平面的受压承载力。

2. 小偏心受压构件

按式(7-81)算得的 $x>\xi_b h_0$ 时，判断为小偏心受压，此时算得的 x 无效，应重新计算。类似于对称配筋矩形截面小偏心受压构件截面设计，采用近似方法计算 ξ：

$$\xi=\frac{N-\alpha_1 f_c(b_f'-b)h_f'-\xi_b\alpha_1 f_c b h_0}{\dfrac{Ne-\alpha_1 f_c(b_f'-b)h_f'\left(h_0-\dfrac{h_f'}{2}\right)-0.43\alpha_1 f_c b h_0^2}{(\beta_1-\xi_b)(h_0-a_s')}+\alpha_1 f_c b h_0}+\xi_b \tag{7-82}$$

若 $\xi_b<\xi\leqslant\dfrac{h-h_f}{h_0}$，将 ξ 代入式(7-77)计算 A_s 和 A_s'，取 $A_s'=A_s$。

若 $\xi>\dfrac{h-h_f}{h_0}$，说明中和轴在距轴向力较远一侧的翼缘内，应由式(7-78)和式(7-79)联立重新求解 ξ，代入式(7-28)求得 σ_s，然后根据求解出的 ξ 和 σ_s 的不同分别计算。

三、对称配筋Ⅰ形截面偏心受压构件截面复核

Ⅰ形截面对称配筋偏心受压构件正截面受压承载力复核方法与对称配筋矩形截面偏心受压构件相似。在已知截面作用的弯矩设计值和轴向力设计值以及其他条件的情况下，可由基本公式求解 ξ、N_u 等。

[例 7-11] 已知某钢筋混凝土Ⅰ形截面柱，截面尺寸为 $h_f=h_f'=120\text{mm}$，$b_f=b_f'=400\text{mm}$，$h=800\text{mm}$，$b=120\text{mm}$。采用 C30 混凝土，HRB400 钢筋，$a_s=a_s{}'=40\text{mm}$，$\eta_{ns}=1$，承受轴向力设计值 $N=780\text{kN}$，柱两端弯矩设计值为 $M_1=M_2=550\text{kN}\cdot\text{m}$，对称配筋，求受拉和受压钢筋截面面积。

解：(1)钢筋和混凝土材料强度

$f_y = f'_y = 360\text{N/mm}^2$，$f_c = 14.3\text{N/mm}^2$。

(2)计算弯矩设计值 M

$C_m = 0.7 + 0.3\dfrac{M_1}{M_2} = 1$，$\eta_{ns} = 1$，则有：

$M = C_m \eta_{ns} M_2 = 1 \times 1 \times 550 = 550\text{kN}\cdot\text{m}$

(3)判别大小偏心受压构件

先假定中和轴在受压翼缘内，则有：

$$x = \frac{N}{\alpha_1 f_c b'_f} = \frac{780 \times 10^3}{1 \times 14.3 \times 400} = 136.4\text{mm} > h'_f = 120\text{mm}$$

说明中和轴在腹板内，按式(7-81)重新计算 x：

$$x = \frac{N - \alpha_1 f_c (b'_f - b) h'_f}{\alpha_1 f_c b} = \frac{780000 - 1.0 \times 14.3 \times (400 - 120) \times 120}{1.0 \times 14.3 \times 120} = 174.5\text{mm}$$

$h'_f = 120\text{mm} < x < \xi_b h_0 = 0.518 \times 760 = 393.68\text{mm}$

属于大偏心受压构件。

(4)计算 A_s 和 A'_s

$$e_0 = \frac{M}{N} = \frac{550}{780} = 705.13\text{mm}$$

$\dfrac{h}{30} = \dfrac{800}{30} = 26.67\text{mm} > 20\text{mm}$，取 $e_a = 26.67\text{mm}$。

$$e_i = e_0 + e_a = 705.13 + 26.67 = 731.8\text{mm}$$

$$e = e_i + \frac{h}{2} - a_s = 731.8 + 400 - 40 = 1091.8\text{mm}$$

根据式(7-74)，计算 A_s 和 A'_s：

$$A_s = A'_s = \frac{Ne - \alpha_1 f_c b x\left(h_0 - \dfrac{x}{2}\right) - \alpha_1 f_c (b'_f - b) h'_f \left(h_0 - \dfrac{h'_f}{2}\right)}{f'_y (h_0 - a'_s)}$$

$$= \frac{780 \times 10^3 \times 1091.8 - 14.3 \times 120 \times 174.5 \times \left(760 - \dfrac{174.5}{2}\right) - 14.3 \times (400 - 120) \times 120 \times \left(760 - \dfrac{120}{2}\right)}{360 \times (760 - 40)}$$

$$= 1210.7\text{mm}^2$$

(5)选筋验算配筋率

每边选 4Φ20，($A_s = A'_s = 1256\text{mm}^2$)，构件的全截面面积为：

$$A = bh + (b'_f - b)h'_f + (b_f - b)h_f$$
$$= 120 \times 800 + (400 - 120) \times 120 + (400 - 120) \times 120$$
$$= 163200\text{mm}^2$$

则全部纵向钢筋的配筋率为：

$$\rho = \frac{1256 \times 2}{163200} = 1.54\% > 0.55\%$$

满足要求。

[例 7-12] 工形截面钢筋混凝土偏心受压排架柱，截面尺寸为 $h_f = h'_f = 150\text{mm}$，$b_f = b'_f = 400\text{mm}$，$h = 900\text{mm}$，$b = 100\text{mm}$。采用 C40 混凝土，HRB500 钢筋，$a_s = a'_s = 45\text{mm}$，柱计算长度 $l_0 = 5.5\text{m}$，柱子承受轴向力设计值 $N = 2100\text{kN}$，柱两端弯矩设计值分别为 $M_1 = 780\text{kN}\cdot\text{m}$，$M_2 = 820\text{kN}\cdot\text{m}$，采用对称配筋，求受拉和受压钢筋截面面积。

解:(1)钢筋和混凝土材料强度

$f_y=435\text{N/mm}^2$,$f'_y=410\text{N/mm}^2$,$f_c=19.1\text{N/mm}^2$。

(2)是否考虑二阶效应

$$A=bh+2(b_f-b)h_f=100\times900+2\times(400-100)\times150=18\times10^4\text{mm}^2$$

$$I_y=\frac{bh^3}{12}+2\left[\frac{1}{12}(b_f-b)h_f^3+(b_f-b)h_f\left(\frac{h}{2}-\frac{h_f}{2}\right)^2\right]=\frac{1}{12}\times100\times900^3+$$

$$2\times\left[\frac{1}{12}(400-100)\times150^3+(400-100)\times150\times\left(\frac{900}{2}-\frac{150}{2}\right)^2\right]$$

$$=189\times10^8\text{mm}^4$$

$$i_y=\sqrt{\frac{I_y}{A}}=\sqrt{\frac{189\times10^8}{18\times10^4}}=324\text{mm},\frac{l_0}{i_y}=\frac{5500}{324}=17$$

$$h_0=h-a_s=900-45=855\text{mm}$$

对于排架柱,采用式(7-16a)计算弯矩增大系数:

$$\zeta_c=\frac{0.5f_cA}{N}=\frac{0.5\times19.1\times18\times10^4}{2100\times10^3}=0.819$$

$$\eta_s=1+\frac{1}{1500\left(\frac{M_0}{N}+e_a\right)/h_0}\left(\frac{l_0}{h}\right)^2\zeta_c$$

$$=1+\frac{1}{1500\times\left(\frac{820\times10^6}{2100\times10^3}+30\right)/855}\times\left(\frac{5500}{900}\right)^2\times1=1.051$$

$$M=\eta_sM_0=1.051\times820=861.82\text{kN}\cdot\text{m}$$

$$e_i=e_0+e_a=\frac{M}{N}+e_a=\frac{861.82\times10^6}{2100\times10^3}+30=440\text{mm}$$

$$e=e_i+\frac{h}{2}-a_s=440+\frac{900}{2}-45=845\text{mm}$$

(3)判别偏压类型

先假定中和轴在受压翼缘内,则有:

$$x=\frac{N}{\alpha_1f_cb'_f}=\frac{2100\times10^3}{1\times19.1\times400}=275\text{mm}>h'_f=150\text{mm}$$

说明中和轴在腹板内,按大偏心受压式(7-81)计算受压区高度,即:

$$x=\frac{N-\alpha_1f_c(b'_f-b)h'_f}{\alpha_1f_cb}=\frac{2100\times10^3-1\times19.1\times(400-100)\times150}{1\times19.1\times100}$$

$$=649\text{mm}>\xi_bh_0=0.482\times855=412\text{mm}$$

说明为小偏心受压构件,应按小偏心受压计算受压区高度。

(4)计算 ξ

按工形截面对称配筋小偏心受压构件式(7-82)计算 ξ,即:

$$\xi=\frac{N-\alpha_1f_c(b'_f-b)h'_f-\alpha_1f_cbh_0\xi_b}{\frac{Ne-\alpha_1f_c(b'_f-b)h'_f\left(h_0-\frac{h'_f}{2}\right)-0.43\alpha_1f_cbh_0^2}{(\beta_1-\xi_b)(h_0-a'_s)}+\alpha_1f_cbh_0}+\xi_b$$

$$=\frac{2100\times10^3-1\times19.1\times(400-100)\times150-1\times19.1\times100\times855\times0.482}{\frac{2100\times10^3\times845-1\times19.1\times(400-100)\times150\times\left(855-\frac{150}{2}\right)-0.43\times1\times19.1\times100\times855^2}{(0.8-0.482)\times(855-45)}+1\times19.1\times100\times855}+0.482$$

$=0.608>\xi_b=0.482$

且 $\xi=0.608<\dfrac{h-h_f}{h_0}=\dfrac{900-150}{850}=0.882$

说明翼缘 $b_f h_f$ 范围仍为受拉区，A_s 受拉且应力未达到屈服强度。

(5)计算 A_s 和 $A_s{}'$

将 ξ 代入式(7-77)得：

$$A_s=A_s'=\frac{Ne-\alpha_1 f_c b h_0^2\xi\left(1-\dfrac{\xi}{2}\right)-\alpha_1 f_c(b_f'-b)h_f'\left(h_0-\dfrac{h_f'}{2}\right)}{f_y'(h_0-a_s')}$$

$$=\frac{2100\times10^3\times845-1\times19.1\times100\times855^2\times0.608\times\left(1-\dfrac{0.608}{2}\right)-1\times19.1\times(400-100)\times150\times\left(855-\dfrac{150}{2}\right)}{410\times(855-45)}$$

$=1545\text{mm}^2>\rho_{min}A=360\text{mm}^2$

选用 2Φ20+2Φ25($A_s=A_s'=1610\text{mm}^2$)，截面总配筋率为：

$$\rho=\frac{A_s+A_s'}{A}=\frac{1610\times2}{18\times10^4}=0.0179>0.005$$

满足要求。

(6)验算垂直于弯矩作用平面的受压承载力

查表 7-1，$\varphi=0.849$，则有：

$N_u=0.9\varphi(f_c A+f_y' A_s')$

$=0.9\times0.849\times(19.1\times18\times10^4+410\times1610\times2)$

$=3635.74\times10^3\text{N}=3635.74\text{kN}>N=2100\text{kN}$

满足要求。

第五节　双向偏心受压构件正截面承载力计算

当轴向压力在截面的两个主轴方向都有偏心时，或者构件同时承受轴向压力及两个方向的弯矩时，称为双向偏心受压构件。实际结构工程中常遇到双向偏心受压构件，如框架房屋的角柱、地震作用下的边柱、管道支架和水塔支柱等。

双向偏心受压构件正截面承载力计算，《混凝土结构设计规范》(GB 50010—2010)给出了基本计算方法和近似计算方法两种算法。

一、基本计算方法

双向偏心受压构件的计算假定同受弯构件，中和轴一般不与截面的主轴相互垂直，是倾斜的。受压区的形状变化较多，对于矩形截面，可能为三角形、四边形或五边形；对于 T 形、L 形截面则更复杂。同时，由于各根钢筋到中和轴的距离不等，且往往相差悬殊，而使纵向钢筋应力不均匀。下面介绍矩形截面双向偏心受压构件正截面承载力计算的一般公式。

矩形截面的尺寸为 $b\times h$，截面主轴为 $x-y$ 轴，受压区如图 7-21a)中阴影线表示，x 轴与中和轴的夹角为 θ。受压区的最高点 O 点定义为新坐标 $x'-y'$ 的原点，x' 轴平行与中和轴。把每根钢筋用 j 编号，其应变和应力分别用 ε_{sj} 和 σ_{sj} 表示，每根钢筋面积用 A_{sj} 表示。受压区混凝土划分为 l 个单元，第 i 个单元的面积、应变和应力分别用 A_{ci}、ε_{ci} 和 σ_{ci} 表示。

图 7-21 中由坐标变换得到：

$$x' = -x\cos\theta + y\sin\theta + \frac{b}{2}\cos\theta - \frac{h}{2}\sin\theta \tag{7-83}$$

$$y' = -x\sin\theta - y\cos\theta + \frac{b}{2}\sin\theta + \frac{h}{2}\cos\theta \tag{7-84}$$

根据平截面假定和应变的几何关系，当截面受压区外边缘的混凝土应变达到极限压应变ε_{cu}（取ε_{cu}=0.0033）且受拉区最外排钢筋的应变小于0.01时，各根钢筋和各混凝土单元的应变如下：

$$\varepsilon_{ci} = 0.0033(1 - y'_{ci}/y_u) \tag{7-85}$$

$$\varepsilon_{sj} = 0.0033(1 - y'_{sj}/y_u) \tag{7-86}$$

式中：y_u——中和轴至受压区最外侧边缘的距离；

y'_{ci}——第i个混凝土单元重心到x'轴的距离，按式(7-84)计算；

y'_{sj}——第j个钢筋单元重心到x'轴的距离，按式(7-84)计算。

ε_{ci}、ε_{sj}为正值时表示受压，为负值时表示受拉。

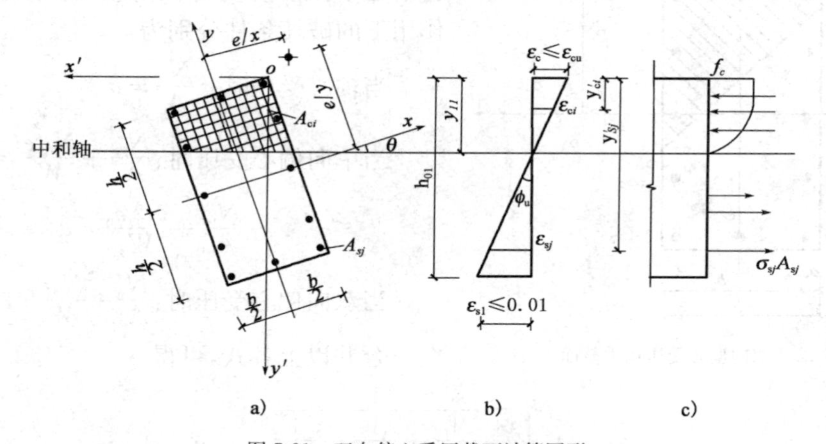

图 7-21 双向偏心受压截面计算图形

a)截面及其单元划分；b)应变分布；c)应力分布

将钢筋和混凝土单元的应变代入各自的应力—应变关系，即可得钢筋和混凝土各单元的应力σ_{sj}和σ_{ci}，但钢筋和混凝土应力的绝对值不应大于其相应的强度设计值，纵向受拉钢筋的极限拉应变为0.01。由平衡条件可得：

$$N \leqslant \sum_{i=1}^{l}\sigma_{ci}A_{ci} - \sum_{j=1}^{m}\sigma_{sj}A_{sj} \tag{7-87}$$

$$M_X \leqslant \sum_{i=1}^{l}\sigma_{ci}A_{ci}x_{ci} - \sum_{j=1}^{m}\sigma_{sj}A_{sj}x_{sj} \tag{7-88}$$

$$M_Y \leqslant \sum_{i=1}^{l}\sigma_{ci}A_{ci}y_{ci} - \sum_{j=1}^{m}\sigma_{sj}A_{sj}y_{sj} \tag{7-89}$$

式中：N——轴向压力设计值，取正值；

M_X、M_Y——考虑结构侧移构件挠曲和附加偏心距引起的附加弯矩后，在截面x轴、y轴方向的弯矩设计值；由压力产生的偏心在x轴的上侧时M_Y取正值，由压力产生的偏心在y轴的右侧时M_X取正值；

x_{ci}、y_{ci}——第i个混凝土单元重心到y轴、x轴的距离，x_{ci}在y轴右侧及y_{ci}在x轴上侧时取正值；

x_{sj}、y_{sj}——第j个钢筋单元重心到y轴、x轴的距离，x_{sj}在y轴右侧及y_{sj}在x轴上侧时取

正值；

x、y——以截面重心为原点的直角坐标轴；

h_{01}——截面受压区外边缘至受拉区最外排钢筋之间垂直于中和轴距离；

θ——x 轴与中和轴的夹角，顺时针方向取正值。

利用上述公式进行双向偏心受压构件计算的过程很麻烦，必须应用计算机才可以求解。确定中和轴位置时，应要求双向偏心受压构件的轴向力作用点、混凝土和受压钢筋的合力点以及受拉钢筋的合力点在同一条直线上，如不符合条件，应考虑扭转影响。

二、近似计算法

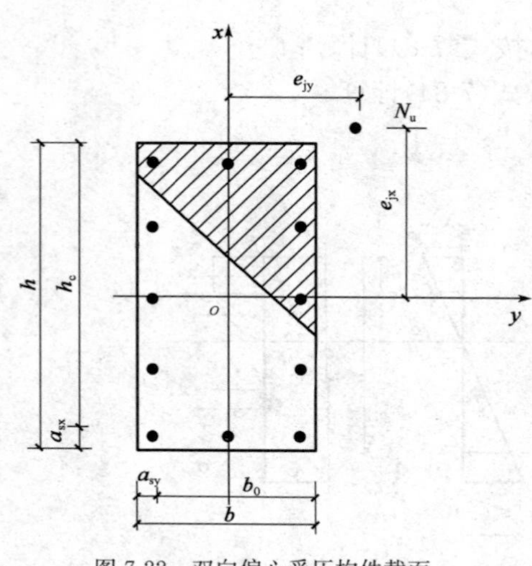

图 7-22　双向偏心受压构件截面

近似计算法是应用弹性阶段应力叠加的方法推导而得。双向偏心受压构件截面如图 7-22 所示。假设构件截面能够承受的最大压应力为 σ，材料处于弹性阶段时在荷载 N_{u0}、N_{ux}、N_{uy} 和 N_u 作用下的破坏条件分别为：

当轴心受压时：$\dfrac{N_{u0}}{A_0}=\sigma$

当单向偏心受压时：$\dfrac{N_{ux}}{A_0}+\dfrac{N_{ux}e_{ix}}{W_x}=\sigma$

$$\frac{N_{uy}}{A_0}+\frac{N_{uy}e_{iy}}{W_y}=\sigma$$

当双向偏心受压时：$\dfrac{N_u}{A_0}+\dfrac{N_u e_{ix}}{W_x}+\dfrac{N_u e_{iy}}{W_y}=\sigma$

合并以上各式，可得

$$N_u=\frac{1}{\dfrac{1}{N_{ux}}+\dfrac{1}{N_{uy}}-\dfrac{1}{N_{u0}}} \tag{7-90}$$

式中：N_{u0}——构件的截面轴心受压承载力设计值；

N_{ux}——轴向压力作用于 x 轴并考虑相应的计算偏心距 e_{ix} 后，按全部纵向钢筋计算的构件偏心受压承载力设计值；

N_{uy}——轴向压力作用于 y 轴并考虑相应的计算偏心距 e_{iy} 后，按全部纵向钢筋计算的构件偏心受压承载力设计值。

设计时，先拟定截面尺寸、钢筋数量及布置方案，然后按式(7-90)复核所能承受的轴向承载力设计值，经过若干次试算才能获得满意结果。

第六节　偏心受压构件斜截面承载力计算

偏心受压构件的截面上一般作用有剪力，剪力较小时，可以不进行构件抗剪承载力计算；但对于承受较大水平力作用的框架柱，剪力较大，必须考虑，这时，轴向力对构件斜截面抗剪承载力的影响明显，不能忽略其影响。

一、轴向压力对受压构件斜截面承载力的影响

图 7-23 给出了相对轴向压力对剪力的影响曲线。轴向压力的存在推迟了斜裂缝的出现

和减小了斜裂缝的开展宽度，增加了斜裂缝末端混凝土剪压区的高度，从而提高了构件的抗剪承载力。图 7-23 表明：轴向压力对构件抗剪承载力的提高作用是有限度的。当轴压比 $N/f_{c}bh=0.3\sim0.5$ 时，抗剪承载力达到最大值。当轴压比更大时，构件抗剪承载力随轴压比增加反而降低，发生小偏心受压破坏。

二、受压构件斜截面受剪承载力的计算

仅配置箍筋的矩形、T 形和 I 形截面的偏心受压构件的斜截面受剪承载力计算公式为：

$$V\leqslant V_{u}=\frac{1.75}{\lambda+1.0}f_{t}bh_{0}+1.0f_{yv}\frac{A_{sv}}{s}h_{0}+0.07N \tag{7-91}$$

式中：λ——偏心受压构件计算截面的剪跨比；

N——与剪应力设计值 V 相对应的轴向压力设计值。

当 $N>0.3f_{c}A$ 时，取 $N=0.3f_{c}A$。

构件计算截面的剪跨比按下列规定取用：

(1)对各类结构的框架柱，宜取 $\lambda=M/Vh_{0}$；对于框架结构中的框架柱，当反弯点在层高范围内时，取 $\lambda=H_{n}/2h_{0}$。其中，当 $\lambda<1$ 时，取 $\lambda=1$；当 $\lambda>3$ 时，取 $\lambda=3$。此处，H_{n} 为柱净高，M 为计算截面上与剪力设计值 V 相对应的弯矩设计值。

(2)对其他偏心受压构件，当承受均布荷载时，取 $\lambda=1.5$；当承受集中荷载时(包括作用有多种荷载，且集中荷载对支座截面或节点边缘所产生的剪力值占总剪力值的 75%以上的情况)，取 $\lambda=\frac{a}{h_{0}}$；当 $\lambda<1.5$ 时，取 $\lambda=1.5$；当 $\lambda>3$ 时，取 $\lambda=3$。此处，a 为集中荷载到支座或节点边缘的距离。

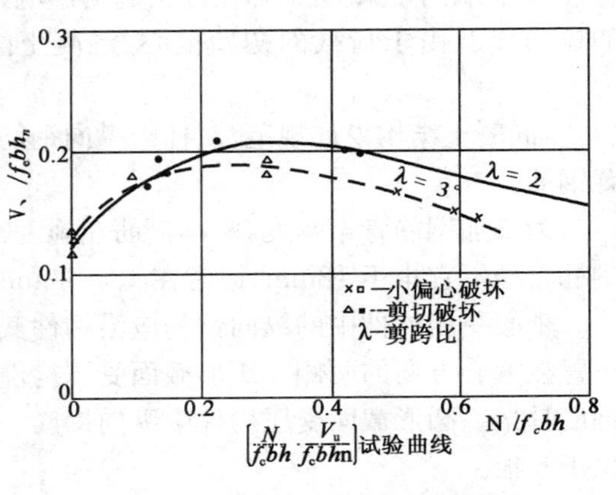

图 7-23　相对轴压力对剪力的影响

当符合式(7-92)要求时，可不进行斜截面抗剪承载力计算，仅需按构造要求配置箍筋。

$$V\leqslant\frac{1.75}{\lambda+1.0}f_{t}bh_{0}+0.07N \tag{7-92}$$

为防止斜压破坏，矩形、T 形和 I 形截面的偏心受压构件的截面尺寸应满足上限要求。

第七节　构 造 要 求

受压构件除应满足承载力计算要求外，还应满足相应的构造要求。这里仅介绍一些与钢筋混凝土受压构件有关的构造要求，可参阅《混凝土结构设计规范》(GB 50010—2010)。

一、截面形式和尺寸

钢筋混凝土受压构件截面形式的选择应考虑受力合理和模板制作方便。轴心受压构件截面一般采用正方形，如果建筑上有特殊要求，也可做成圆形、多边形或环形截面。偏心受压构件多采用矩形截面。为节省混凝土及减轻自重，对截面尺寸较大的柱，特别是装配式受压构件，常采用 I 形截面或双肢截面形式。

钢筋混凝土受压构件截面尺寸一般不宜小于 250mm×250mm。为避免长细比过大降低

受压构件截面承载力，控制 $l_0/b \leqslant 30$、$l_0/h \leqslant 25$、$l_0/d \leqslant 25$，这里 l_0 为柱的计算长度，b、h、d 分别为柱的短边、长边尺寸和圆形柱的截面直径，同时矩形截面柱的长边与短边的比值常选用 $h/b = 1.5 \sim 3.0$。I 形截面柱，翼缘高度不宜小于 120mm。为施工制作方便，柱截面尺寸在 800mm 以内时，宜取 50mm 为模数；800mm 以上时，可取 100mm 为模数。

二、材　料

混凝土强度对受压构件正截面承载力影响较大，为充分发挥混凝土抗压能力，减小构件截面尺寸，节约钢材，宜采用强度等级较高的混凝土。一般设计中常用的混凝土强度等级为 C30～C50 或更高。

纵向受力钢筋应采用 HRB400、HRB500、HRBF400、HRBF500 钢筋；箍筋宜采用 HPB300、HRB400、HRB500、HRBF400、HRBF500 钢筋，也可采用 HRB335、HRBF335 钢筋。

三、纵 向 钢 筋

在钢筋混凝土受压构件中，纵向受力钢筋的作用是与混凝土共同承担轴向压力，防止构件脆性破坏，减小混凝土不匀质性引起的影响；纵向钢筋还可承担构件失稳破坏时，凸出面出现的拉力以及由于荷载的初始偏心、混凝土的收缩徐变、构件的温度变形等因素所引起的拉力等。

《混凝土结构设计规范》对柱中纵向钢筋的直径、根数、配筋率都有要求，同时还应合理布置钢筋。

为增加钢筋骨架刚度，减小钢筋在施工时的纵向弯曲，宜采用较粗直径的钢筋，纵向受力钢筋直径不宜小于 12mm，通常在 12～32mm 范围内选用。

轴心受压构件中的纵向钢筋应沿构件截面周边均匀布置，偏心受压构件中的纵向钢筋应布置在偏心方向的两侧。矩形截面受压构件中纵向钢筋根数不得少于 4 根，以便与箍筋形成钢筋骨架。圆形截面受压构件中纵向钢筋一般应沿周边均匀布置，根数不宜少于 8 根，且不应少于 6 根。

为使纵向受力钢筋起到提高受压构件截面承载力的作用，纵向钢筋应满足最小配筋率的要求。全部纵向受力钢筋的最小配筋率：对强度级别为 300MPa 和 335MPa 的钢筋为 0.6%；对强度级别为 400MPa 的钢筋为 0.55%；对强度级别为 500MPa 的钢筋为 0.5%；同时一侧钢筋的配筋率不宜小于 0.2%。为施工方便和经济要求，全部纵向钢筋的配筋率不宜超过 5%。

当矩形截面偏心受压构件的截面高度 $h \geqslant 600$mm 时，在柱的两个侧面上应设置直径 d 为 10～16mm 的纵向构造钢筋，以防止构件因温度和混凝土收缩应力而产生裂缝，并相应地设置复合箍筋或拉筋。如图 7-24 所示。

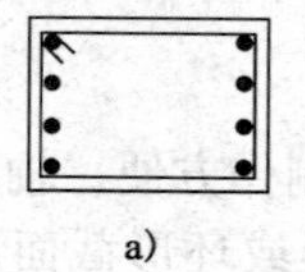

a)

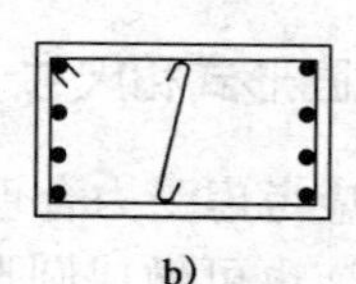

b)

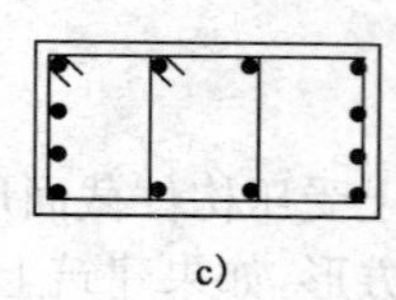

c)

图 7-24　纵向构造钢筋和复合箍筋

柱中纵向钢筋的净间距不应小于 50mm，对水平位置浇筑的预制柱，纵向钢筋的净距不应小于 30mm 和 1.5 倍纵筋直径。偏心受压构件中，垂直于弯矩作用平面的两侧纵向受力钢筋和轴心受压构件中各边的纵向受力钢筋，其中距不宜大于 300mm。

四、箍　筋

钢筋混凝土受压构件中箍筋的作用是为了防止纵向钢筋的压屈，同时保证纵向钢筋的正确位置并与纵向钢筋组成整体骨架。柱中箍筋应做成封闭式的箍筋，也可焊接成封闭环式。

采用热轧钢筋时，箍筋直径不应小于 $d/4$，且不应小于 6mm，d 为纵向钢筋的最大直径。箍筋间距不应大于 400mm 及构件截面的短边尺寸，且不应大于 $15d$，d 为纵向钢筋最小直径。当柱中全部纵向受力钢筋的配筋率超过 3%时，箍筋直径不应小于 8mm；间距不应大于 10 倍纵向钢筋的最小直径且不应大于 200mm；箍筋末端应做成不小于 135°的弯钩，弯钩末端平直段长度不应小于 10 倍箍筋直径。

在配置螺旋式或焊接环式箍筋的轴心受压构件中，计算中如果考虑间接钢筋的作用，那么间接钢筋的间距不应大于 80mm 及 $d_{cor}/5$，且不宜小于 40mm。间接钢筋的直径不应小于 $d/4$，且不应小于 6mm，d 为纵向钢筋的最大直径。

当柱截面短边大于 400mm 且各边纵向钢筋多于 3 根时，或当柱截面短边不大于 400mm 但各边纵向钢筋多于 4 根时，应设置复合箍筋。复合箍筋的设置如图 7-25 所示。

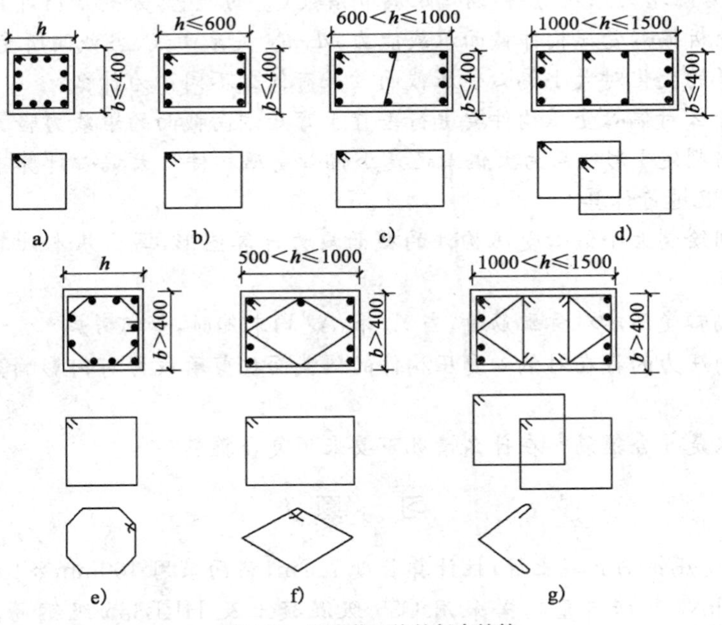

图 7-25　矩形截面柱的复合箍筋

对于截面形状复杂的柱，不可采用带有内折角的箍筋，避免产生向外的拉力，使折角处的混凝土破损，而应采用分离式箍筋，如图 7-26 所示。

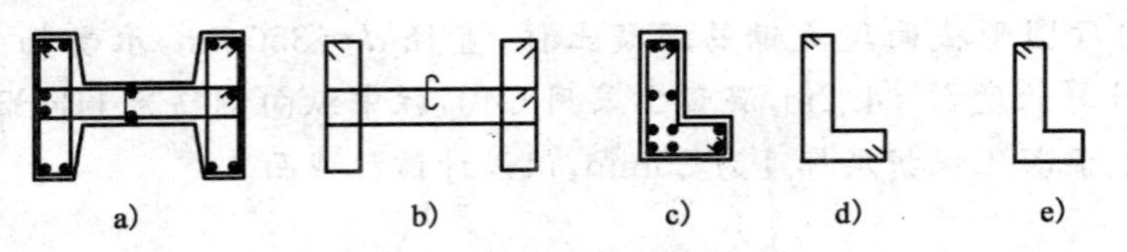

图 7-26　有内折角时箍筋的设置

思考题

7-1　配有普通箍筋的轴心受压短柱和长柱的破坏形态有什么不同？计算中如何考虑长柱的影响？

7-2　在普通箍筋和螺旋箍筋柱中，箍筋各有什么作用？对箍筋有什么构造要求？

7-3　轴心受压柱中配置纵向受压钢筋的作用是什么？为什么要控制纵向钢筋的配筋率？

7-4　试述大小偏心受压构件的破坏形态和破坏特点。

7-5　非对称配筋截面设计中，判别大小偏心受压构件的条件是什么？对称配筋中又是如何判别的？

7-6　什么是界限破坏？界限破坏时，截面上的应力状态如何？写出矩形截面对称配筋在界限破坏时截面上的轴向压力设计值 N_b 表达式。

7-7　为什么要考虑初始偏心距的影响？

7-8　什么是二阶效应？偏心受压构件承载力计算中如何计算柱端设计弯矩？

7-9　解释弯矩增大系数 η_{ns} 和偏心距调节系数 C_m 的概念，分别如何计算？

7-10　试分析偏心受压构件截面承载能力 M—N 关系曲线，当截面所受弯矩 M 不变时，轴向压力 N 的变化对大小偏心受压截面效果有什么不同？为什么？

7-11　为什么对偏心受压构件要进行垂直于弯矩方向截面的承载力验算？

7-12　如何判定Ⅰ形截面为大偏心还是小偏心受压构件？大偏心计算中当 x 为已知时，又分几种情况进行计算？

7-13　分别绘制大小偏心受压构件的截面应力计算图形，写出基本计算公式和适用条件。

7-14　大偏心受压非对称配筋时，当 A_s 和 A_s' 均未知时，如何考虑？

7-15　轴向压力的存在对偏心受压构件的斜截面抗剪承载力有何影响？计算中如何考虑？

7-16　什么是复合箍筋？在什么情况下要采用复合箍筋？

习　题

7-1　轴心受压钢筋混凝土柱，柱计算长度 7.2m，截面采用 400mm×400mm，承受设计轴向力 2800kN（包括自重），若采用 C35 级混凝土及 HRB335 级钢筋，求纵向钢筋用量。

7-2　某多层现浇框架底层轴心受压柱，柱计算长度 4.6m，承受轴向压力设计值 N=2600kN，混凝土强度等级为 C30，钢筋采用 HRB400 级，试设计该柱截面。

7-3　某门厅圆形截面现浇钢筋混凝土柱，直径 d=350mm，承受轴向压力设计值 N=3300kN，计算长度 l_0=4.2m，混凝土采用 C40，柱中纵向钢筋为 HRB500 级，箍筋采用 HRB400 级，混凝土保护层厚度为 25mm，试设计该柱截面。

7-4　钢筋混凝土偏心受压柱，截面尺寸 $b=300\text{mm}$，$h=450\text{mm}$，混凝土保护层厚度 $c=20\text{mm}$。柱承受轴向压力设计值 $N=700\text{kN}$，柱顶截面弯矩设计值 $M_1=150\text{kN}\cdot\text{m}$，柱底截面弯矩设计值 $M_2=160\text{kN}\cdot\text{m}$。柱挠曲变形为单曲率。弯矩作用平面内柱上下两端的计算长度为 3.5m；弯矩作用平面外柱的计算长度 4.5m。混凝土强度等级为 C35，纵筋采用 HRB500 级钢筋。(1)求钢筋截面面积 A_s' 和 A_s；(2)若已知截面受压区配有 3Φ20 的钢筋，求受拉钢筋。

7-5　钢筋混凝土偏心受压柱，截面尺寸 $b=450\text{mm}$，$h=700\text{mm}$，$a_s=a_s'=50\text{mm}$。柱承受轴向压力设计值 $N=3500\text{kN}$，柱顶截面弯矩设计值 $M_1=450\text{kN}\cdot\text{m}$，柱底截面弯矩设计值 $M_2=460\text{kN}\cdot\text{m}$。柱挠曲变形为单曲率。弯矩作用平面内柱上下两端的计算长度为 5.8m；弯矩作用平面外柱的计算长度 7.6m。混凝土强度等级为 C40，纵筋采用 HRB500 级钢筋，求钢筋截面面积 A_s' 和 A_s。

7-6　钢筋混凝土偏心受压柱，截面尺寸 $b=350\text{mm}$，$h=450\text{mm}$，$a_s=a_s'=50\text{mm}$。柱承受轴向压力设计值 $N=300\text{kN}$，柱顶截面弯矩设计值 $M_1=160\text{kN}\cdot\text{m}$，柱底截面弯矩设计值 $M_2=175\text{kN}\cdot\text{m}$。柱挠曲变形为单曲率。弯矩作用平面内柱上下两端的计算长度为 3.8m；弯矩作用平面外柱的计算长度 5.5m。混凝土强度等级为 C30，纵筋采用 HRB400 级钢筋。已知受压钢筋配有 3Φ18，受拉钢筋配有 4Φ22。要求验算截面是否能够满足承载力的要求。

7-7　钢筋混凝土偏心受压柱，截面尺寸 $b=450\text{mm}$，$h=700\text{mm}$，$a_s=a_s'=50\text{mm}$。柱承受轴向压力设计值 $N=2500\text{kN}$，柱顶截面弯矩设计值 $M_1=500\text{kN}\cdot\text{m}$，柱底截面弯矩设计值 $M_2=520\text{kN}\cdot\text{m}$。柱挠曲变形为单曲率。弯矩作用平面内柱上下两端的计算长度为 4.35m；弯矩作用平面外柱的计算长度 5.5m。混凝土强度等级为 C30，纵筋采用 HRB400 级钢筋。采用对称配筋，求钢筋截面面积 A_s' 和 A_s。

7-8　已知条件同题 7-4，采用对称配筋，求钢筋截面面积 A_s' 和 A_s。

7-9　已知条件同题 7-5，采用对称配筋，求钢筋截面面积 A_s' 和 A_s。

7-10　已知偏心受压柱 $b\times h=400\text{mm}\times500\text{mm}$，$l_0=4.5\text{m}$，$a_s=a_s'=50\text{mm}$，混凝土强度等级为 C30，纵向钢筋为对称配筋 3Φ20，求当 $e_0=300\text{mm}$ 时，该柱所能承担的轴向力设计值 N。

7-11　已知条件同题 7-10，设轴向力设计值 $N=250\text{kN}$ 时，试求柱能承担的最大弯矩值。

7-12　某钢筋混凝土 I 形截面排架柱，截面尺寸为 $h_f=h_f'=120\text{mm}$，$b_f=b_f'=400\text{mm}$，$h=750\text{mm}$，$b=120\text{mm}$。采用 C35 混凝土，HRB400 钢筋，$a_s=a_s'=45\text{mm}$，承受轴向力设计值 $N=760\text{kN}$，柱两端弯矩设计值为 $M_1=370\text{kN}\cdot\text{m}$，$M_2=330\text{kN}\cdot\text{m}$，柱子计算长度 $l_0=7.5\text{m}$，对称配筋，求受拉和受压钢筋截面面积。

第八章 DIBAZHANG

钢筋混凝土受拉构件承载力计算

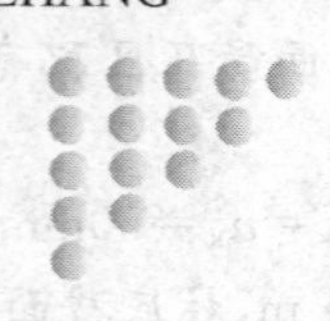

构件截面上作用有轴向拉力，或同时受到轴向拉力和弯矩作用时，称为受拉杆件。与受压构件相同，按照纵向拉力与构件截面形心的位置关系，分为轴心受拉构件和偏心受拉构件。

第一节　轴心受拉构件承载力计算

如果纵向拉力与构件截面形心位置重合，称为轴心受拉构件。实际工程中，理想的轴心受拉构件是不存在的。对于桁架式屋架或托架的受拉弦杆和腹杆以及拱的拉杆、有内压力的环形截面管壁、圆形储液池的池壁等，可近似按轴心受拉构件计算。

一、轴心受拉构件的受力特点

图 8-1 给出了轴心受拉构件从开始加载到破坏的荷载—变形曲线，曲线上有两个明显的转折点，构件的受力过程可以划分为三个阶段。

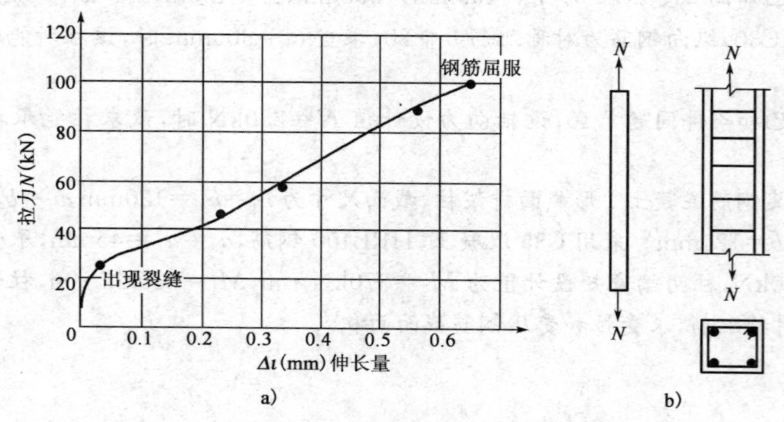

图 8-1　轴心受拉构件的荷载—变形曲线

第一阶段为从开始加载到混凝土开裂前。此阶段混凝土与钢筋共同受力，具有相同的应变，轴向拉力与变形为线性关系。随荷载增加，混凝土达到极限拉应变，即将出现裂缝。此时的受力状态可作为截面抗裂验算的依据。

第二阶段为混凝土开裂到钢筋屈服前。混凝土开裂后，裂缝截面处的混凝土退出工作，全部拉力由钢筋承受。此阶段应力状态为裂缝宽度验算的依据。

第三阶段为受拉钢筋开始屈服到全部受拉钢筋达到屈服。此时，混凝土裂缝开展宽度很大，可认为构件达到了破坏状态，即达到极限荷载 N_u。此时的应力状态作为截面承载力计算的依据。

二、承载力计算公式及应用

轴心受拉构件破坏时，混凝土早已拉裂，全部拉力由钢筋承担。因此，正截面受拉承载力设计表达式为

$$N \leqslant N_u = f_y A_s \tag{8-1}$$

式中：N——轴心拉力设计值；

N_u——轴心受拉承载力设计值；

f_y——钢筋抗拉强度设计值；

A_s——受拉钢筋的全部截面面积。

第二节　偏心受拉构件承载力计算

偏心受拉构件是一种介于轴心受拉与受弯构件之间的受力构件。按纵向拉力所在位置不同，偏心受拉构件分为大偏心和小偏心受拉构件。偏心受拉构件纵向钢筋的布置方式与偏心受压构件相同，离纵向拉力较近一侧的钢筋称为受拉钢筋，其截面面积用 A_s 表示；离纵向拉力较远一侧的钢筋称为受压钢筋，其截面面积用 A_s' 表示。当纵向拉力 N 作用于 A_s 合力点及 A'_s 合力点以内（$e_0 < h/2 - a_s$）时，发生小偏心受拉破坏，如图 8-2 所示；当纵向拉力 N 作用于合力点 A_s 及 A_s' 合力点以外（$e_0 > h/2 - a_s$）时，发生大偏心受拉破坏，如图 8-3 所示。矩形水池的池壁、双肢柱的受拉肢以及承受节间荷载的屋架下弦杆是按偏心受拉构件计算的。

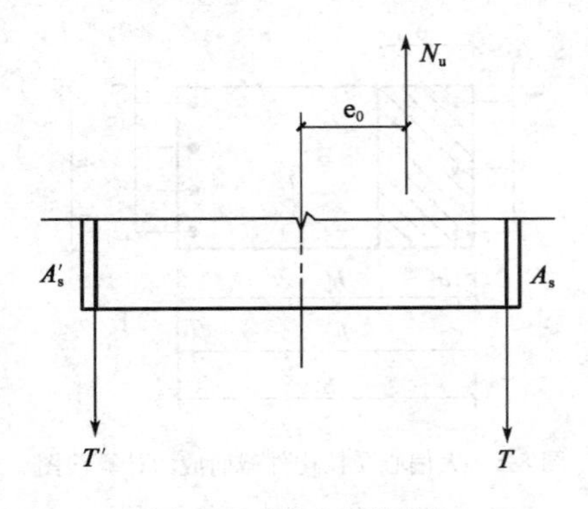

图 8-2　小偏心受拉构件

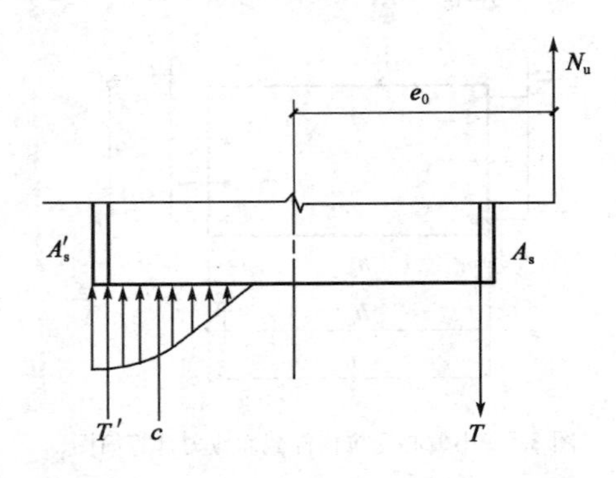

图 8-3　大偏心受拉构件

一、小偏心受拉构件正截面承载力计算

小偏心受拉构件的偏心距较小$\left(0 < e_0 \leqslant \dfrac{h}{2} - a_s\right)$，轴向拉力在 A_s 与 A_s' 之间。在偏心拉力作用下，全截面均受拉，A_s 拉应力较大，A_s' 拉应力较小。随荷载增加，裂缝首先在近 N 侧

混凝土出现，破坏前，裂缝贯通整个截面，拉力完全由钢筋承担。此时，可假设构件破坏时钢筋 A_s 与 A'_s 的应力都达到屈服。小偏心受拉构件的截面应力计算简图如图 8-4 所示。

内、外力分别对钢筋 A_s 和 A'_s 的合力点取距，得：

$$N_u e = f_y A'_s (h_0 - a'_s) \tag{8-2}$$

$$N_u e' = f_y A_s (h'_0 - a_s) \tag{8-3}$$

$$e = h/2 - a_s - e_0 \tag{8-4}$$

$$e' = h/2 - a'_s + e_0 \tag{8-5}$$

截面设计时，当为非对称配筋时，分别按式(8-2)和式(8-3)求 A_s 和 A'_s。当为对称配筋时，为保持内外力平衡，离 N 较远一侧的钢筋 A'_s 达不到屈服，按下式计算 A_s 和 A'_s：

$$A'_s = A_s = \frac{N_u e'}{f_y (h_0 - a'_s)} \tag{8-6}$$

承载力复核时，分别按式(8-2)和式(8-3)式求出两个轴向力，取其较小值为承载力。

二、大偏心受拉构件正截面承载力计算

大偏心受拉构件的偏心距较大，$e_0 > \frac{h}{2} - a_s$，在纵向拉力作用下，截面部分受拉部分受压。裂缝首先从距 N 较近侧混凝土出现，为保持截面静力平衡，离纵向力较远一侧混凝土受压。当 A_s 配置适量时，受拉钢筋 A_s 首先屈服，随后受压钢筋 A'_s 达到屈服强度，受压区边缘混凝土达到极限压应变而破坏(图 8-5)，这与大偏心受压破坏情况相似。

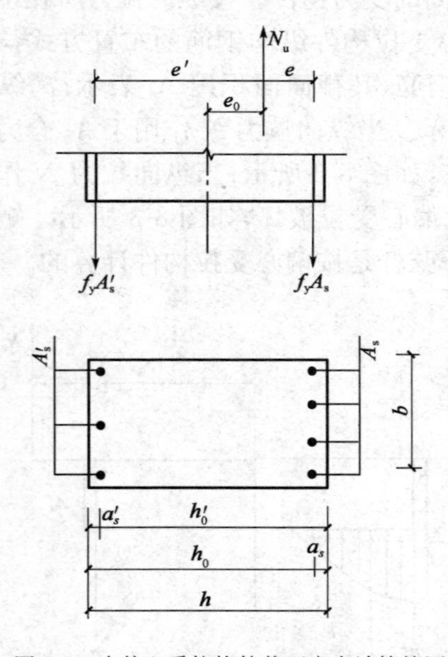

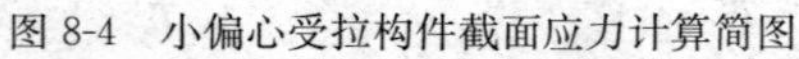
图 8-4 小偏心受拉构件截面应力计算简图

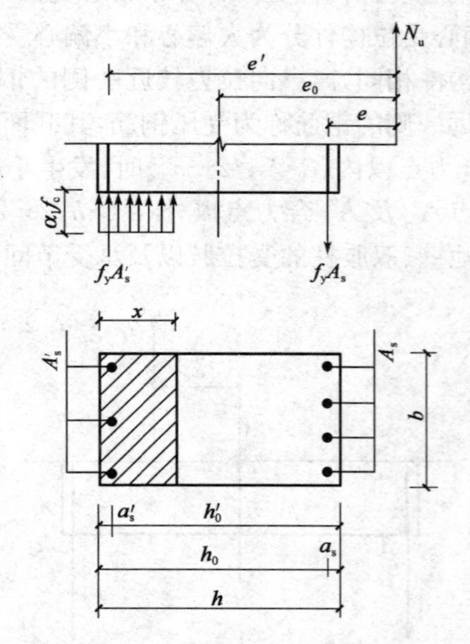

图 8-5 大偏心受拉构件截面应力计算简图

由图 8-5 可列出大偏心受拉构件承载力计算的基本公式：

$$N_u = f_y A_s - f'_y A'_s - \alpha_1 f_c b x \tag{8-7}$$

$$N_u e = \alpha_1 f_c b x \left(h_0 - \frac{x}{2}\right) + f'_y A'_s (h_0 - a'_s) \tag{8-8}$$

$$e = e_0 - \frac{h}{2} + a_s \tag{8-9}$$

上述基本公式的适用条件是：

$$2a_s' \leqslant x \leqslant \xi_b h_0 \left(\frac{2a_s'}{h_0} \leqslant \xi \leqslant \xi_b\right) \tag{8-10}$$

当 $\xi > \xi_b$ 时，说明受拉钢筋 A_s 配置较多，受拉钢筋不屈服，类似于受弯构件的超筋破坏，设计中应避免。因此，要求 $\xi \leqslant \xi_b$。

计算中规定 $x \geqslant 2a_s'$ 是为了保证受压钢筋达到屈服强度。如果 $x \leqslant 2a_s'$，取 $x = 2a_s'$，对受压钢筋中心取矩，可得：

$$Ne' \leqslant N_u e' = f_y A_s (h_0 - a_s') \tag{8-11}$$

$$e' = e_0 + \frac{h}{2} - a_s' \tag{8-12}$$

式中：e'——纵向拉力作用点到受压区纵向钢筋合力点 A_s' 的距离。

大偏心受拉构件的截面设计和承载力复核与大偏心受压构件相似。截面设计时，当 A_s 和 A_s' 未知时，为使总用钢量 $(A_s + A_s')$ 最少，同偏心受压构件一样，补充条件 $\xi = \xi_b (x = \xi_b h_0)$，代入式(8-7)和式(8-8)，分别求出 A_s 和 A_s'。求出的 A_s 和 A_s' 均应满足最小配筋率的要求。如果已知 A_s' 求 A_s，可把 A_s' 代入式(8-8)求出 x，当 x 在式(8-10)范围之间时，可由式(8-7)求出 A_s；当 $x > \xi_b h_0$ 时，说明原来的 A_s' 太少，需增大后重新计算；当 $x < 2a_s'$ 时，取 $x = 2a_s'$ 按式(8-11)计算 A_s。

当采用对称配筋时，按式(8-7)算得的 $x < 0$，此时令 $x = 2a_s'$，分别按式(8-11)式和式(8-7)(取 $A_s' = 0$)来计算 A_s，最后按所得较小值配筋。

在进行截面复核时，可直接根据基本公式求出 N 和 x。

[例 8-1] 某矩形水池，壁板厚为 200mm，每米板宽上承受轴向拉力设计值 $N = 200\text{kN}$，承受弯矩设计值 $M = 80\text{kN} \cdot \text{m}$，混凝土采用 C25 级，钢筋 HRB400 级，设 $a_s = a_s' = 30\text{mm}$，试设计水池壁板配筋。

解：(1)设计参数

$f_c = 11.9\text{N/mm}^2$，$f_t = 1.27\text{N/mm}^2$，$f_y = f_y' = 360\text{N/mm}^2$，$h_0 = 200 - 30 = 170\text{mm}$，$\xi_b = 0.518$，$\alpha_{s,\max} = 0.384$，$\alpha_1 = 1.0$，$b = 1000\text{mm}$。

(2)判别偏心受拉构件

$$e_0 = \frac{M}{N} = \frac{80 \times 10^6}{200 \times 10^3} = 400\text{mm} > \frac{h}{2} - a_s = 100 - 30 = 70\text{mm}$$

故为大偏心受拉构件。

$$e = e_0 - \frac{h}{2} + a_s = 400 - 100 + 30 = 330\text{mm}$$

(3)计算钢筋

取 $x = \xi_b h_0 = 0.518 \times 170 = 88.06$，可使总配筋最小，代入式(8-8)有：

$$A_s' = \frac{Ne - \alpha_1 f_c bx \left(h_0 - \dfrac{x}{2}\right)}{f_y'(h_0 - a_s')}$$

$$= \frac{200 \times 10^3 \times 300 - 11.9 \times 1000 \times 88.06 \left(170 - \dfrac{88.06}{2}\right)}{360 \times (170 - 30)} < 0$$

按最小配筋率配置受压钢筋，有：

$$\rho_{\min} = \max(0.45 f_t / f_y, 0.002) = 0.002$$

$$A'_s = \rho_{min} bh = 0.002 \times 1000 \times 200 = 400\text{mm}^2$$

选配Φ 10@180，A'_s=436mm²，满足要求。

再按 A'_s 已知情况计算：

$$\alpha_s = \frac{Ne - f'_y A'_s (h_0 - a'_s)}{\alpha_1 f_c b h_0^2} = \frac{200 \times 10^3 \times 330 - 360 \times 346 \times (170 - 30)}{1.0 \times 11.9 \times 1000 \times 170^2} = 0.128$$

$$\xi = 1 - \sqrt{1 - 2\alpha_s} = 0.138$$

$$x = \xi h_0 = 23.4\text{mm} < 2\alpha'_s = 60\text{mm}$$

取 $x=2\alpha'_s$=60mm，按式(8-11)计算受拉钢筋有：

$$e' = e_0 + \frac{h}{2} - \alpha'_s = 400 + 100 - 30 = 470\text{mm}$$

$$A_s = \frac{Ne'}{f_y (h_0 - \alpha'_s)} = \frac{200 \times 10^3 \times 470}{360 \times (170 - 30)} = 1865\text{mm}^2$$

选配Φ 16@100，A_s=2011mm²。

[例 8-2] 矩形截面偏心受拉构件截面尺寸为 $b \times h$=250mm×400mm，承受轴向拉力设计值 N=500kN，弯矩设计值 M=40kN·m，混凝土采用 C30 级，钢筋采用 HRB335 级，$a_s = a'_s$=45mm，试设计构件的配筋。

解：(1)设计参数

f_c=14.3N/mm²，f_t=1.43N/mm²，$f_y=f'_y$=300N/mm²，h_0=400−45=355mm。

(2)判别偏心受拉构件

$$e_0 = \frac{M}{N} = \frac{40 \times 10^6}{500 \times 10^3} = 80\text{mm} < \frac{h}{2} - a_s = 200 - 45 = 155\text{mm}$$

故为小偏心受拉构件。

(3)计算钢筋

$$e = \frac{h}{2} - e_0 - a_s = 200 - 80 - 45 = 75\text{mm}$$

$$e' = \frac{h}{2} + e_0 - \alpha'_s = 200 + 80 - 45 = 235\text{mm}$$

代入式(8-2)和式(8-3)有：

$$A'_s = \frac{Ne}{f_y (h_0 - \alpha'_s)} = \frac{500 \times 10^3 \times 75}{300 \times (355 - 45)} = 403.2\text{mm}^2$$

$$A_s = \frac{Ne'}{f_y (h_0 - \alpha'_s)} = \frac{500 \times 10^3 \times 235}{300 \times (355 - 45)} = 1263.4\text{mm}^2$$

受拉侧选配 3Φ25 钢筋，A_s=1473mm²；受压侧选配 2Φ18 钢筋，A'_s=509mm²。

$$\rho_{min} = \max(0.45 f_t / f_y, 0.002) = 0.00215$$

$\begin{matrix} A_s \\ A'_s \end{matrix} > \rho_{min} bh$=215mm²，满足最小配筋率要求。

第三节　受拉构件斜截面承载力计算

当偏心受拉构件同时作用有剪力和轴向拉力时，由于轴向拉力的存在，增加了构件的主拉应力，使斜裂缝更易出现。因此，轴向拉力的存在减小了构件的斜截面抗剪承载力，降低程度与轴向拉力 N 的数值有关。《混凝土结构设计规范》(GB 50010—2010)给出了矩形截面偏心受拉构件的受剪承载力计算公式：

$$V \leqslant V_u = \frac{1.75}{\lambda+1.0} f_t b h_0 + f_{yv} \frac{A_{sv}}{s} h_0 - 0.2N \tag{8-13}$$

式中：N——与剪力设计值 V 相对应的轴向拉力设计值；

λ——剪跨比，其取值与偏心受压构件相同。

当式(8-13)右边的计算值，即

$$\frac{1.75}{\lambda+1.0} f_t b h_0 + f_{yv} \frac{A_{sv}}{s} h_0 - 0.2N < f_{yv} \frac{A_{sv}}{s} h_0$$

时，考虑剪压区完全消失，斜裂缝将贯通全截面，剪力全部由箍筋承担，此时受剪承载力应取：

$$V_u \geqslant f_{yv} \frac{A_{sv}}{s} h_0 \tag{8-14}$$

为防止斜拉破坏，并提高箍筋的最小配筋率，取 $\rho_{sv,min}=0.36\frac{f_t}{f_{yv}}$，即：

$$f_{yv} \frac{A_{sv}}{s} h_0 \geqslant 0.36 f_t b h_0 \tag{8-15}$$

思 考 题

8-1 大、小偏心受拉构件的受力特点和破坏形态有何不同？如何判别大、小偏心受拉构件？

8-2 轴向拉力对受剪承载力有何影响？如何计算受拉构件的受剪承载力？

8-3 大偏心受拉构件非对称配筋中如果出现 $\xi>\xi_b$ 的情况，说明什么问题？如何解决？

8-4 大偏心受拉构件非对称配筋中如果出现 $x<2a_s'$ 的情况，应如何计算？

习 题

8-1 钢筋混凝土偏心受拉构件，截面尺寸为 $b \times h=300\text{mm} \times 400\text{mm}$，承受轴向拉力设计值 $N=550\text{kN}$，弯矩设计值 $M=50\text{kN}\cdot\text{m}$，混凝土采用 C25 级，钢筋采用 HRB335 级，$a_s=a_s'=45\text{mm}$，试设计构件的配筋。

8-2 已知某矩形截面构件，截面尺寸为 $b \times h=300\text{mm} \times 450\text{mm}$，承受轴向拉力设计值 $N=380\text{kN}$，弯矩设计值 $M=200\text{kN}\cdot\text{m}$，混凝土采用 C30 级，钢筋采用 HRB400 级，$a_s=a_s'=40\text{mm}$，试设计构件的配筋。

第九章 钢筋混凝土构件正常使用极限状态计算

DIJIUZHANG

第一节 概　　述

钢筋混凝土结构构件设计时，为了保证结构构件的安全性，对所有的受力构件都要进行承载能力计算，因为构件可能由于强度破坏或失稳等原因而达到承载能力极限状态。此外，结构构件还可能由于裂缝宽度、变形过大，影响适用性和耐久性而达到正常使用极限状态。所以，为使结构和构件的使用功能及外观满足要求，还要对某些构件的裂缝宽度和变形进行验算。

与承载能力极限状态不同，结构或构件超过正常使用极限状态时，对生命财产的危害程度相对要低一些，其相应的目标可靠指标[β]值也可小一些，因此在进行钢筋混凝土构件正常使用极限状态验算时，荷载和材料强度都可取标准值；荷载效应采用准永久组合，同时因构件的裂缝宽度及挠度都随时间的增长而增大，故还应考虑荷载长期作用的影响。

钢筋混凝土结构构件的最大裂缝宽度和最大挠度，应按荷载的准永久组合并考虑荷载长期作用的影响进行计算，并应控制其计算值不应超过《混凝土结构设计规范》(GB 50010—2010)规定的最大裂缝宽度限值和挠度限值。

第二节 裂缝宽度验算

一、裂缝控制的目的和控制等级

1. 裂缝控制的目的

(1)使用功能的要求。裂缝的出现会降低结构的抗渗(水、气)性，甚至造成渗漏，严重影响一些水工结构和容器结构的阻水性能，直接影响其使用功能。而结构构件开裂会降低其刚度，增大变形(如挠度)量，影响非结构性建筑部件的使用性能，例如门窗的开启、隔墙和装饰材料的变形等。

(2)耐久性的要求。当混凝土的裂缝过宽时，就失去混凝土对钢筋的保护作用，使构件中局部钢筋直接与气体、水分及有害化学介质接触，钢筋表层将逐渐氧化而发生锈蚀，并往内部发展，造成钢筋受力面积逐渐减小。而钢材锈蚀物的体积增大，造成周围混凝土保护层胀裂，形成纵向裂缝，甚至表层剥落，破坏了钢筋和混凝土的粘结力，使构件的承载力降低，影响结构的使用寿命。

(3)建筑外观的要求。裂缝的存在会影响建筑的观瞻，裂缝宽度过大时会使人们心理上产生不安全感。调查表明，控制裂缝宽度在 0.3mm 以下，对外观没有影响，一般也不会引起人们的特别注意。

2. 裂缝控制等级

钢筋混凝土结构构件的裂缝控制等级主要是根据其耐久性要求确定的。一般是根据结构的功能要求、环境条件对钢筋的腐蚀影响、钢筋种类对腐蚀的敏感性和荷载作用的时间等因素来考虑。控制等级是对裂缝控制的严格程度而言，设计者需根据具体情况选用不同的等级。《混凝土结构设计规范》对混凝土构件正截面的受力裂缝控制等级分为三类，等级划分及要求应符合下列规定：

(1)一级。严格要求不出现裂缝的构件。按荷载标准组合计算时，构件受拉边缘混凝土不应产生拉应力。

(2)二级。一般要求不出现裂缝的构件。按荷载标准组合计算时，构件受拉边缘混凝土拉应力不应大于混凝土抗拉强度的标准值。

(3)三级。允许出现裂缝的构件。对钢筋混凝土构件，按荷载准永久组合并考虑长期作用影响计算时；对预应力混凝土构件，按荷载标准组合并考虑长期作用影响计算时，构件的最大裂缝宽度 w_{max} 不应超过规定的最大裂缝宽度限值 w_{lim}，即

$$w_{max} \leqslant w_{lim} \tag{9-1}$$

对二 a 类环境的预应力混凝土构件，尚应按荷载准永久组合计算，且构件受拉边缘混凝土的拉应力不应大于混凝土的抗拉强度标准值。

结构构件应根据结构类型和环境类别，按附表 15 的规定选用不同的裂缝控制等级及最大裂缝宽度限值 w_{lim}。

二、受弯构件裂缝宽度的计算

1. 裂缝的发生及分布

在钢筋混凝土受弯构件的纯弯区段内，在未出现裂缝以前，各截面受拉区混凝土的拉应力 σ_{ct} 大致相同。因此，第一条(或第一批)裂缝将首先出现在混凝土抗拉强度最弱的截面，如图 9-1中的 a-a 截面。在开裂的瞬间，裂缝截面处混凝土拉应力降低至零，受拉区混凝土分别向 a-a 截面两边回缩，混凝土和钢筋表面将产生变形差。由于混凝土和钢筋的黏结，混凝土回缩受到钢筋的约束。因此，随着离 a-a 截面的距离增大，混凝土回缩减小，即混凝土和钢筋的变形差减小，也就是说，混凝土仍处在一定程度的张紧状态。当达到离 a-a 截面某一距离 $l_{m,min}$ 处时，混凝土和钢筋不再有变形差，σ_{ct} 恢复到未开裂前状态。荷载继续增大，σ_{ct} 亦增长，σ_{ct} 达到混凝土的实际抗拉强度时，在该截面(图 9-1 中的 b-b 截面)也将产生第二条(批)裂缝。

假设第一批裂缝截面间(图 9-1 的 a-a 和 c-c 截面间)的距离为 l_{ac}，如果 $l_{ac} \geqslant 2l_{m,min}$，则在 a-a 和 c-c 截面间有可能形成新的裂缝。如果 $l_{ac} < 2l_{m,min}$ 则在 a-a 和 c-c 截面间将不可能形成

新的裂缝。这意味着裂缝的间距将介于 $l_{m,min}$ 和 $2l_{m,min}$ 之间，其平均值 l_m 将为 $1.5l_{m,min}$。由此可见，裂缝间距的离散性是比较大的。理论上，它可能在平均裂缝间距 l_m 的 0.67～1.33 倍范围内变化。

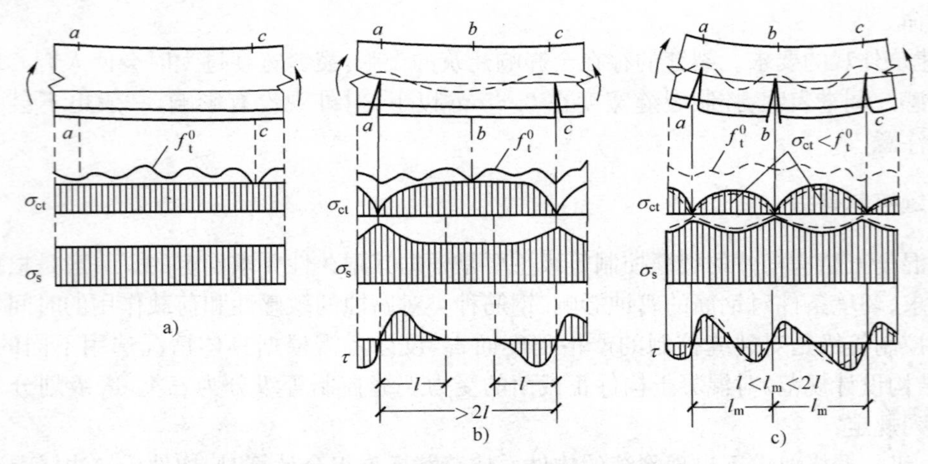

图 9-1　纯弯构件受弯区段裂缝发展和应力分布

2. 平均裂缝间距

裂缝分布规律与混凝土和钢筋之间黏结应力的变化规律有密切关系。显然，在某一荷载下出现的第二条裂缝离开第一条裂缝应有足够的距离，这样才能通过黏结力将混凝土拉应力从第一条裂缝处为零提高到第二条裂缝处为 f_t^0，f_t^0 为该截面处混凝土的实际抗拉强度，如图 9-1 所示。于是有：

$$\frac{M}{W_s}A_s-\frac{M-M_{cr}}{W_{s1}}A_s=\omega'\tau_\omega ul_m \tag{9-2}$$

式中：M——外荷载作用下的弯矩；

W_s——裂缝截面处纵向受拉钢筋截面抵抗矩，$W_s=A_s\eta h_0$，此处，η 为裂缝截面处的内力臂系数；

W_{s1}——裂缝即将出现时纵向受拉钢筋截面抵抗矩，$W_{s1}=A_s\eta_1 h_0$，此处，η_1 为即将出现的裂缝截面处纵向受拉钢筋截面重心至受压区合力点的内力臂系数；

A_s——纵向受拉钢筋截面面积；

M_{cr}——混凝土截面的抗裂弯矩；

u——纵向受拉钢筋截面总周长；

ω'——钢筋和混凝土之间黏结应力图形的丰满度系数；

τ_ω——钢筋和混凝土之间黏结应力的最大值。

因 $\eta\approx\eta_1$，故可近似假定 $W_s=W_{s1}$，则得：

$$\frac{A_sM_{cr}}{W_s}=\omega'\tau_\omega ul_m$$

则

$$l_m=\frac{M_{cr}}{W_s}\frac{A_s}{u}\frac{1}{\omega'\tau_\omega} \tag{9-3}$$

M_{cr}可近似按下列公式计算：

$$M_{cr}=[0.5bh+(b_f-b)h_f]\eta_2 hf_{tk} \tag{9-4}$$

式中：η_2——裂缝即将出现时受拉区混凝土合力点至受压区合力点的内力臂系数。

将式(9-4)代入式(9-3)，简化后可得：

$$l_m = \frac{\eta_2 h}{4\eta h_0} \frac{f_{tk}}{\omega' \tau_\omega} \frac{d}{\rho_{te}} \tag{9-5}$$

式中：d——纵向受拉钢筋直径；

ρ_{te}——按有效受拉混凝土截面面积(受拉区高度近似取为 $0.5h$)计算的纵向受拉钢筋配筋率。

混凝土和钢筋的黏结强度大致与混凝土的抗拉强度成正比，因此 $\omega'\tau_\omega/f_{tk}$ 可取为常数。同时，$\frac{\eta_2 h}{\eta h_0}$ 也可近似取为常数，于是有：

$$l_m = \frac{k_1 d}{\rho_{te}} \tag{9-6}$$

式中：k_1——经验系数(常数)。

式(9-6)表明，平均裂缝间距与 d/ρ_{te} 成正比，但这与试验结果不能很好地符合。由于混凝土和钢筋的黏结，钢筋对受拉张紧的混凝土回缩起着约束作用。而这种约束作用是有一定的影响范围，离钢筋愈远，混凝土所受约束作用将愈小。因此，随着混凝土保护层厚度增大，外表混凝土比靠近钢筋的内芯混凝土所受的约束作用就愈小。当出现第一条裂缝后，只有离开该裂缝一定距离的截面才会出现第二条裂缝。这表明，裂缝间距与混凝土保护层厚度有一定的关系。试验研究也证明了这一现象。因此，在确定平均裂缝间距时，适当考虑混凝土保护层厚度的影响，对式(9-6)进行修正得：

$$l_m = k_2 c + \frac{k_1 d}{\rho_{te}} \tag{9-7}$$

式中：c——混凝土保护层厚度；

k_2——经验系数(常数)。

根据试验资料的分析并参考以往的工程经验，对受弯构件取 $k_1 = 0.08$，$k_2 = 1.9$。同时考虑钢筋表面特征影响系数 υ_i，则得：

$$l_m = \beta(1.9c_s + 0.08 d_{eq}/\rho_{te}) \tag{9-8}$$

$$d_{eq} = \sum n_i d_i^2 / \sum n_i \upsilon_i d_i \tag{9-9}$$

$$\rho_{te} = A_s / A_{te} \tag{9-10}$$

式中：c_s——最外层纵向受拉钢筋外边缘至受拉区底边的距离(mm)。当 $c_s < 20$ 时，取 $c_s = 20$；当 $c_s > 65$ 时，取 $c_s = 65$；

β——考虑构件受力特征的系数。对轴心受拉构件，取 1.1；对其他受力构件均取 1.0；

d_{eq}——受拉区纵向钢筋的等效直径(mm)；

d_i——受拉区第 i 种纵向钢筋的公称直径(mm)；

n_i——受拉区第 i 种纵向钢筋的根数；

υ_i——受拉区第 i 种纵向钢筋的相对黏结特性系数。对光圆钢筋，取 $\upsilon_i = 0.7$；对带肋钢筋，取 $\upsilon_i = 1.0$；

ρ_{te}——按有效受拉混凝土截面面积计算的纵向受拉钢筋配筋率。在最大裂缝宽度计算中，当 $\rho_{te} < 0.01$ 时，取 $\rho_{te} = 0.01$；

A_s——受拉区纵向钢筋的截面面积；

A_{te}——有效受拉混凝土截面面积。对轴心受拉构件，取构件截面面积；对受弯、偏心受压和偏心受拉构件，取 $A_{te}=0.5bh+(b_f-b)h_f$，此处，b_f、h_f 为受拉翼缘的宽度、高度。

3. 平均裂缝宽度

(1)平均裂缝宽度计算公式

裂缝的开展是由于混凝土的回缩造成的，亦即在裂缝出现后受拉钢筋与相同水平处的受拉混凝土的伸长差异所造成的。因此，平均裂缝宽度即为在裂缝间的一段范围内钢筋平均伸长和混凝土平均伸长之差(图 9-1)，即：

$$w_m=\varepsilon_{sm}l_m-\varepsilon_{ctm}l_m \tag{9-11}$$

或

$$w_m=\varepsilon_{sm}l_m(1-\varepsilon_{ctm}/\varepsilon_{sm}) \tag{9-12}$$

式中：w_m——平均裂缝宽度；

ε_{sm}——纵向受拉钢筋的平均拉应变；

ε_{ctm}——与纵向受拉钢筋相同水平处侧表面混凝土的平均拉应变。

由图 9-1 可知，裂缝截面处受拉钢筋应变(或应力)最大。由于受拉区混凝土参加工作，两裂缝间受拉钢筋应变将减小。因此，受拉钢筋的平均应变可由裂缝截面处钢筋应变乘以裂缝间纵向受拉钢筋应变(或应力)不均匀系数 ψ 求得。由此可得：

$$\varepsilon_{sm}=\frac{\psi\sigma_{sq}}{E_s} \tag{9-13}$$

式中：σ_{sq}——按荷载准永久组合计算的构件裂缝截面处纵向受拉钢筋的应力；

E_s——钢筋的弹性模量。

将 ε_{sm} 代入式(9-12)，由于裂缝间受拉混凝土的回缩程度不同，混凝土受拉平均应变 ε_{ctm} 为变量(与配筋率、截面形状和混凝土保护层等有关)，一般情况下其数值变化不大，可令 $a_c=\left(1-\frac{\varepsilon_{ctm}}{\varepsilon_{sm}}\right)$($a_c$ 称为考虑裂缝间混凝土自身伸长对裂缝宽度的影响系数)，则得：

$$w_m=a_c\psi l_m\sigma_{sq}/E_s \tag{9-14}$$

由式(9-14)可知，要计算平均裂缝宽度须先求得 a_c、ψ 和 σ_{sq} 值。

(2)裂缝截面处的钢筋应力 σ_{sq}

在荷载准永久组合作用下，轴心受拉、受弯、偏心受拉及偏心受压构件裂缝截面处受拉钢筋的应力 σ_{sq}，可根据正常使用阶段时的应力状态，按裂缝截面处力的平衡条件求得。

①受弯构件

由图 9-1 的截面力矩平衡条件，可得：

$$\sigma_{sq}=\frac{M_q}{\eta A_s h_0} \tag{9-15}$$

②轴心受拉构件

$$\sigma_{sq}=\frac{N_q}{A_s} \tag{9-16}$$

③偏心受拉构件

$$\sigma_{sq}=\frac{N_q e'}{A_s(h_0-a_s')} \tag{9-17}$$

④偏心受压构件

$$\sigma_{sq}=\frac{N_q(e-z)}{zA_s} \tag{9-18}$$

其中
$$z=\left[0.87-0.12(1-\gamma'_f)\left(\frac{h_0}{e}\right)^2\right]h_0$$

$$e=\eta_s e_0+y_s$$

$$\eta_s=1+\frac{1}{4000e_0/h_0}(l_0/h)^2$$

式中：M_q——按荷载准永久组合计算的弯矩值；

N_q——按荷载准永久组合计算的轴向力值；

η——裂缝截面处内力臂系数。为了简化计算，可近似取 $\eta=0.87$；

A_s——受拉区纵向钢筋截面面积。对轴心受拉构件，取全部纵向钢筋截面面积；对偏心受拉构件，取受拉较大边的纵向钢筋截面面积；对受弯、偏心受压构件，取受拉区纵向钢筋截面面积；

e'——轴向拉力作用点至受压区或受拉较小边纵向钢筋合力点的距离；

e——轴向压力作用点至纵向受拉钢筋合力点的距离；

e_0——荷载准永久组合下的初始偏心距，取 $e_0=M_q/N_q$；

z——轴向受拉钢筋合力点至截面受压区合力点的距离，且不大于 $0.87h_0$；

η_s——使用阶段的轴向压力偏心距增大系数。当 $l_0/h\leqslant 14$ 时，取 $\eta_s=1.0$；

y_s——截面重心至纵向受拉钢筋合力点的距离。对矩形截面 $y_s=\frac{h}{2}-a_s$；

γ'_f——受压翼缘截面面积与腹板有效截面面积的比值。$\gamma'_f=\frac{(b'_f-b)h'_f}{bh_0}$，其中，$b'_f$、$h'_f$ 分别为受压翼缘的宽度和高度，当 $h'_f>0.2h_0$ 时，取 $h'_f=0.2h_0$。

(3)纵向受拉钢筋应力不均匀系数 ψ

受弯构件中钢筋的实测应力分布图如图 9-2 所示。由图可见，即使在纯弯区段内，钢筋应力也是不均匀的，钢筋应力在裂缝之间最小，而在裂缝截面处最大。因此，应考虑裂缝间受拉混凝土参加工作的影响，该影响可通过对裂缝截面处钢筋应变 ε_{sq} 乘以应变不均匀系数 ψ 予以反映（ψ 又称为考虑裂缝间受拉混凝土参与受拉工作的影响程度系数，用以降低钢筋应变或应力），由此可得：

$$\psi=\frac{\varepsilon_{sm}}{\varepsilon_{sq}}=\frac{\sigma_{sm}}{\sigma_{sq}} \tag{9-19}$$

式中：ε_{sm}、σ_{sm}——分别为平均裂缝间距范围内钢筋的平均应变和平均应力；

ε_{sq}、σ_{sq}——分别为裂缝截面处的钢筋应变和钢筋应力。

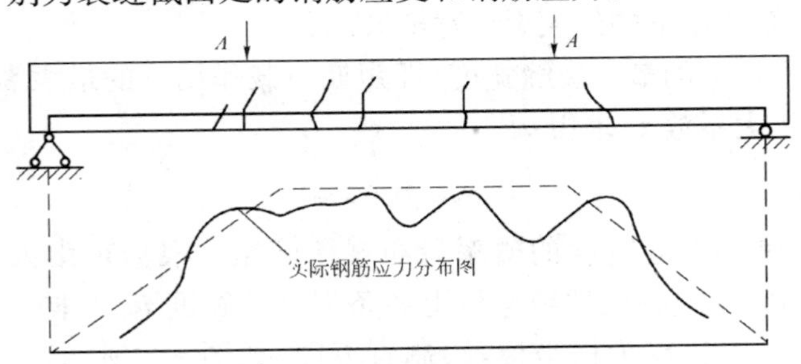

图 9-2　实际与计算钢筋应力分布图

根据对各种截面形式、各种配筋率的受弯构件的试验资料分析，ψ 与 M_{cr}/M_q 呈线性关系，即

$$\psi = 1.1(1 - M_{cr}/M_q) \tag{9-20}$$

考虑到混凝土收缩等因素影响，将 M_{cr} 乘以降低系数 0.8，并将式(9-4)、式(9-15)代入式(9-20)可得：

$$\psi = 1.1\{1 - 0.8[0.5bh + (b_f - b)h_f]\eta_2 h f_{tk}/(\sigma_{sq}\eta A_s h_0)\} \tag{9-21}$$

整理后可得：

$$\psi = 1.1[1 - 0.8\eta_2 h f_{tk}/(\eta h_0 \rho_{te}\sigma_{sq})] \tag{9-22}$$

近似取 $\eta_2/\eta = 0.67$，$h/h_0 = 1.1$，则：

$$\psi = 1.1 - 0.65\frac{f_{tk}}{\rho_{te}\sigma_{sq}} \tag{9-23}$$

当 $\psi < 0.2$ 时，取 $\psi = 0.2$；当 $\psi > 1.0$ 时，取 $\psi = 1.0$；对直接承受重复荷载的构件，取 $\psi = 1.0$。

式(9-23)是根据受弯构件推导求出的，也适用于轴心受拉构件、偏心受拉构件和偏心受压构件的计算。

(4)影响系数 a_c

裂缝间混凝土自身伸长对裂缝宽度的影响系数 a_c 可由试验资料确定。由式(9-14)可得：

$$a_c = \frac{w_m E_s}{\psi \sigma_{sq} l_m} \tag{9-24}$$

式中，l_m、σ_{sq} 和 ψ 可分别由式(9-8)、式(9-15)和式(9-23)计算确定，w_m 可由实测的平均裂缝宽度确定，故可由式(9-24)求得 a_c 的试验值。

试验研究表明，影响系数 a_c 与配筋率、截面形状和混凝土保护层厚度等因素有关。但在一般情况下，其数值变化不大，对裂缝开展宽度的影响也不大。根据试验资料统计分析，为简化计算，对受弯、偏心受压构件可取 $a_c = 0.77$，对轴心受拉、偏心受拉等构件可取 $a_c = 0.85$。

4. 最大裂缝宽度 w_{max}

按式(9-14)求得的 w_m 是整个构件上的平均裂缝宽度，由于材料质量的不均匀性，裂缝的出现是随机的，裂缝间距有疏有密，每条裂缝宽度有大有小，裂缝间距和裂缝宽度的离散性是比较大的。在裂缝宽度验算时，需要计算构件上的最大裂缝宽度，通常是由平均裂缝宽度乘以扩大系数得到。扩大系数值应根据试验结果和工程经验确定，主要考虑以下两个方面：

(1)荷载准永久组合作用下的最大裂缝宽度 $w_{s,max}$

荷载准永久组合作用下的最大裂缝宽度(即短期荷载作用下的最大裂缝宽度) $w_{s,max}$ 可根据平均裂缝宽度乘以扩大系数 τ_s 求得：

$$w_{s,max} = \tau_s w_m \tag{9-25}$$

裂缝扩大系数 τ_s 可按裂缝宽度的概率分布规律确定。根据东南大学试验的 40 根梁，1400 多条裂缝测量资料，求得各试件纯弯段上各条裂缝的宽度 w_i 与同一试件纯弯段的平均裂缝宽度 w_m 的比值 τ_i，并以 τ_i 为横坐标，绘制直方图，如图 9-3 所示，其分布规律为正态分布，离散系数 $\delta = 0.398$，若按 95% 的保证率考虑，可求得 $\tau_s = 1.66$。故对于受弯构件和偏心受

压构件，取$\tau_s=1.66$；对于轴心受拉和偏心受拉构件，取$\tau_s=1.90$。

(2)考虑荷载长期作用等因素影响的最大裂缝宽度$w_{l,\max}$

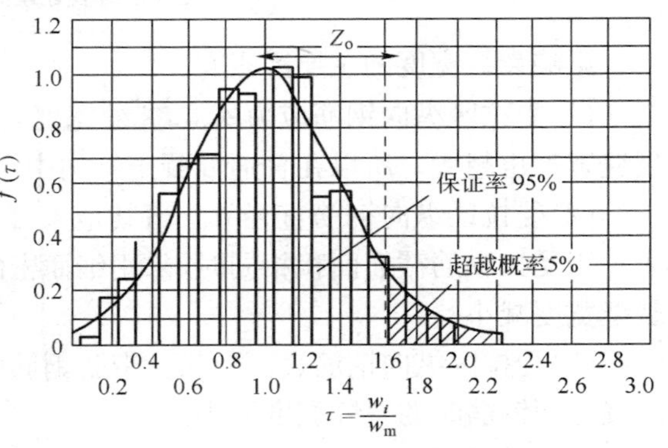

图 9-3 受弯构件裂缝扩大系数概率分布图

在荷载长期作用下，钢筋混凝土受弯构件的裂缝宽度随时间增长而增大，这主要是因为：

①混凝土的收缩，尤其是受拉区混凝土的收缩，使裂缝间混凝土的长度缩短，引起裂缝宽度的增大。

②受拉区混凝土的黏结滑移徐变和应力松弛，会导致裂缝间混凝土不断退出工作，使裂缝间受拉钢筋的平均应变随时间增大；受压混凝土徐变，使受压区高度不断增大，内力臂逐渐减小，引起受拉钢筋应力不断增大，从而使裂缝宽度随时间而增大。

在荷载长期作用下的最大裂缝宽度$w_{l,\max}$可由短期荷载作用下的最大裂缝宽度$w_{s,\max}$乘以长期荷载作用下的裂缝宽度扩大系数τ_l得到，即$w_{l,\max}=\tau_l w_{s,\max}$。根据东南大学所做的受弯构件的试验结果，取$\tau_l=1.66$。试验表明，由于在试验加载初期宽度最大的裂缝，在荷载长期作用下不一定仍然是宽度最大的裂缝，故在确定τ_l时可考虑折减系数0.9，即$\tau_l=1.66\times0.9=1.50$。

由上可知，考虑裂缝分布和开展的不均匀性以及荷载长期作用的影响时，受弯构件最大裂缝宽度$w_{l,\max}$(为简化起见，将$w_{l,\max}$简定为$w_{\max}$)可按下列公式计算：

$$w_{\max}=\tau_s\tau_l w_m=a_c\tau_s\tau_l\psi\frac{\sigma_{sq}}{E_s}l_m \tag{9-26}$$

综合以上考虑，《混凝土结构设计规范》规定，对于矩形、T形、倒T形和I形截面的钢筋混凝土受拉、受弯和偏心受压构件，按荷载准永久组合并考虑长期作用影响的最大裂缝宽度，均可按下式进行计算：

$$w_{\max}=a_{cr}\psi\frac{\sigma_{sq}}{E_s}\left(1.9c_s+0.08\frac{d_{eq}}{\rho_{te}}\right) \tag{9-27}$$

式中：a_{cr}——构件受力特征系数。$a_{cr}=\beta a_c\tau_s\tau_l$，对受弯和偏心受压构件，$a_{cr}=1.0\times0.77\times1.66\times1.5=1.9$；对偏心受拉构件，$a_{cr}=1.0\times0.85\times1.9\times1.5=2.4$；对轴心受拉构件，$a_{cr}=1.1\times0.85\times1.9\times1.5=2.7$。

其他符号意义同前述。

此外，尚应注意《混凝土结构设计规范》对以下几种情况的规定：对$\frac{e_0}{h_0}\leqslant0.55$的偏心受压构件，试验表明最大裂缝宽度小于限值，可不验算裂缝宽度；对直接承受吊车荷载但不需作疲劳验算的受弯构件，因吊车荷载满载的可能性较小，且已取$\psi=1$，所以可将计算求得的最大裂缝宽度乘以系数0.85；对按《混凝土结构设计规范》规定配置表层钢筋网片的梁，所计算的最大裂缝宽度可适当折减，折减系数可取0.7。

三、影响裂缝宽度的主要因素

影响裂缝宽度的主要因素有：

(1)受拉区纵向钢筋应力 σ_{sq}。裂缝宽度与纵向受拉钢筋应力近似呈线性关系，σ_{sq} 值越大，裂缝宽度也越大。所以在普通混凝土结构中，为了控制裂缝宽度，不宜采用高强度钢筋。

(2)受拉区纵向钢筋直径 d。当其他条件相同时，裂缝宽度随受拉纵筋直径的增大而增大。当受拉纵筋截面面积相同时，采用细而密的钢筋会增大钢筋表面积，因而使黏结力增大，裂缝宽度减小。

(3)受拉区纵向钢筋表面形状。带肋钢筋的黏结强度较光面钢筋大得多，配置带肋钢筋比配置光面钢筋时的裂缝宽度要小。

(4)受拉区纵向钢筋配筋率 ρ_{te}。受拉区混凝土截面的纵筋配筋率越大，裂缝宽度越小。

(5)受拉区纵向钢筋的混凝土保护层厚度 c_s。当其他条件相同时，保护层厚度越大，裂缝宽度也越大。

(6)荷载性质。荷载长期作用下的裂缝宽度较大；反复荷载或动力荷载作用下的裂缝宽度有所增大。

四、减小裂缝宽度的有效措施

减小裂缝宽度的有效措施主要有：

(1)增大纵向受拉钢筋截面面积，以减小裂缝截面处的钢筋应力。

(2)在钢筋截面面积不变的情况下，采用较小直径的钢筋，并尽量沿截面受拉区外缘以不大的间距均匀布置。

(3)采用变形钢筋。

(4)增大构件截面尺寸。

(5)采用预应力混凝土，这是解决裂缝问题的最有效措施，它能使构件在荷载作用下不产生裂缝或减小裂缝宽度。

[例 9-1] 某钢筋混凝土矩形截面简支梁，截面尺寸 $b\times h=200\text{mm}\times 500\text{mm}$，混凝土强度等级为 C30，梁底配置 2$\phi$16+2$\phi$18HRB400 级纵向受拉纵筋，混凝土保护层厚度 $c_s=25\text{mm}$。按荷载准永久组合计算的跨中弯矩 $M_q=85\text{kN}\cdot\text{m}$，最大裂缝宽度限值为 $w_{lim}=0.3\text{mm}$。试验算该梁的最大裂缝宽度是否满足要求。

解：(1)确定计算参数

C30 混凝土：$f_{tk}=2.01\text{N/mm}^2$；HRB400 级受拉纵筋：$E_s=2.0\times10^5\text{N/mm}^2$，$v_i=1.0$，$A_s=911\text{mm}^2$；截面有效高度 $h_0=500-25-18/2=466\text{mm}$。

(2)计算纵向受拉钢筋的等效直径

$$d_{eq}=\frac{\sum n_i d_i^2}{\sum n_i v_i d_i}=\frac{2\times16^2+2\times18^2}{2\times1.0\times16+2\times1.0\times18}=17.06\text{mm}$$

(3)计算纵向受拉钢筋的应力

$$\sigma_{sq}=\frac{M_q}{0.87A_s h_0}=\frac{85\times10^6}{0.87\times911\times466}=230.14\text{N/mm}^2$$

(4)计算纵向受拉钢筋的配筋率

$$\rho_{te}=\frac{A_s}{0.5bh}=\frac{911}{0.5\times200\times500}=0.018>0.01$$，故取 $\rho_{te}=0.018$ 计算。

(5)计算纵向受拉钢筋应变不均匀系数

$$\psi=1.1-0.65\frac{f_{tk}}{\rho_{te}\sigma_{sq}}=1.1-0.65\frac{2.01}{0.018\times230.14}=0.785$$

可见，$0.2<\psi<1.0$，故取 $\psi=0.785$。

(6)最大裂缝宽度验算

$$w_{max}=a_{cr}\psi\frac{\sigma_{sq}}{E_s}\left(1.9c_s+0.08\frac{d_{eq}}{\rho_{te}}\right)$$

$$=1.9\times0.785\times\frac{230.14}{2\times10^5}\times\left(1.9\times25+0.08\times\frac{17.06}{0.018}\right)=0.212\text{mm}<w_{lim}=0.3\text{mm}$$

满足要求。

第三节 受弯构件挠度验算

一、变形控制的目的和要求

1. 变形控制的目的

(1)保证结构的使用功能要求。结构构件产生过大的变形时，将会严重影响甚至丧失其使用功能。如屋面梁、板挠度过大时会造成积水和渗漏；某些生产车间的楼盖梁、板挠度过大会影响产品质量；吊车梁的挠度过大会影响吊车的正常运行等。

(2)防止对结构构件产生不利影响。受弯构件挠度过大，会导致结构构件的实际受力特征与计算假定不符，如在可变荷载作用下可能发生振动，出现动力效应，使结构构件内力增大，甚至发生共振；构件挠度过大还会影响到与其相连的其他构件也发生过大变形，如支承在砖墙上的梁端产生过大转角，将使支承面积减小，引起局部承压或墙体失稳破坏。

(3)避免对非结构构件的不良影响。受弯构件挠度过大会导致其上的非结构构件发生损坏，如门窗等活动部件因挠度过大而不能正常开关；隔墙及天花板会因挠度过大而产生开裂、压碎、膨出损坏等。

(4)满足外观和使用者的心理要求。若梁、板挠度过大，不仅有碍观瞻，还会引起使用者的不安全感；构件挠度过大致使可变荷载作用引起的振动及噪声对人的不良感觉等。

2. 变形控制的要求

为了保证结构构件在使用期间的适用性，对结构构件的变形应加以控制。《混凝土结构设计规范》规定，钢筋混凝土受弯构件的最大挠度应满足：

$$f\leqslant f_{lim}\tag{9-28}$$

式中：f——荷载作用下产生的最大挠度，按荷载的准永久组合并应考虑荷载长期作用的影响进行计算；

f_{lim}——《混凝土结构设计规范》规定的受弯构件的挠度限值，见附表14。该限值是以不影响结构使用功能、外观及与其他构件的连接等要求为目的，根据工程实践经验并参考国外规范的规定而确定。

二、混凝土受弯构件刚度与挠度的特点

受弯构件的变形验算，主要是确定构件的刚度。当刚度确定后即可用结构力学的方法验算其变形。一般情况下钢筋混凝土受弯构件处于带裂缝工作状态，构件截面的抗弯刚度与开裂前用材料力学方法所表达的刚度 EI 大不相同。开裂后随着弯矩的增大，裂缝扩展，引起刚度不断降低。另外，截面的配筋率对刚度也有一定的影响，截面配筋率大的，刚度下降要比配筋率小的低许多，因此开裂后配筋率成为影响构件刚度的重要参数。

1. 截面抗弯刚度

由材料力学可知，对于匀质弹性材料梁的跨中挠度 f 可用下式表示：

$$f=\beta\frac{M}{EI}l_0^2 \text{ 或 } f=\beta\phi l_0^2 \tag{9-29}$$

式中：β——与荷载形式、支承条件有关的挠度系数。如承受均布荷载的简支梁，$\beta=\frac{5}{48}$；

l_0——梁的计算跨度；

EI——梁的截面弯曲刚度；

ϕ——截面曲率，即构件单位长度上的转角，$\varphi=\frac{M}{EI}$。

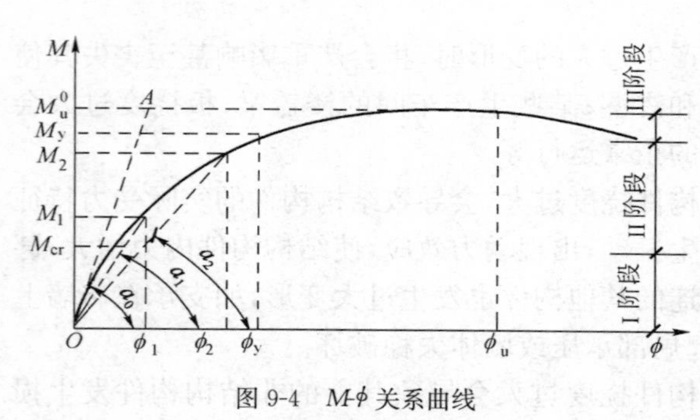

图 9-4　M-ϕ 关系曲线

由 $EI=M/\phi$ 可知，截面弯曲刚度的物理意义就是使截面产生单位转角所需施加的弯矩值，它体现了截面抵抗弯曲变形的能力。

对于匀质弹性材料，当梁的截面形状、尺寸和材料已知时，其截面弯曲刚度 EI 是一个常数。因此弯矩与挠度或者弯矩与曲率之间都始终成正比关系，如图 9-4 中虚线 OA 所示。

钢筋混凝土是不匀质的非弹性材料，因此钢筋混凝土受弯构件的截面弯曲刚度不为常数，其主要特点如下：

(1)截面弯曲刚度随着荷载的增大而减小

适筋梁从开始加载到破坏的 M—ϕ 曲线，如图 9-4 所示。由截面弯曲刚度定义知，M-ϕ 曲线上任一点与原点 O 的连线倾斜角的正切，即 $\tan\alpha$ 就是相应的截面弯曲刚度。由图 9-4 可知，在裂缝出现以前，M—ϕ 曲线与 OA 几乎重合，因而截面弯曲刚度仍可视为常数，并近似取为$0.85E_cI_0$，此处 I_0 为换算截面惯性矩。当裂缝即将出现时，即进入第Ⅰ阶段末时，M—ϕ 曲线已偏离直线，逐渐弯曲，说明截面弯曲刚度有所降低。出现裂缝后，即进入第 II 阶段，M—ϕ 曲线发生转折，ϕ 增加较快，截面弯曲刚度明显降低。钢筋屈服后进入第 III 阶段，此阶段 M 增加很少，而 ϕ 增大很多，截面弯曲刚度急剧降低。但应注意，即使在第 III 阶段的 M—ϕ 曲线接近直线，但截面的弯曲刚度也不是常数，而是不断地减小。

按正常使用极限状态验算构件变形时，采用的截面弯曲刚度，通常取在 M—ϕ 曲线第 II 阶段当弯矩为 $0.5M_u^0$～$0.7M_u^0$ 的区段内，M_u^0 是破坏弯矩试验值。在该区段内的截面弯曲刚度随弯矩增大而变小。

(2)截面弯曲刚度随着配筋率 ρ 的降低而减小

试验表明，截面尺寸和材料都相同的适筋梁，配筋率 ρ 大的，M—ϕ 曲线陡一些，变形小一些，相应的截面弯曲刚度大一些；反之，配筋率 ρ 小的，M—ϕ 曲线平缓一些，变形大一些，截面弯曲刚度就小一些。因此配筋率在构件开裂后成为影响构件变形的主要参数。

(3)截面弯曲刚度沿构件跨度而变化

如图 9-5 所示，在纯弯区段，即使各个截面承受的弯矩相同，曲率(或截面弯曲刚度)也不相同。裂缝截面处的刚度小一些，裂缝之间截面处的刚度大一些，这是由于裂缝的存在使构件的几何参数发生变化引起的。所以，验算变形时采用的截面弯曲刚度是指纯弯区段内平均的截面弯曲刚度。

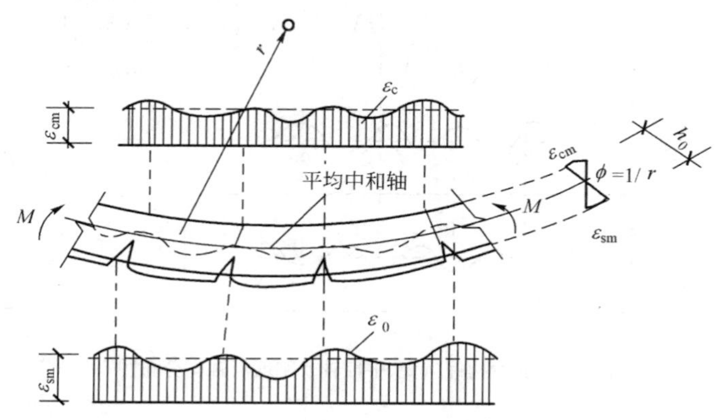

图 9-5　梁纯弯段内截面应变及裂缝分布

(4)截面弯曲刚度随加载时间的增长而减小

试验表明，对构件施加保持不变的荷载值，则随时间的增长，因混凝土徐变等原因将会使截面弯曲刚度减小，对一般尺寸的构件，三年以后逐渐趋于稳定。变形验算时，除要考虑荷载效应的准永久组合外，还应考虑荷载长期作用的影响。

2. 构件的受力变形特点

钢筋混凝土受弯构件由两种性质截然不同的材料组成，且混凝土又是非弹性、非匀质材料，尤其在使用阶段，受拉区混凝土一般都开裂，因此结合其刚度变化特点，其受力变形与匀质线弹性材料梁相比，具有如下特点：

(1)受拉区混凝土开裂后，裂缝截面处全部拉力均由钢筋承担，混凝土退出工作，而裂缝之间的混凝土仍参加工作。其拉力是由钢筋通过与混凝土交界面上的黏结剪应力 τ 传来，距裂缝截面越远，通过 τ 的累积传给混凝土的拉应力越大，钢筋应力就越小。故即使在纯弯区段范围内，受拉钢筋的应变 $\varepsilon_s(z)$、受压区边缘混凝土应变 $\varepsilon_c(z)$、中性轴位置 $x(z)$、曲率 $1/\gamma(z)$ 和刚度 $B(z)$，仍然沿梁轴方向呈波浪形分布，其波峰分别位于裂缝截面或两裂缝之中间截面处(图 9-6)。

(2)由于混凝土的抗拉强度较低，构件受拉区多有裂缝存在，并且开展到一定宽度，开裂前原为同一平面而开裂后部分混凝土受拉截面已劈裂为二，表明在裂缝附近钢筋和混凝土之间已经产生相对位移，且原来受拉张紧的混凝土开裂后回缩，材料应变发生突变。单就裂缝附近局部范围来说，这种现象是不符合材料力学中平截面假定的。但大量试验结果表明，直到钢筋屈服前，在纯弯区段内截面应变若采用跨越几条裂缝的长标距量测时，其平均应变大体上还是

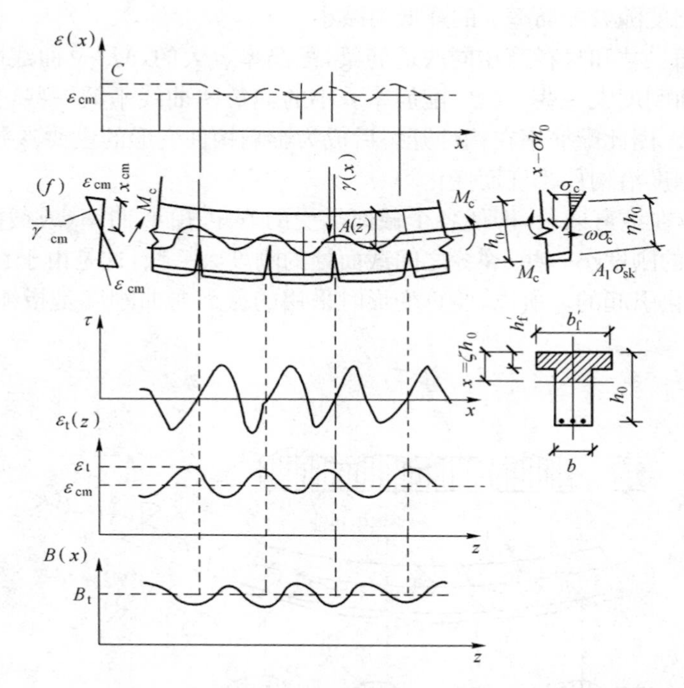

图 9-6　受弯构件应变、中性轴及刚度沿轴向分布图

符合平截面假定的。

(3)两种配筋截面的弯矩—曲率(M-ϕ)关系如图 9-7 所示。如前所述,M-ϕ 关系呈曲线形。在混凝土开裂前,截面基本上处于弹性工作阶段,M 与 ϕ 大致为直线关系(OT)。一经开裂受拉区混凝土就基本退出工作,因而与开裂前相比,曲率随着 M 的增大而增长速度明显加快,刚度显著降低,在 M-ϕ 曲线上出现明显的转折点。其转折角的大小主要取决于配筋率 ρ,ρ 越低,转折角越大。从前面的刚度特点中同样可知,也就是刚度的降低越多。开裂后,随着 M 的增加,由于受压区混凝土应变不断增大,受压区混凝土塑性性质表现得越来越明显,应力增长速度较应变增长速度要慢,故受压区应力图形将呈曲线变化,应力—应变关系已不符合胡克定律。并且在开裂截面附近的局部区域内,截面应变分布不符合平截面假定。

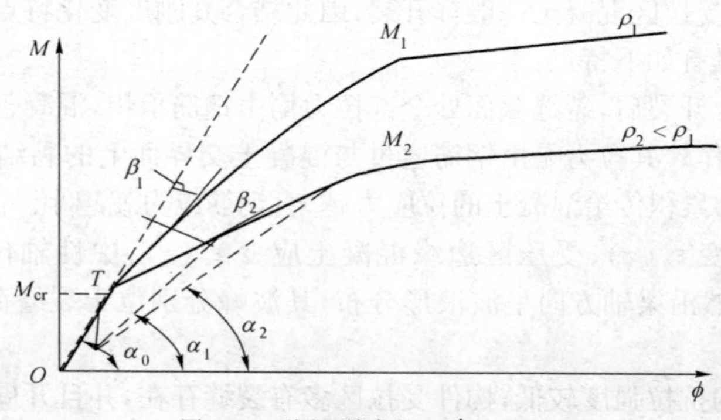

图 9-7　不同配筋率的 M-ϕ 关系图

(4)钢筋混凝土受弯构件在长期荷载作用下,变形随时间增长而增大。

在正常使用阶段,受弯构件的受力状态一般处于第Ⅱ阶段。因此,计算钢筋混凝土受弯构件的挠度,关键是如何计算截面的弯曲刚度。由上述分析可知,弯曲刚度除随弯矩发生变化外，还与配筋率、截面形状、荷载作用时间等因素有关，因而确定钢筋混凝土构件的截面弯曲刚度 B 比确定匀质弹性材料梁的 EI 要复杂得多。对钢筋混凝土构件，在荷载准永久组合作用下的截面弯曲刚度称为短期刚度，通常用 B_s 表示，考虑荷载长期作用影响后的截面弯曲刚度称为长期刚度，用 B 表示。构件在使用阶段的最大挠度计算取长期刚度值，而长期刚度是通过短期刚度计算得来的。

三、钢筋混凝土受弯构件的短期刚度

在使用荷载作用下，钢筋混凝土受弯构件是带裂缝工作的。即使在纯弯区段内，钢筋和混凝土沿构件轴向的应变（或应力）分布也不均匀。显然，由于钢筋和混凝土应变分布的不均匀性，给构件挠度计算带来一定的复杂性。但是，由于构件挠度是反映沿构件跨长变形的综合效应，因此，可通过沿构件长度的平均曲率和平均刚度来表示截面曲率和截面刚度。为此，可仿照弹性匀质梁的截面弯矩与曲率关系，即根据截面变形的几何关系、材料的物理关系和截面受力平衡条件，并考虑混凝土材料物理关系的弹塑性性质、截面应力的非线性分布特征以及裂缝的影响，求得钢筋混凝土构件的短期刚度。

1. 几何关系

由前述分析可知，在构件纯弯区段内，由于裂缝的影响，钢筋和混凝土的应变沿构件轴线方向呈波浪形分布，但钢筋屈服前沿构件截面高度量测的平均应变基本上呈直线分布。因此，可认为沿构件截面高度平均应变符合平截面假定。于是，截面的平均曲率与平均应变的关系可表示为：

$$\phi_m = 1/r_m = M_q/B_s = (\varepsilon_{sm} + \varepsilon_{cm})/h_0 \qquad (9\text{-}30)$$

式中：ϕ_m——截面平均曲率；

r_m——平均曲率半径；

M_q——荷载准永久组合计算的弯矩值；

B_s——荷载准永久组合作用下的截面短期刚度，此处即为截面的平均弯曲刚度；

ε_{sm}——受拉钢筋平均应变；

ε_{cm}——受压区边缘混凝土平均应变。

2. 物理关系

受压区边缘混凝土平均应变可按下式计算：

$$\varepsilon_{cm} = \frac{\sigma_{cs}}{E'_c} = \frac{\sigma_{cs}}{\gamma' E_c}$$

式中：σ_{cs}——受压区边缘混凝土的平均压应力；

E'_c、E_c——分别为混凝土的变形模量和弹性模量，$E'_c = \gamma' E_c$；

γ'——混凝土受压时的弹性系数。

受拉钢筋平均应变为：

$$\varepsilon_{sm} = \frac{\psi \sigma_{sq}}{E_s}$$

式中：ψ——裂缝间纵向受拉钢筋应变不均匀系数，见式(9-23)。

3. 平衡条件

先按裂缝截面处的计算应力图形(图 9-8)求 σ_c。对工字形(或 T 形)截面,受压区面积为 $(b'_f-b)h'_f+bx_0=(\gamma'_f+\xi_0)bh_0$,将曲线分布的压应力换算成平均压应力 $\omega\sigma_c$,再对纵向受拉钢筋取矩,则得:

$$\sigma_c=\frac{M_q}{\omega(\gamma'_f+\xi_0)\eta bh_0^2} \tag{9-31}$$

式中:ω——应力图形丰满度系数;

γ'_f——受压翼缘加强系数(相对于腹板有效面积),$\gamma'_f=(b'_f-b)\dfrac{h'_f}{bh_0}$;

ξ_0——裂缝截面处受压区高度系数,$\xi_0=x/h_0$;

η——裂缝截面处的内力臂系数。对常用情况,η 值在 0.83～0.93 之间波动,《混凝土结构设计规范》为简化计算,取其平均值,即 $\eta=0.87$。

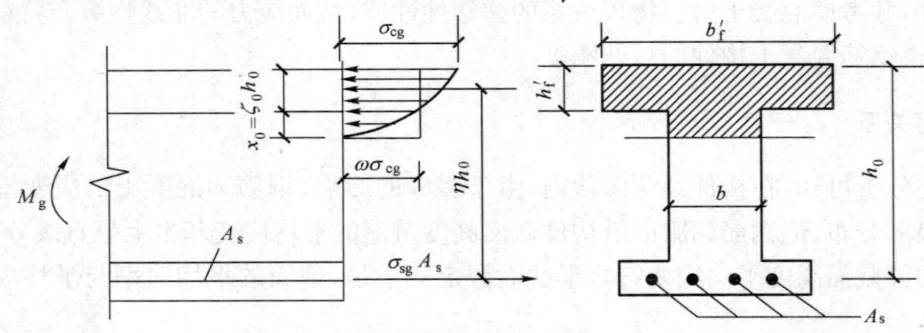

图 9-8 裂缝截面处的计算应力图形

引入受压区边缘混凝土压应变不均匀系数 ψ_c,则得受压区边缘混凝土的平均应变 ε_{cm} 为:

$$\varepsilon_{cm}=\psi_c\frac{M_q}{\omega(\gamma'_f+\xi_0)\eta bh_0^2\upsilon E_c}$$

令

$$\zeta=\omega\upsilon(\gamma'_f+\xi_0)\eta/\psi_c$$

则

$$\varepsilon_{cm}=\frac{M_q}{\zeta bh_0^2E_c} \tag{9-32}$$

式中,ζ 反映了混凝土的弹塑性、应力分布和截面受力对受压边缘混凝土平均应变的综合影响,故称为受压区边缘混凝土平均应变综合系数。从材料力学观点,ζ 也可称为截面弹塑性抵抗矩系数。引入系数 ζ 后既可减轻计算工作量,并避免误差的积累,又可按该式通过试验直接得到它的试验值。

受拉钢筋的平均应变为:

$$\varepsilon_{sm}=\frac{\psi\sigma_{sq}}{E_s}=\psi\frac{M_q}{E_s\eta h_0A_s} \tag{9-33}$$

将式(9-33)和式(9-32)代入式(9-30),可得:

$$\frac{M_q}{B_s}=\left(\psi\frac{M_q}{\eta h_0E_sA_s}+\frac{M_q}{\zeta bh_0^2E_c}\right)/h_0$$

简化后可得短期刚度为:

$$B_s = \frac{E_s A_s h_0^2}{\frac{\psi}{\eta} + \frac{\alpha_E \rho}{\zeta}} \tag{9-34}$$

从上式可知，当构件截面尺寸和配筋率已定时，上式中分母的第一项反映了纵向受拉钢筋应变不均匀程度(或受拉区混凝土参与受力的程度)对刚度的影响，它随截面上作用的弯矩大小而变化。当 M_q 较小时，σ_{sq} 也较小，钢筋与混凝土之间具有较强的黏结作用，钢筋应变不均与程度较小，受拉区混凝土参与受力的程度较大，ψ 值较小，短期刚度 B_s 值较大；当 M_q 较大时，则相反，短期刚度 B_s 值较小。上式中分母的第二项则反映了受压区混凝土变形对刚度的影响，当混凝土强度等级和配筋率等确定后，它是仅与截面特性有关的常数。

试验表明，受压区边缘混凝土平均应变综合系数 ζ 在使用荷载范围内则基本稳定。因此，对 ζ 的取值可不考虑荷载影响。根据试验资料统计分析可得：

$$\frac{\alpha_E \rho}{\zeta} = 0.2 + \frac{6\alpha_E \rho}{1 + 3.5\gamma'_f} \tag{9-35}$$

式中：ρ——纵向受拉钢筋配筋率，$\rho = \frac{A_S}{bh_0}$；

α_E——钢筋与混凝土的弹性模量比，$\alpha_E = \frac{E_s}{E_c}$。

将式(9-35)代入式(9-34)，可得：

$$B_s = \frac{E_s A_s h_0^2}{1.15\psi + 0.2 + \frac{6\alpha_E \rho}{1 + 1.35\gamma'_f}} \tag{9-36}$$

在计算 γ'_f 中，当 $h'_f > 0.2h_0$ 时，取 $h'_f = 0.2h_0$。

在荷载准永久组合作用下，受压钢筋对截面刚度的影响是不大的，计算时可不考虑。如需考虑其影响，可将式(9-36)中的 γ'_f 按下式计算：

$$\gamma'_f = \frac{(b'_f - b)h'_f}{bh_0} + \alpha_E \rho' \tag{9-37}$$

式中：ρ'——纵向受压钢筋配筋率，$\rho' = \frac{A'_s}{bh_0}$。

四、钢筋混凝土受弯构件的长期刚度

在实际工程中，总有部分荷载长期作用在结构构件上，因此计算挠度时必须采用长期刚度。在长期荷载作用下，钢筋混凝土受弯构件的刚度随时间增长而降低，挠度随时间增长而增大。前6个月挠度增大较快，以后逐渐减缓，1年后趋于稳定，但在5～6年后仍在不断变动，不过变化很小。因此，一般尺寸的构件，取3年或1000d的挠度值作为最终挠度值。在长期荷载作用下，受弯构件挠度不断增长的原因有以下几个方面：

(1)受压混凝土发生徐变，使受压应变随时间增长而增大。同时，由于受压混凝土塑性变形的发展，使内力臂减小，从而引起受拉钢筋应力和应变的增长。

(2)受拉混凝土和受拉钢筋间黏结滑移徐变，受拉混凝土的应力松弛以及裂缝向上发展，导致受拉混凝土不断退出工作，从而使受拉钢筋平均应变随时间增大。

(3)混凝土收缩。当受压区混凝土收缩比受拉区大时，将使梁的挠度增大。

上述影响因素中，受压混凝土的徐变是最主要的因素。影响混凝土徐变的因素，如受压钢筋的配筋率、加载龄期和使用环境的温湿度等，都对长期荷载作用下挠度的增大有影响。

《混凝土结构设计规范》规定，在长期荷载作用下受弯构件挠度的增大用挠度增大的影响系数 θ 来反映，θ 为长期荷载作用下的挠度 f_l 与短期荷载作用下的挠度 f_s 的比值，即 $\theta=\dfrac{f_l}{f_s}=\dfrac{\beta M l_0^2/B}{\beta M l_0^2/B_s}=\dfrac{B_s}{B}$，由此可得钢筋混凝土受弯构件考虑荷载长期作用影响的刚度：

$$B=\frac{B_s}{\theta} \tag{9-38}$$

东南大学和天津大学长期荷载试验表明，在一般情况下，对单筋矩形、T 形和 I 形截面梁，可取 $\theta=2.0$。对于双筋梁，由于受压钢筋对混凝土的徐变起着约束作用，因此，将减少长期荷载作用下挠度的增大。减少的程度与受压钢筋和受拉钢筋的相对数量有关。《混凝土结构设计规范》规定，对混凝土受弯构件，当 $\rho'=0$ 时，取 $\theta=2.0$；当 $\rho'=\rho$ 时，取 $\theta=1.6$；当 ρ' 为中间数值时，θ 按线性内插法取用，即

$$\theta=2-0.4\frac{\rho'}{\rho} \tag{9-39}$$

式中：ρ'、ρ——分别为纵向受压钢筋和纵向受拉钢筋的配筋率，$\rho'=\dfrac{A_s'}{bh_0}$，$\rho=\dfrac{A_s}{bh_0}$。

截面形状对长期荷载作用下的挠度也有影响。对翼缘位于受拉区的倒 T 形截面，由于在荷载短期作用下受拉混凝土参加工作较多，在荷载长期作用下退出工作的影响就较大，从而使挠度增加较多。《混凝土结构设计规范》规定，对翼缘位于受拉区的倒 T 形截面，θ 应增加 20%。

五、受弯构件挠度计算方法

1. 最小刚度原则

如上所述，按式(9-36)、式(9-38)所求的刚度是沿受弯构件纯弯段内截面的平均弯曲刚度。而实际上，由于沿构件长度方向的弯矩和配筋均为变量，即使是等截面的钢筋混凝土梁，沿构件长度方向的刚度也是变化的。如承受对称集中荷载的简支梁，除两集中荷载间的纯弯区段外，剪跨内各截面弯矩是不相同的。越靠近支座，弯矩越小，因而，其刚度越大。在支座附近的截面将不出现裂缝，其刚度较已出现裂缝区段大很多，如图 9-9a)所示。由此可见，沿梁长各截面刚度的值是变化的。若按各截面的实际刚度进行挠度计算极其复杂，实用上为简化计算，《混凝土结构设计规范》规定：在等截面构件中，可假定各同号弯矩区段内的刚度相等，并取用该区段内最大弯矩处的刚度。即采用各同号弯矩区段内最大弯矩 M_{max} 处的最小截面刚度 B_{min} 作为该区段的刚度 B 按等刚度梁来计算构件的挠度，该计算原则通常称为受弯构件挠度计算的"最小刚度原则"。

对于简支梁，根据最小刚度原则，可取用全跨范围内弯矩最大截面处的最小弯曲刚度，如图 9-9b)中的虚线，按等刚度梁进行挠度计算；对于等截面连续梁、框架梁等，因存在有正、负弯矩，可假定各同号弯矩区段内的刚度相等，并分别取正、负弯矩区段内弯矩最大截面处的最小刚度按分段等刚度梁进行挠度计算。《混凝土结构设计规范》规定：当计算跨度内的支座截面刚度不大于跨中截面刚度的 2 倍或不小于跨中截面刚度的 1/2 时，该跨也可按等刚度构件进行计算，其构件刚度可取跨中最大弯矩截面的刚度。

采用最小刚度原则计算挠度，虽然会产生一些误差，但在一般情况下，其误差是不大的。一方面，从材料力学中已知，支座附近的曲率对简支梁的挠度影响是很小的，由此可见，计算误差是不大的，且刚度计算值偏小，构件偏于安全。另一方面，按上述方法计算挠度时，只考虑弯曲变形的影响，而未考虑剪切变形的影响。在匀质材料梁中，剪切变形一般很小，可以忽略。但在剪跨内已出现斜裂缝的钢筋混凝土梁中，剪切变形将较大。同时，沿斜截面受弯也将使剪跨内钢筋应力较按垂直截面受弯增大，图 9-10 所示为一试验梁实测钢筋应力与计算钢筋应力的比较，也就是说，在计算中未考虑斜裂缝出现的影响，将使挠度计算值偏小。在一般情况下，使上述计算值偏大和偏小的因素大致相互抵消。因此，在计算中采用最小刚度原则是可行的，计算结果与试验结果符合得较好。

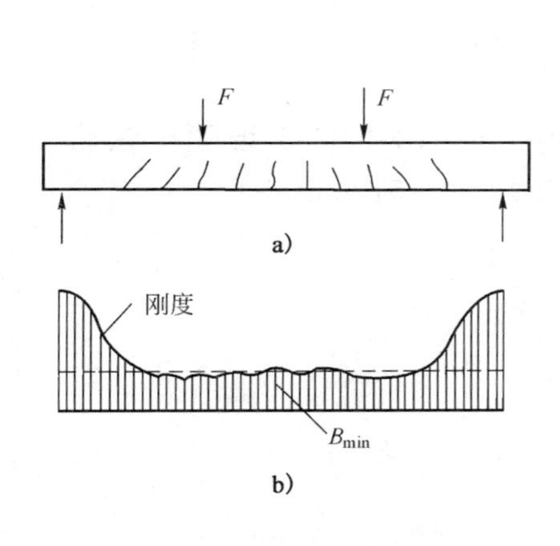

图 9-9　沿梁长的刚度分布

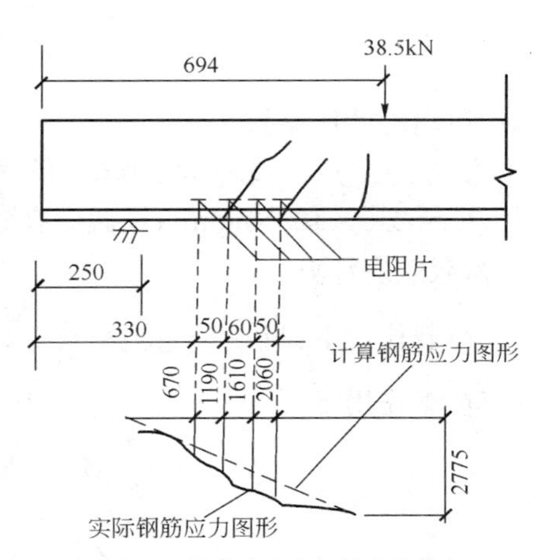

图 9-10　梁剪跨段内钢筋应力分布

必须指出，在斜裂缝出现较早、较多，且延伸较长的薄腹梁中，斜裂缝的不利影响将较大，按上述方法计算的挠度值可能偏低较多。

2. 受弯构件挠度计算方法

钢筋混凝土受弯构件的最大挠度，按荷载准永久组合并考虑荷载长期作用的影响，可用 B 代替 EI，按结构力学方法进行计算，且应满足式(9-28)的要求。

六、提高截面刚度的措施

由式(9-36)显见，在其他条件相同时，截面有效高度 h_0 对构件刚度的影响最大；而当截面高度及其他条件不变时，如有受拉翼缘或受压翼缘，则刚度有所增大；在正常配筋($\rho=1\%\sim2\%$)情况下，提高混凝土强度等级对增大刚度影响不大，而增大受拉钢筋的配筋率，刚度略有增大；若其他条件相同时，M_q 增大会使得 σ_{sq} 增大，从而 ψ 亦增大，则构件的刚度会相应地减小。

由上述分析可知，增大构件截面高度 h 是提高截面刚度的最有效措施。所以在工程实践中，一般都是根据受弯构件高跨比 h/l 的合适取值范围预先加以变形控制。这一高跨比范围是总结工程实践经验得到的。如果计算中发现刚度相差不大而构件的截面尺寸难以改变时，也可采取增加受拉钢筋配筋率、采用双筋截面等措施。此外，采用高性能混凝土、对构件施加预应力等都是提高混凝土构件刚度的有效手段。

[例 9-2]　某 T 形截面梁，计算简图如图 9-11 所示，永久荷载标准值 $g_k=8\text{kN/m}$，均布可

变荷载标准值 $q_k=10\text{kN/m}$，集中可变荷载标准值 $Q_k=15\text{kN}$，可变荷载的准永久值系数 $\psi_q=0.5$，取 $f_{lim}=l_0/200$；混凝土强度等级为C25，钢筋为HRB335级，受拉纵筋配置3Φ20。试验算梁的挠度是否满足要求。

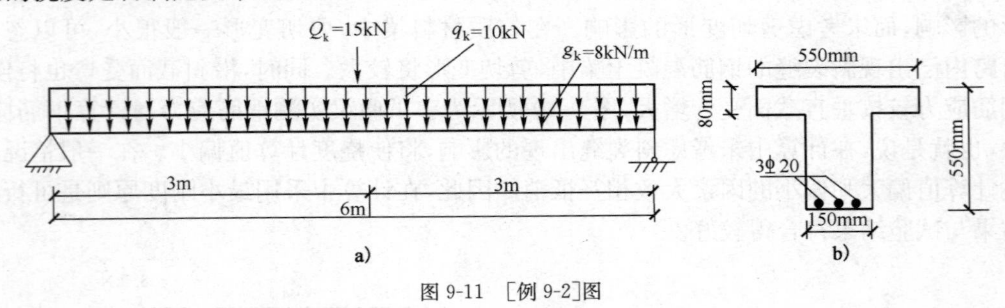

图9-11 ［例9-2］图

解：(1)确定计算参数

C25混凝土：$f_{tk}=1.78\text{N/mm}^2$，$E_c=2.8\times10^4\text{N/mm}^2$；HRB335级受拉纵筋：$A_s=942\text{mm}^2$，$E_s=2.0\times10^5\text{N/mm}^2$；设截面有效高度 $h_0=550-40=510\text{mm}$。

(2)荷载效应计算

永久荷载作用下：$M_{gq}=\frac{1}{8}g_k l_0^2=\frac{1}{8}\times8\times6^2=36\text{kN}\cdot\text{m}$

可变荷载作用下：

$$M_{qq}=\psi_q(M_{qk}+M_{Qk})=\psi\left(\frac{1}{8}q_k l_0^2+\frac{1}{4}Q_k l_0\right)$$

$$=0.5\times\left(\frac{1}{8}\times10\times6^2+\frac{1}{4}\times15\times6\right)=33.75\text{kN}\cdot\text{m}$$

按荷载准永久组合计算的弯矩值为：

$$M_q=M_{gq}+M_{qq}=36+33.75=69.75\text{kN}\cdot\text{m}$$

(3)计算短期刚度 Bs

$$\alpha_E=\frac{E_s}{E_c}=\frac{2.0\times10^5}{2.8\times10^4}=7.14$$

$$\rho=\frac{A_s}{bh_0}=\frac{942}{150\times510}=0.0123$$

$$\gamma'_f=\frac{(b'_f-b)h'_f}{bh_0}=\frac{(550-150)\times80}{150\times510}=0.42$$

$$\rho_{te}=\frac{A_s}{A_{te}}=\frac{A_s}{0.5bh}=\frac{942}{0.5\times150\times550}=0.0227$$

$$\sigma_{sq}=\frac{M_q}{A_s\eta h_0}=\frac{69.75\times10^6}{942\times0.87\times510}=166.88\text{N/mm}^2$$

$$\psi=1.1-0.65\frac{f_{tk}}{\rho_{te}\sigma_{sq}}=1.1-0.65\times\frac{1.78}{0.0227\times166.88}=0.795$$

上述 ρ_{te}、σ_{sq}、ψ 分别按式(9-10)、式(9-15)、式(9-23)计算。

$$B_s=\frac{E_sA_sh_0^2}{1.15\psi+0.2+\frac{6\alpha_E\rho}{1+3.5\gamma'_f}}=\frac{2\times10^5\times942\times510^2}{1.15\times0.795+0.2+\frac{6\times7.14\times0.0123}{1+3.5\times0.42}}$$

$$=3.691\times10^{13}\text{N}\cdot\text{mm}^2$$

(4)计算长期刚度 B

因 $\rho'=0$,故
$$\theta=2.0-0.4\frac{\rho'}{\rho}=2.0$$

$$B=\frac{B_s}{\theta}=\frac{3.691\times10^{13}}{2.0}=1.846\times10^{13}\,\mathrm{N\cdot mm^2}$$

(5)挠度验算

$$f=\frac{5}{48}\times\frac{(M_{gq}+\psi_q M_{qk})l_0^2}{B}+\frac{\psi_q M_{QK}l_0^2}{12B}=\frac{5}{48}\times\frac{\left(36+0.5\times\frac{1}{8}\times10\times6^2\right)\times6^2\times10^{12}}{1.846\times10^{13}}+$$

$$\frac{0.5\times\frac{1}{4}\times15\times6\times6^2\times10^{12}}{12\times1.846\times10^{13}}=11.88+1.83=13.71\mathrm{mm}<f_{lim}=\frac{l_0}{200}=\frac{6000}{200}=30\mathrm{mm}$$

满足要求。

思考题

9-1 进行承载能力极限状态计算和正常使用极限状态验算时,对荷载效应组合是如何考虑的?对材料强度是如何取值的?二者有何不同?为什么?

9-2 验算钢筋混凝土构件裂缝宽度和挠度的目的是什么?验算时,为什么采用荷载准永久组合的内力值?

9-3 对于钢筋混凝土受弯构件,其正常使用极限状态验算包括哪些内容?

9-4 钢筋混凝土梁的纯弯段在裂缝间距稳定以后,钢筋和混凝土的应变沿构件长度上的分布具有哪些特征?影响裂缝间距的因素有哪些?

9-5 平均裂缝间距 l_m 的基本公式是如何由平衡条件导出的?平均裂缝宽度 w_m 的计算公式是根据什么原则确定的?最大裂缝宽度 w_{max} 是考虑哪些因素而得出的?

9-6 在钢筋混凝土构件的裂缝宽度计算公式中,ψ 的物理意义是什么?影响 ψ 值的主要因素有哪些?当 $\psi=1$ 时,意味着什么?

9-7 影响裂缝宽度的主要因素有哪些?其影响规律如何?若构件的最大裂缝宽度不能满足要求,可采取哪些措施?哪些最有效?

9-8 受弯构件的弯曲刚度的物理意义是什么?钢筋混凝土受弯构件的弯曲刚度为何不能采用均质弹性材料构件的弯曲刚度 EI?

9-9 在长期荷载作用下,钢筋混凝土构件的挠度为什么会增加?主要影响因素有哪些?

9-10 什么是钢筋混凝土受弯构件的短期刚度和长期刚度?

9-11 什么是"最小刚度原则"?试分析应用该原则的合理性。

9-12 钢筋混凝土受弯构件的弯曲刚度与哪些因素有关?如果受弯构件的挠度值不满足要求,可采取什么措施?其中最有效的办法是什么?

9-13 简述配筋率对受弯构件正截面承载力、裂缝宽度和挠度的影响。三者不能同时满足时应采取什么措施?

习　题

9-1　已知某钢筋混凝土屋架下弦，截面尺寸 $b \times h = 200\text{mm} \times 200\text{mm}$，按荷载准永久组合计算的轴心拉力 $N_q = 135\text{kN}$，截面配置 4ϕ14HRB400 级受拉钢筋，混凝土强度等级为 C30，保护层厚度 $c_s = 25\text{mm}$，$w_{lim} = 0.2\text{mm}$。试验算裂缝宽度是否满足要求？如不满足时可采取哪些措施？

9-2　某钢筋混凝土矩形截面简支梁，截面尺寸 $b \times h = 220\text{mm} \times 500\text{mm}$，混凝土强度等级为 C30，配置 3$\phi$20HRB400 级纵向受拉钢筋，混凝土保护层厚度 $c_s = 25\text{mm}$。承受荷载效应的准永久组合跨中截面弯矩 $M_q = 105\text{kN} \cdot \text{m}$，最大裂缝宽度限值为 $w_{lim} = 0.3\text{mm}$。试验算该梁的最大裂缝宽度是否满足要求。

9-3　已知某预制 T 形截面简支梁，安全等级为二级，$l_0 = 6\text{m}$，$b = 200\text{mm}$，$h = 500\text{mm}$，$b_f' = 600\text{mm}$，$h_f' = 60\text{mm}$，采用 HRB500 级钢筋，C30 等级混凝土，保护层厚度 $c_s = 30\text{mm}$。各种荷载在跨中截面所引起的弯矩标准值为：

永久荷载：$80\text{kN} \cdot \text{m}$；

可变荷载：$50\text{kN} \cdot \text{m}$，组合值系数 $\psi_{c1} = 0.7$，准永久值系数 $\psi_{q1} = 0.4$；

雪荷载：$10\text{kN} \cdot \text{m}$，组合值系数 $\psi_{c1} = 0.7$，准永久值系数 $\psi_{q1} = 0.2$。

求：(1) 受弯正截面受拉钢筋面积，并选用钢筋直径（在 18～22mm 之间选择）及根数？

(2) 验算裂缝宽度是否满足 $w_{max} \leqslant w_{lim} = 0.3\text{mm}$？

(3) 验算挠度是否满足 $f \leqslant f_{lim} = \frac{l_0}{250}$？

第十章 预应力混凝土结构设计

DISHIZHANG

第一节　预应力混凝土的基本原理

预应力是指为了改善结构或构件的受力性能而在投入使用之前预先施加的内应力。其原理不仅广泛适用于混凝土结构，而且也适用于钢结构、砌体结构等其他工程结构。

由混凝土的力学性能可知，混凝土是一种抗压性能较好而抗拉性能较差的结构材料，其抗拉强度仅为其抗压强度的1/10～1/8；混凝土的极限拉应变也很小，仅为0.10×10^{-3}～0.15×10^{-3}。因此，对于钢筋混凝土构件，在整体工作阶段，其受拉钢筋的拉应力一般小于20～30MPa，该值仅相当于一般钢筋强度1/20～1/10，意味着当钢筋应力超过此值时，混凝土将产生裂缝。所以，在正常使用阶段，普通钢筋混凝土构件的受拉区一般已经出现裂缝，从而导致构件刚度降低，变形增大，结构的耐久性性能降低。若采用高强混凝土和高强钢筋，由于提高混凝土强度对提高混凝土的极限拉应变和控制裂缝宽度的作用不大，而且在正常使用阶段，其钢筋应力将比普通钢筋混凝土构件中的钢筋应力高，因此将加大裂缝宽度，降低耐久性能要求。所以普通钢筋混凝土结构不能充分地利用高强材料。

下面以一预应力混凝土简支梁为例(表10-1)，说明预应力混凝土结构的基本受力原理：在外荷载作用之前，预先在梁的受拉区作用有一偏心压力N，N在梁截面的下边缘纤维处产生压应力σ_c；在外荷载q作用下，在梁截面的下缘纤维产生拉应力σ_{ct}；在预应力和外荷载共同作用下，梁截面下边缘纤维处的应力是两者的叠加，可能是压应力(当$\sigma_c>\sigma_{ct}$时)，也可能是较小的拉应力(当$\sigma_c\leqslant\sigma_{ct}$时)。从表10-1中可知，预应力的作用可部分或全部抵消外荷载产生的拉应力，从而提高结构的抗裂性能，对于在使用荷载下出现裂缝的构件，预应力也会起到减小裂缝宽度的作用，达到节约钢筋、减小结构构件自重的效果。

与普通钢筋混凝土结构相比，预应力混凝土结构具有以下的一些特点：

(1)改善结构的使用性能。通过对结构受拉区施加预压应力，可以使结构在使用荷载下推迟裂缝开展，减小裂缝宽度，并由于预应力的反拱而降低结构的变形。从而改善结构的使用性能，提高结构的耐久性。

(2)减小构件截面高度和减轻自重。对于大跨度和承受重荷载的结构，能有效地提高结构的跨高比限值。

预应力混凝土的概念　　表 10-1

项　目	示 意 图	说　明
预压力作用下	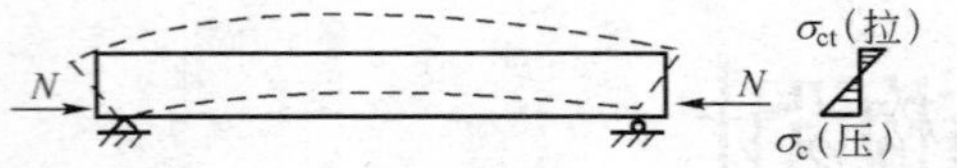 N　N　σ_{ct}(拉)　σ_c(压)	在荷载作用之前，预先在梁的受拉区施加偏心压力 N，使梁下边缘混凝土产生预压应力 σ_c，梁上边缘产生预拉应力 σ_{ct}
外荷载作用下	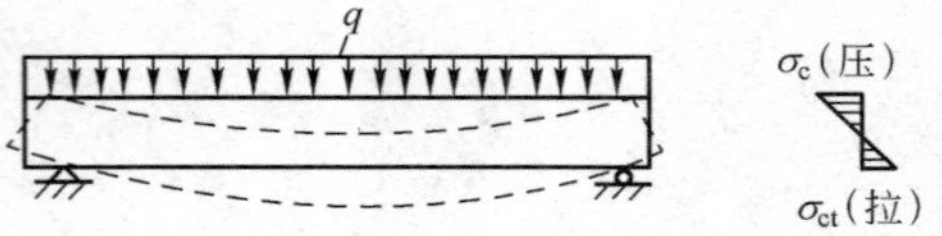 q　σ_c(压)　σ_{ct}(拉)	当荷载 q(包括梁自重)作用时，梁跨中截面下边缘产生拉应力 σ_{ct}，梁上边缘产生压应力 σ_c
预压力与外荷载共同作用下	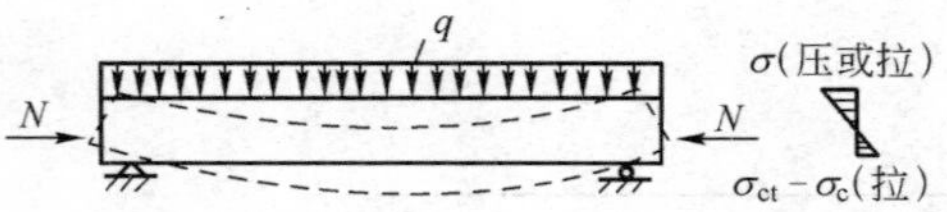 q　N　N　σ(压或拉)　$\sigma_{ct}-\sigma_c$(拉)	预压力 N 和荷载 q 共同作用下，梁的下边缘拉应力将减至 $\sigma_{ct}-\sigma_c$，梁上边缘应力一般为压应力，但也有可能为拉应力(见左图)。如果增大预压力 N，则在荷载作用下梁的下边缘的拉应力还可减小，甚至变成压应力

(3)可以合理、有效利用高强钢筋和高强混凝土。在普通钢筋混凝土结构中，由于裂缝宽度和挠度的限制，高强度钢材的强度不可能被充分利用。而在预应力混凝土结构中，对高强度钢材预先施加较高的应力，使得高强度钢材在结构破坏前能够达到屈服强度。

(4)具有良好的裂缝闭合性能。当结构部分或全部卸载时，预应力混凝土结构的裂缝具有良好的闭合性能，从而提高截面刚度，减小结构变形，进一步改善结构的耐久性。

(5)提高抗剪承载力。由于预压应力延缓了斜裂缝的产生，增加了剪压区混凝土的面积，从而提高了结构构件的抗剪承载力。

(6)提高抗疲劳强度。预压应力可以有效降低钢筋中应力循环幅度，增加疲劳寿命。这对于以承受动力荷载为主的桥梁结构是很有利的。

(7)具有良好的经济性。对适合采用预应力混凝土的结构来说，预应力混凝土结构可比普通钢筋混凝土结构节省 20％～40％的混凝土、30％～60％的主筋钢材，而与钢结构相比，则可节省一半以上的造价。

(8)预应力混凝土结构所用材料单价较高，相应的设计、施工等比较复杂。

第二节　预应力混凝土结构的分类

根据预应力混凝土的设计、制作和施工工艺的特点，预应力混凝土有多种分类方法，本节主要介绍按施加预应力的方法和施加预应力程度的分类方法。

一、先张法和后张法

使混凝土获得预应力的方法有多种，如直接加压法和间接加压法。目前，一般是通过张拉钢筋，利用钢筋的回弹力压缩混凝土，从而在混凝土中建立预压应力。根据张拉钢筋与混凝土浇筑的先后顺序，张拉钢筋法可分为先张法和后张法两种。

1. 先张法

在浇筑混凝土之前张拉预应力钢筋的方法称为先张法，如图 10-1 所示。

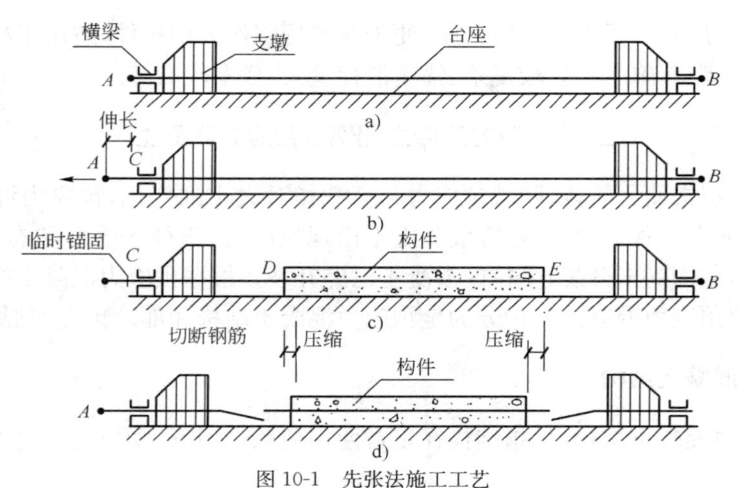

图 10-1　先张法施工工艺

a)钢筋就位；b)张拉钢筋；c)浇筑构件；d)切断钢筋

先张法的主要施工工序：在台座上张拉预应力钢筋至预定长度后，将预应力钢筋固定在台座的传力架上；然后在张拉好的预应力钢筋周围浇筑混凝土；待混凝土达到一定的强度后（不小于混凝土设计强度的 75％）切断预应力钢筋。由于预应力钢筋的弹性回缩，使得与预应力钢筋黏结在一起的混凝土受到预压作用。因此，先张法是靠预应力钢筋与混凝土之间黏结力来传递预应力的。

先张法通常适用在长线台座（50～200m）上成批生产配直线预应力钢筋的构件，如屋面板、空心楼板、檩条等。先张法的优点为生产效率高、施工工艺简单、锚夹具可多次重复使用等。

2. 后张法

在结硬后的混凝土构件预留孔道中张拉预应力钢筋的方法称为后张法，如图 10-2 所示。

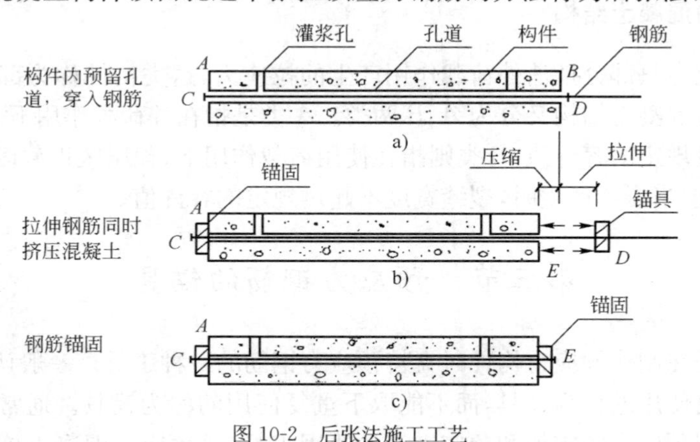

图 10-2　后张法施工工艺

a)预留孔道、浇筑混凝土；b)张拉钢筋；c)钢筋锚固

后张法的主要施工工序：先浇筑好混凝土构件，并在构件中预留孔道（直线或曲线形）；待混凝土达到预期强度后（一般不低于混凝土设计强度的 75％），将预应力钢筋穿入孔道；利用构件本身作为受力台座进行张拉（一端钳固一端张拉或两端同时张拉），在张拉预应力钢筋的同时，使混凝土受到预压；张拉完成后，在张拉端用锚具将预应力钢筋钳住；最后在孔道内灌浆使预应力钢筋和混凝土形成一个整体，也可不灌浆，完全通过锚具施加预压力，形成无黏结预

应力混凝土结构。后张法不需要专门台座，便于在现场制作大型构件，适用于配直线及曲线预应力钢筋的构件。但其施工工艺较复杂、锚具消耗量大、成本较高等。

二、全预应力混凝土和部分预应力混凝土

如前所述，在正常使用阶段，随着预应力和荷载相对大小的变化，预应力混凝土构件受拉区的应力状态可能有三种情况：受拉区混凝土不出现拉应力，仍处于受压状态；受拉区混凝土已出现拉应力，但截面尚未开裂；受拉区混凝土已经开裂。根据预应力混凝土构件受拉区的应力状态，一般可将预应力混凝土结构分为全预应力混凝土结构和部分预应力混凝土结构。

1. 全预应力混凝土结构

所谓全预应力混凝土结构，是指结构在正常使用荷载作用下，受拉区不出现拉应力的预应力混凝土结构。

全预应力混凝土结构具有抗裂性能好、刚度大和抗疲劳性能好等优点，但也存在以下几方面的缺点：

(1)反拱值较大。由于要求施加的预应力较大，引起结构的反拱较大，对于正常使用时永久荷载相对较小而可变荷载相对较大的结构，其不利影响将更大。

(2)构件的预拉区易开裂。在构件的制作、运输、堆放和安装过程中，截面预拉区会开裂。

(3)结构的延性较差。全预应力混凝土结构抗裂性能虽然提高了，但其开裂荷载与极限荷载较接近，导致结构的延性较差，这对结构的抗震性能和结构内力重分布是不利的。

(4)施工难度较大，施工费用较高。对于全预应力混凝土结构，往往必须对全部纵向预应力钢筋施加预应力，而且张拉控制应力取值较高，对张拉设备及锚具等要求较高，施工难度较大，施工费用也较高。

2. 部分预应力混凝土结构

若施加的预应力只部分抵消外荷载作用产生的拉应力，这类构件称为部分预应力混凝土结构。部分预应力混凝土结构又分为 A、B 两类。A 类是指在外荷载作用下，预压区正截面混凝土拉应力不超过规定的容许值；B 类则指在使用荷载作用下，预压区正截面混凝土拉应力超过规定的容许值，但当裂缝产生时，裂缝宽度不超过规定的容许值。

第三节　预应力钢筋的锚具

锚具和夹具是在制作预应力构件时夹持预应力钢筋的一种工具。一般认为预应力构件制成后能够取下重复使用的称为夹具，而不能取下重复使用的称为锚具。通常将两者均称之为锚具。锚具是实现预应力的施加和预应力筋的锚固工具，是预应力混凝土施工工艺的核心部分。按锚固的预应力筋类型的不同，锚具可分为：锚固粗钢筋的螺丝端杆锚具，锚固钢丝束的锚具，锚固钢绞线或钢筋束的锚具。按锚具使用的位置不同，锚具可分为固定端锚具和张拉端锚具两种。不同的锚具需配套采用不同形式的张拉千斤顶及液压设备，并有特定的张拉工序和细节要求：

(1)安全可靠，锚具本身应具有足够的强度和刚度。

(2)应使预应力钢筋在锚具内尽可能不产生滑移，以减少预应力损失。

(3)构造简单，便于加工，价格便宜。

(4)施工简便。

下面简要介绍几种主要的锚具。

一、螺杆螺帽型锚具

螺杆螺帽型锚具是指在单根预应力粗钢筋的两端各焊上一根短的螺丝端杆，并套以螺帽及垫板，如图 10-3 所示。预应力螺杆通过螺纹将力传给螺帽，螺帽再通过垫板将力传给混凝土。这种锚具操作简单，受力可靠，滑移量小，适用于较短的预应力构件及直线预应力筋。缺点是预应力筋下料长度的精度要求高，且不能锚固多根钢筋。

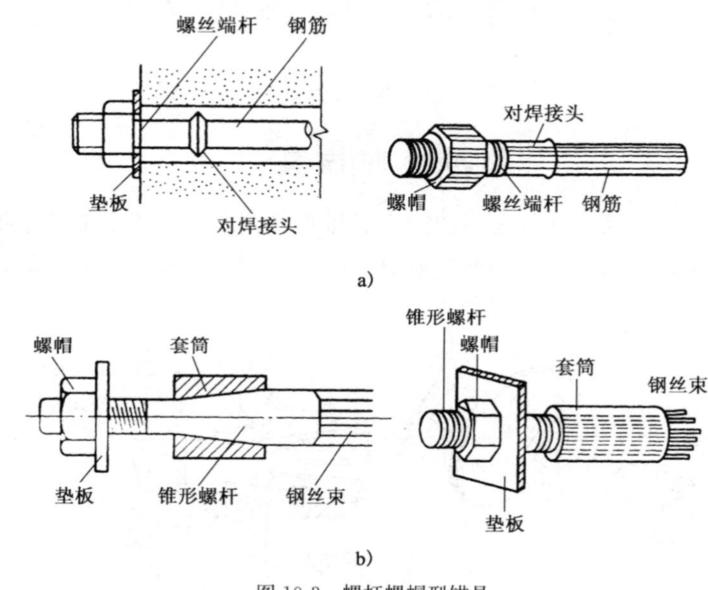

图 10-3　螺杆螺帽型锚具

a)锚固粗钢筋；b)锚固钢丝束

二、墩头锚具

墩头锚具是利用钢丝的粗墩头来锚固预应力钢丝。这种锚具加工简单，张拉方便，锚固可靠，成本低廉，但钢丝的下料长度要求严格，张拉端一般要扩孔，人工费较高。如图 10-4 所示。

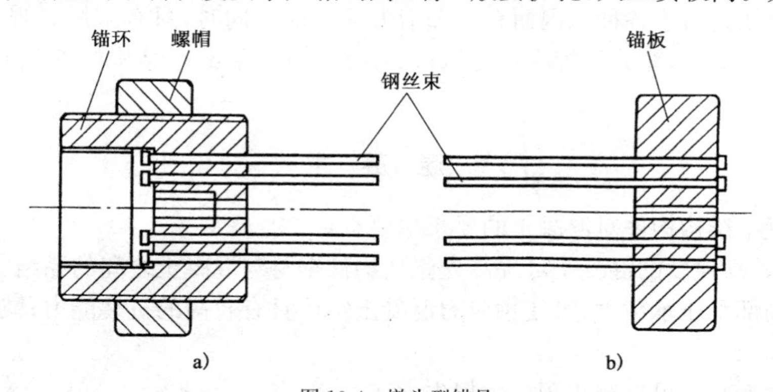

图 10-4　墩头型锚具

a)张拉端墩头型锚具；b)固定端墩头型锚具

三、夹片式锚具

夹片式锚具由锚环及夹片组成，夹片的数量与预应力筋的数量相同。夹片式锚具可锚固粗钢筋和钢绞线，既可用于张拉端，也可用于固定端。这种锚具的缺点是内缩量较大，实测表明，钢绞线的内缩量可达 6～7mm。如图 10-5 所示。

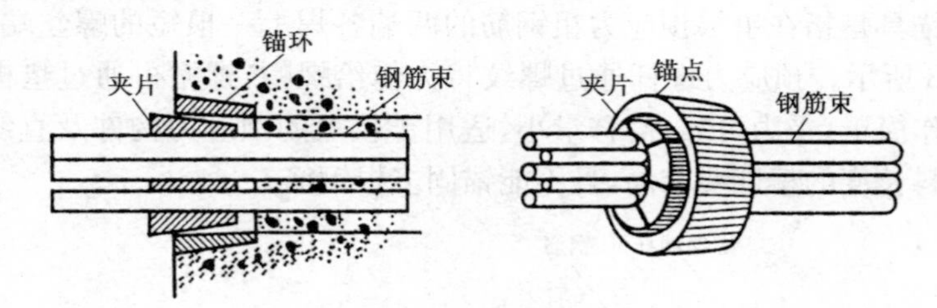

图 10-5　夹片式锚具

四、锥 形 锚 具

锥形锚具如图 10-6 所示，包括锚环和锚塞。锥形锚具的优点是：锚固方便，横截面积小，便于在梁体上分散布置。缺点是：锚固时钢筋回缩量大，预应力损失大，不能重复张拉或接长，使钢筋设计长度受到千斤顶行程的限制。

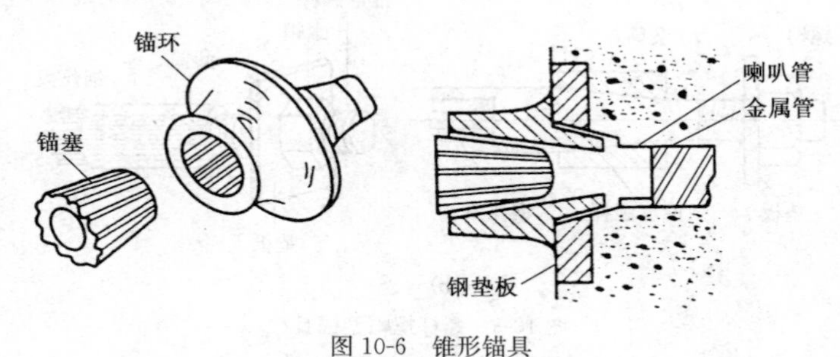

图 10-6　锥形锚具

第四节　预应力混凝土的材料

预应力混凝土结构必须采用高强度的钢材和混凝土。如果采用强度不高的预应力钢材，所产生的预应力就会由于各种原因而有全部消失的可能。同时，只有采用高强度的混凝土才能承受一定的预压应力，充分发挥高强度钢材的作用，有效地减小结构构件截面尺寸、减轻结构的自重。

一、混　凝　土

预应力混凝土结构构件对混凝土的要求主要有：

(1)高强度。高强度的混凝土可提高先张法构件钢材与混凝土之间的黏结力；提高后张法构件锚固端的局部承压承载力；可使预应力混凝土结构具有较高的抗裂能力；减小结构构件的截面尺寸。

(2)收缩、徐变小。可以减小预应力损失。

(3)快硬、早强。可以尽早施加预应力，提高模板、设备等的周转率。

(4)匀质性好。

因此,《混凝土结构设计规范》(GB 50010—2010)规定预应力混凝土结构的混凝土强度等级不宜低于C40,且不应低于C30。

二、钢　　材

预应力混凝土结构构件对钢材的要求主要有:

(1)强度高。为了保证预应力钢筋在构件制作等过程中建立较高的预应力。

(2)较好的塑性、焊接性能。为了保证结构构件具有较大的变形能力、保证钢材加工的质量。

(3)良好的黏结性能。为了保证先张法构件中钢筋和混凝土之间有较高的黏结强度。

(4)应力松弛损失要低。

因此,《混凝土结构设计规范》(GB 50010—2010)规定预应力混凝土结构构件中的预应力钢筋宜采用钢绞线、预应力钢丝、预应力螺纹钢筋。

第五节　张拉控制应力及预应力损失

一、张拉控制应力

张拉控制应力(σ_{con})是指预应力筋被张拉时达到的最大应力值,即张拉设备所指示的总张拉力除以预应力筋截面面积所得到的应力值。

为了充分发挥预应力混凝土的优势,预应力钢筋的张拉控制应力宜定得高一些,以便混凝土获得较高的预压应力,从而提高构件的抗裂性。但张拉控制应力定得过高也存在缺点,比如:易发生脆性破坏,构件开裂不久即发生破坏;考虑钢材材质的不均匀性以及施工误差,预应力筋有可能被拉断或产生塑性变形等。

张拉控制应力σ_{con}的取值,主要与预应力钢筋的材料及张拉方法有关。

热处理钢筋属于软钢,塑性好,以屈服强度f_{pyk}作为强度标准值,所以σ_{con}可定得高一些。钢丝和钢绞线属于硬钢,塑性差,以极限抗拉强度f_{ptk}作为强度标准值,故σ_{con}可定得低一些。先张法的张拉控制应力较后张法的定得高一些,这是因为采用后张法时,构件在张拉钢筋的同时混凝土已发生弹性压缩,不必再考虑混凝土弹性压缩而引起的应力降低。而对于先张法构件,混凝土是在钢筋放张后才发生弹性压缩的,故需要考虑混凝土弹性压缩引起的应力降低。另外,因混凝土收缩、徐变引起的预应力损失,先张法也要比后张法大。预应力筋的张拉控制应力也不能定得太低,否则在考虑预应力损失后,构件实际受到的预压应力可能太小。

《混凝土结构设计规范》(GB 50010—2010)规定了σ_{con}的限值。根据设计、施工经验等,《混凝土结构设计规范》(GB 50010—2010)规定张拉控制应力值应符合下列规定,且不宜小于$0.4f_{ptk}$:

(1)消除应力钢丝、钢绞线为:

$$\sigma_{con} \leqslant 0.75f_{ptk} \tag{10-1}$$

(2)中强度预应力钢丝为:

$$\sigma_{con} \leqslant 0.7f_{ptk} \tag{10-2}$$

(3)预应力螺纹钢筋为：

$$\sigma_{con} \leqslant 0.85 f_{pyk} \tag{10-3}$$

当符合下列情况之一时，上述张拉控制应力限值可相应提高 $0.05 f_{ptk}$ 或 $0.05 f_{pyk}$：

(1)要求提高构件在施工阶段的抗裂性能而在使用阶段受压区内配置的预应力筋。

(2)要求部分消除由于应力松弛、摩擦、钢筋分批张拉及预应力筋与张拉台座之间的温差等因素产生的预应力损失。

二、预应力损失的计算

在预应力混凝土结构构件的施工及使用过程中，由于张拉工艺和材料特性等原因，预应力钢筋中的应力是不断降低的。这种预应力筋应力的降低，即为预应力损失。对于预应力损失的计算，一般采用分项叠加法计算。预应力总损失由瞬时损失和长期损失两部分组成。瞬时损失包括摩擦损失、锚固损失和混凝土弹性压缩损失。长期损失包括混凝土的收缩、徐变损失和预应力钢筋的松弛损失。

1. 由于张拉端锚具变形和钢筋内缩引起的预应力损失 σ_{l1}

预应力筋在锚固时，由于锚具本身的变形、钢筋滑动、垫板缝隙压密以及分块拼装时的接缝压缩等因素，使已锚固的钢筋有所松动，造成预应力损失。

(1)直线预应力筋

对于预应力直线钢筋，σ_{l1} 可按下式计算

$$\sigma_{l1} = \frac{a}{l} E_p \tag{10-4}$$

式中：a——张拉端锚具变形和预应力钢筋内缩值(mm)，按表 10-2 取用；

l——张拉端至锚固端之间的距离(mm)；

E_p——预应力筋的弹性模量。

锚具变形和预应力钢筋内缩值 a(mm) 表 10-2

锚具类型		a
支承式锚具(钢丝束墩头锚具等)	螺帽缝隙	1
	每块后加垫板的缝隙	1
夹片式锚具	有预压时	5
	无预压时	6～8

注：①表中的锚具变形和钢筋内缩值也可根据实测数据确定；

②其他类型的锚具变形和钢筋内缩值应根据实测数据确定。

(2)圆弧形预应力筋

对曲线和折线形预应力筋，如图 10-7 所示，由于反摩擦的作用，锚固损失在张拉端处最大，沿预应力筋逐步减小，直到为零。对于曲线预应力筋内缩或折线预应力筋，由于锚具变形和预应力筋内缩引起的预应力损失 σ_{l1}，应根据曲线预应力筋或折线预应力筋与孔道壁之间的反向摩擦影响长度 l_f 范围内的预应力筋变形值等于锚具变形和预应力筋内缩值的条件确定，反向摩擦系数可按表 10-3 的数值采用。

抛物线形预应力筋可近似按圆弧形预应力筋考虑。当预应力筋为圆弧形曲线，且其对应

的圆心角 θ 不大于 45°时(对无黏结预应力筋，$\theta \leqslant 90°$)，其预应力损失可按下列公式计算：

$$\sigma_{l1} = 2\sigma_{con} l_f \left(\frac{\mu}{\gamma_c} + k\right)\left(1 - \frac{x}{l_f}\right) \tag{10-5}$$

l_f 可按下列公式计算：

$$l_f = \sqrt{\frac{aE_s}{1000\sigma_{con}\left(\frac{\mu}{\gamma_c} + k\right)}} \tag{10-6}$$

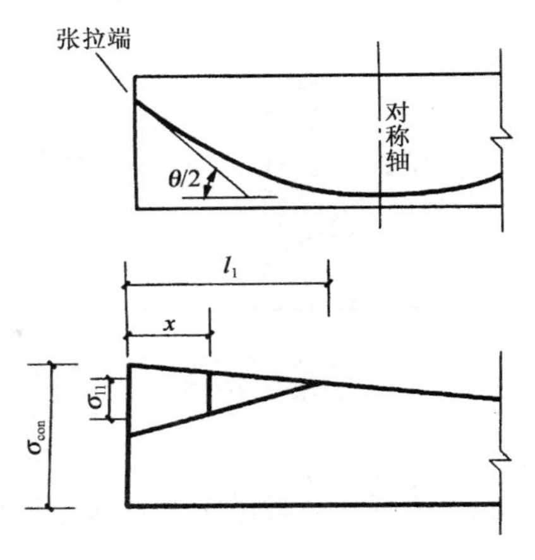

图 10-7　圆弧形曲线预应力筋因锚具变形和钢筋内缩引起的预应力损失

式中：γ_c——圆弧形曲线预应力筋的曲率半径(m)；

k——考虑孔道每米长度局部偏差的摩擦系数，按表 10-3 取用；

l_f——反向摩擦的影响长度(m)；

μ——预应力钢筋与孔道壁之间的摩擦系数，按表 10-3 取用；

x——张拉端至计算截面的距离(m)，应符合 $x \leqslant l_f$；

a——张拉端锚具变形和预应力钢筋内缩值(mm)；

E_s——预应力筋弹性模量。

摩 擦 系 数　　表 10-3

孔道成型方式	k	μ	
		钢绞线、钢丝束	预应力螺纹钢筋
预埋金属波纹管	0.0015	0.25	0.5
预埋塑料波纹管	0.0015	0.15	—
预埋钢筋	0.0010	0.3	—
抽芯成型	0.0014	0.55	0.60
无黏结预应力	0.0040	0.09	—

注：摩擦系数也可根据实测值确定。

减少 σ_{l1} 的措施主要有：

①尽量少用垫板。

②选择锚具变形小或使预应力钢筋内缩小的锚具、夹具。

③增加台座长度。

2. 预应力钢筋与孔道壁之间摩擦引起的预应力损失 σ_{l2}

摩擦损失是指预应力筋与孔道壁之间的摩擦引起的预应力损失，包括长度效应(kx)和曲率效应($\mu\theta$)。

摩擦损失 σ_{l2} 可按下列公式计算(图 10-8)：

$$\sigma_{l2} = \sigma_{con}\left(1 - \frac{1}{e^{kx+\mu\theta}}\right) \tag{10-7}$$

式中：k——考虑孔道每米长度局部偏差的摩擦系数，按表 10-3 取用；

μ——预应力钢筋与孔道壁之间的摩擦系数，按表 10-3 取用；

x——张拉端至计算截面的孔道长度(m)，可近似取该段孔道在纵轴上的投影长度；

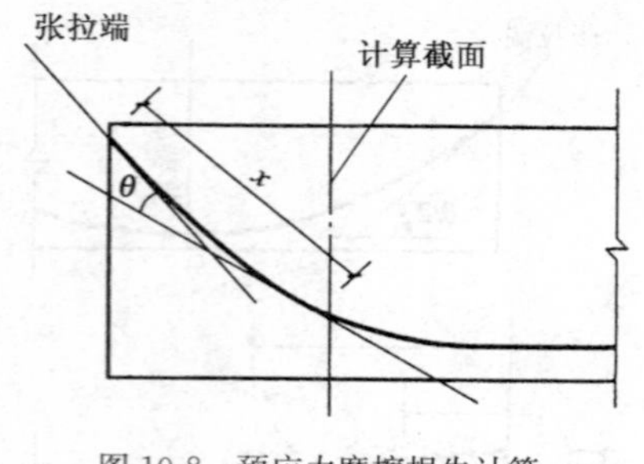

图 10-8　预应力摩擦损失计算

θ——张拉端至计算截面曲线孔道部分切线的夹角(rad)。

通常 $kx+\mu\theta \leqslant 0.3$，此时 σ_{l2} 可近似按下列公式计算：

$$\sigma_{l2}=(kx+\mu\theta)\sigma_{con} \tag{10-8}$$

对多种曲率的曲线孔道或直线段与曲线段组成的孔道，应分段计算摩擦损失。

减少 σ_{l2} 的措施主要有：

①对于较长的构件可采用两端张拉。

②采用超张拉，以抵消摩擦引起的部分损失。

3. 预应力筋与台座之间温差引起的预应力损失 σ_{l3}

温差损失是指先张法构件加热养护时预应力筋与台座之间温差引起的预应力损失。为了缩短生产周期，先张法预应力构件常采用蒸汽养护。升温时，预应力筋温度上升，与承受拉力设备(台座)之间存在温差。因此，预应力筋因受热膨胀而产生的自由伸长量比台座大。但是由于预应力筋是锚固在台座上，其实际长度保持与台座相同，所以，钢筋的膨胀导致其实际拉应力降低。这时混凝土尚未硬化凝固成形，与钢筋未黏结成整体，不能共同变形。降温时，因混凝土已经凝固成型，与钢筋黏结成一整体，二者将产生相同的回缩变形。因此，预应力筋在升温时引起的应力降低值不能恢复，从而产生预应力损失，以符号 σ_{l3} 表示。σ_{l3} 可按下列公式计算：

$$\sigma_{l3}=E_{p}\alpha\Delta t=2\Delta t \tag{10-9}$$

式中：Δt——混凝土加热养护时，受张拉的预应力筋与承受拉力的设备之间的温差(℃)。

α——钢筋的温度线胀系数，近似取为 1×10^{-5}/℃；

E_{p}——预应力筋的弹性模量。

减少 σ_{l3} 的措施主要有：

①为了减少混凝土加热养护温差引起的预应力损失，可采用两次升温养护，即首先按设计允许的温差范围控制升温，待混凝土凝固并具有一定的强度后(10N/mm^2)，再进行第二次升温。由于第二次升温时，混凝土与钢筋已经形成整体，故不再因养护温差而产生预应力损失。

②钢模同条件养护，可以不考虑这项损失。

4. 预应力钢筋应力松弛引起的预应力损失 σ_{l4}

预应力钢筋在高应力作用下，具有随时间增加而产生塑性变形的性能。因此，在钢筋的长度保持不变的情况下，钢筋的应力会随时间的增长而不断降低，这种现象称为应力松弛。由于应力松弛，将引起的预应力筋的应力损失称为松弛损失。该项损失与钢筋应力的大小和应力作用时间有关。σ_{l4} 可按下列公式计算：

(1)对于预应力螺纹钢筋为：

一次张拉

$$\sigma_{l4}=0.04\sigma_{con} \tag{10-10}$$

超张拉

$$\sigma_{l4}=0.03\sigma_{con} \tag{10-11}$$

(2)对于普通松弛的预应力钢丝、钢绞线、中强度预应力钢丝为：

$$\sigma_{l4}=0.4\psi\left(\frac{\sigma_{con}}{f_{ptk}}-0.5\right)\sigma_{con} \tag{10-12}$$

一次张拉时，取 $\psi=1.0$；超张拉时，取 $\psi=0.9$。

(3)对于低松弛的预应力钢丝、钢绞线为：

当 $\sigma_{con}\leqslant 0.7f_{ptk}$ 时

$$\sigma_{l4}=0.125(\sigma_{con}/f_{ptk}-0.5)\sigma_{con} \tag{10-13}$$

当 $0.7f_{ptk}<\sigma_{con}\leqslant 0.8f_{ptk}$ 时

$$\sigma_{l4}=0.2(\sigma_{con}/f_{ptk}-0.575)\sigma_{con} \tag{10-14}$$

另外，当 $\sigma_{con}/f_{ptk}\leqslant 0.5$ 时，预应力筋的应力松弛损失值可取为零。

减少 σ_{l4} 的措施主要有：

由于预应力筋的应力松弛损失与时间有关，在张拉初期发展较快，第一分钟内大约完成50%，24h 内约完成 80%，1000h 以后增长缓慢，5000h 后仍有所发展。根据这一规律，若采用短时间内超张拉的方法，可减少应力松弛引起的预应力损失。

5. 由于混凝土收缩、徐变引起的预应力损失 σ_{l5}

预应力混凝土构件中，混凝土结硬时会发生体积收缩；而在预应力作用下，混凝土沿受压方向发生徐变。两者均使构件缩短，预应力钢筋随之内缩，导致预应力损失。因为这两种现象引起的预应力损失往往同时发生，并互相影响，难以准确区分。为了简化计算，一般合并考虑，并以符号 σ_{l5}（对受拉区预应力钢筋）和 σ'_{l5}（对受压区预应力钢筋）表示。混凝土收缩、徐变引起的预应力筋的预应力损失值可按下列公式计算确定。

(1)一般情况下

先张法构件

$$\sigma_{l5}=\frac{60+340\sigma_{pc}/f'_{cu}}{1+15\rho} \tag{10-15}$$

$$\sigma'_{l5}=\frac{60+340\sigma'_{pc}/f'_{cu}}{1+15\rho'} \tag{10-16}$$

后张法构件

$$\sigma_{l5}=\frac{55+300\sigma_{pc}/f'_{cu}}{1+15\rho} \tag{10-17}$$

$$\sigma'_{l5}=\frac{55+300\sigma'_{pc}/f'_{cu}}{1+15\rho'} \tag{10-18}$$

式中：σ_{pc}、σ'_{pc}——在受拉区、受压区预应力筋合力点处的混凝土法向压应力；

f'_{cu}——施加预应力时的混凝土立方体抗压强度；

ρ、ρ'——受拉区、受压区预应力筋和非预应力筋的配筋率。对于先张法构件，$\rho=(A_p+A_s)/A_0$，$\rho'=(A'_p+A'_s)/A_0$；对于后张法构件，$\rho=(A_p+A_s)/A_n$，$\rho'=(A'_p+A'_s)/A_n$；对于对称配置预应力筋和普通钢筋的构件，配筋率 ρ 和 ρ' 应取钢筋总截面面积的一半计算；

A_p、A_s——分别为配置在荷载作用下构件受拉边的预应力钢筋和普通钢筋的截面面积；

A_0——构件换算截面面积。包括扣除孔道、凹槽等削弱部分以外的混凝土全部截面面积和全部纵向预应力筋和普通钢筋的换算截面面积；

A_n——构件净截面面积。即换算截面面积减去全部纵向预应力筋截面面积换算成混凝土的截面面积。

计算受拉区、受压区预应力钢筋合力点处的混凝土法向压应力 σ_{pc}、σ'_{pc}时，预应力损失值仅考虑混凝土预压前(第一批)损失，其非预应力筋中的应力 σ_{l5}、σ'_{l5}值应取为零。当 $\sigma_{pc}\leqslant 0.5f'_{cu}$ ($\sigma'_{pc}\leqslant 0.5f'_{cu}$)时，混凝土产生线性徐变。但是当 $\sigma_{pc}>0.5f'_{cu}$ ($\sigma'_{pc}>0.5f'_{cu}$)时，混凝土将产生非线性徐变，此时由混凝土徐变引起的预应力损失将大幅度增加。因此，《混凝土结构设计规范》(GB 50010—2010)规定，σ_{pc}、σ'_{pc}不得大于 $0.5f'_{cu}$。当 σ'_{pc}为拉应力时，式(10-16)和式(10-18)中的 σ'_{pc}应取为零。

如果结构处于年平均相对湿度低于 40%的环境下，σ_{l5} 及 σ'_{l5} 应增加 30%。减少 σ_{l5} 的措施主要有：

①采用高强度水泥，减少水泥用量，降低水灰比，采用干硬性混凝土。

②采用级配较好的骨料，加强振捣，提高混凝土的密实性。

③加强养护，以减少混凝土的收缩。

(2)重要结构构件

混凝土受预压应力到承受外荷载时的时间对混凝土收缩和徐变损失有影响。因此，对于重要的结构构件，当需要考虑与时间相关的混凝土收缩和徐变及钢筋松弛预应力损失时，可按《混凝土结构设计规范》(GB 50010—2010)中附录 K 进行计算。

6. 由于预应力钢筋对混凝土的局部挤压引起的预应力损失 σ_{l6}

采用螺旋式预应力筋作为配筋的环形构件，由于预应力钢筋对混凝土的局部挤压，使得环形构件的直径有所减小，预应力筋中的拉应力就会降低。这为弹性损失，在施工时随即发生，当时可通过张拉使预应力筋保持其张拉控制应力 σ_{con}。施工完成以后，随着时间增长，在局部挤压处会产生徐变变形，从而引起预应力筋的预应力损失 σ_{l6}。σ_{l6} 的大小与环形构件的直径 d 有关。

当 $d\leqslant 3m$ 时： $\sigma_{l6}=30N/mm^2$

当 $d>3m$ 时： $\sigma_{l6}=0$

三、预应力损失的组合

由于各种预应力损失是分批产生的，而对预应力混凝土构件，除应根据使用条件进行承载力计算及变形、裂缝和应力验算外，还需要对构件制作、运输、吊装等施工阶段进行验算。不同的受力阶段应考虑相应的预应力损失。因此，需要对预应力损失进行组合。通常将混凝土预压前产生的预应力损失称为第一批损失，其值以符号 σ_{lI} 表示；将混凝土预压后产生的预应力损失称为第二批损失，其值用符号 σ_{lII} 表示。σ_{lI} 和 σ_{lII} 可按表 10-4 的规定确定。

各阶段预应力损失的组合 表 10-4

预应力损失的组合	先张法构件	后张法构件
混凝土预压前(第一批)损失 σ_{lI}	$\sigma_{l1}+\sigma_{l2}+\sigma_{l3}+\sigma_{l4}$	$\sigma_{l1}+\sigma_{l2}$
混凝土预压后(第二批)损失 σ_{lII}	σ_{l5}	$\sigma_{l4}+\sigma_{l5}+\sigma_{l6}$

注：先张法构件由于钢筋应力松弛引起的损失值 σ_{l4} 在第一批和第二批损失中所占的比例，如需区分，可根据实际情况确定。

由于预应力损失的计算和实际值有一定的误差，而且有时误差较大，因此，为了保证预应力的效果，《混凝土结构设计规范》（GB 50010—2010）规定，当按计算求得的预应力总损失 σ_l 小于下列数值时，预应力的总损失数值取为：

先张法构件：$100N/mm^2$

后张法构件：$80N/mm^2$

第六节　预应力轴心受拉构件各阶段受力分析

预应力混凝土轴心受拉构件从施工时张拉钢筋开始直到构件使用后受荷破坏，截面中混凝土和钢筋应力的变化主要分为两个受力阶段，即施工阶段和使用阶段。施工阶段根据构件受力条件的不同，可进一步划分为预加应力阶段和运输、安装阶段，每个阶段承受相应的施工荷载。使用阶段是自构件建成后投入使用的整个阶段，构件在该阶段承受的荷载除预加应力及自重等永久荷载外，还承受各种使用荷载，根据构件受力后可能出现的特征状态，本阶段又可分为：①加载至混凝土预压应力为零；②加载至裂缝即将出现；③破坏阶段。因此，在设计预应力混凝土轴心受拉构件时，除应根据使用条件进行正截面承载力计算及裂缝控制验算外，尚应按具体情况对构件在制作、运输和吊装等施工阶段的承载力和抗裂性进行验算。在预应力混凝土轴心受拉构件的计算中，常需确定预加应力作用下混凝土中的应力。因此，先了解构件从制作到破坏各阶段的应力状态，将有助于对计算公式的理解。

一、先张法轴心受拉构件各阶段的应力分析

预应力混凝土构件在其施工、运输、吊装以及使用阶段，通常并不开裂。即使稍有开裂，其开裂程度也不大。因此，可将预应力混凝土构件视作匀质弹性体，承受两个力系：一是外荷载所产生；另一是把预应力筋的预拉力看成反向作用在构件上的外力。这样，该二力系在混凝土截面上产生的应力可用材料力学方法分别计算然后叠加。所以，以后的计算中常需计算预应力筋的内力，同时计算中还需考虑非预应力筋的存在对预应力的影响，从而需计算预应力筋和非预应力筋内力的合力。

1. 施工阶段

（1）放松预应力筋之前

在台座上张拉截面面积为 A_p 的预应力筋至张拉控制应力 σ_{con}，并将预应力筋锚固在台座上，浇灌混凝土，蒸养构件。张拉时预应力筋的总拉力为：

$$N_{pcon} = \sigma_{con} \cdot A_p \tag{10-19a}$$

预应力筋被放松之前，因锚具变形、温差和部分钢筋松弛而产生第一批预应力损失 σ_{lI}，因此预应力筋的拉应力降低为 $\sigma_{con} - \sigma_{lI}$，相应地其总拉力为：

$$N_{PI} = (\sigma_{con} - \sigma_{lI}) \cdot A_p \tag{10-19b}$$

此时，由于预应力钢筋尚未放松，混凝土应力 $\sigma_{pc}=0$，非预应力筋的应力 $\sigma_s=0$。

（2）放松预应力钢筋

当混凝土达到设计强度的75%以上时，放松预应力钢筋，预应力钢筋回缩，依靠钢筋与混凝土之间的黏结力使混凝土受压而缩短，钢筋也将随着缩短，拉应力减小。

设放松钢筋时混凝土获得的预压应力为 σ_{pcI}，则由其产生的压应变为 σ_{pcI}/E_c。由于钢筋与

混凝土之间存在黏结力，二者变形协调，预应力筋会产生同样大小的压应变。从而钢筋的拉应力进一步降低，降低值为 $E_s \cdot \frac{\sigma_{pcI}}{E_c} = \alpha_E \sigma_{pcI}$ 时，预应力筋的拉应力为：

$$\sigma_{pI} = \sigma_{con} - \sigma_{lI} - \alpha_E \cdot \sigma_{pcI} \tag{10-20}$$

同理可得非预应力筋的预压应力为：

$$\sigma_{sI} = \alpha_E \cdot \sigma_{pcI}$$

式中：α_E 为预应力钢筋或非预应力钢筋的弹性模量与混凝土弹性模量之比，即 $\alpha_E = \frac{E_s}{E_c}$。

根据截面内力平衡条件，如图 10-9 所示，可得：

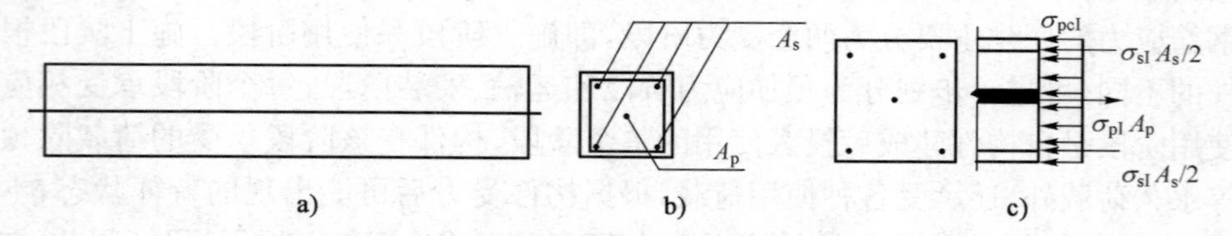

图 10-9 先张法轴心受拉构件放松预应力钢筋时的受力状态

$$\sigma_{pI} \cdot A_p = \sigma_{pcI} \cdot A_c + \sigma_{sI} \cdot A_s$$

将 σ_{pI} 和 σ_{sI} 的表达式代入上式，则有：

$$(\sigma_{con} - \sigma_{lI} - \alpha_E \cdot \sigma_{pcI}) \cdot A_p = \sigma_{pcI} \cdot A_c + \alpha_E \cdot \sigma_{pcI} \cdot A_s$$

$$\sigma_{pcI} = \frac{(\sigma_{con} - \sigma_{lI}) \cdot A_p}{A_c + \alpha_E \cdot A_s + \alpha_E \cdot A_p} = \frac{(\sigma_{con} - \sigma_{lI}) \cdot A_p}{A_n + \alpha_E \cdot A_p} = \frac{N_{pI}}{A_0} \tag{10-21}$$

N_{pI} 为完成第一批损失后，预应力钢筋中的总拉力。

从式(10-21)可以看出，当放松预应力筋使混凝土受压时，将钢筋回缩力 N_{pI} 看作外压力，作用在换算截面 A_0 上，即可求得此时混凝土压应力 σ_{pcI} 的大小。

由上面的分析可知，在混凝土与钢筋有可靠黏结力的情况下，二者变形协调，则钢筋应力的变化是混凝土应力变化的 α_E 倍。

(3)完成第二批损失之后

随着时间的增长，预应力筋进一步松弛、混凝土发生收缩徐变而产生第二批预应力损失 σ_{lII}。这时，混凝土的预压应力由 σ_{pcI} 降为 σ_{pcII}；预应力筋的拉应力由 σ_{pI} 降为 σ_{pII}。

预应力筋的有效应力 σ_{pII} 分两步来求：

第一步，完成第二批预应力损失 σ_{lII}，预应力筋的有效应力变为：

$$\sigma_{pI} - \sigma_{lII} = (\sigma_{con} - \sigma_{lI} - \alpha_E \cdot \sigma_{pcI}) - \sigma_{lII}$$

第二步，混凝土压应力由 σ_{pcI} 减小为 σ_{pcII}，混凝土会发生回弹，变形减小，恢复的变形是 $\frac{\sigma_{pcI} - \sigma_{pcII}}{E_c}$。混凝土回弹的同时，预应力钢筋受拉，因此钢筋的拉应力增大。根据变形协调，可求得钢筋的应力增量为 $\alpha_E \cdot (\sigma_{pcI} - \sigma_{pcII})$，则预应力筋的有效拉应力：

$$\sigma_{PII} = (\sigma_{con} - \sigma_{lI} - \alpha_E \cdot \sigma_{pcI}) - \sigma_{lII} + \alpha_E \cdot (\sigma_{pcI} - \sigma_{pcII}) = \sigma_{con} - \sigma_l - \alpha_E \cdot \sigma_{pcII} \tag{10-22}$$

非预应力钢筋中的压应力 σ_{sII}，除了 $\alpha_E \cdot \sigma_{pcII}$ 外，混凝土收缩、徐变将使非预应力筋产生压应力 σ_{l5}，所以有：

$$\sigma_{sII} = \alpha_E \cdot \sigma_{pcII} + \sigma_{l5}$$

混凝土的压应力 σ_{pcII} 可由力的平衡求得(图 10-10)，即：

$$\sigma_{pII} \cdot A_p = \sigma_{pcII} \cdot A_c + \sigma_{sII} \cdot A_s \tag{10-23}$$

将 σ_{pII} 和 σ_{sII} 的表达式代入上式，并整理可得

$$\sigma_{pcII}=\frac{(\sigma_{con}-\sigma_{lI})\cdot A_p-\sigma_{l5}\cdot A_s}{A_c+\alpha_E\cdot A_s+\alpha_E\cdot A_p}=\frac{(\sigma_{con}-\sigma_l)\cdot A_p-\sigma_{l5}\cdot A_s}{A_0} \tag{10-24}$$

式中：σ_{pcII}——扣除各种预应力损失后，在混凝土中建立的有效预压应力。

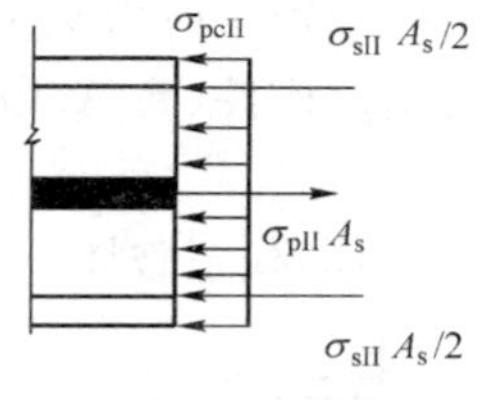

图 10-10　先张法轴心受拉构件完成第二批预应力损失后的受力状态

2. 使用阶段

(1)加载至混凝土应力为零时

当构件承受轴向拉力 N 时，长度逐渐增加，混凝土的预压应力相应地减小，当外荷 N 在截面土产生的拉应力恰好等于完成全部损失后的混凝土预压应力 σ_{pcII} 时，称截面处于“消压状态”。此时，混凝土的应力 $\sigma_{pc0}=0$。

混凝土的应力变化量是 σ_{pcII}，根据变形协调，则钢筋的应力增量为 $\alpha_E\sigma_{pcII}$，即预应力筋在原来拉应力 σ_{pII} 的基础上，增加了一个拉应力 $\alpha_E\sigma_{pcII}$，于是有：

$$\sigma_{p0}=\alpha_E\sigma_{pcII}+\alpha_E\sigma_{pcII}=(\sigma_{con}-\sigma_l-\alpha_E\cdot\sigma_{pcII})+\alpha_E\sigma_{pcII}=\sigma_{con}-\sigma_l$$

类似地，非预应力筋是在原来压应力 σ_{sII} 的基础上，增加一个拉应力 $\alpha_E\sigma_{pcII}$，即：

$$\sigma_{s0}=\sigma_{sII}-\alpha_E\sigma_{pcII}=(\alpha_E\cdot\sigma_{pcII}+\sigma_{l5})-\alpha_E\sigma_{pcII}=\sigma_{l5}$$

可见，此时非预应力筋仍承受压应力。

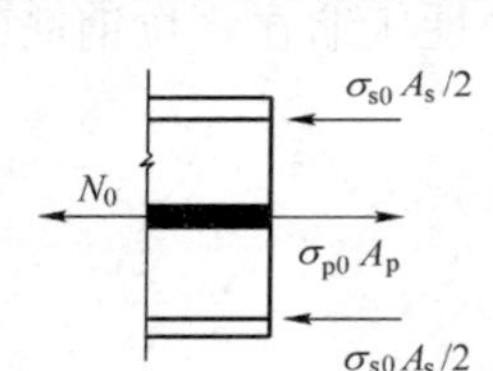

图 10-11　先张法轴心受拉构件混凝土应力为零时的受力状态

消压状态时所需的轴向拉力 N_0 可由截面内力平衡条件求得(图 10-11)，即：

$$N_0=\sigma_{p0}\cdot A_p-\sigma_{s0}\cdot A_s=(\sigma_{con}-\sigma_l)\cdot A_p-\sigma_{l5}\cdot A_s$$

由式(10-24)可知：

$$(\sigma_{con}-\sigma_l)\cdot A_p-\sigma_{l5}\cdot A_s=\sigma_{pcII}\cdot A_0$$

所以有：

$$N_0=\sigma_{pcII}\cdot A_0 \tag{10-25}$$

(2)加载至构件即将开裂时

当轴向拉力超过 N_0 后，混凝土承受拉应力。随着荷载的增加，其拉应力不断增大，当拉应力增大到混凝土的抗拉强度标准值 f_{tk} 时，混凝土处于即将出现裂缝的状态。这时，混凝土的拉应力是 f_{tk}；预应力钢筋的拉应力为 σ_{pcr}，是在 σ_{p0} 的基础上再增加 $\alpha_E f_{tk}$，即：

$$\sigma_{pcr}=\sigma_{p0}+\alpha_E f_{tk}=(\sigma_{con}-\sigma_l)+\alpha_E f_{tk}$$

非预应力筋的应力 σ_{scr}，由压应力 σ_{l5} 转为拉应力，其值为：

$$\sigma_{scr}=\alpha_E f_{tk}-\sigma_{l5}$$

轴向拉力 N_{cr} 可由截面平衡条件(图 10-12)求得，即：

$$N_{cr}=\sigma_{pcr}\cdot A_p+\sigma_{scr}\cdot A_s+f_{tk}\cdot A_c$$

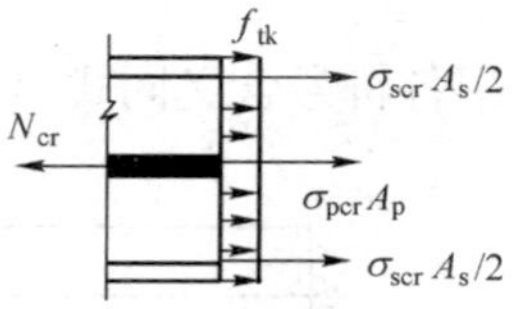

将 σ_{pcr}、σ_{scr} 的表达式代入上式，并整理可得：

$$N_{cr}=(\sigma_{pcII}+f_{tk})A_0 \tag{10-26}$$

式中：N_{cr}——混凝土即将开裂时的轴向拉力值。

图 10-12　先张法轴心受拉构件即将开裂时的受力状态

由于预压应力 σ_{pcII} 比 f_{tk} 大得多，所以预应力混凝土轴心受拉构件的 N_{cr} 值比钢筋混凝土轴心受拉构件（$f_{tk}A_c$）的大很多。即预压应力 σ_{pcII} 的作用是预应力混凝土构件抗裂度高的原因所在。

（3）加载至破坏

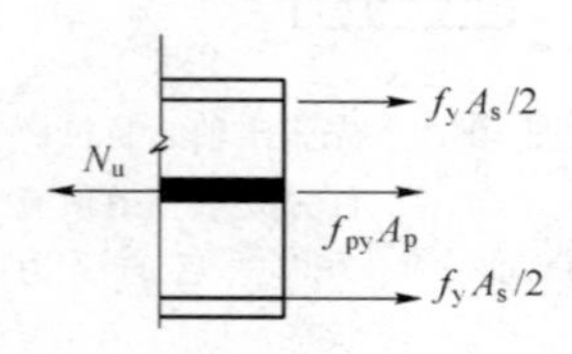

图 10-13　先张法轴心受拉构件破坏时的受力状态

当轴向拉力超过 N_{cr} 后，混凝土开裂，在裂缝截面上，混凝土不再承受拉力，拉力全部由预应力钢筋和非预应力钢筋承担。当预应力钢筋及非预应力钢筋的应力分别达到抗拉强度设计值 f_{py}、f_y 时，构件到达其承载能力极限状态而发生破坏。这时，混凝土的应力为零。

轴向拉力 N_u 可由力的平衡条件求得（图 10-13），即：

$$N_u = f_{py}A_p + f_y A_s \tag{10-27}$$

式中：N_u——构件破坏时的轴向拉力值。

二、后张法轴心受拉构件各阶段的应力分析

1. 施工阶段

（1）预应力钢筋锚固后

浇筑混凝土并养护直至钢筋张拉前，可以认为截面中不产生任何应力。当混凝土强度达到其设计强度的 75％时，在构件上张拉并锚固预应力筋，第一批预应力损失（张拉钢筋时产生的摩擦损失和锚固钢筋时产生的锚具损失）随即完成。由于混凝土的弹性压缩在张拉钢筋的同时已经发生，所以这时预应力钢筋的拉应力为：

$$\sigma_{pI} = \sigma_{con} - (\sigma_{l1} + \sigma_{l2}) = \sigma_{con} - \sigma_{lI}$$

预应力钢筋的总拉力：

$$N_{pI} = (\sigma_{con} - \sigma_{lI}) \cdot A_p$$

如果此时混凝土的压应力用 σ_{pcI} 表示，则非预应力钢筋中的压应力：

$$\sigma_{sI} = \alpha_E \sigma_{pcI}$$

同样，混凝土压应力 σ_{pcI} 可由力的平衡条件求得（图 10-14）：

$$\sigma_{pI}A_p = \sigma_{pcI}A_c + \sigma_{sI}A_s$$

将 σ_{pI}、σ_{pcI} 的表达式代入上式，整理可得

$$\sigma_{pcI} = \frac{(\sigma_{con} - \sigma_{lI})A_p}{A_c + \alpha_E A_s} = \frac{N_{pI}}{A_n} \tag{10-28}$$

式中各符号含义同式（10-21）。

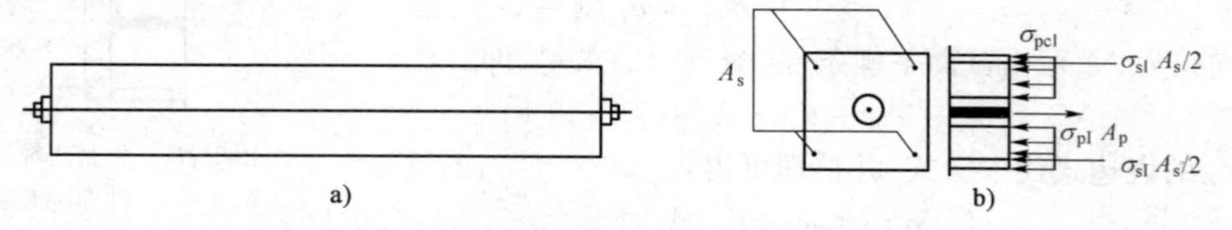

图 10-14　后张法构件预应力筋锚固后的受力状态

(2)混凝土受到预压应力之后完成第二批损失

后张法构件在投入使用之前，由于预应力筋松弛，混凝土收缩及徐变(对于环形构件还有挤压变形)产生第二批应力损失 $\sigma_{l\mathrm{II}}$，使预应力筋的拉应力由 $\sigma_{p\mathrm{I}}$ 降至 $\sigma_{p\mathrm{II}}$，即

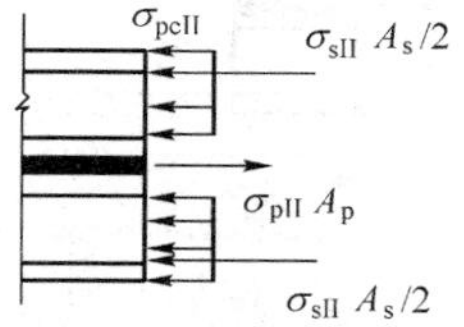

$$\sigma_{p\mathrm{II}} = \sigma_{p\mathrm{I}} - \sigma_{l\mathrm{II}} = (\sigma_{con} - \sigma_{l\mathrm{I}}) - \sigma_{l\mathrm{II}} = \sigma_{con} - \sigma_{l}$$

与先张法构件一样，非预应力筋中的压应力为：

$$\sigma_{s\mathrm{II}} = \alpha_E \sigma_{pc\mathrm{II}} + \sigma_{l5}$$

混凝土压应力 $\sigma_{pc\mathrm{II}}$ 由力的平衡条件求得(图 10-15)：

$$\sigma_{p\mathrm{II}} A_p = \sigma_{pc\mathrm{II}} A_c + \sigma_{s\mathrm{II}} A_s$$

图 10-15　后张法构件预应力筋完成第二批损失后的受力状态

将 $\sigma_{p\mathrm{II}}$、$\sigma_{s\mathrm{II}}$ 的表达式代入上式，并整理可得：

$$\sigma_{pc\mathrm{II}} = \frac{(\sigma_{con} - \sigma_l)\cdot A_p - \sigma_{l5}\cdot A_s}{A_c + \alpha_E \cdot A_s} = \frac{(\sigma_{con} - \sigma_l)\cdot A_p - \sigma_{l5}\cdot A_s}{A_n} \tag{10-29}$$

2. 使用阶段

(1)加载至混凝土应力为零

构件承受拉力，构件伸长，混凝土预压应力减小。当轴向拉力 N_0 产生的混凝土拉应力恰好全部抵消混凝土的有效预压应力 $\sigma_{pc\mathrm{II}}$ 时，截面处于消压状态，混凝土应力为零。这时，预应力筋的拉应力 σ_{p0} 是在 $\sigma_{p\mathrm{II}}$ 的基础上增加 $\alpha_E \sigma_{pc\mathrm{II}}$，即：

$$\sigma_{p0} = \sigma_{p\mathrm{II}} - \alpha_E \sigma_{pc\mathrm{II}} = (\sigma_{con} - \sigma_l) + \alpha_E \sigma_{pc\mathrm{II}} \tag{10-30}$$

非预应力筋的应力 σ_{s0} 则在原来压应力 $\sigma_{s\mathrm{II}}$ 的基础上，增加了一个拉应力 $\alpha_E \sigma_{pc\mathrm{II}}$，所以有：

$$\sigma_{s0} = \sigma_{s\mathrm{II}} - \alpha_E \sigma_{pc\mathrm{II}} = \alpha_E \sigma_{pc\mathrm{II}} + \sigma_{l5} - \alpha_E \sigma_{pc\mathrm{II}} = \sigma_{l5}$$

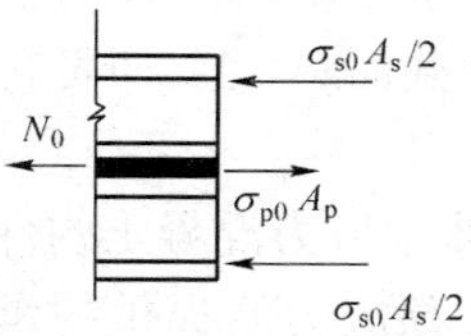

消压状态时的轴向拉力 N_0 可由力的平衡条件求得(图 10-16)：

$$N_0 = \sigma_{p0}\cdot A_p - \sigma_{s0}\cdot A_s = (\sigma_{con} - \sigma_l + \alpha_E \sigma_{pc\mathrm{II}})\cdot A_p - \sigma_{l5}\cdot A_s \tag{10-31a}$$

图 10-16　后张法轴心受拉构件混凝土应力为零时的受力状态

由式(10-29)可得：

$$(\sigma_{con} - \sigma_l)\cdot A_p - \sigma_{l5}\cdot A_s = \sigma_{pc\mathrm{II}}(A_c + \alpha_E A_s)$$

代入上式并整理得：

$$N_0 = \sigma_{pc\mathrm{II}}(A_c + \alpha_E A_s + \alpha_E A_p) = \sigma_{pc\mathrm{II}} A_0 \tag{10-31b}$$

(2)加载至裂缝即将出现时

轴拉力继续增大，混凝土处于受拉状态。当混凝土拉应力达到 f_{tk} 时，构件即将开裂。此时，预应力钢筋、非预应力筋中的拉应力分别为：

$$\sigma_{pcr} = \sigma_{p0} + \alpha_E f_{tk} = (\sigma_{con} - \sigma_l + \alpha_E \sigma_{pc\mathrm{II}}) + \alpha_E f_{tk}$$

$$\sigma_{scr} = \alpha_E f_{tk} - \sigma_{s0} = \alpha_E f_{tk} - \sigma_{l5}$$

轴向拉力 N_{cr} 可由力的平衡条件求得(图 10-17)：

$$N_{cr} = \sigma_{pcr}\cdot A_p + \sigma_{scr}\cdot A_s + f_{tk}\cdot A_c \tag{10-32a}$$

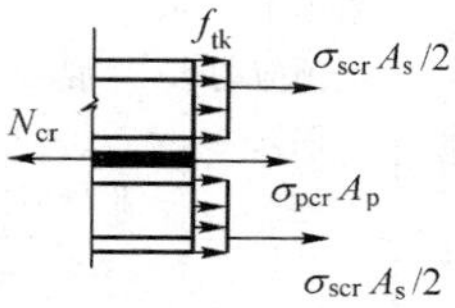

将 σ_{pcr}、σ_{scr} 的表达式代入上式，则有：

$$N_{cr} = (\sigma_{con} - \sigma_l + \alpha_E \sigma_{pc\mathrm{II}})A_p - \sigma_{l5}\cdot A_s + f_{tk}(A_c + \alpha_E A_s + \alpha_E A_p) \tag{10-32b}$$

图 10-17　后张法轴心受拉构件即将开裂时的受力状态

由式(10-29)可得：

$$(\sigma_{con} - \sigma_l + \alpha_E \sigma_{pc\mathrm{II}})A_p - \sigma_{l5}\cdot A_s = \sigma_{pc\mathrm{II}} A_0$$

代入上式，则有：

$$N_{cr}=(\sigma_{pcII}+f_{tk})A_0 \tag{10-32c}$$

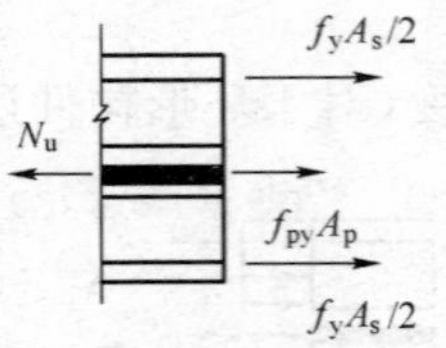

(3)加载至破坏

与先张法构件相同，构件达到破坏时，预应力筋和非预应力筋的拉应力分别达到 f_{py}、f_y。此时构件承受的轴向拉力 N_u 可由力的平衡条件求得(图 10-18)：

图 10-18 后张法轴心受拉构件破坏时的受力状态

$$N_u=f_{py}A_p+f_yA_s \tag{10-33}$$

三、结 论

(1)先张法和后张法构件施工阶段 σ_{pcI}、σ_{pcII} 计算公式形式基本相同，只是前者用换算截面面积 A_0，而后者用净截面面积 A_n。这是由于张拉次序不同造成的。

后张法构件是以构件本身作为张拉台座进行张拉的。张拉过程中，构件随之缩短，张拉千斤顶上的读数即为实际作用于混凝土截面上的外力的大小，因此截面上由于预加应力所产生的混凝土应力可按扣去预应力筋孔道的净截面面积进行计算。而在先张法构件中，预应力筋放张后，混凝土受压缩短。但此时预应力筋亦随之缩短，应力下降。也就是说，预应力筋中的预加应力有一部分为其本身的缩短所消耗，因此可将预应力筋中的预加力作为外力作用于包括预应力筋在内的混凝土换算截面上。

(2)先张法和后张法构件，使用阶段 N_0、N_{cr}、N_u，的计算公式形式均相同，但两种构件的 σ_{pcII} 是不相同的。

(3)由式(10-25)和式(10-31b)可得 $\sigma_{pcII}=N_0/A_0$。可见，将消压状态时所需的轴向拉力 N_0(即消压状态时预应力筋和非预应力筋的合力)看作压力作用在换算截面 A_0 上，即可得到预应力损失全部完成后，混凝土的有效预压应力 σ_{pcII}。

(4)预应力混凝土构件在达到承载能力极限状态时，其应力分布与非预应力混凝土构件相同，因而其承载力计算方法与非预应力构件相同，只不过公式中多出了预应力筋提供的承载力。由此可知，当材料强度等级和截面尺寸相同时，预应力混凝土轴心受拉构件与钢筋混凝土受拉构件的承载力是相同的。

为了方便使用，将先张法与后张法轴心受拉构件各阶段的应力计算公式汇总列于表 10-5。

预应力混凝土轴心受拉构件各阶段的应力计算 表 10-5

受力阶段		应 力	先 张 法	后 张 法
施工阶段	出现第一批预应力损失	预应力筋	$\sigma_{pI}=\sigma_{con}-\sigma_{lI}-\alpha_E\sigma_{pcI}$	$\sigma_{pI}=\sigma_{con}-\sigma_{lI}$
		混凝土	$\sigma_{pcI}=\dfrac{(\sigma_{con}-\sigma_{lI})A_p}{A_0}$(压)	$\sigma_{pcI}=\dfrac{(\sigma_{con}-\sigma_{lI})A_p}{A_n}$(压)
		非预应力筋	$\sigma_{sI}=\alpha_E\sigma_{pcI}$(压)	$\sigma_{sI}=\alpha_E\sigma_{pcI}$(压)
	出现第二批预应力损失	预应力筋	$\sigma_{pII}=\sigma_{con}-\sigma_l-\alpha_E\sigma_{pcII}$	$\sigma_{pII}=\sigma_{con}-\sigma_l$
		混凝土	$\sigma_{pcII}=\dfrac{(\sigma_{con}-\sigma_l)A_p-\sigma_{l5}A_s}{A_0}$(压)	$\sigma_{pcII}=\dfrac{(\sigma_{con}-\sigma_l)A_p-\sigma_{l5}A_s}{A_n}$(压)
		非预应力筋	$\sigma_{sII}=\alpha_E\cdot\sigma_{pcII}+\sigma_{l5}$(压)	$\sigma_{sII}=\alpha_E\sigma_{pcII}+\sigma_{l5}$(压)

受力阶段		应力	先张法	后张法
使用阶段	混凝土应力为零时	预应力筋	$\sigma_{p0}=\sigma_{con}-\sigma_l$	$\sigma_{p0}=(\sigma_{con}-\sigma_l)+\alpha_E\sigma_{pcII}$
		混凝土	0	0
		非预应力筋	$\sigma_{s0}=\sigma_{l5}$(压)	$\sigma_{s0}=\sigma_{l5}$(压)
		轴向拉力	$N_0=\sigma_{pcII}A_0$	$N_0=\sigma_{pcII}A_0$
	加载至构件即将开裂	预应力筋	$\sigma_{pcr}=(\sigma_{con}-\sigma_l)+\alpha_E f_{tk}$	$\sigma_{pcr}=\sigma_{con}-\sigma_l+\alpha_E\sigma_{pcII}+\alpha_E f_{tk}$
		混凝土	f_{tk}	f_{tk}
		非预应力筋	$\sigma_{scr}=\alpha_E f_{tk}-\sigma_{l5}$	$\sigma_{scr}=\alpha_E f_{tk}-\sigma_{l5}$
		轴向拉力	$N_{cr}=(\sigma_{pcII}+f_{tk})A_0$	$N_{cr}=(\sigma_{pcII}+f_{tk})A_0$
	加载至构件破坏	预应力筋	f_{py}	f_{py}
		混凝土	0	0
		非预应力筋	f_y	f_y
		轴向拉力	$N_u=f_{py}A_p+f_yA_s$	$N_u=f_{py}A_p+f_yA_s$

注:公式中的(压)表示此应力为压应力;未注明的均为拉应力。

第七节 预应力轴心受拉构件设计计算

一、承载力计算

在构件承载力极限状态,全部轴向拉力由预应力筋和普通钢筋承担,此时,预应力筋和普通钢筋均已屈服,设计计算时,取其应力等于钢筋的强度设计值 f_{py} 和 f_y。计算简图如图 10-19 所示。轴心受拉构件的承载力按下列公式计算:

$$\gamma_0 N \leqslant f_y A_s + f_{py} A_p \tag{10-34}$$

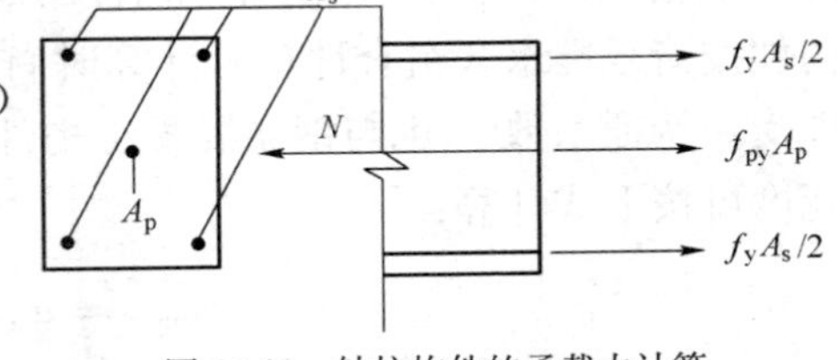

图 10-19 轴拉构件的承载力计算

式中:γ_0——结构重要性系数;

N——设计轴向拉力;

f_y、A_s——普通钢筋抗拉强度设计值和面积;

f_{py}、A_p——预应力筋的抗拉强度设计值和面积。

二、裂缝控制验算

由于结构的使用功能及所处环境的不同,对构件的裂缝控制要求的严格程度也应不同。因此,对预应力轴心受拉构件,应根据《混凝土结构设计规范》(GB 50010—2010)规定,按不同的裂缝控制等级进行验算。计算公式如下:

(1)严格要求不出现裂缝的构件(裂缝控制等级为一级)

按荷载效应的标准组合计算时,构件的受拉边缘混凝土不应产生拉应力,即:

$$\sigma_{ck}-\sigma_{pc}\leqslant 0 \tag{10-35}$$

$$\sigma_{ck}=\frac{N_k}{A_0}$$

式中:f_{tk}——混凝土的抗拉强度标准值;

σ_{ck}——荷载在标准组合下抗裂验算边缘的混凝土法向应力；

A_0——混凝土的换算截面面积。$A_0=A_c+\alpha_{Ep}A_p+\alpha_{Es}A_s$，$A_c$ 为扣除预应力筋和普通钢筋截面面积后的混凝土截面面积；

σ_{pc}——扣除全部预应力损失后在抗裂验算边缘混凝土的预压应力；

N_k——按荷载效应标准组合计算的轴向拉力。

(2)一般要求不出现受力裂缝的构件(裂缝控制等级为二级)

在荷载标准组合下，受拉边缘应力不应大于混凝土抗拉强度标准值，即：

$$\sigma_{ck}-\sigma_{pc}\leqslant f_{tk} \tag{10-36}$$

(3)允许出现受力裂缝的构件(裂缝控制等级为三级)

预应力混凝土构件最大裂缝宽度按荷载的标准组合并考虑长期作用效应影响计算的最大裂缝宽度不应超过规定的最大裂缝宽度，即：

$$w_{max}\leqslant w_{lim} \tag{10-37}$$

式中：w_{max}——预应力构件按荷载的标准组合并考虑长期作用计算的最大裂缝宽度；

w_{lim}——最大裂缝宽度限值，见附表15。

对环境类别为二 a 类的预应力混凝土构件，在荷载准永久组合下，受拉边缘应力尚应符合下列条件：

$$\sigma_{cq}-\sigma_{pc}\leqslant f_{tk} \tag{10-38}$$

其中

$$\sigma_{cq}=\frac{N_q}{A_0} \tag{10-39}$$

式中：σ_{cq}——荷载准永久组合下抗裂验算边缘的混凝土法向应力；

N_q——按荷载效应准永久组合计算的轴向拉力。

预应力混凝土轴心受拉构件最大裂缝宽度 w_{max} 的计算方法与第九章普通钢筋混凝土构件基本相同，只是预应力混凝土构件的最大裂缝宽度是按荷载的标准组合计算的(钢筋混凝土构件按荷载准永久组合计算)，计算时尚应考虑消压轴力 N_0 的影响。此外，预应力混凝土构件受力特征系数 α_{cr} 也与钢筋混凝土构件有所不同。预应力混凝土轴心受拉构件的最大裂缝宽度可按下式计算：

$$w_{max}=\alpha_{cr}\psi\frac{\sigma_{sk}}{E_s}\left(1.9c_s+0.08\frac{d_{eq}}{\rho_{te}}\right) \tag{10-40}$$

其中

$$\sigma_{sk}=\frac{N_k-N_0}{A_s+A_p} \tag{10-41}$$

$$\rho_{tc}=(A_s+A_p)/A_{te} \tag{10-42}$$

式中：α_{cr}——构件受力特征系数。对预应力混凝土轴心受拉构件，取 $\alpha_{cr}=2.2$；

N_k——按荷载效应标准组合计算的轴向拉力；

N_0——计算截面上混凝土法向预应力等于零时的预加力，即消压轴力。

三、张拉或放张预应力筋时的构件承载力验算

对于预应力混凝土轴心受拉构件，在预压时，一般处于全截面受压状态，此时截面上混凝土的法向应力应符合下列条件：

$$\sigma_{cc}\leqslant 0.8f'_{ck} \tag{10-43}$$

式中：f'_{ck}——预应力筋张拉完毕或放张时混凝土的轴心抗压强度标准值；

σ_{cc}——预应力筋张拉完毕或放张时混凝土承受的预压应力。

为了安全起见，对于先张法预应力混凝土构件，按第一批损失出现后计算 σ_{cc}，即：

$$\sigma_{cc} = (\sigma_{con} - \sigma_{tl})A_p/A_0$$

后张法构件按不考虑预应力损失计算 σ_{cc}，即 $\sigma_{cc}=\frac{\sigma_{con}A_p}{A_n}$。

四、锚具下混凝土局部承压验算

局部承压是钢筋混凝土和预应力混凝土结构中常见的受力形式之一。如柱、基础和桥墩等结构直接承受或通过垫板传来的局部荷载。在工程实践中，因局部受压区混凝土开裂或受压承载力不足而引起的事故也屡有发生。因此，局部受压承载力计算是工程设计中必须予以注意的问题。

对于后张法预应力混凝土构件，由于锚具下垫板的面积很小，因此，构件端部承受很大的局部压力，其压应力要经过一段距离才能扩散到整个截面上，如图 10-20 所示。锚固区处于三向应力状态，经弹性有限元分析，在接近垫板处为压应力，在距离端部较远处为拉应力。当横向拉应力超过混凝土抗拉强度时，构件端部将发生纵向裂缝，导致局部受压承载力不足而破坏。因此，需要进行锚具下混凝土的截面尺寸和承载能力的验算。

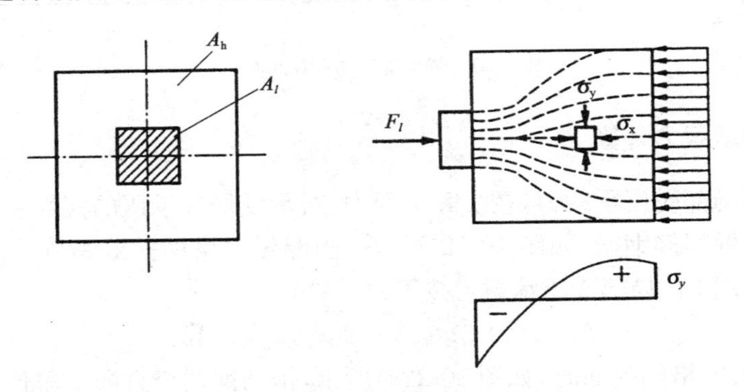

图 10-20　后张法构件端部压应力分布图

1. 锚具下局部受压区的截面尺寸验算

锚固区的抗裂性能主要取决于锚具下垫板及构件的端部截面尺寸。《混凝土结构设计规范》(GB 50010—2010)规定，局部受压区的截面尺寸应符合下列要求：

$$F_l \leqslant 1.35\beta_c\beta_l f_c A_{ln} \tag{10-44}$$

$$\beta_l = \sqrt{\frac{A_b}{A_l}} \tag{10-45}$$

式中：F_l——局部受压面上作用的局部荷载或局部压力设计值。对有黏结预应力混凝土构件，取 1.2 倍张拉控制力，即取 $F_l=1.2\sigma_{con}A_p$；

f_c——混凝土轴心抗压强度设计值。在后张法预应力混凝土构件的张拉阶段验算中，可根据相应阶段的混凝土立方强度 f'_{cu} 值按《混凝土结构设计规范》(GB 50010—2010)规定以线性内插法确定；

β_c——混凝土强度影响系数。当混凝土强度等级不超过 C50 时，取 $\beta_c=1.0$；当混凝土强度等级为 C80 时，取 $\beta_c=0.8$；其间按线性内插法确定；

β_l——混凝土局部受压时的强度提高系数；

A_l——混凝土局部受压面积；

A_{ln}——混凝土局部受压净面积。对于后张法预应力混凝土构件，应在混凝土局部受压面积中扣除孔道、凹槽部分的面积；

A_b——局部受压的计算底面积，可由局部受压面积与计算底面积按照同心、对称的原则确定，常用的几种情况可按图 10-21 取用。

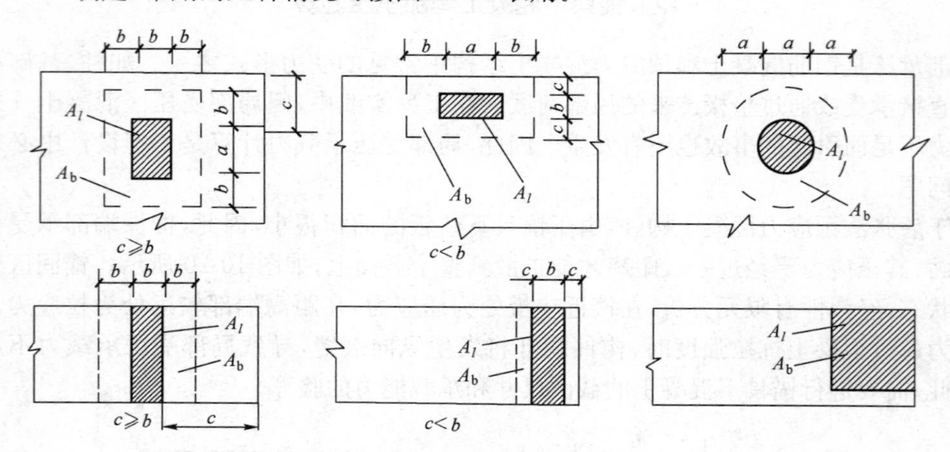

图 10-21 局部受压的计算底面积

2. 局部受压的承载力计算

为了保证端部局部受压承载力，在实际工程中，对承受局部承压的混凝土构件一般在局部承压区域范围内配置间接钢筋，如图 10-22 所示。当配置方格网式或螺旋式间接钢筋且其核心面积 A_{cor} 不小于 A_l 时，局部受压承载力按下式计算：

$$F_l \leqslant 0.9(\beta_c \beta_l f_c + 2\alpha \rho_v \beta_{cor} f_{yv}) A_{ln} \tag{10-46}$$

在上式中，若为方格网配筋时，如图 10-22a)所示，钢筋网两个方向上单位长度内钢筋面积的比值不宜大于 1.5，其体积配筋率 ρ_v 应按下列公式计算：

$$\rho_v = \frac{n_1 A_{s1} l_1 + n_2 A_{s2} l_2}{A_{cor} s} \tag{10-47}$$

若为螺旋式配筋时，如图 10-22b)所示，其体积配筋率 ρ_v 应按下列公式计算：

$$\rho_v = \frac{4A_{ss1}}{d_{cor} S} \tag{10-48}$$

式中：β_{cor}——配置间接钢筋的局部受压承载力提高系数。可按式(10-45)计算，但公式中 A_b 应代之以 A_{cor}，且当 A_{cor} 大于 A_b 时，取为 A_b；

α——间接钢筋对混凝土约束的折减系数。当混凝土强度等级不超过 C50 时，取为 1.0；当混凝土强度等级为 C80 时，取为 0.85；其间按线性内插法确定；

f_{yv}——间接钢筋的抗拉强度设计值；

A_{cor}——方格网式或螺旋式间接钢筋内表面范围内的混凝土核心面积。其重心应与 A_l 的重心重合，计算中仍按照同心、对称的原则取值；

ρ_v——间接钢筋的体积配筋率；

n_1、A_{s1}——方格网沿 l_1 方向的钢筋根数、单根钢筋的截面面积；

n_2、A_{s2}——方格网沿 l_2 方向的钢筋根数、单根钢筋的截面面积；

A_{ss1}——单根螺旋式间接钢筋的截面面积；

d_{cor}——螺旋式间接钢筋内表面范围内的混凝土截面直径；

s——方格网式或螺旋式间接钢筋的间距，宜取 30～80mm。

间接钢筋应配置在如图 10-22 所规定的高度 h 范围内，其中方格网式间接钢筋，不应少于 4 片；螺旋式间接钢筋，不应少于 4 圈。

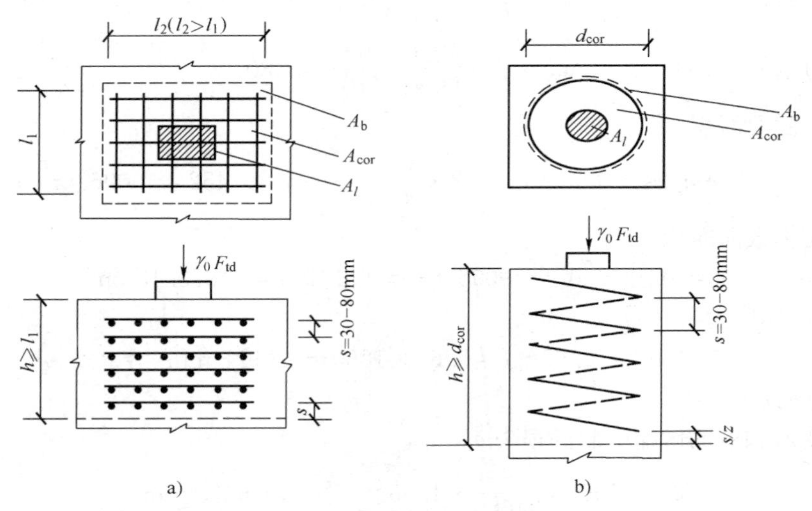

图 10-22　局部受压区的间接钢筋

a)方格网式配筋；b)螺旋式配筋

［例 10-1］　24m 跨预应力混凝土屋架下弦拉杆，采用后张法施工（一端张拉），截面构造如图 10-23 所示。截面尺寸 280mm×280mm，预留孔道 2ϕ50，采用钢管抽芯成型。非预应力钢筋采用 4ϕ12（HRB400 级），预应力钢筋采用 2 束 1×7（d＝12.7mm，f_{ptk}＝1860N/mm²）钢绞线，每束 5 根钢绞线，JM-12 锚具；混凝土强度等级为 C50，张拉控制应力 $\sigma_{con}=0.65f_{ptk}$，当混凝土达到强度设计值时张拉钢筋。该轴心拉杆承受永久荷载标准值产生的轴心拉力 N_{GK}＝500kN，可变荷载标准值产生的轴向拉力 N_{QK}＝580kN，可变荷载的准永久值系数为 0.5，结构重

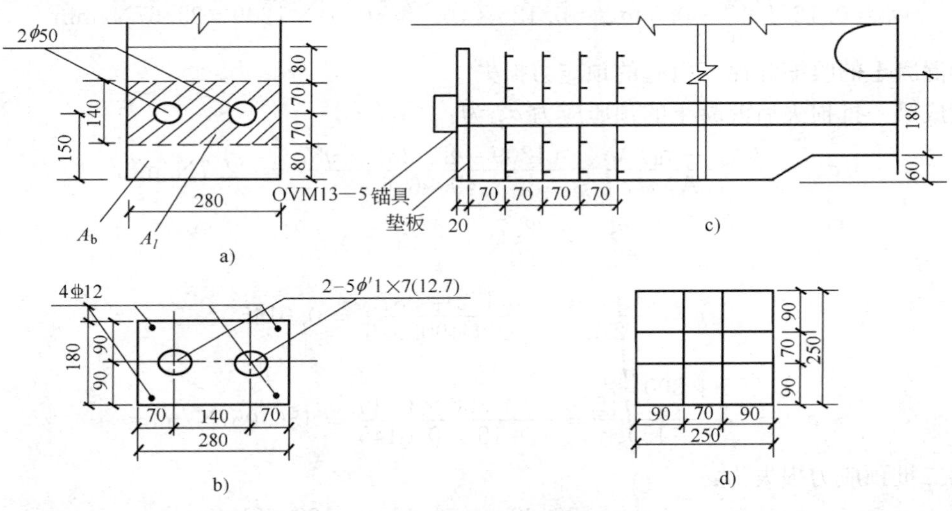

图 10-23　截面构造示意图

要性系数 $\gamma_0=1.0$，按一般要求不出现裂缝控制。试求：(1)计算预应力损失；(2)使用阶段正截面抗裂验算；(3)复核正截面承载力；(4)施工阶段锚具下混凝土局部承压验算。

解：(1)截面的几何特性

钢筋 $E_s=2.0\times105\text{N/mm}^2$，$f_y=360\text{N/mm}^2$；钢绞线 $E_s=1.95\times10^5\text{N/mm}^2$；混凝土 $E_c=3.45\times10^4\text{N/mm}^2$，$f_{tk}=2.64\text{N/mm}^2$，$f_c=23.1\text{N/mm}^2$。$A_s=452\text{mm}^2$，$A_p=987\text{mm}^2$。

预应力钢筋：
$$\alpha_{E1}=\frac{E_s}{E_c}=\frac{1.95\times10^5}{3.45\times10^4}=5.65$$

非预应力钢筋：
$$\alpha_{E2}=\frac{E_s}{E_c}=\frac{2.0\times10^5}{3.45\times10^4}=5.80$$

混凝土净截面面积：
$$A_n=A_c+\alpha_{E2}A_s=280\times180-2\times\frac{\pi}{4}\times50^2+5.8\times452=49096.6\text{mm}^2$$

混凝土换算截面面积：
$$A_0=A_n+\alpha_{E1}A_p=49096.6+5.65\times987=54673.15\text{mm}^2$$

(2)张拉控制应力
$$\sigma_{con}=0.65f_{ptk}=0.65\times1860=1209\text{N/mm}^2$$

(3)预应力损失

①锚具变形和钢筋内缩引起的损失 σ_{l1}
$$\sigma_{l1}=\frac{a}{l}E_s=\frac{5}{24000}\times1.95\times10^5=40.63\text{N/mm}^2$$

②孔道摩擦损失 σ_{l2}

按一端为锚固端计算该项损失，$l=24\text{m}$，直线配筋 $\theta=0°$，$k=0.0014$，则有：
$$kx=0.0014\times24=0.0336<0.3$$
$$\sigma_{l2}=(kx+\mu\theta)\sigma_{con}=0.0336\times1209=40.62\text{N/mm}^2$$

第一批预应力损失 σ_{lI} 为：
$$\sigma_{lI}=\sigma_{l1}+\sigma_{l2}=40.63+40.62=81.25\text{N/mm}^2$$

③预应力钢筋的应力松弛损失 σ_{l4}(低松弛)
$$\sigma_{l4}=0.125\left(\frac{\sigma_{con}}{f_{ptk}}-0.5\right)\sigma_{con}=0.125\times(0.65-0.5)\times1209=22.67\text{N/mm}^2$$

④混凝土的收缩和徐变引起的预应力损失 σ_{l5}

完成第一批损失后混凝土的预压应力 σ_{pcI} 为：
$$\sigma_{pcI}=\frac{(\sigma_{con}-\sigma_{lI})A_p}{A_n}=\frac{(1209-81.25)\times987}{49096.6}=22.7\text{N/mm}^2$$
$$\frac{\sigma_{pcI}}{f'_{cu}}=\frac{22.7}{50}=0.45<0.5$$
$$\rho=\frac{A_s+A_p}{2A_n}=\frac{452+987}{2\times49096.6}=0.0145$$
$$\sigma_{l5}=\frac{55+300\frac{\sigma_{pcI}}{f'_{cu}}}{1+15\rho}=\frac{55+300\times0.45}{1+15\times0.0145}=156.057\text{N/mm}^2$$

第二批预应力损失为：
$$\sigma_{lII}=\sigma_{l4}+\sigma_{l5}=22.67+156.057=178.72\text{N/mm}^2$$

总预应力损失为：

$$\sigma_l = \sigma_{lI} + \sigma_{lII} = 81.25 + 178.72 = 259.97\text{N/mm}^2$$

(4)使用阶段抗裂验算

$$\sigma_{pcII} = \frac{(\sigma_{con} - \sigma_l)A_p - \sigma_{l5}A_s}{A_n} = \frac{(1209 - 259.97) \times 987 - 156.057 \times 452}{49096.6} = 17.64\text{N/mm}^2$$

在荷载标准组合下弦杆拉力为：

$$N_k = N_{GK} + N_{QK} = 500 + 580 = 1080\text{kN}$$

$$\sigma_K = \frac{N_k}{A_0} = \frac{1080 \times 10^3}{54673.15} = 19.75\text{N/mm}^2$$

$$\sigma_k - \sigma_{pc} = 19.75 - 17.64 = 2.113\text{N/mm}^2 < f_{tk} = 2.64\text{N/mm}^2$$

满足抗裂要求。

(5)正截面承载能力验算

$$N = \gamma_0(1.2N_{GK} + 1.4N_{QK}) = 1.0 \times (1.2 \times 500 + 1.4 \times 580) = 1412\text{kN}$$

$$N_u = f_{py}A_p + f_yA_s = 1320 \times 987 + 360 \times 452 = 1465.56\text{kN} < 1412\text{kN}$$

所以正截面承载力满足要求。

(6)锚具下混凝土局部受压验算

局部受压截面尺寸验算

$$A_l = 280 \times (100 + 2 \times 20) = 39200\text{mm}^2$$

$$A_b = 280 \times (140 + 2 \times 80) = 84000\text{mm}^2$$

$$\beta_l = \sqrt{\frac{A_b}{A_l}} = \sqrt{\frac{84000}{39200}} = 1.46$$

混凝土局部受压净面积为：

$$A_{ln} = 39200 - 2 \times \frac{\pi}{4} \times 50^2 = 35273\text{mm}^2$$

构件端部作用的局部压力设计值为：

$$F_l = 1.2\sigma_{con}A_p = 1.2 \times 1209 \times 987 = 1431.94\text{kN}$$

$$1.35\beta_c\beta_l f_c A_l = 1.35 \times 1.0 \times 1.46 \times 23.1 \times 35273 = 1606\text{kN} > F_l$$

截面尺寸满足要求。

第八节　预应力受弯构件的计算

在预应力混凝土受弯构件中，主要的预应力钢筋放置在使用阶段的受拉区。为了防止在制作、运输以及吊装过程中发生受弯破坏，有时也在这些过程中可能出现的受拉区配置预应力钢筋。同时在构件的受拉区和受压区往往也设置少量的非预应力钢筋。如图 10-24 所示。

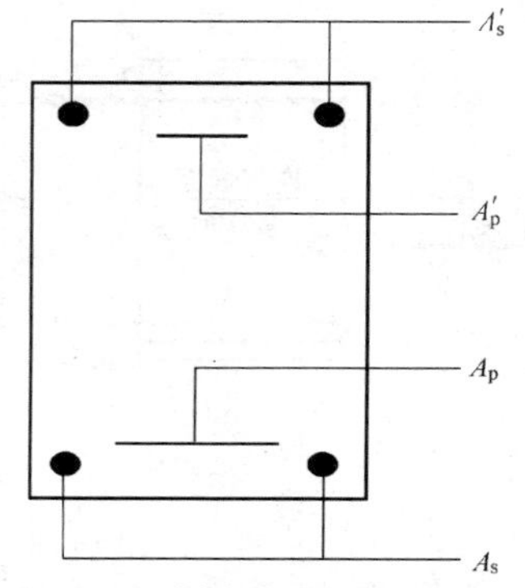

图 10-24　受弯构件截面内钢筋布置

由于预压应力的合力作用点不通过截面的形心，而是偏向于在使用荷载下截面的受拉区，因此，预压应力在截面上不是均匀分布，而是呈三角形或梯形分布，如图 10-25b)、c)所示。此外，在使用荷载作用下，由荷载产生的应力也不是均匀分布的。因此，预应力混凝土受弯构件各阶段的应力状态要比预应力混凝土轴心受拉构件更加复杂。

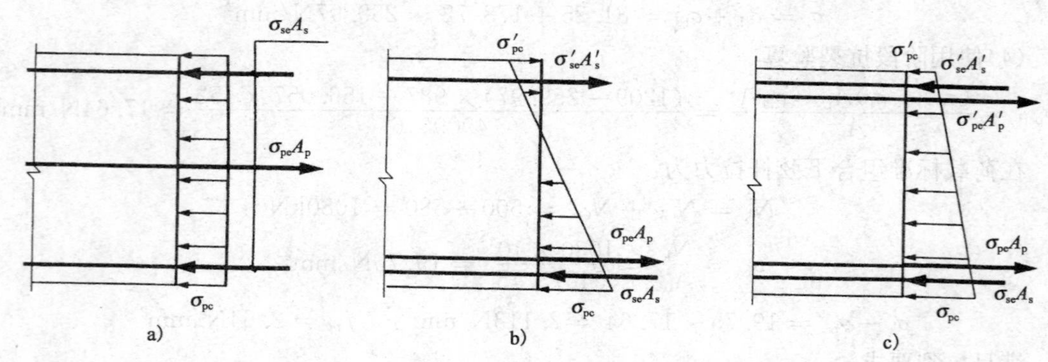

图 10-25　预应力混凝土受弯构件截面的应力分布

a)均匀分布；b)三角形分布；c)梯形分布

一、先张法预应力混凝土受弯构件

1. 施工阶段

(1)完成第一批预应力损失

按照先张法预应力混凝土的施工顺序，首先在台座上张拉预应力筋 A_p 和 A'_p至张拉控制应力 σ_{con}和 σ'_{con}，此时 A_p 和 A'_p分别为在荷载作用下截面的受拉区和受压区配置的预应力筋的截面面积。预应力筋张拉完毕后，将其临时锚固于台座上，此时，由于锚具变形和钢筋内缩将产生预应力损失 σ_{l1} 和 σ'_{l1}。然后，浇筑混凝土并进行养护，由于混凝土加热养护温差将产生预应力损失 σ_{l3} 和 σ'_{l3}。由于钢筋应力松弛将产生预应力损失 σ_{l4} 和 σ'_{l4}。至此，预应力筋已经完成第一批预应力损失 $\sigma_{lI}=\sigma_{l1}+\sigma_{l3}+\sigma_{l4}$ 和 $\sigma'_{lI}=\sigma'_{l1}+\sigma'_{l3}+\sigma'_{l4}$，预应力钢筋 A_p 和 A'_p的应力降为 $\sigma_{p0I}=\sigma_{con}-\sigma_{lI}$ 和 $\sigma'_{p0I}=\sigma'_{con}-\sigma'_{lI}$。此时，混凝土虽然已经浇筑，但是尚未硬化，混凝土和非预应力钢筋的应力均为零。因此，预应力筋的合力 N_{p0I} 及其作用点至换算截面的偏心距 e_{p0I} 可按下式计算，如图 10-26a)所示。

$$N_{p0I}=(\sigma_{con}-\sigma_{lI})A_p+(\sigma'_{con}-\sigma'_{lI})A'_p \tag{10-49}$$

$$e_{p0I}=\frac{(\sigma_{con}-\sigma_{lI})A_p y_p+(\sigma'_{con}-\sigma'_{lI})A'_p}{N_{p0I}} \tag{10-50}$$

式中：y_p、y'_p——受拉区及受压区的预应力筋 A_p 合力点及 A'_p合力点至换算截面面积重心的距离。

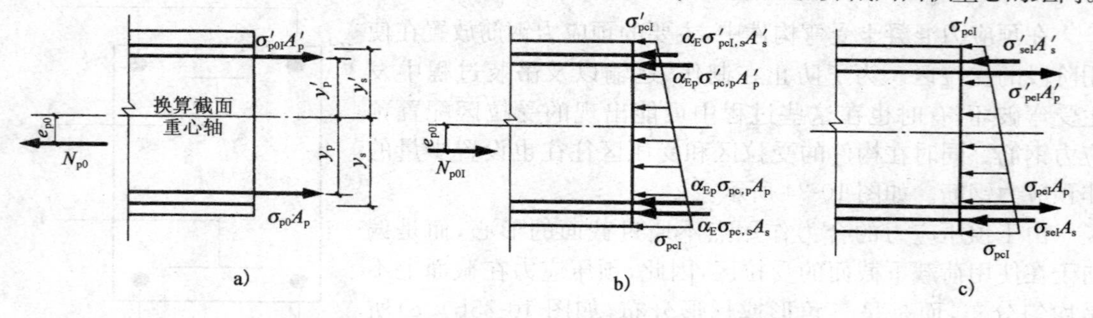

图 10-26　先张法预应力混凝土受弯构件放松钢筋后截面应力状态

a)完成第一批损失；b)放松预应力筋；c)放松预应力筋后的截面应力状态

(2)放松预应力钢筋混凝土受压

当混凝土达到规定的强度后，开始放松钢筋，预应力弹性回缩。由于预应力筋与混凝土已经产生了黏结力成为一体，因此，将使混凝土和非预应力筋受力。预应力混凝土受弯构件在放松预应力钢筋时，可以看作在构件的换算截面上施加一个与预应力筋合力 N_{p0I}大小相等、作用点相同，但方向相反的偏心压力，如图 10-26b)所示。截面上任一点混凝土法向应力、预应力筋 A_p 和 A'_p的应力、非预应力筋的应力如图 10-26c)所示。

$$\sigma_{pcI} = N_{p0I}/A_0 \pm N_{p0I}e_{p0I}/I_0 \tag{10-51}$$

式中：A_0——换算截面面积；

I_0——换算截面的惯性矩；

y_0——截面上计算点至换算截面的重心的距离。

$$\sigma_{peI} = \sigma_{p0I} - \alpha_{Ep}\sigma_{pcI,p} = \sigma_{con} - \sigma_{lI} - \alpha_{Ep}\sigma_{pcI,p} \tag{10-52}$$

$$\sigma'_{peI} = \sigma'_{p0I} - \alpha_{Ep}\sigma'_{pcI,p} = \sigma'_{con} - \sigma'_{lI} - \alpha_{Ep}\sigma'_{pcI,p} \tag{10-53}$$

$$\sigma_{seI} = -\alpha_{Es}\sigma_{pcI,s} \tag{10-54}$$

$$\sigma'_{seI} = -\alpha_{Es}\sigma_{pcI,s} \tag{10-55}$$

式中：$\sigma_{pcI,p}$、$\sigma'_{pcI,p}$——分别为完成批预应力损失后，受拉区和受压区预应力筋合力点处混凝土的法向应力；

$\sigma_{pcI,s}$、$\sigma'_{pcI,s}$——分别为完成第一批预应力损失后，受拉区和受压区非预应力钢筋合力点处混凝土的法向应力。

(3)完成第二批预应力损失

混凝土预压后，由于混凝土的收缩和徐变将产生预应力损失 σ_{l5}，即预应力筋将完成第二批预应力损失 σ_{lI}，混凝土、非预应力筋和预应力筋的应力将发生变化。这时截面应力状态如图 10-27c)所示。

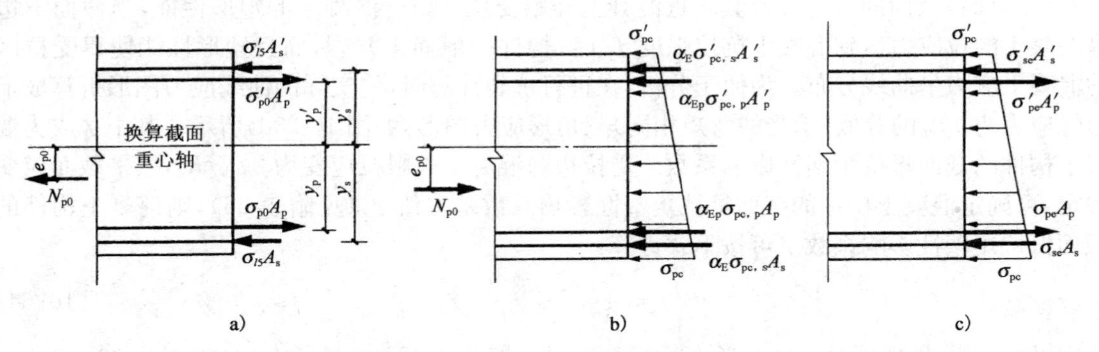

图 10-27 先张法预应力混凝土受弯构件完成全部预应力损失后的截面应力状态
a)完成全部损失截面消压状态；b)放松预应力筋预压混凝土；c)放松预应力筋后截面应力状态

预应力筋合力为：

$$N_{p0} = (\sigma_{con} - \sigma_l)A_p + (\sigma'_{con} - \sigma')A'_p - \sigma'_{l5}A'_s - \sigma'_{l5}A'_s \tag{10-56}$$

偏心距为：

$$e_{p0} = \frac{(\sigma_{con} - \sigma_l)A_p y_p - (\sigma'_{con} - \sigma')_l A'_p y'_p - \sigma_{l5}A_s y_s + \sigma'_{l5}A'_s y'_s}{N_{p0}} \tag{10-57}$$

$$\sigma_{pc} = \frac{N_{p0}}{A_0} \pm \frac{N_{p0}e_{po}y_0}{I_0} \tag{10-58}$$

$$\sigma_{pe} = \sigma_{con} - \sigma_l - \alpha_{Ep}\sigma_{pc,p} \tag{10-59}$$

$$\sigma'_{pe}=\sigma'_{con}-\sigma'_{l}-\alpha_{Ep}\sigma'_{pc,p} \tag{10-60}$$

$$\sigma_{se}=-\sigma_{l5}-\alpha_{ES}\sigma_{pe,s} \tag{10-61}$$

$$\sigma'_{se}=-\sigma'_{l5}-\alpha_{Es}\sigma'_{pc,s} \tag{10-62}$$

式中：y_s、y'_s——分别为受拉区和受压区非预应力钢筋合力点至换算截面重心的距离；

$\sigma_{pc,p}$、$\sigma'_{pc,p}$——分别为完成全部预应力损失后，受拉区和受压区预应力筋合力点处混凝土的法向应力；

$\sigma_{pc,s}$、$\sigma'_{pc,s}$——分别为完成全部预应力损失后，受拉区和受压区非预应力钢筋合力点处混凝土的法向应力。

2. 使用阶段

在荷载作用下，受弯构件从加载到破坏可分为三个阶段，即加载消压阶段、即将开裂阶段、破坏阶段。

(1)加载至预压区下边缘混凝土应力为零(加载消压)。随着荷载的增加，由荷载引起在截面下边缘混凝土的拉应力 σ_c 将不断增加，并逐渐抵消截面下边缘的混凝土预压应力 σ_{pc}。使得截面下边缘的压应力逐渐减小。当 $\sigma_c-\sigma_{pc}<0$，混凝土仍处于受压状态，如图 10-28b)所示；当荷载增加到某一特定值时，即 $\sigma_c-\sigma_{pc}=0$，截面的下边缘混凝土应力降为零，这种状态成为截面下边缘的消压状态，如图 10-28c)所示，此时截面所承受的弯矩 M_0 称为消压弯矩。可由下式求得：

$$M_0=\frac{\sigma_{pc}I_0}{y_{max}} \tag{10-63a}$$

或

$$M_0=\sigma_{pc}W_0 \tag{10-63b}$$

(2)加载至截面开裂。随着荷载的继续增加，在截面的下边缘产生的拉应力不断增大，当 $\sigma_c-\sigma_{pc}>0$ 时，截面的下边缘及其附近混凝土开始受拉。由于混凝土的塑形性能，当截面下边缘混凝土的拉应力达到混凝土抗拉强度 f_{tk}时，构件一般尚未开裂，而且塑形性能使得受拉区的混凝土应力呈曲线分布。为便于分析，在进行抗裂计算时，将实际的曲线应力图形折算成下边缘应力为 γf_{tk}的等效(承受的弯矩相同)三角形应力图形，如图 10-28d)所示。其中 γ 成为混凝土构件的截面抵抗矩塑性影响系数。受拉边缘混凝土极限拉应变为 $2f_{tk}/E_c$，按平截面应变假定，可确定混凝土构件的截面抵抗矩塑性影响系数基本值 γ_m(见附表 26)，则混凝土构件的截面抵抗矩塑性影响系数 γ 可按下式计算：

$$\gamma=\left(0.7+\frac{120}{h}\right)\gamma_m \tag{10-64}$$

式中：h——截面高度(mm)。当 $h<400$mm 时，取 $h=400$mm；当 $h>1600$mm 时，取 $h=1600$mm；对圆形、环形截面，取 $h=2r$，此处，r 为圆形截面半径或环形截面的外环半径。

由上述可得，抗裂极限状态截面下边缘应满足：

$$\sigma_c-\sigma_{pc}=\gamma f_{tk} \tag{10-65}$$

$$\sigma_c=\frac{M_{cr}}{W_0} \tag{10-66}$$

将式(10-66)代入式(10-65)，整理得：

$$M_{cr}=(\sigma_{pc}+\gamma f_{tk})W_0=M_0+\gamma f_{tk}W_0 \tag{10-67}$$

由式(10-67)可知，M_0 的存在使得预应力混凝土受弯构件的抗裂性能显著提高。当荷载

引起的弯矩超过 M_{cr} 时，构件受拉区出现横向裂缝，如图 10-28e)所示，裂缝截面上受拉区混凝土退出工作，拉力全部由受拉区钢筋承担。

(3)破坏阶段。随着荷载的继续增加，受拉区钢筋屈服，裂缝迅速发展并向上延伸，最后受压区混凝土压碎，截面达到破坏极限状态，如图 10-28f)所示。此时，截面的应力状态与普通钢筋混凝土受弯构件破坏的应力状态相似。

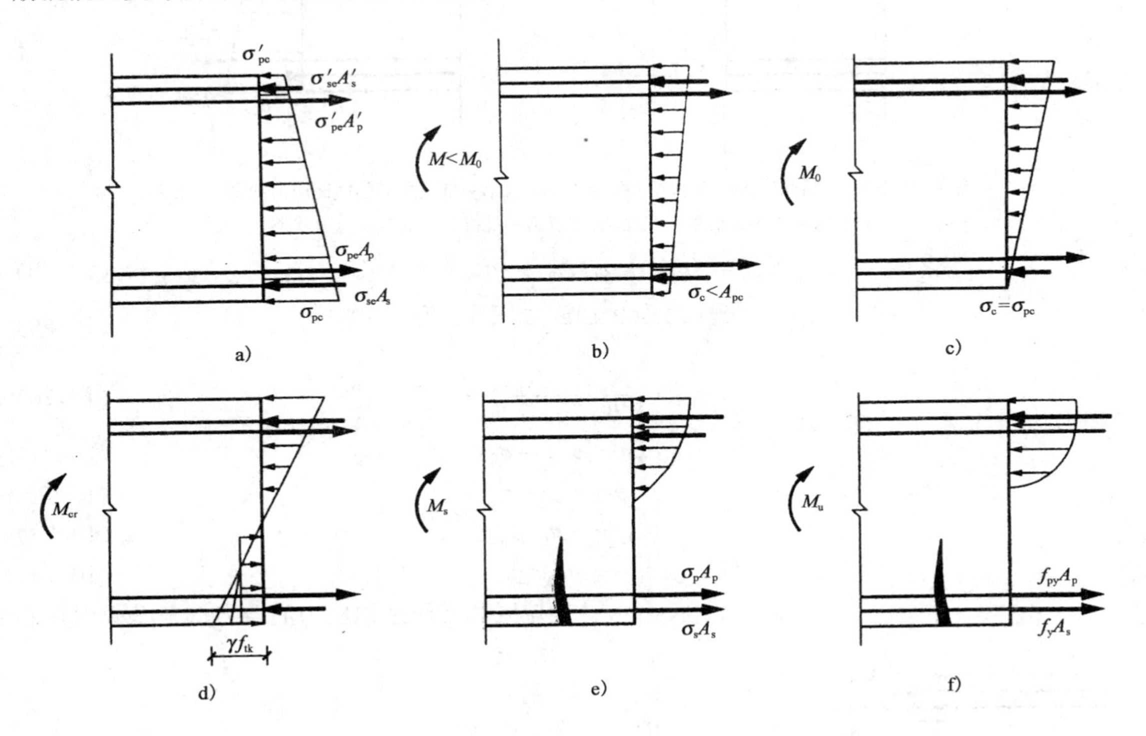

图 10-28 预应力混凝土受弯构件的受力全过程

a)荷载作用之前；b)截面下边缘受压状态；c)截面下边缘处于消压状态；d)截面处于抗裂极限状态；e)截面受拉区出现裂缝；f)截面达到破坏极限状态

二、后张法预应力混凝土受弯构件

1. 施工阶段

(1)制作构件预留孔道，在构件上张拉预应力筋，完成第一批预应力损失

当已浇筑构件的混凝土强度达到规定的要求时，后张法预应力混凝土受弯构件的截面如图 10-29a)所示，在构件上张拉预应力筋 A_p 和 A'_p 至张拉控制应力 σ_{con} 和 σ'_{con}。张拉过程中，由于预应力筋与孔道摩擦将产生预应力损失 σ_{l2} 和 σ'_{l2}。此时，预应力筋尚未和混凝土黏结成整体，预应力筋的拉力由混凝土和非预应力钢筋压力平衡。

当预应力筋张拉完毕并加以锚固后，由于锚具变形和钢筋内缩将产生预应力损失 σ_{l1} 和 σ'_{l1}，预应力筋完成了第一批预应力损失 $\sigma_{lI}=\sigma_{l1}+\sigma_{l2}$ 和 $\sigma'_{lI}=\sigma'_{l1}+\sigma'_{l2}$。此时截面应力状态如图 10-29b)所示。预加力(预应力筋的合力) N_{peI} 及其作用点至净截面重心的偏心距 e_{pnI}，截面上任意一点混凝土法向应力 σ_{pcI}，预应力筋 A_p 和 A'_p 的应力 σ_{peI} 和 σ'_{peI}，以及非预应力钢筋 A_s 和 A'_s 的应力 σ_{seI} 和 σ'_{seI} 可按下列公式计算：

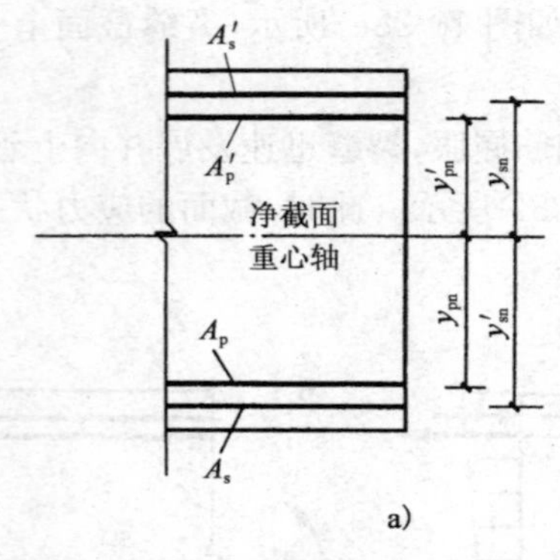

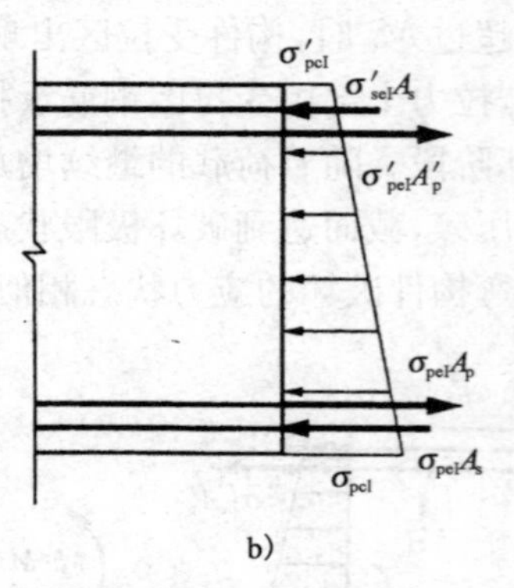

图 10-29 后张法预应力混凝土受弯构件完成第一批损失后的截面应力状态

a)后张法预应力混凝土截面；b)完成第一批损失后的截面应力状态

$$N_{peI} = (\sigma_{con} - \sigma_{lI})A_p + (\sigma_{con}' - \sigma_{lI}')A_p' \tag{10-68}$$

$$e_{pnI} = \frac{(\sigma_{con} - \sigma_{lI})A_p y_{pn} - (\sigma_{con}' - \sigma_{lI}')A_p' y_{pn}'}{N_{peI}} \tag{10-69}$$

$$\sigma_{pcI} = \frac{N_{peI}}{A_n} \pm \frac{N_{peI} e_{pnI} y_n}{I_n} \tag{10-70}$$

$$\sigma_{peI} = \sigma_{con} - \sigma_{lI} \tag{10-71}$$

$$\sigma_{peI}' = \sigma_{con}' - \sigma_{lI}' \tag{10-72}$$

$$\sigma_{seI} = -\alpha_E \sigma_{pcI,s} \tag{10-73}$$

$$\sigma_{seI}' = -\alpha_E \sigma_{pcI,s}' \tag{10-74}$$

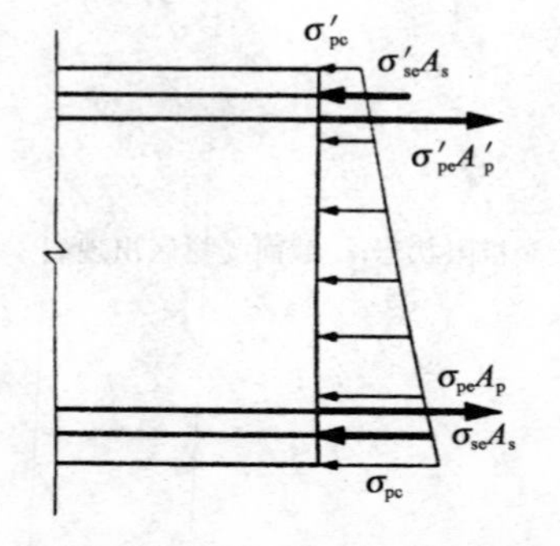

图 10-30 后张法预应力混凝土受弯构件完成第二批损失后的截面应力状态

式中：y_{pn}、y_{pn}'——受拉区和受压区预应力筋合力点至净截面重心的距离；

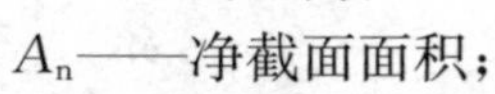

A_n——净截面面积；

I_n——净截面惯性矩；

y_n——计算点至净截面重心的距离；

$\sigma_{pcI,s}$、$\sigma_{pcI,s}'$——分别为完成第一批预应力损失后受拉区和受压区非预应力钢筋合力点处混凝土的法向应力。

(2)完成第二批预应力损失

在完成第二批预应力损失后，截面的应力状态如图 10-30 所示。预应力筋和非预应力钢筋的合力 N_{pe} 及其作用点至净截面重心的偏心距 e_{p0}，截面上任一点的混凝土法向应力 σ_{pc}，预应力筋 A_p 和 A_p' 的应力 σ_{pe} 和 σ_{pe}'，以及非预应力筋 A_s 和 A_s' 的应力 σ_{se} 和 σ_{se}' 可按下列公式计算：

$$N_{pe} = (\sigma_{con} - \sigma_l)A_p + (\sigma_{con}' - \sigma_l')A_p' - \sigma_{l5}A_s - \sigma_{l5}A_s' \tag{10-75}$$

$$e_{p0} = \frac{(\sigma_{con} - \sigma_l)A_p y_{p0} - (\sigma_{con}' - \sigma_l')A_p' y_{p0}' - \sigma_{l5}A_s y_{s0} - \sigma_{l5}' A_s' y_{p0}'}{N_{p0}} \tag{10-76}$$

$$\sigma_{pc} = \frac{N_{pe}}{A_n} \pm \frac{N_{pe} y_n}{I_n} \tag{10-77}$$

$$\sigma_{pe} = \sigma_{con} - \sigma_l \tag{10-78}$$

$$\sigma_{pe}' = \sigma_{con}' - \sigma_l' \tag{10-79}$$

$$\sigma_{se} = -\alpha_E \sigma_{pc,s} - \sigma_{l5} \tag{10-80}$$

$$\sigma'_{se} = -\alpha_E \sigma'_{pc,s} - \sigma'_{l5} \tag{10-81}$$

式中：y_{sn}、y'_{sn}——分别为受拉区和受压区非预应力钢筋合力点至净截面重心的距离；

$\sigma_{pc,s}$、$\sigma'_{pc,s}$——分别为完成全部预应力损失后受拉区和受压区非预应力钢筋合力点处混凝土的法向应力。

2. 使用阶段

在正常使用阶段，预应力筋、非预应力钢筋和混凝土已经黏结成整体，在荷载的作用下将共同工作、共同变形。因此，在使用阶段，后张法构件与先张法构件的应力变化特点和计算方法完全相同。

三、正截面承载力计算

1. 计算简图

对仅在受拉区配置预应力筋的预应力混凝土受弯构件，当达到正截面受弯承载力极限状态时，其截面应力状态和普通钢筋混凝土受弯构件相同。因此，其计算应力图形也基本相同。对于适筋截面，受拉区的预应力筋和非预应力钢筋的应力分别取等于其抗拉强度设计值 f_{py} 和 f_y，受压区混凝土应力图形简化为矩形分布，其应力值为抗压强度设计值 $\alpha_1 f_c$，破坏时受压区边缘混凝土达到极限压应变 ε_{cu}。当受压区也配置预应力筋时，由于预拉应力的影响，受压区预应力筋的应力与钢筋混凝土受弯构件中的受压钢筋不同，其应力状态比较复杂，可能是拉应力，也可能使压应力。其值可以按平截面假定确定，但计算十分复杂。为了简化计算，当 $x > 2a'$ 时，受压区预应力筋的应力 σ'_p 可以近似地按下列公式计算：

$$\sigma'_p = \sigma'_{p0} - f'_{py} \tag{10-82}$$

式中：f'_{py}——预应力筋的抗压强度设计值；

σ'_{p0}——受压区预应力筋重心处混凝土法向应力等于零时预应力筋应力，对先张法构件，$\sigma'_{p0} = \sigma'_{con} - \sigma'_l$；对于后张法构件，$\sigma'_{p0} = \sigma'_{con} - \sigma'_l + \alpha_E \sigma'_{pc,p}$。

预应力混凝土受弯构件矩形截面正截面承载能力计算图形如图 10-31 所示。

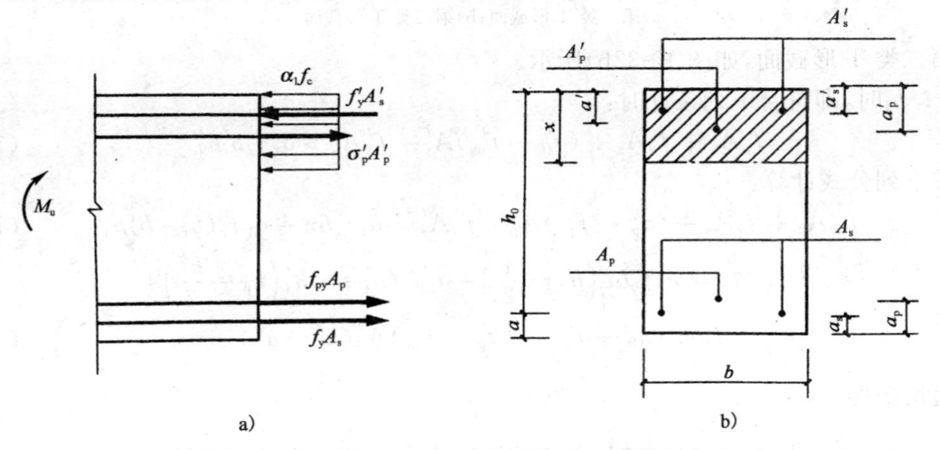

图 10-31　矩形截面预应力混凝土受弯构件正截面承载力计算应力图形

a)预应力混凝土受弯构件截面应力状态；b)预应力混凝土受弯构件截面

2. 基本计算公式

(1)矩形截面

对于矩形截面或翼缘位于受拉区的T形截面，按照图10-31所示计算简图，根据力的平衡条件可以得到：

$$\alpha_1 f_c bx = f_{py}A_p + f_y A_s + (\sigma'_{p0} - f'_{py})A'_p - f'_y A'_s \tag{10-83}$$

$$M \leqslant M_u = \alpha_1 f_c bx\left(h_0 - \frac{x}{2}\right) - (\sigma'_{p0} - f'_{py})A'_p(h_0 - a'_p) + f_y A_s(h_0 - a'_s) \tag{10-84}$$

式中：M_u——截面受弯承载力设计值；

a'_s、a'_p——受压区非预应力钢筋合力点、受压区预应力钢筋合力点至受压区边缘的距离。

(2)T形截面

①第一类T形截面，如图10-32a)所示。

当$x \leqslant h'_f$，即符合下列条件时：

$$f_{py}A_p + f_y A_s + (\sigma'_{P0} - f'_{py})A'_p - f'_y A'_s \leqslant \alpha_1 f_c b'_f h'_f \tag{10-85}$$

可按截面宽度为b'_f的矩形截面计算。

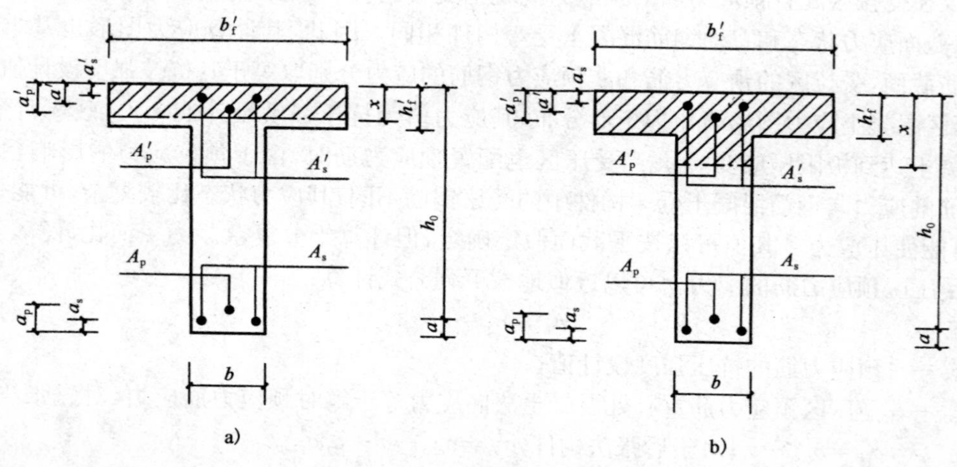

图10-32 T形截面受弯构件的分类

a)第一类T形截面；b)第二类T形截面

②第二类T形截面，如图10-32b)所示。

当$x > h'_f$时，即符合下列条件时：

$$f_p A_p + f_y A_s + (\sigma'_{p0} - f'_{py})A'_p - f'_y A'_s > \alpha_1 f_c b'_f h'_f \tag{10-86}$$

可按下列公式计算：

$$f_{py}A_p + f_y A_s + (\sigma'_{p0} - f'_{py})A'_p - f'_y A'_s = \alpha_1 f_c bx + \alpha_1 f_c(b'_f - b)h'_f \tag{10-87}$$

$$M \leqslant M_u = \alpha_1 f_c bx\left(h_0 - \frac{x}{2}\right) + \alpha_1 f_c(b'_f - b)h'_f\left(h_0 - \frac{h'_f}{2}\right) + f'_y A'_s(h_0 - a'_s) - (\sigma'_{p0} - f'_{py})A'_p(h_0 - a'_p) \tag{10-88}$$

3. 适用条件

按式(10-82)～式(10-88)计算时，截面受压区高度x应符合下列条件：

$$x \leqslant \xi_b h_0 \tag{10-89}$$

$$x \geqslant 2a' \tag{10-90}$$

式中:a'——纵向受压钢筋合力点至受压区边缘的距离。当受压区未配置纵向预应力筋或纵向预应力筋的应力为拉应力时,应以 a_s'代替;

ξ_b——界限相对受压区高度系数。当截面受拉区内配置有不同种类或不同预应力值的钢筋时,相对受压区高度系数应分别计算,并取最小值。

对有明显屈服点的钢筋:

$$\xi_b = \frac{\beta_1}{1 + \dfrac{f_y}{E_s \varepsilon_{cu}}} \tag{10-91}$$

对无屈服点的钢筋:

$$\xi_b = \frac{\beta_1}{1 + \dfrac{0.002}{\varepsilon_{cu}} + \dfrac{f_y}{E_s \varepsilon_{cu}}} \tag{10-92}$$

对预应力钢筋:

$$\xi_b = \frac{\beta_1}{1 + \dfrac{0.002}{\varepsilon_{cu}} + \dfrac{f_s - \sigma_{p0}}{E_s \varepsilon_{cu}}} \tag{10-93}$$

式中:σ_{p0}——截面受拉区预应力筋合力点处混凝土的法向应力为零时的预应力筋应力;

β_1——混凝土强度影响系数。当混凝土强度等级不超过 C50 时,取 $\beta_1 = 0.8$;当混凝土强度等级为 C80,取 $\beta_1 = 0.74$;其间按线性内插法确定。

当 $x < 2a'$ 且 $\sigma_p' = \sigma_{p0}' - f_{py}' < 0$($A_p'$受压)时,可取 $x = 2a'$,则有:

$$M \leqslant A_p f_{py}(h - a_p - a') + A_s f_y (h - a_s - a') \tag{10-94}$$

当 $x < 2a'$ 且 $\sigma_p' = \sigma_{p0}' - f_{py}' > 0$($A_p'$受拉)时,可忽略 A_s',取 $x = 2a_s'$,则有:

$$M \leqslant A_p f_{py}(h - a_p - a_s') + A_s f_y (h - a_s - a_s') \tag{10-95}$$

四、使用阶段斜截面承载力计算

对于预应力混凝土受弯构件,预应力的存在提高了斜截面抗剪能力。其主要原因是预压应力的作用阻滞了斜裂缝的出现和发展,增加了混凝土剪压区的高度,从而提高混凝土剪压区的抗剪承载能力。《混凝土结构设计规范》(GB 50010—2010)在普通混凝土受弯构件抗剪承载能力的基础上,考虑了这一有利作用,给出了预应力受弯构件的抗剪承载力计算公式:

$$V \leqslant V_{cs} + V_p + 0.8 A_{sb} f_y \sin\alpha_s + 0.8 A_p \sin\alpha_p \tag{10-96}$$

其中

$$V_p = 0.05 N_{p0} \tag{10-97}$$

式中:V_{cs}——混凝土和箍筋的抗剪承载力,按第五章的方法计算;

N_{p0}——计算截面边缘混凝土法向应力为零时预应力钢筋和非预应力钢筋的合力。可按下面的公式计算,当 $N_{p0} > 0.3 f_c A_0$ 时,取 $N_{p0} = 0.3 f_c A_0$。

对于先张法构件:

$$N_{p0} = \sigma_{p0} A_p + \sigma_{p0}' A_p - \sigma_{l5} A_s - \sigma_{l5}' A_s' \tag{10-98a}$$

式中:σ_{p0}、σ_{p0}'——先张法构件受拉区、受压区预应力钢筋合力点处混凝土法向应力等于零时预应力钢筋 A_p 和 A_p'的应力,$\sigma_{p0} = \sigma_{con} - \sigma_l$,$\sigma_{p0}' = \sigma_{con}' - \sigma_l'$。

对后张法构件:

$$N_{p0} = N_p = \sigma_{pe} A_p + \sigma_{pe}' A_p' - \sigma_{l5} A_s - \sigma_{l5}' A_s' \tag{10-98b}$$

式中：σ_{pe}、σ'_{pe}——后张法受拉区、受压区预应力钢筋的有效预应力，$\sigma_{pe}=\sigma_{con}-\sigma_l$，$\sigma'_{pe}=\sigma'_{con}-\sigma'_l$。

五、使用阶段正截面裂缝控制验算

预应力混凝土受弯构件正截面裂缝宽度验算，可参照预应力轴心受拉构件的抗裂验算方法进行。其中 σ_{ck}、σ_{cq}应按下式计算：

$$\sigma_{ck}=\frac{M_k}{W_0}$$

$$\sigma_{cq}=\frac{M_q}{W_0} \tag{10-99}$$

式中：M_k、M_q——按荷载效应标准组合及准永久荷载组合计算的弯矩值。

对于允许出现裂缝的预应力混凝土受弯构件，裂缝宽度 ω_{max} 的计算公式与普通钢筋混凝土构件的类似，但是构件受力特征系数 $\alpha_{cr}=1.5$，按标准组合计算的预应力混凝土构件纵向受拉钢筋等效应力 σ_{sk}按下式计算：

$$\sigma_{sk}=\frac{M_k-N_{p0}(z-e_p)}{(\alpha_1 A_p+A_s)z} \tag{10-100}$$

其中

$$z=\left[0.87-0.12(1-\gamma'_f)\left(\frac{h_0}{e}\right)^2\right]h_0 \tag{10-101}$$

上式中

$$\gamma'_f=\frac{(b'_f-b)h'_f}{bh_0} \tag{10-102}$$

$$e=e_p+\frac{M_k}{N_{p0}} \tag{10-103}$$

$$e_p=y_{ps}-e_{p0} \tag{10-104}$$

式中：z——受拉区纵向钢筋和预应力钢筋合力点至受压区合力点的距离，且不大于 $0.87h_0$；

α_1——无黏结预应力钢筋的等效折减系数，取 $\alpha_1=0.30$。对灌浆的后张法预应力钢筋，取 $\alpha_1=1.0$；预应力钢筋和非预应力钢筋合理点的；

γ'_f——受压区翼缘截面面积与腹板有效截面面积的比值。当 $h'_f>0.2h_0$ 时，取 $h'_f=0.2h_0$；

e——轴向压力作用点至纵向受拉钢筋合力点的距离；

e_p——N_{p0}的作用点至受拉区纵向预应力钢筋和非预应力钢筋的合力点的距离；

y_{ps}——受拉区纵向预应力钢筋和非预应力钢筋合理点的偏心距；

e_{p0}——计算截面上混凝土法向应力等于零时的纵向预应力钢筋及非预应力钢筋合力点偏心距，可按下式计算：

对先张法构件：

$$e_{p0}=\frac{\sigma_{p0}A_p y_p-\sigma'_{p0}A'_p y'_p-\sigma_{l5}A_s y_s+\sigma'_{l5}A'_s y'_s}{N_{p0}} \tag{10-105a}$$

对于后张法构件：

$$e_{p0}=\frac{\sigma_{pe}A_p y_{pn}-\sigma'_{pe}A'_p y'_{pn}-\sigma_{l5}A_s y_{sn}+\sigma'_{l5}A'_s y'_{sn}}{N_p} \tag{10-105b}$$

六、使用阶段斜截面抗裂度验算

斜裂缝的出现是由于主拉应力超过了混凝土的抗拉强度，所以，预应力混凝土受弯构件斜截面的抗裂度验算，主要是验算截面上各点的主拉应力 σ_{tp} 和主压应力 σ_{cp} 不超过一定的限值，按下列公式计算：

$$\left.\begin{matrix}\sigma_{tp}\\ \sigma_{cp}\end{matrix}\right\} = \frac{\sigma_x + \sigma_y}{2} \pm \sqrt{\left(\frac{\sigma_x - \sigma_y}{2}\right)^2 + \tau^2} \tag{10-106}$$

其中

$$\sigma_x = \sigma_{pc} + \frac{M_k y_0}{I_0} \tag{10-107}$$

$$\tau = \frac{(V_k - \sum \sigma_{pe} A_{pb} \sin\alpha_p) S_0}{I_0 b} \tag{10-108}$$

式中：σ_{pc}——扣除全部损失后，计算纤维处混凝土有效预应力；

I_0——换算截面惯性矩；

y_0——计算纤维至换算截面中和轴之间的距离；

V_k——按荷载效应的标准组合计算的剪力值；

S_0——计算纤维以上部分的换算截面面积对构件换算截面面积重心的面积矩；

σ_{pe}——预应力弯起钢筋的有效预应力；

A_{pb}——计算截面上同一弯起平面内的预应力弯起钢筋的截面面积；

α_p——计算截面上预应力弯起钢筋的切线与构件纵向轴线的夹角。

预应力混凝土受弯构件应分别对截面上混凝土的主拉应力和主压应力进行验算：

(1)混凝土主拉应力验算

对一级裂缝控制等级构件(严格要求不出现裂缝的构件)，应符合下列规定：

$$\sigma_{tp} \leqslant 0.85 f_{tk} \tag{10-109}$$

对二级裂缝控制等级构件(一般要求不出现裂缝的构件)，应符合下列规定：

$$\sigma_{tp} \leqslant 0.95 f_{tk} \tag{10-110}$$

(2)混凝土主压应力验算

对严格要求和一般要求不出现裂缝的构件，应符合下列规定：

$$\sigma_{tp} \leqslant 0.60 f_{ck} \tag{10-111}$$

式中：f_{tk}、f_{ck}——混凝土的抗拉强度标准值、混凝土的轴心抗压强度标准值；

0.85、0.95——考虑张拉力的不准确性和构件质量变异影响的经验系数；

0.6——考虑防止梁截面在预应力和外荷载作用下压坏的经验系数。

七、使用阶段变形验算

预应力受弯构件的挠度由两部分叠加而得：一部分是由外荷载产生的挠度 f_1；另一部分是预应力产生的反拱 f_2。

1. 由外荷载产生的挠度 f_1

对于使用阶段不允许出现裂缝的受弯构件，构件的短期刚度 B_s 可按下式计算：

$$B_s = 0.85 E_s I_0 \tag{10-112}$$

对于使用阶段允许出现裂缝的受弯构件，构件的短期刚度 B_s 可按下式计算：

$$B_s = \frac{0.85E_s I_0}{k_{cr} + (1 - k_{cr})\omega} \tag{10-113}$$

其中

$$k_{cr} = \frac{M_{cr}}{M_k} \tag{10-114}$$

$$M_{cr} = (\sigma_{pc} + \gamma f_{tk})W_0 \tag{10-115}$$

$$\omega = \left(1.0 + \frac{0.21}{\alpha_E \rho}\right)(1 + 0.45\gamma_f) - 0.7 \tag{10-116}$$

$$\gamma_f = \frac{(b_f - b)h_f}{bh_0} \tag{10-117}$$

式中：M_{cr}——受弯构件截面的开裂弯矩；

γ_f——受拉翼缘截面面积与腹板有效截面面积之比值；

k_{cr}——预应力受弯构件正截面的开裂弯矩 M_{cr} 与弯矩 M_k 的比值，当 $k_{cr} > 1.0$ 时，取 $k_{cr} = 1.0$；

ρ——纵向受拉钢筋配筋率，$\rho = \frac{\alpha_1 A_p + A_s}{bh_0}$。对于灌浆的后张法预应力钢筋，取 $\alpha_1 = 1.0$；对于无黏结后张法预应力钢筋，取 $\alpha_1 = 0.3$；

σ_{pc}——扣除全部预应力损失后，由预加力在抗裂验算截面边缘产生的混凝土预压应力；

γ——混凝土构件的截面抵抗矩塑性影响系数，按式(10-64)确定。

《混凝土结构设计规范》(GB 50010—2010)规定，对预压时预拉区出现裂缝的受弯构件，短期刚度 B_s 应降低10%。

预应力混凝土受弯构件刚度，要按荷载的标准组合并考虑荷载长期作用影响的刚度 B 可按下列公式计算：

$$B = \frac{M_k}{M_q(\theta - 1) + M_k} B_s \tag{10-118}$$

式中：M_k——按荷载标准组合计算的弯矩，取计算区段内的最大弯矩值；

M_q——按荷载的准永久组合计算的弯矩，取计算区段内的最大弯矩值；

θ——考虑荷载长期作用对挠度增大的影响系数，取 $\theta = 2.0$。

2. 由预应力产生的挠度 f_2

预应力受弯构件在偏心压力作用下产生反拱 f_2，可按两端有弯矩 $N_{p0}e_{p0}$ 的简支梁计算，如图10-33所示。同时考虑到预应力是长期存在的，对使用阶段的反拱乘以增大系数2.0，因此，由预应力产生的挠度 f_2 按下式计算：

$$f_2 = 2\frac{N_{p0}e_{p0}l_0^2}{8B_s} \tag{10-119}$$

图10-33　预加应力反拱的计算简图

3. 挠度计算

预应力混凝土受弯构件在标准荷载效应作用下并考虑荷载长期作用影响的挠度计算公式为：

$$f = f_1 - f_2 \tag{10-120}$$

必须指出，对于永久荷载相对可变荷载较小的预应力混凝土受弯构件，应考虑反拱过大对正常使用的不利影响，并采取相应的施工措施。

八、施工阶段验算

预应力混凝土受弯构件在制作、运输、安装等施工阶段的受力状态往往和使用阶段不同。例如，在构件制作时，构件受到预压力而处于偏心受压状态，如图 10-34a)所示。构件吊装时，吊点距梁端有一定的距离，两端成为悬臂，如图 10-34b)所示，在构件自重作用下吊点附近出现负弯矩，使梁的上表面受拉，再加上预应力也使梁的上表面受拉，因而很可能在吊点处出现表面开裂现象。与此同时，该截面的下边缘混凝土的压应力也很大，可能由于混凝土抗压强度不足而压坏。由于预应力混凝土受弯构件在施工阶段的受力状态与使用阶段不同，因此，在设计时还应该进行施工阶段的验算。

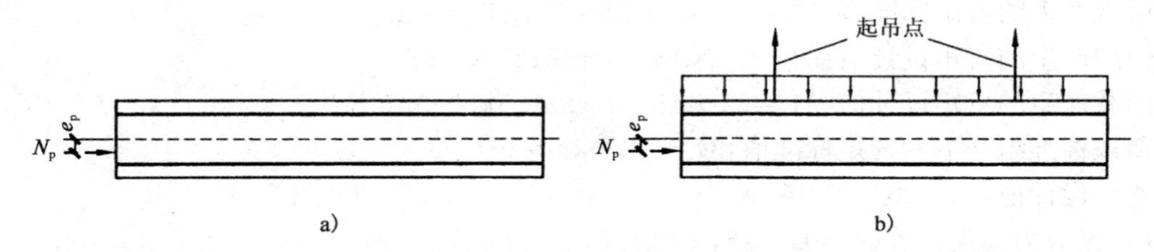

图 10-34　预应力混凝土受弯构件在施工、吊装阶段的受力

a)施工阶段；b)吊装阶段

对制作、运输及安装等施工阶段预拉区允许出现拉应力的构件，或预压时全截面受压的构件，在预加力、自重及施工荷载作用下，截面边缘混凝土法向应力宜符合下列规定：

$$\sigma_{ct} \leqslant f'_{tk} \tag{10-121}$$

$$\sigma_{cc} \leqslant 0.8 f'_{ck} \tag{10-122}$$

简支构件的端截面预拉区边缘纤维的混凝土拉应力允许大于 f'_{tk} 但不应大于 $1.2f'_{tk}$，其中，σ_{ct}、σ_{cc} 可按下列公式计算：

$$\sigma_{cc}(\text{或})\sigma_{ct} = \sigma_{pc} + \frac{N_k}{A_0} \pm \frac{M_k}{W_0} \tag{10-123}$$

式中：σ_{ct}——相应施工阶段计算截面预拉区边缘纤维的混凝土拉应力；

σ_{cc}——相应施工阶段计算截面预压区边缘纤维的混凝土压应力；

f'_{tk}、f'_{ck}——分别为各施工阶段混凝土立方体抗压强度 f'_{cu} 相应的抗拉强度标准值、抗压强度标准值；

N_k、M_k——分别为构件自重及施工荷载的标准组合在计算截面产生的轴向力值、弯矩值。

［**例 10-2**］　预应力混凝土简支梁，跨度 18m，截面尺寸 $b \times h = 400\text{mm} \times 1200\text{mm}$。简支梁

上作用有恒载标准值 $g_k=2\text{kN/m}$，设计值 $g=30\text{kN/m}$，活载标准值 $q_k=15\text{kN/m}$，设计值 $q=21\text{kN/m}$。梁上配置有黏结低松弛高强钢丝束 90-ϕ5，墩头锚具，两端张拉，孔道采用预埋波纹管成型，预应力筋的曲线布置。梁混凝土强度等级为 C40，钢绞线 $f_{pk}=1860\text{MPa}$，$E_p=195000\text{MPa}$，普通钢筋采用 HRB335 热轧钢筋，裂缝控制要求为一般要求不出现裂缝。试进行该简支梁跨中截面的预应力损失计算、荷载标准组合下抗裂验算以及正截面设计(按单筋截面)。

解：(1)材料特性计算

混凝土 C40，$f_{cu}=40\text{MPa}$，$f_c=19.1\text{MPa}$，$f_{tk}=2.4\text{MPa}$，$a_1=1.0$。

钢绞线 1860 级，$f_{ptk}=1860\text{MPa}$，$f_y=1320\text{MPa}$，$\sigma_{con}=0.75\times f_{ptk}=1395\text{MPa}$。

普通钢筋，$f_y=300\text{MPa}$。

(2)截面几何特性计算

梁截面：$A=400\times1200=4.8\times10^5\text{mm}^2$

$I=400\times1200^3/12=5.76\times10^{10}\text{mm}^4$

$W=400\times1200^2/6=9.6\times10^7\text{mm}^3$

预应力筋：$A_p=1764\text{mm}^2$，预应力筋曲线端点处的切线斜角 $\theta=0.11(6.3°)$，$r_c=81\text{m}$。

(3)跨中截面弯矩计算

恒载产生的弯矩标准值：$M_{gk}=25\times18^2/8=1012.5\text{kN}\cdot\text{m}$

活载产生的弯矩标准值：$M_{gk}=15\times18^2/8=607.5\text{kN}\cdot\text{m}$

恒载产生的弯矩设计值：$M_g=30\times18^2/8=1215\text{kN}\cdot\text{m}$

活载产生的弯矩设计值：$M_q=21\times18^2/8=850.5\text{kN}\cdot\text{m}$

荷载标准组合下的弯矩标准值：$M_s=1620\text{kN}\cdot\text{m}$

弯矩设计值：$M=2065.5\text{N}\cdot\text{m}$

(4)预应力损失计算($k=0.0015$，$\mu=0.25$，$a=1\text{mm}$)

①摩擦损失 σ_{l2}

B 点：$\sigma_{l2}=1395(0.0015\times9.0+0.25\times0.11)=57\text{MPa}$

②锚固损失 σ_{l1}

$l_f=\sqrt{1\times1.95\times10^5/(1000\times1395(0.25/81+0.0015))}=5.52\text{m}$

A 点和 C 点：$\sigma_{l1}=2\times1395\times5.52\times(0.25/81+0.0015)=71\text{MPa}$

B 点：$\sigma_{l1}=0$

③松弛损失 σ_{l4}

$\sigma_{l4}=0.2\times1395\times(0.75-0.575)=49\text{MPa}$

④徐变损失 σ_{l5}(这里取 $f'_{cu}=f_{cu}$，$\rho=0.04$)

B 点：预应力筋有效预应力 $N_p=1764(1395-57)=2360232\text{N}\cong2360\text{kN}$

$\sigma_{pc}=2360\times10^3/(4.8\times10^5)+(2360\times10^5\times500-1012.5\times10^6)/(9.6\times10^7)$

$=4.92+1.74=6.66\text{MPa}$

$\sigma_{l5}=(25+220\times6.66/40)/(1+15\times0.004)=58\text{MPa}$

⑤B 点的总预应力损失 σ_l 和有效预应力 N_{pe}

$\sigma_l=57+49+58=164\text{MPa}$

$N_{pe}=1764\times(1395-164)=217148\text{N}\cong2171\text{kN}$

⑥荷载标准组合下抗裂验算

验算公式为：$\sigma_{sc}-\sigma_{pc}\leqslant f_{tk}$

$\sigma_{sc}=M_s/W=1620\times10^6/(9.6\times10^7)=16.9\text{MP}$

$\sigma_{pc}=N_{pc}/(1/A+500/W)=2171\times10^3/(1/480000+500/96000000)=15.9\text{MP}$

$\sigma_{sc}-\sigma_{pc}=16.9-15.9=1.0<f_{tk}=2.4\text{MPa}$（满足要求）

⑦正截面设计

取 $h_0=h-100=1100\text{mm}$

设计公式为：$M=\alpha_1 f_c bx(h_0-0.5x)$

$\alpha_1 f_c bx=f_y A_s+f_{py}A_p$

计算可得：$x=281\text{mm}$，$\xi=0.255\leqslant\xi_b$

$A_s=(19.1\times400\times281-1764\times1320)/300=-605\text{mm}^2<0$

按构选配筋，$A_s=0.0015bh=0.0015\times400\times1100\times=660\text{mm}^2$，实配 3$\phi$20，$A_s=941\text{mm}^2$。

第九节　预应力混凝土构件的构造要求

一、一般构造要求

1. 截面形状和尺寸

预应力混凝土构件的截面形式应根据构件的受力特点进行合理选择。对于轴心受拉构件，通常采用正方形或矩形截面；对于受弯构件，常采用T形、工字形、箱形截面。截面形式和尺寸通常可参考类似工程，根据经验初步确定，也可按下面的方法初步估计截面尺寸：一般预应力混凝土受弯构件，截面高度可取跨度的(1/30～1/35)，翼缘宽度一般取截面高度的(1/3～1/2)，翼缘厚度一般可取截面高度(1/10～1/6)，腹板厚度一般可取截面高度(1/15～1/8)。

2. 纵向预应力钢筋

对施工阶段允许出现拉应力的构件，为了防止预拉区因拉应力过大而产生裂缝，对于配置直线形预应力筋的构件，可在预拉区设置预应力钢筋 A_p'。在预拉区设置 A_p'会降低受拉区的抗裂性，通常在大跨度预应力混凝土梁中，一般宜将部分预应力钢筋在支座区段向上弯起，而不在预拉区另设预应力钢筋 A_p'。

二、先张法预应力混凝土构件的构造要求

(1)预应力钢筋的净距要求

先张法预应力钢筋之间的净间距不应小于其公称直径或等效直径的2.5倍和混凝土粗骨料最大直径的1.25倍，且符合下列的规定：

①预应力钢丝，不应小于15mm；

②三股钢绞线，不应小于20mm；

③七股钢绞线，不应小于25mm。

(2)先张法预应力混凝土构件端部宜采取的措施

①单根配置的预应力钢筋，其端部宜设螺旋筋。

②分散布置的多根预应力钢筋，在构件的端部10d，且不小于100mm范围内宜设置3～5

片与预应力筋垂直的钢筋网片。

③采用预应力钢丝配筋的薄板，在板端 100mm 范围内沿构件板面设置附加横向钢筋。

④槽型板类构件，应在端部 100mm 范围内沿构件板面设置附加横向钢筋，其数量不应少于 2 根。

(3)预制肋形板，宜设置加强其整体性和横向刚度的横肋。端横肋的受力钢筋应弯入纵肋内。当采用先张法生产有横肋的预应力混凝土肋形板时，应在设计和制作上采取防止放张预应力时端肋产生裂缝的有效措施。

(4)在预应力混凝土屋面梁、吊车梁等构件靠近支座的斜向主拉应力较大部分，宜将一部分预应力筋弯起配置。

(5)预应力钢筋在构件端部全部弯起的受弯构件或直线配筋的先张法构件，当构件端部与下部支承结构焊接，应考虑混凝土收缩、徐变及温度变化所产生的不利影响，宜在构件端部可能产生裂缝的部位设置足够的非预应力纵向构造钢筋。

三、后张法构件

(1)后张法预应力钢筋采用预留孔道时应符合下列规定：

①预制构件孔道之间的水平净间距不宜小于 50mm，且不宜小于粗骨料直径的 1.25 倍；孔道至构件边缘的净距不宜小于 30mm，且不宜小于孔道直径的一半。

②现浇混凝土梁中，预留孔道在竖直方向的净间距不应小于孔道外径，水平方向的净间距不宜小于 1.5 倍孔道外径，且不小于粗骨料直径的 1.25 倍；从孔道外壁至构件边缘的净间距，梁底不宜小于 50mm，梁侧不宜小于 40mm；裂缝控制等级为三级的梁，上述净间距分别不宜小于 70mm，和 50mm。

③预留孔道的内径宜比预应力束外径及需要穿过孔道的连接器外径大 6～15mm；且孔道的截面面积宜为穿入预应力筋截面面积的 3.0～4.0 倍。

④当有可靠经验，并能保证混凝土浇筑质量时，预应力钢筋孔道可水平并列贴紧布置，但并排的数量不应超过 2 束。

⑤在构件两端及曲线孔道的高点应设置灌浆孔或排气兼泌水孔，其孔距不宜大于 20m。

⑥凡制作时需要预先起拱的构件，预留孔道宜随构件同时起拱。

⑦在现浇楼板中采用扁形锚固体系时，穿过每个预留孔道的预应力筋数量宜为 3～5 束；在常用荷载情况下，孔道在水平方向的净间距不应超过 8 倍板厚及 1.5m 中的较大者。

(2)后张法预应力混凝土构件的端部锚固区，应按下列规定配置间接钢筋：

①采用普通垫板时，应按照规定进行局部受压承载力计算，并配置间接钢筋，其体积配筋率不应小于 0.5%，垫板的刚性扩散角应取 45°。

②当采用整体铸造垫板时，其局部受压区的设计应符合相关标准的规定。

③在局部受压区间接钢筋配置区以外，在构件端部长度 l 不小于截面重心线上部或下部预应力筋的合力点至邻近边缘的距离 e 的 3 倍，但不大于构件端部截面高度 h 的 1.2 倍，高度 $2e$ 的附加配筋区范围内，应均匀配置附加防劈裂箍筋或网片，如图 10-35 所示。配筋面积可按下列公式计算：

$$A_{sb}=0.18\left(1-\frac{l_l}{l_b}\right)\frac{P}{f_y} \tag{10-124}$$

式中：P——作用在构件端部截面重心线上部或下部预应力钢筋的合力，可按本章的有关内容进行计算；

l_l、l_b——沿构件高度方向 A_l、A_b 的边长或直径，其中 A_l、A_b 按本章局部受压承载力计算的有关要求确定。

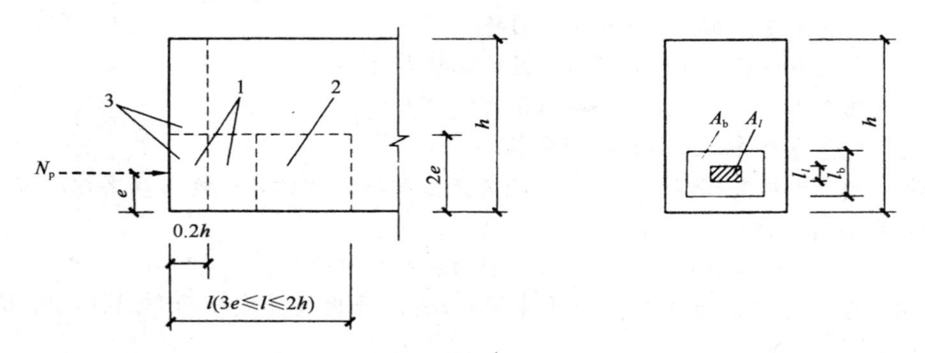

图 10-35　防止端部裂缝的配筋范围

1-局部间接钢筋配置区；2-附加防劈裂配筋区；3-附加防剥裂配筋区

④当构件端部预应力钢筋需集中布置在截面下部或集中布置在上部和下部时，应在构件端部 0.2h 范围内设置附加竖向防剥裂构造钢筋，其截面面积应符合下列要求：

$$A_{sv} \geqslant \frac{T_s}{f_{yv}} \tag{10-125}$$

$$T_s = \left(0.25 - \frac{e}{h}\right)P \tag{10-126}$$

式中：T_s——锚固端剥裂拉力；

f_{yv}——附加竖向钢筋的抗拉强度设计值；

e——截面重心上部或下部预应力钢筋的合力点至截面近边缘的距离；

h——构件端部截面高度。

当 $e>0.2h$ 时，可根据实际情况适当配置构造钢筋。竖向防剥裂钢筋可采用焊接钢筋网、封闭式箍筋或其他形式，且宜采用带肋钢筋。

当端部截面上部和下部均有预应力钢筋时，附加竖向钢筋的总截面面积应按上部和下部的预加力合力分别计算的数量后采用。

(3)构件端部尺寸应考虑锚具的布置、张拉设备的尺寸和局部受压的要求，必要时应适当加大。

(4)后张法预应力混凝土外露金属锚具应采取可靠的防腐及防火措施，并应符合下列规定：

①无黏结预应力混凝土外露锚具应采用注有足量防腐蚀油脂的塑料帽封闭锚具端头，并采用无收缩砂浆或细石混凝土封闭。

②采用混凝土封闭时混凝土强度等级宜与构件混凝土强度等级一致，封锚混凝土与构件混凝土应可靠黏结，如锚具在封闭前应将周围混凝土界面凿毛并冲洗干净，且宜配置 1～2 片钢筋网，钢筋网应与构件混凝土拉结。

③采用无收缩砂浆或混凝土封闭保护时，其锚具及预应力钢筋的最小保护层厚度应为：一类环境类别时 20mm；二类 a、二类 b 环境类别时 50mm，三类环境类别时 80mm。

思考题

10-1　什么是预应力混凝土？

10-2　简述预应力混凝土结构构件的特点。

10-3　预应力钢筋是如何将拉力传递给混凝土的？

10-4　什么是张拉控制应力？其取值有何要求？

10-5　对预应力混凝土材料有何要求？

10-6　预应力损失有哪几种？各类损失产生的原因是什么？如何减少预应力损失？预应力损失如何组合？

10-7　预应力混凝土结构构件各阶段应力状态如何确定？

10-8　在进行预应力混凝土构件计算时，何时使用换算截面面积 A_0，何时用净截面 A_n？

10-9　为什么要对后张法构件端部进行局部受压承载力计算？

10-10　预应力混凝土结构构件需进行哪些内容的计算或验算？

10-11　简述预应力混凝土简支梁的设计步骤。

习　题

10-1　24m 屋架预应力混凝土下弦拉杆，截面构造见图 10-36。采用后张法，一端张拉施加预应力。孔道直径 50mm，预埋金属波纹管成孔。每个孔道配置 3ϕ^s12.9 普通松弛钢绞线（$A_p=512.4\text{mm}^2$，$f_{ptk}=1570\text{N/mm}^2$）非预应力钢筋采用 HRB335 级钢筋 4$\phi$12（$A_s=452\text{mm}^2$）。采用夹片式锚具（有顶压），张拉控制应力采用 $\sigma_{con}=0.75f_{ptk}$，混凝土强度等级为 C40。达到混凝土强度设计强度时，方可施加预应力，计算该构件的预应力损失。

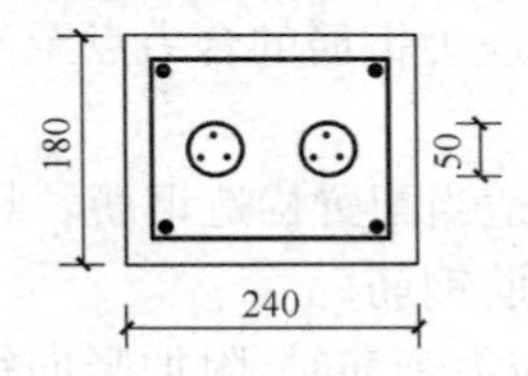

图 10-36　习题 10-1 截面尺寸图

10-2　某 24m 跨度折线形预应力混凝土屋架下弦杆，端部截面尺寸：$b\times h=250\text{mm}\times 160\text{mm}$；材料：采用 C40 混凝土，预应力钢筋采用普通松弛的钢绞线，非预应力钢筋采用 HRB400 级钢筋；内力：$N=600\text{kN}$，$N_k=520\text{kN}$；施工方法：采用后张法，预留 2 个 $\phi=$ 50mm 孔道，采用充压橡皮管抽芯成型，夹片式锚具（锚外径 100mm），采用超张拉（1.05%），混凝土强度达到设计强度 100% 时张拉预应力钢筋，一次张拉；裂缝控制等级为二级。试对该屋架下弦进行使用阶段承载力计算、抗裂度验算、施工阶段验算及端部局部受压承载力验算，并根据需要配置相应的钢筋。

10-3　某 12m 预应力混凝土简支工字形截面梁，其截面尺寸如图 10-37。采用先张法台座生产，不考虑锚具变形损失，蒸汽养护，温差 $\Delta t=20$℃，采用超张拉。设钢筋松弛损失在放张前完成 50%。混凝土强度等级为 C40，预应力钢筋采用消除应力钢丝 ϕ^P5，箍筋采用 HPB300 级。安全等级二级，裂缝控制等级为二级，环境类别为二类 a。承受均布永久荷载标准值 $g_k=15\mathrm{kN/m}$，均布可变荷载标准值 $q_k=55\mathrm{kN/m}$。准永久值系数为 0.5。

试求：

(1)该梁的各项预应力损失；

(2)进行使用阶段承载力计算；

(3)进行使用阶段的斜截面承载力计算；

(4)进行使用阶段正截面抗裂度验算。

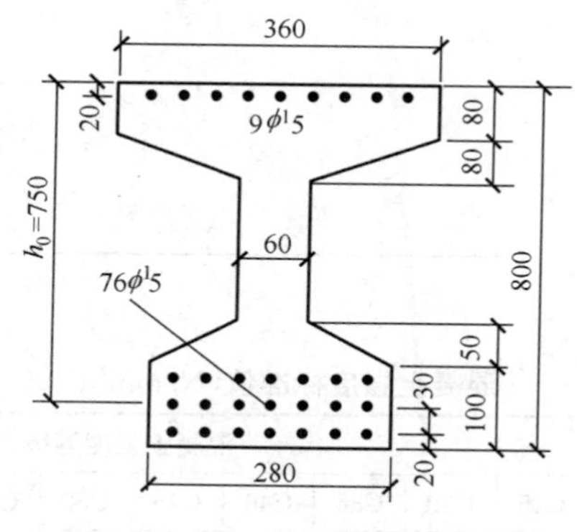

图 10-37　习题 10-3 图

附　表

FUBIAO

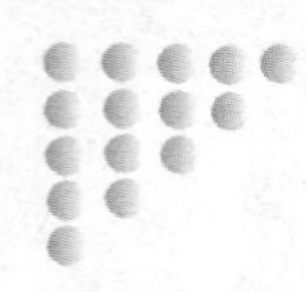

混凝土强度标准值(N/mm²)　　附表 1

强度种类	混凝土强度等级													
	C15	C20	C25	C30	C35	C40	C45	C50	C55	C60	C65	C70	C75	C80
轴心抗压 f_{ck}	10.0	13.4	16.7	20.1	23.4	26.8	29.6	32.4	35.5	38.5	41.5	44.5	47.4	50.2
轴心抗拉 f_{tk}	1.27	1.54	1.78	2.01	2.20	2.39	2.51	2.64	2.74	2.85	2.93	2.99	3.05	3.11

混凝土强度设计值(N/mm²)　　附表 2

强度种类	混凝土强度等级													
	C15	C20	C25	C30	C35	C40	C45	C50	C55	C60	C65	C70	C75	C80
轴心抗压 f_c	7.2	9.6	11.9	14.3	16.7	19.1	21.1	23.1	25.3	27.5	29.7	31.8	33.8	35.9
轴心抗拉 f_t	0.91	1.10	1.27	1.43	1.57	1.71	1.80	1.89	1.96	2.04	2.09	2.14	2.18	2.22

混凝土的弹性模量($\times 10^4$ N/mm²)　　附表 3

混凝土强度等级	C15	C20	C25	C30	C35	C40	C45	C50	C55	C60	C65	C70	C75	C80
E_e	2.20	2.55	2.80	3.00	3.15	3.25	3.35	3.45	3.55	3.60	3.65	3.70	3.75	3.80

注:①当有可靠试验依据时,弹性模量可根据实测数据确定;

②当混凝土中有大量矿物掺和时,弹性模量可按规定龄期根据实测值确定。

混凝土受压疲劳强度修正系数 γ_ρ　　附表 4

ρ_c^f	$0\leqslant\rho_c^f<0.1$	$0.1\leqslant\rho_c^f<0.2$	$0.2\leqslant\rho_c^f<0.3$	$0.3\leqslant\rho_c^f<0.4$	$0.4\leqslant\rho_c^f<0.5$	$\rho_c^f\geqslant0.5$
γ_ρ	0.68	0.74	0.80	0.86	0.93	1.00

混凝土受拉疲劳强度修正系数 γ_ρ　　附表 5

ρ_c^f	$0\leqslant\rho_c^f<0.1$	$0.1\leqslant\rho_c^f<0.2$	$0.2\leqslant\rho_c^f<0.3$	$0.3\leqslant\rho_c^f<0.4$	$0.4\leqslant\rho_c^f<0.5$
$\gamma\rho$	0.63	0.66	0.69	0.72	0.74
ρ_c^f	$0.5\leqslant\rho_c^f<0.6$	$0.6\leqslant\rho_c^f<0.7$	$0.7\leqslant\rho_c^f<0.8$	$\rho_c^f>0.8$	—
$\gamma\rho$	0.76	0.80	0.90	1.00	—

注:直接承受疲劳荷载的混凝土构件,当采用蒸汽养护时,养护温度不宜高于 60℃。

混凝土的疲劳变形模量（$\times 10^4$ N/mm²） 附表 6

强度等级	C30	C35	C40	C45	C50	C55	C60	C65	C70	C75	C80
E_e	1.30	1.40	1.50	1.55	1.60	1.65	1.70	1.75	1.80	1.85	1.90

普通钢筋强度标准值（N/mm²） 附表 7

牌 号	符 号	公称直径 d(mm)	屈服强度标准值（f_{yk}）	极限强度标准值 f_{stk}
HPB300	ϕ	6～22	300	420
HRB335	Φ	6～50	335	455
HRBF335	Φ^{F}			
HRB400	Φ	60～50	400	540
HRBF400	Φ^{F}			
RRB400	Φ^{R}			
HRB500	Φ	6～50	500	630
HRBF500	Φ^{F}			

预应力筋强度标准值（N/mm²） 附表 8

种 类		符 号	公称直径 d(mm)	屈服强度标准值 f_{pyk}	极限强度标准值 f_{ptk}
中强度预应力钢丝	光面螺旋肋	ϕ^{PM} ϕ^{HM}	5、7、9	620	800
				780	970
				980	1270
预应力螺纹钢筋	螺纹	ϕ^{T}	18、25、32、40、50	785	980
				930	1080
				1080	1230
消除应力钢丝	光面螺旋肋	ϕ^{P} ϕ^{H}	5	—	1570
				—	1860
			7	—	1570
			9	—	1470
				—	1570
钢绞线	1×3（三股）	ϕ^{s}	8.6、10.8、12.9	—	1570
				—	1860
				—	1960
	1×7（七股）		9.5、12.7、15.2、17.8	—	1720
				—	1860
				—	1960
			21.6	—	1860

注：极限强度标准值为 1960N/mm² 的钢绞线作后张预力配筋时，应有可靠的工程经验。

普通钢筋强度设计值（N/mm²） 附表 9

牌 号	抗拉强度设计值 f_y	抗压强度设计值 f'_y
HPB300	270	270
HRB335、HRBF335	300	300
HRB400、HRBF400、RRB400	360	360
HRB500、HRBF500	435	410

预应力筋强度设计值(N/mm^2)　　附表 10

种　类	f_{pk}	抗拉强度设计值 f_{py}	抗压强度设计值 f'_{py}
中强度预应力钢丝	800	510	410
	970	650	
	1270	810	
消除应力钢绞线	1470	1040	410
	1570	1110	
	1860	1320	
钢绞线	1570	1110	390
	1720	1220	
	1860	1320	
	1960	1390	
预应力螺纹钢筋	980	650	435
	1080	770	
	1230	900	

注:当预应力的强度值不符合表中的规定时,其强度设计应进行相应的比例换算。

钢筋的弹性模量(×10^5 N/mm^2)　　附表 11

牌号或种类	弹性模量 E_s
HPB300 钢筋	2.10
HRB335、HRB400、HRB500 钢筋 HRBF335、HRBF400、HRBF500 钢筋 RRB400 钢筋 预应力螺纹钢筋、中强度预应力钢丝	2.00
消除应力钢丝	2.05
钢绞线	1.95

注:必要时可采用实测的弹性模量。

普通钢筋疲劳应力幅限值(N/mm^2)　　附表 12

疲劳应力比值 ρ_s^f	疲劳应力幅限值 Δf_y^f	
	HRB335	HRB400
0	175	175
0.1	162	162
0.2	154	156
0.3	144	149
0.4	131	137
0.5	115	123
0.6	97	106
0.7	77	85
0.8	54	60
0.9	28	31

注:当纵向受拉钢筋采用闪光接触对焊接时,其接头处的钢筋疲劳力幅限应按表中数值乘以 0.80 取用。

预应力筋疲劳应力幅限值（N/mm²）　　附表 13

疲劳应力比值 ρ_p^f	钢绞线 $f_{ptk}=1570$	消除应力钢丝 $f_{ptk}=1570$
0.7	144	240
0.8	118	168
0.9	70	88

注：①当 ρ_p^f 不小于 0.9 时，可不作预应力筋疲劳验算；

②当有充分依据时，可对表中规定的疲劳应力幅限作适当调整。

受弯构件的挠度限值　　附表 14

构件类型		挠度限值
吊车梁	手动吊车	$l_0/500$
	电动吊车	$l_0/600$
屋盖、楼盖及楼梯构件	当 $l_0<7$m 时	$l_0/200(l_0/250)$
	当 7m$\leqslant l_0\leqslant$9m 时	$l_0/250(l_0/300)$
	当 $l_0>9$m 时	$l_0/300(l_0/400)$

注：①表中 l_0 为构件的计算跨度；计算悬臂构件的挠度限值时，其计算跨度 l_0 按实际长度的 2 倍取用；

②表中括号内的数值用于使用上对挠度有较高要求的构件；

③如果构件制作时预先起拱，且使用上也允许，则在验算挠度时，可将计算所得的挠度值减去拱值；对预应力混凝土构件，尚可减去预应力所产生的反拱值；

④构件制作时和起拱值和预应力所产生的反拱值，不宜超过构件在相应荷载组合作用下的计算挠度值。

结构构件的裂缝控制及最大裂缝宽度限值（mm）　　附表 15

<table>
<tr><th rowspan="2">环境类别</th><th colspan="2">钢筋混凝土结构</th><th colspan="2">预应力混凝土结构</th></tr>
<tr><th>裂缝控制等级</th><th>w_{lim}</th><th>裂缝控制等级</th><th>w_{lim}</th></tr>
<tr><td>一</td><td rowspan="4">三级</td><td>0.30(0.40)</td><td rowspan="2">三级</td><td>0.20</td></tr>
<tr><td>二 a</td><td rowspan="3">0.2</td><td>0.10</td></tr>
<tr><td>二 b</td><td>二级</td><td>—</td></tr>
<tr><td>三 a、三 b</td><td>一级</td><td>—</td></tr>
</table>

注：①对处于年均相对小于 60%地区一类环境下的受弯构件，其最大裂缝宽度限值可采用括号内的数值；

②在一类环境下，对钢筋混凝土屋架、托架及需作疲劳验算的吊车架，其最大裂缝宽度限值应取为 0.20mm；对钢筋混凝土屋面梁和托梁，其最大裂缝宽度应取为 0.3mm；

③在一类环境下，对预应力混凝土屋架、托架及双向板体系，应按二级裂缝控制等级进行验算；对一类环境下的预应力混凝土屋面梁、托梁、单向板，应按表中二 a 类环境的要求进行验算；在一类和二 a 类环境下需作疲劳验算的预应力混凝土吊车梁，应按裂缝控制等级不低于二级的构件进行验算；

④表中规定的预应力混凝土构件的裂缝控制等级和最大裂缝宽度限值均适于正截面的验算；预应力混凝土构件的斜截面裂缝控制验算应符合《规范》第 7 章的有关规定；

⑤对于烟囱、筒仓和处于液体压力下的结构，其裂缝控制要求应符合专门标准的有关规定；

⑥对于处四、五类环境下的结构件，其裂缝控制要求应符合专门标准的有关规定；

⑦表中的最大裂缝宽限值为用于验算荷载作用引起怕最大裂缝宽度。

混凝土结构的环境类别　　附表 16

环境类别	条件
一	室内干燥环境； 无侵蚀静水浸没环境
二 a	室内潮湿环境； 非严寒和非寒冷地区的露天环境； 非严寒和非寒冷地区与无侵蚀的水或土壤直接接触的环境； 严寒和寒冷地区冰冻线以下与无侵蚀的水或土壤直接接触的环境

续上表

环境类别	条　件
二 b	干湿交替环境； 水位频繁变动环境； 严寒和寒冷地区的露天环境； 严寒和寒冷地区冰冻线以上与无侵蚀的水或土壤直接接触的环境
三 a	严寒和寒冷地区冬季水位变动区环境； 受除冰盐影响环境； 海风环境
三 b	盐渍土环境； 受除冰盐影响环境； 海岸环境
四	海水环境
五	受人为或自然的侵蚀性物质影响的环境

注：①室内潮湿环境是指构件表面经常处于结露或湿润状态的环境；

②严寒和寒冷地区的划分应符合现行国家标准《民用建筑热工设计规范》(GB 50176—1993)的有关规定；

③海岸环境和海风环境宜根据当地情况，考虑主导风向及结构所处迎风、背风部位等因素的影响，由调查研究和工程经验确定；

④受冰盐影响环境是指受到除冰盐盐雾影响和环境；受除冰盐作用环境是指被除冰盐溶液溅射和环境及使用除冰盐地区的洗车房、停车楼等建筑；

⑤暴露的环境是指混凝土结构表面所处的环境。

结构混凝土材料的耐久性基本要求　　附表 17

环境类别	最大水胶比	最低强度等级	最大氯离子含量(%)	最大碱含量(kg/m^3)
一	0.60	C20	0.30	不限制
二 a	0.55	C25	0.20	3.0
二 b	0.50(0.55)	C30(C25)	0.15	
三 a	0.45(0.50)	C35(C30)	0.15	
三 b	0.40	C40	0.10	

注：①氯离子含量是指其占胶凝材料总量的百分比；

②预应力构件混凝土中的最大氯离子含量为 0.06%，其最低混凝土强度等级应按表中的规定提高两个等级；

③素混凝土构件的水胶比及最低强度等级的要求可适当放松；

④有可靠工程经验时，二类环境中的最低混凝土强度等级可降低一个等级；

⑤处于严寒和寒冷地区二 b、三 a 类环境中的混凝土应使用引气剂，并可采用括号中的有关参数；

⑥当使用非碱活性骨料时，对混凝土中的碱含量可不作限制。

混凝土保护层的最小厚度 c(mm)　　附表 18

环境类别	板、墙、壳	梁、柱、杆
一	15	20
二 a	20	25
二 b	25	35
三 a	30	40
三 b	40	50

注：①混凝土强度等级不大于 C25 时，表中保护层厚度数值应增加 5mm；

②钢筋混凝土基础宜设置混凝土垫层，基础中钢筋的混凝土保护层从垫层顶面算起，且不应小于 40mm。

纵向受力钢筋的最小配筋百分率 ρ_{min}（%） 附表 19

受力类型			最小配筋百分率
受压构件	全部纵向钢筋	强度级别 500MPa	0.50
		强度级别 400MPa	0.55
		强度级别 300、335MPa	0.60
	一侧纵向钢筋		0.20
受弯构件、偏心受拉、轴心受拉构件一侧的受拉钢筋			0.20 和 $45f_t/f_y$ 中的较大值

注：①受压构件全部纵向钢筋最小配筋百分率，当采用 C60 及以上强度等级的混凝土时，应按表中规定增加 0.10；

②板类受弯构件（不包括悬臂板）的受拉钢筋，当采用强度级别 400、500MPa 的钢筋时，其最小配筋百分率应允许采用 0.15 和 $45f_t/f_y$ 中的较大值；

③偏心受拉构件中的受压钢筋，应按受压构件一侧纵向钢筋考虑；

④受压构件的全部纵向钢筋和一侧纵向钢筋的配筋率及轴心受拉构件和小偏心受拉构件一侧受拉钢筋的配筋率均应按构件的全截面面积计算；

⑤受弯构件、大偏心受拉构件一侧受拉钢筋的配筋率应按全截面面积扣除受压翼缘面积 $(b'_f-b)h'_f$ 后的截面面积计算；

⑥当钢筋沿构件截面周边布置时，"一侧纵向钢筋"是指沿受力方向两个对边中一边布置的纵向钢筋。

钢筋混凝土矩形和 T 形截面受弯构件正截面承载力计算系数 ξ、γ_s、α_s 附表 20

ξ	γ_s	α_s	ξ	γ_s	α_s
0.01	0.995	0.010	0.31	0.845	0.262
0.02	0.990	0.020	0.32	0.840	0.269
0.03	0.985	0.030	0.33	0.835	0.275
0.04	0.980	0.039	0.34	0.830	0.282
0.05	0.975	0.048	0.35	0.825	0.289
0.06	0.970	0.053	0.36	0.820	0.295
0.07	0.965	0.067	0.37	0.815	0.301
0.08	0.960	0.077	0.38	0.810	0.309
0.09	0.955	0.085	0.39	0.805	0.314
0.10	0.950	0.095	0.40	0.800	0.320
0.11	0.945	0.104	0.41	0.795	0.326
0.12	0.940	0.113	0.42	0.790	0.332
0.13	0.935	0.121	0.43	0.785	0.337
0.14	0.930	0.130	0.44	0.780	0.343
0.15	0.925	0.139	0.45	0.775	0.349
0.16	0.920	0.147	0.46	0.770	0.354
0.17	0.915	0.155	0.47	0.765	0.359
0.18	0.910	0.164	0.48	0.760	0.365
0.19	0.950	0.172	0.49	0.755	0.370
0.20	0.900	0.180	0.482	0.759	0.364
0.21	0.895	0.188	0.50	0.750	0.375
0.22	0.890	0.196	0.51	0.745	0.380
0.23	0.885	0.203	0.518	0.741	0.384
0.24	0.880	0.211	0.52	0.740	0.385
0.25	0.875	0.219	0.53	0.735	0.390
0.26	0.870	0.226	0.54	0.730	0.394
0.27	0.865	0.234	0.55	0.725	0.400
0.28	0.860	0.241	0.56	0.720	0.404
0.29	0.855	0.243	0.57	0.715	0.403
0.30	0.850	0.255	0.576	0.712	0.408

注：①表中 $M=\alpha_s\alpha_1 f_c bh_0^2$，$\xi=\frac{x}{h_0}=\frac{f_y A_s}{\alpha_1 f_c bh_0}$，$A_s=\frac{M}{f_y\gamma_s h_0}$ 或 $A_s=\xi\frac{\alpha_1 f_c}{f_y}bh_0$；

②表中 $\xi>0.482$ 的数值不适用于 HRB500 级钢筋；$\xi>0.518$ 的数值不适用于 HRB400 级钢筋；$\xi>0.55$ 的数值不适用于 HRB335 级钢筋。

钢筋的计算截面面积及理论质量表

附表 21

公称直径(mm)	不同根数钢筋的计算截面积(mm²)									单根钢筋理论质量(kg/m)
	1	2	3	4	5	6	7	8	9	
6	28.3	57	85	113	142	170	198	226	255	0.222
6.5	33.2	66	100	133	166	199	232	265	299	0.260
8	50.3	101	151	201	252	302	352	402	453	0.395
10	78.5	157	236	314	393	471	550	628	707	0.617
12	113.1	226	339	452	565	678	791	904	1017	0.888
14	153.9	308	461	615	769	923	1077	1231	1385	1.21
16	201.1	402	603	804	1005	1206	1407	1608	1809	1.58
18	245.5	509	763	1017	1272	1527	1781	2036	2290	2.00
20	314.2	628	942	1256	1570	1884	2199	2513	2827	2.47
22	280.1	760	1140	1520	1900	2281	2661	3041	3421	2.98
25	490.9	982	1473	1964	2454	2945	3436	3927	4418	3.85
28	615.8	1232	1847	2463	3079	3659	4310	4926	5542	4.83
32	804.2	1609	2413	3217	4021	4826	5630	6434	7238	6.31
36	1017.9	2036	3054	4072	5089	6107	7125	8143	9161	7.99
40	1256.6	2513	3770	5027	6283	7540	8796	10053	11310	9.87
50	1964	3928	5892	7856	9820	11784	13748	15712	17676	15.42

钢绞线公称直径、截面面积及理论质量

附表 22

种　类	公称直径(mm)	公称截面面积(mm²)	理论质量(kg/m)
1×3	8.6	37.4	0.295
	10.8	59.3	0.465
	12.9	85.4	0.671
1×7 标准型	9.5	54.8	0.432
	11.1	74.2	0.580
	12.7	98.7	0.774
	15.2	139	1.101

钢丝公称直径、截面面积及理论质量

附表 23

公称直径(mm)	公称截面面积(mm²)	理论质量(kg/m)
4.0	12.57	0.099
5.0	19.63	0.154
6.0	28.27	0.222
7.0	38.48	0.302
8.0	50.26	0.394
9.0	63.62	0.499

钢筋混凝土每米宽的钢筋截面面积(mm^2)　附表 24

钢筋间距(mm)	钢筋直径(mm)											
	3	4	5	6	6/8	8	8/10	10	10/12	12	12/14	14
70	101.0	180	280	404	561	719	920	1121	1369	1616	1907	2199
75	94.2	168	262	377	524	671	859	1047	1277	1508	1780	2052
80	88.4	157	245	354	491	629	805	981	1198	1414	1669	1924
85	83.2	148	231	333	462	592	758	924	1127	1331	1571	1811
90	78.5	140	218	314	437	559	716	872	1064	1257	1438	1710
95	74.5	132	207	298	414	529	678	826	1008	1190	1405	1620
100	70.6	126	196	283	393	503	644	785	958	1131	1335	1539
110	64.2	114	178	257	357	457	585	714	871	1028	1214	1399
120	58.9	105	163	236	327	419	537	654	798	942	1113	1283
125	56.5	101	157	226	314	402	515	628	766	905	1068	1231
130	54.4	96.6	151	218	302	387	495	604	737	870	1027	1184
140	50.5	89.8	140	202	281	359	460	561	684	808	954	1099
150	47.1	83.8	131	189	262	335	429	523	639	754	890	1026
160	44.1	78.5	123	177	246	314	403	491	599	707	834	962
170	41.5	73.9	115	166	231	296	379	462	564	665	785	905
180	39.2	69.8	109	157	218	279	358	436	532	628	742	855
190	37.2	66.1	103	149	207	265	339	413	504	595	703	810
200	35.3	62.8	98.2	141	196	251	322	393	479	565	668	770
220	32.1	57.1	89.2	129	179	229	293	357	436	514	607	700
240	29.4	52.4	81.8	118	164	210	268	327	399	471	556	641
250	28.3	50.3	78.5	113	157	201	258	314	383	452	534	616
260	27.2	48.3	75.5	109	151	193	248	302	369	435	513	592
280	25.2	44.9	70.1	101	140	180	230	280	342	404	477	550
300	23.6	41.9	65.5	94.2	131	168	215	262	319	377	445	513
320	22.1	39.3	61.4	88.4	123	157	201	245	299	353	417	481

钢筋混凝土轴心受压构件的稳定系数 ϕ　附表 25

l_0/b	≤8	10	12	14	16	18	20	22	24	26	28
l_0/d	≤7	8.5	10.5	12	14	15.5	17	19	21	22.5	24
l_0/i	≤28	35	42	48	55	62	69	76	83	90	97
ϕ	1.00	0.98	0.95	0.92	0.87	0.81	0.75	0.70	0.65	0.60	0.56
l_0/b	30	32	34	36	38	40	42	44	46	48	50
l_0/d	26	28	29.5	31	33	34.5	36.5	38	40	41.5	43
l_0/i	104	111	118	125	132	139	146	153	160	167	174
ϕ	0.52	0.48	0.44	0.40	0.36	0.32	0.29	0.26	0.23	0.21	0.19

注:①l_0 为构件的计算长度,对钢筋混凝土柱可按《规范》第 6.2.20 条规定取用;

②b 为矩形截面的短边尺寸,d 为圆形截面的直径,i 为截面的最小回转半径。

截面抵抗矩塑料性系数 γ_m　　附表 26

项次	1	2	3		4		5
截面形状	矩形截面	翼缘位于受压区的T形截面	对称I形截面或箱形截面		翼缘位于受拉区的倒T形截面		圆形或环形截面
			$b_f/b \leqslant 2$、h_f/h 为任意值	$b_f/b>2$、$h_f/h<2$	$b_f/b \leqslant 2$、h_f/h 为任意值	$b_f/b>2$、$h_f/h<2$	
γ_m	1.55	1.50	1.45	1.35	1.50	1.40	$1.6-0.24r_1/r$

注：①对 $b'_f>b_f$ 的I形截面，可按项次2与项次3之间的数值采用；对 $b'_f<b_f$ 的I形截面，可按项次3与项次4之间的数值采用；

②对于箱形截面，b 是指各肋宽度的总和；

③r_1 为环形截面的内环半径，对圆形截面取 r_1 为零。

参 考 文 献

[1] 中华人民共和国行业标准. GB 50010—2010 混凝土结构设计规范[S]. 北京:中国建筑工业出版社,2010.

[2] 刘立新,叶燕华. 混凝土结构原理(新1版)[M]. 武汉:武汉理工大学出版社,2010.

[3] 李明顺,徐有邻. 混凝土结构设计规范实施手册[M]. 北京:中国建筑工业出版社,2005.

[4] 蓝宗建. 混凝土结构(上册)[M]. 北京:中国电力出版社,2011.

[5] 梁兴文. 混凝土结构基本原理[M]. 重庆:重庆大学出版社,2011.

[6] 柳炳康. 工程荷载与可靠度设计原理[M]. 重庆:重庆大学出版社,2011.

[7] 东南大学,同济大学,天津大学主编. 混凝土结构设计原理(第四版)[M]. 北京:中国建筑工业出版社,2008.

[8] 中华人民共和国行业标准. JGJ/T 152—2008 混凝土中钢筋检测技术规程[S]. 北京:中国建筑工业出版社,2008.

[9] 中华人民共和国行业标准. JGJ/T 23—2001 回弹法检测混凝土抗压强度技术规程[S]. 北京:中国建筑工业出版社,2001.

[10] 蓝宗建. 混凝土结构与砌体结构(第二版)[M]. 南京:东南大学出版社,2006.

[11] 中华人民共和国行业标准. GB 50153—2008 工程结构可靠度设计统一标准[S]. 北京:中国建筑工业出版社,2008.

[12] 中华人民共和国行业标准. GB 50011—2010 建筑抗震设计规范[S]. 北京:中国建筑工业出版社,2010.